Theodor Lehmann · Elemente der Mechanik II

Elemente der Mechanik

von Theodor Lehmann

Bd. I: Einführung

Bd. II: Elastostatik

Bd. III: Kinetik

Bd. IV: Schwingungen, Variationsprinzipe

Theodor Lehmann

Elemente der Mechanik II: Elastostatik

2., durchgesehene Auflage

Mit 210 Bildern

Springer Fachmedien Wiesbaden GmbH

1. Auflage 1975
2., durchgesehene Auflage 1984

Ursprünglich erschienen bei Friedr. Vieweg & Sohn Verlagsgesellschaft mbH, Braunschweig 1984

Satz: Günter Hartmann, Nauheim

Umschlaggestaltung: Peter Steinthal, Detmold

ISBN 978-3-528-29196-9 ISBN 978-3-663-14147-1 (eBook)
DOI 10.1007/978-3-663-14147-1

Vorwort

Der vorliegende 2. Band der *Elemente der Mechanik* enthält im wesentlichen eine Grundlegung der linearen Elastizitäts-Theorie sowie einige Probleme der Elasto-Statik als Anwendungsbeispiele. Ergänzend finden sich am Schluß dieses Bandes einige Betrachtungen zum inelastischen Verhalten von Werkstoffen.

Die Grundlegung der linearen Elastizitäts-Theorie baut – entsprechend der didaktischen Linie, die im Vorwort des 1. Bandes angesprochen ist – auf den einfachen, physikalischen Sachverhalten auf, mit denen der Leser in den letzten beiden Kapiteln des 1. Bandes einführend vertraut gemacht wurde. Die methodische Beschreibung dieser Sachverhalte wird nun in den ersten beiden Kapiteln dieses Bandes so präzisiert, daß sie für den weiteren Aufbau der linearen Elastizitäts-Theorie tragfähig wird. Diese anspruchsvolle Aufgabenstellung macht es dem Leser sicherlich nicht immer leicht, obwohl die Darstellung insgesamt – wie schon im 1. Band – verhältnismäßig breit angelegt ist. Dem mit der Thermodynamik noch nicht vertrauten Studienanfänger sei insbesondere geraten, die thermodynamischen Betrachtungen in den Abschnitten 1.6 und 2.4 zunächst einfach global zur Kenntnis zu nehmen, ohne sie gleich in allen Einzelheiten verstehen zu wollen.

Die in diesem Band getroffene Auswahl der Probleme der Elasto-Statik orientiert sich einmal an den Anforderungen, die an ein zeitgemäßes Studium des Bauingenieurwesens oder des Maschinenbaus an unseren Hochschulen zu stellen sind. Zum andern ist die Auswahl auch unter dem Gesichtspunkt geschehen, daß der Leser mit den verschiedenartigen Methoden vertraut gemacht werden soll, die in der Elasto-Statik zur Anwendung gelangen. Unter diesem Aspekt ist der Kreis der Betrachtungen teilweise etwas weiter gesteckt, als es im allgemeinen in den einführenden Vorlesungen über Mechanik üblich ist. Das betrifft insbesondere die Kapitel 10 und 11, die der Leser im ersten Durchgang ruhig überschlagen mag, sowie den Abschnitt 4.5, der beim ersten Durchgang diagonal gelesen werden kann.

Auf der anderen Seite mag vielleicht der eine oder andere Leser stärkere Hinweise auf die zahlreichen – numerischen und analytischen – Näherungs-Methoden vermissen, die bei Ingenieur-Problemen vielfach angewendet werden. Hier muß auf den 4. Band verwiesen werden, der in anderem Zusammenhang näher auf diese Methoden eingeht.

Viele meiner Mitarbeiter, die schon bei der Abfassung des ersten Bandes beteiligt waren, haben auch an diesem Band mitgewirkt. Ich kann hier nur die Hauptbeteiligten nennen: Die Herren Dr. Bruhns und Dr. Thermann, die durch kritisches Lesen des Manuskriptes sowie durch Mitarbeit bei den Korrekturen diesen Band mitgestaltet haben, die Herren Ullenboom und Meyers, die die Abbildungen und einige Beispiele durchgearbeitet bzw. überprüft haben; Frau Schmidt-Balve und Herr Grundmann, die die Zeichnungen ausgeführt und als Druckvorlagen mit viel Mühe vorbereitet haben, sowie Frau Wagener, die in Puzzle-Arbeit die sorgfältige Reinschrift des Manuskriptes besorgte. Ihnen allen danke ich herzlich für ihre stets einsatzbereite Mitarbeit.

Vorwort zur 2. Auflage

Auf eine eingehendere Überarbeitung konnte bei der 2. Auflage verzichtet werden, weil sich dieses Buch nach Inhalt und Form als Lehrbuch bewährt hat. Bei der Durchsicht wurden deshalb nur einige Fehler und Ungenauigkeiten, die sich bei der 1. Auflage eingeschlichen hatten, korrigiert. Für die Mitwirkung bei dieser Korrektur habe ich insbesondere Herrn Priv. Doz. Dr. H. Klepp sowie Herrn U. Rott zu danken.

Inhalt

1. Allgemeine Grundlagen der Mechanik deformierbarer Körper

1.1. Vorbemerkungen; allgemeine Voraussetzungen

In diesem Kapitel wollen wir die *allgemeinen Grundlagen* zusammenstellen, die wir in der *klassischen Mechanik deformierbarer Körper* benötigen. Diese Grundlagen sind *material-unabhängig*, sie gelten also für alle Materialien, die wir im Rahmen der klassischen Mechanik als *Punkt-Kontinua* betrachten (vgl. Band I, Abschnitt 1.1). Bei den Anwendungen werden wir allerdings in diesem Bande nur die *Statik deformierbarer fester Körper* in Betracht ziehen.
Wir knüpfen im übrigen hier in mancher Beziehung an die Ausführungen in Band I, Kapitel 11 an. Dort wurde eine erste Einführung in die Elemente der Elasto-Statik gegeben. Wir wollen diese Grundlagen nun wenigstens soweit vertiefen, daß wir darauf die *lineare Theorie* der Statik deformierbarer Körper aufbauen können. Darum setzen wir bei der Erörterung der allgemeinen Grundlagen generell *geometrische Linearität* voraus, d.h. wir gehen davon aus, daß die *Verschiebungen* aller Körperpunkte sowie die *Verzerrungen* und *Drehungen* aller Körperelemente so *klein* bleiben, daß wir alle auf den Körper einwirkenden äußeren und inneren Kräfte am unverformten Körper ansetzen und Verzerrungen sowie Drehungen superponieren können.

1.2. Beschreibung des Spannungszustandes

In Band I, Abschnitt 11.1 haben wir festgestellt, daß wir jedem Punkt einer gedachten Schnittfläche im Körper einen *Spannungsvektor* $\boldsymbol{\sigma}_{(n)}$ $(\mathbf{r}, t)$ zuordnen können, der von dem betrachteten Punkt (gekennzeichnet durch den Ortsvektor $\mathbf{r}$), von der Schnittrichtung in diesem Punkt (gekennzeichnet durch die Flächennormale $\mathbf{e}_n$) und von der Zeit t abhängt. Die *Bezeichnung der Komponenten des Spannungsvektors* $\boldsymbol{\sigma}_{(n)}$ haben wir so festgelegt, daß der erste Index jeweils die Schnittrichtung, der zweite die Richtung der betreffenden Spannungskomponente bezeichnet. Ferner haben wir festgesetzt, daß die Spannungskomponenten ein *positives Vorzeichen* erhalten, wenn sie am *positiven Schnittufer* (dessen äußere Flächennormale mit der positiven Bezugsrichtung übereinstimmt) jeweils in *positive Richtung* weisen. Bei einer Schnittrichtung senkrecht zur x-Achse eines kartesischen Koordinatensystems erhalten wir also beispielsweise folgende Komponentenzerlegung des Spannungsvektors (s. Abb. 1.1)

$$\sigma_{(x)} = \sigma_{xx} e_x + \sigma_{xy} e_y + \sigma_{xz} e_z .$$

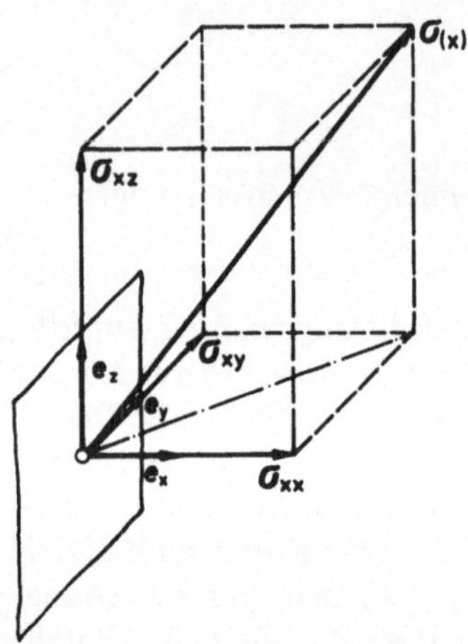

Abb. 1.1

Wir wollen nun den Nachweis führen, daß wir den zu einer beliebigen Schnittrichtung e_n durch einen Punkt (Ortsvektor r) gehörenden Spannungsvektor $\sigma_{(n)}$ ermitteln können, sofern wir für drei voneinander unabhängige Schnittrichtungen den jeweils zugehörigen Spannungsvektor kennen, also etwa die Spannungsvektoren $\sigma_{(x)}$, $\sigma_{(y)}$, $\sigma_{(z)}$. Dazu schneiden wir aus einem beliebig belasteten (unverrückbar gelagerten oder bewegten) Körper ein Element in Tetraederform heraus, wie es Abb. 1.2 zeigt. Die in den Koordinaten-Ebenen liegenden Begrenzungsflächen des Tetraeders, die wir mit $\Delta A_{(-x)}$ usw. bezeichnen, weil ihre *äußere* Normale in negative Koordinatenrichtung weist, haben die Größe

$$\Delta A_{(-x)} = \frac{1}{2} \Delta y \;\; \Delta z$$

$$\Delta A_{(-y)} = \frac{1}{2} \Delta z \;\; \Delta x$$

$$\Delta A_{(-z)} = \frac{1}{2} \Delta x \;\; \Delta y .$$

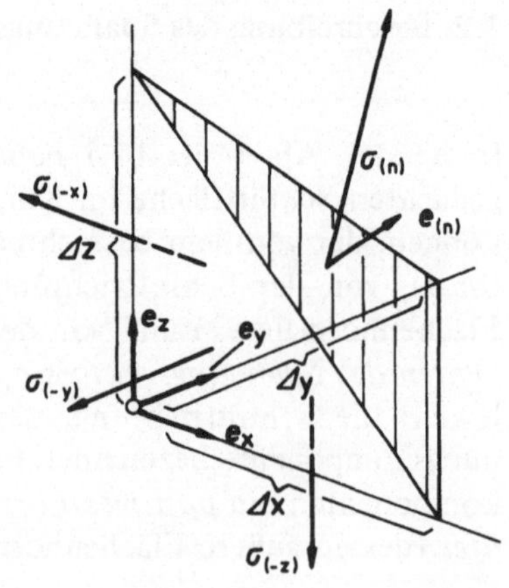

Abb. 1.2

Für die in ihnen flächenhaft verteilt wirkenden Kräfte gilt, wenn $\sigma_{(-x)}$, $\sigma_{(-y)}$, $\sigma_{(-z)}$ die zugehörigen *mittleren* (d.h. über die betreffende Fläche gemittelten) Spannungen in den Flächen $\Delta A_{(-x)}$ usw. sind:

$$\Delta F_{(-x)} = \sigma_{(-x)} \Delta A_{(-x)}$$
$$\Delta F_{(-y)} = \sigma_{(-y)} \Delta A_{(-y)}$$
$$\Delta F_{(-z)} = \sigma_{(-z)} \Delta A_{(-z)} .$$

Das Volumen des Tetraeders ist

$$\Delta V = \frac{1}{6} \Delta x \, \Delta y \, \Delta z ,$$

seine Masse (mit ρ = mittlerer Dichte)

$$\Delta m = \frac{\rho}{6} \Delta x \, \Delta y \, \Delta z .$$

Die an dem Tetraeder angreifende volumenhaft wirkende Kraft ist mithin

$$\Delta F_v = \frac{\rho}{6} \Delta x \, \Delta y \, \Delta z \, f,$$

wobei f die (mittlere) auf die Masse bezogene Kraft bedeutet. Für die durch die Flächennormale e_n gekennzeichnete Begrenzungsfläche des Tetraeders gilt

$$\Delta A_{(n)} (e_n \cdot e_x) = \Delta A_{(-x)}$$
$$\Delta A_{(n)} (e_n \cdot e_y) = \Delta A_{(-y)}$$
$$\Delta A_{(n)} (e_n \cdot e_z) = \Delta A_{(-z)} ,$$

weil die Größen $\Delta A_{(-x)}$ usw. die Projektionen der Fläche $\Delta A_{(n)}$ auf die Koordinatenebenen sind.

Stellen wir für das Tetraeder-Element den Impulssatz (vgl. Band I, Satz 6.1) auf, so finden wir, wenn $\dot{v}$ die mittlere Beschleunigung dieses Elementes ist,

$$\Delta A_{(n)} \sigma_{(n)} + \Delta A_{(-x)} \sigma_{(-x)} + \Delta A_{(-y)} \sigma_{(-y)} + \Delta A_{(-z)} \sigma_{(-z)} + \Delta m f = \Delta m \dot{v}.$$

Daraus folgt

$$\sigma_{(n)} = - \left\{ \frac{\Delta A_{(-x)}}{\Delta A_{(n)}} \sigma_{(-x)} + \frac{\Delta A_{(-y)}}{\Delta A_{(n)}} \sigma_{(-y)} + \frac{\Delta A_{(-z)}}{\Delta A_{(n)}} \sigma_{(-z)} + \frac{\Delta m}{\Delta A_{(n)}} f - \frac{\Delta m}{\Delta A_{(n)}} \dot{v} \right\} .$$

Lassen wir nun das Volumen des Tetraeders in der Weise gegen Null gehen, daß $\Delta x \to 0$, $\Delta y \to 0$, $\Delta z \to 0$ geht, aber die Verhältnisse $\Delta x : \Delta y : \Delta z$ dabei unverändert bleiben, so ergibt sich folgendes:

1. Bei diesem Grenzübergang bleibt die Richtung von $\mathbf{e}_n$ unverändert; es bleibt auch

$$\lim_{\Delta V \to 0} \frac{\Delta A_{(-x)}}{\Delta A_{(n)}} = \frac{dA_{(-x)}}{dA_{(n)}} = \frac{\Delta A_{(-x)}}{\Delta A_{(n)}} = \mathbf{e}_n \cdot \mathbf{e}_x \text{ usw.}$$

2. Im Grenzübergang werden die über eine Fläche gemittelten Spannungsvektoren $\boldsymbol{\sigma}_{(n)}$, $\boldsymbol{\sigma}_{(-x)}$ usw. zu Spannungsvektoren in dem Punkt x, y, z.
3. Es wird im Grenzübergang

$$\lim_{\Delta V \to 0} \frac{\Delta m}{\Delta A_{(n)}} = 0$$

weil Δm mit höherer Ordnung gegen Null geht als $\Delta A_{(n)}$.

Deshalb erhalten wir bei der Durchführung dieses Grenzüberganges

$$\boxed{\boldsymbol{\sigma}_{(n)}(\mathbf{r},t) = -\{(\mathbf{e}_n \cdot \mathbf{e}_x)\,\boldsymbol{\sigma}_{(-x)}(\mathbf{r},t) + (\mathbf{e}_n \cdot \mathbf{e}_y)\,\boldsymbol{\sigma}_{(-y)}(\mathbf{r},t) + (\mathbf{e}_n \cdot \mathbf{e}_z)\,\boldsymbol{\sigma}_{(-z)}(\mathbf{r},t)\}}$$

Wenn $\mathbf{e}_n$ mit $\mathbf{e}_x, \mathbf{e}_y$ oder $\mathbf{e}_z$ übereinstimmt, so folgt:

$$\boldsymbol{\sigma}_{(x)} = -\boldsymbol{\sigma}_{(-x)}; \quad \boldsymbol{\sigma}_{(y)} = -\boldsymbol{\sigma}_{(-y)}; \quad \boldsymbol{\sigma}_{(z)} = -\boldsymbol{\sigma}_{(-z)}.$$

Deshalb können wir schreiben

$$\boxed{\boldsymbol{\sigma}_{(n)}(\mathbf{r},t) = \{(\mathbf{e}_n \cdot \mathbf{e}_x)\,\boldsymbol{\sigma}_{(x)}(\mathbf{r},t) + (\mathbf{e}_n \cdot \mathbf{e}_y)\,\boldsymbol{\sigma}_{(y)}(\mathbf{r},t) + (\mathbf{e}_n \cdot \mathbf{e}_z)\,\boldsymbol{\sigma}_{(z)}(\mathbf{r},t)\}.}$$

Damit gilt ganz allgemein

$$\boxed{\boldsymbol{\sigma}_{(-n)} = -\boldsymbol{\sigma}_{(n)},}$$

also das Gegenwirkungsprinzip für flächenhaft verteilt wirkende innere Kräfte (und Kontaktkräfte).

Die vorstehende Beweisführung können wir unmittelbar auf nicht-orthogonale Bezugssysteme ausdehnen und erhalten so den

---

Satz 1.1: Ist für drei voneinander unabhängige Schnittrichtungen durch einen Punkt jeweils der diesem Punkt zugeordnete Spannungsvektor bekannt, so läßt sich auch für jede andere Schnittrichtung durch diesen Punkt der zugehörige Spannungsvektor ermitteln.

Stimmen – wie in dem betrachteten Beispiel – die drei voneinander unabhängigen Schnitte mit den Koordinaten-Ebenen eines kartesischen Bezugssystems überein, so gilt

$$\begin{aligned} \boldsymbol{\sigma}_{(x)} &= -\boldsymbol{\sigma}_{(-x)} = \sigma_{xx}\mathbf{e}_x + \sigma_{xy}\mathbf{e}_y + \sigma_{xz}\mathbf{e}_z \\ \boldsymbol{\sigma}_{(y)} &= -\boldsymbol{\sigma}_{(-y)} = \sigma_{yx}\mathbf{e}_x + \sigma_{yy}\mathbf{e}_y + \sigma_{yz}\mathbf{e}_z \\ \boldsymbol{\sigma}_{(z)} &= -\boldsymbol{\sigma}_{(-z)} = \sigma_{zx}\mathbf{e}_x + \sigma_{zy}\mathbf{e}_y + \sigma_{zz}\mathbf{e}_z. \end{aligned}$$

Wir können deshalb auch sagen, daß sich der Spannungsvektor für jede beliebige Schnittrichtung durch einen Punkt ermitteln läßt, sofern die Zahlenwerte des

Spannungstensors (in einem kartesischen Bezugssystem) $\begin{pmatrix} \sigma_{xx} & \sigma_{xy} & \sigma_{xz} \\ \sigma_{yx} & \sigma_{yy} & \sigma_{yz} \\ \sigma_{zx} & \sigma_{zy} & \sigma_{zz} \end{pmatrix}$ bekannt sind. Analoges gilt für schiefwinklige Bezugssysteme.

Eine ähnliche Betrachtung, wie wir sie hier unter Anwendung des Impulssatzes angestellt haben, können wir auch unter Benutzung des Drallsatzes (Band I, Satz 6.2) durchführen. Unter unseren Voraussetzungen (*Boltzmann*-Axiom: Fehlen von flächenhaft und volumenhaft verteilt angreifenden Momenten) liefert uns diese Betrachtung dann die bereits bekannte Feststellung (vgl. Band I, Satz 11.1)

Satz 1.2: Bei Gültigkeit des *Boltzmann*-Axioms ist der Spannungstensor symmetrisch, d.h.: In einem kartesischen Bezugssystem ist

$$\sigma_{xy} = \sigma_{yx}$$

$$\sigma_{yz} = \sigma_{zy}$$

$$\sigma_{zx} = \sigma_{xz}.$$

Der Spannungszustand in einem Körperpunkt ist deshalb bei Gültigkeit des *Boltzmann*-Axioms durch *sechs Zahlenwerte* vollständig zu beschreiben.

Anmerkung:

Gilt das *Boltzmann*-Axiom nicht, so kann der Spannungstensor unsymmetrisch werden. Es tritt dann außerdem bei der Beschreibung des Spannungszustandes ein weiterer Tensor auf. Zur Unterscheidung nennt man den ersten *Kraft-Spannungstensor* und den anderen (neu hinzukommenden) *Momenten-Spannungstensor* (vgl. Band I, Abschnitt 11.1.).

Schreiben wir den Spannungstensor **S** in der Form (vgl. Band I, Abschnitt 7.4.1)

$$\begin{aligned} \mathbf{S} = {} & \sigma_{xx}\mathbf{e}_x\mathbf{e}_x + \sigma_{xy}\mathbf{e}_x\mathbf{e}_y + \sigma_{xz}\mathbf{e}_x\mathbf{e}_z \\ & + \sigma_{yx}\mathbf{e}_y\mathbf{e}_x + \sigma_{yy}\mathbf{e}_y\mathbf{e}_y + \sigma_{yz}\mathbf{e}_y\mathbf{e}_z \\ & + \sigma_{zx}\mathbf{e}_z\mathbf{e}_x + \sigma_{zy}\mathbf{e}_z\mathbf{e}_y + \sigma_{zz}\mathbf{e}_z\mathbf{e}_z, \end{aligned}$$

so können wir erkennen, daß der zu einer beliebigen Schnittrichtung $\mathbf{e}_n$ gehörende Spannungsvektor $\boldsymbol{\sigma}_{(n)}$ aus der Beziehung

$$\boldsymbol{\sigma}_{(n)} = \mathbf{e}_n \cdot \mathbf{S}$$

ermittelt werden kann. Diese Gleichung bildet die Grundlage für ein allgemeines formales Verfahren zur Berechnung von $\boldsymbol{\sigma}_{(n)}$, das wir hier jedoch nicht im einzelnen erörtern wollen. Wir kommen darauf (sowie auf die damit zusammenhängende Aufgabe, die Zahlenwerte des Spannungstensors auf eine andere Basis umzurechnen) in Band III zurück. Hier wollen wir nur einen speziellen, aber technisch wichtigen Fall näher betrachten.

Dazu setzen wir zunächst einen *ebenen Spannungszustand* voraus. Er ist dadurch gekennzeichnet, daß für eine bestimmte Schnittrichtung alle Spannungen verschwinden. Nehmen wir an, daß unser Bezugssystem so orientiert ist, daß alle Schnittflächen senkrecht zur z-Achse spannungsfrei sind, so ist

$$\sigma_{zx} = \sigma_{zy} = \sigma_{zz} = 0.$$

Die Matrix der Zahlenwerte des Spannungstensors hat deshalb unter Beachtung der Symmetrie des Spannungstensors in diesem Falle die allgemeine Form

$$\begin{pmatrix} \sigma_{xx} & \sigma_{xy} & 0 \\ \sigma_{yx} & \sigma_{yy} & 0 \\ 0 & 0 & 0 \end{pmatrix}.$$

Darum können wir uns beim ebenen Spannungszustand auch von vorneherein damit begnügen, lediglich die Matrix der nicht verschwindenden Zahlenwerte des Spannungstensors, also

$$\begin{pmatrix} \sigma_{xx} & \sigma_{xy} \\ \sigma_{yx} & \sigma_{yy} \end{pmatrix}$$

anzugeben, die – wegen $\sigma_{xy} = \sigma_{yx}$ – nur noch drei voneinander unabhängige Größen enthält.

Für einen solchen ebenen Spannungszustand wollen wir nun untersuchen, wie sich die Spannungskomponenten ändern, wenn wir eine Schnittrichtung betrachten, deren äußere Flächennormale um einen Winkel φ gegenüber der x-Richtung um die z-Achse gedreht ist. Wir können – anders ausgedrückt – auch sagen: Wir wollen die Änderungen der Spannungskomponenten verfolgen, die sich in den Schnittflächen senkrecht zu den Koordinatenachsen bei einer Drehung des Koordinatensystems um die z-Achse ergeben.

Dazu gehen wir von einem prismatischen Körper (Länge: dz) aus, wie er in Abb. 1.3 mit den an ihm angreifenden Kräften dargestellt ist. Im Hinblick auf den zu vollziehenden Grenzübergang haben wir dabei schon alle Größen fortgelassen, die von höherer Ordnung klein sind und ferner bereits alle Differenzen durch die entsprechende Differentiale ersetzt. Aus der Abb. 1.3 lesen wir als Gleichgewichtsbedingungen für die Kräfte ab:

$$\sum_i F_{ix} = 0 = \sigma_{\bar{x}\bar{x}}\, dA_{(\bar{x})} \cos\varphi - \sigma_{\bar{x}\bar{y}}\, dA_{(\bar{x})} \sin\varphi - \sigma_{xx}\, dy\, dz - \sigma_{yx}\, dx\, dz$$

$$\sum_i F_{iy} = 0 = \sigma_{\bar{x}\bar{x}}\, dA_{(\bar{x})} \sin\varphi + \sigma_{\bar{x}\bar{y}}\, dA_{(\bar{x})} \cos\varphi - \sigma_{yy}\, dx\, dz - \sigma_{xy}\, dy\, dz\,.$$

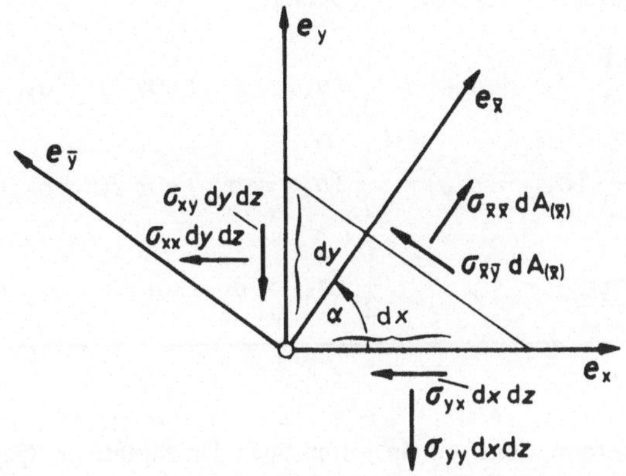

Abb. 1.3

Lösen wir dieses Gleichungssystem nach $\sigma_{\bar{x}\bar{x}}$ und $\sigma_{\bar{x}\bar{y}}$ auf und beachten wir dabei, daß

$$dx\, dz = dA_{(\bar{x})} \sin\varphi$$
$$dy\, dz = dA_{(\bar{x})} \cos\varphi$$

ist, so erhalten wir

$$\sigma_{\bar{x}\bar{x}} = \sigma_{xx} \cos^2\varphi + \sigma_{yy} \sin^2\varphi + 2\,\sigma_{xy} \sin\varphi \cos\varphi$$
$$\sigma_{\bar{x}\bar{y}} = -(\sigma_{xx} - \sigma_{yy}) \sin\varphi \cos\varphi + \sigma_{xy}(\cos^2\varphi - \sin^2\varphi).$$

In einer analogen Betrachtung finden wir für eine Schnittrichtung, deren äußere Flächennormale mit $e_{\bar{y}}$ übereinstimmt

$$\sigma_{\bar{y}\bar{y}} = \sigma_{xx} \sin^2\varphi + \sigma_{yy} \cos^2\varphi - 2\,\sigma_{xy} \sin\varphi \cos\varphi$$
$$\sigma_{\bar{y}\bar{x}} = \sigma_{\bar{x}\bar{y}}\,.$$

Diese Ergebnisse können wir noch ein wenig umformen mit Hilfe der Relationen

$$\cos^2\varphi = \frac{1}{2}(1 + \cos 2\varphi)$$
$$\sin^2\varphi = \frac{1}{2}(1 - \cos 2\varphi)$$
$$\sin\varphi \cos\varphi = \frac{1}{2} \sin 2\varphi.$$

Damit ergibt sich dann als

Satz 1.3: *Transformation der Zahlenwerte des Spannungstensors für einen ebenen Spannungszustand in einem kartesischen Koordinatensystem bei Drehung um die z-Achse:*

$$\sigma_{\bar{x}\bar{x}} = \frac{1}{2}(\sigma_{xx} + \sigma_{yy}) + \frac{1}{2}(\sigma_{xx} - \sigma_{yy}) \cos 2\varphi + \sigma_{xy} \sin 2\varphi$$

$$\sigma_{\bar{y}\bar{y}} = \frac{1}{2}(\sigma_{xx} + \sigma_{yy}) - \frac{1}{2}(\sigma_{xx} - \sigma_{yy}) \cos 2\varphi - \sigma_{xy} \sin 2\varphi$$

$$\sigma_{\bar{x}\bar{y}} = \sigma_{\bar{y}\bar{x}} = \quad - \frac{1}{2}(\sigma_{xx} - \sigma_{yy}) \sin 2\varphi + \sigma_{xy} \cos 2\varphi .$$

Anmerkung:

Die vorstehenden Transformationsformeln gelten auch für allgemeine Spannungszustände, sofern wir uns dabei lediglich auf Drehungen des Bezugssystems um die z-Achse beschränken. In der Regel werden wir bei allgemeinen Spannungszuständen jedoch auch allgemeinere Transformationen in Betracht zu ziehen haben. Darauf gehen wir hier nicht ein. Wir setzen vorerst weiterhin ebene Spannungszustände voraus.

Die Transformationsformeln für die Zahlenwerte des Spannungstensors bei einem ebenen Spannungszustand (die zugleich die Bestimmungsgleichungen für die Komponenten des Spannungsvektors bei Drehung der Schnittrichtung sind) stimmen formal vollständig überein mit den Transformationsformeln für die Flächenmomente 2. Grades (vgl. Band I, Satz 7.8). Darin kommt mathematisch formal zum Ausdruck, daß es sich in beiden Fällen um *tensorielle Größen* handelt, die – wie alle andern Tensoren – den gleichen Rechengesetzen unterliegen, deren Formulierung Aufgabe der *Tensor-Algebra* ist. Die formale Gleichartigkeit der beiden Größen, die sich in dem gleichen Transformationsverhalten ausprägt, erlaubt es ferner, daraus die gleichen Schlüsse zu ziehen. Unter Hinweis auf Band I, Abschnitt 7.4.1 folgern wir deshalb für *ebene Spannungszustände:*

1. Bei einer Drehung des Koordinatensystems um $\varphi = \pi$ (allgemeiner: $\varphi = n\pi$) ändern sich die Zahlenwerte des Spannungstensors nicht. Daraus schließen wir, daß für die auf den beiden Schnittufern eines gedachten Schnittes flächenhaft verteilt wirkenden inneren Kräfte die Aussage *actio = reactio* gilt (Beweis stand bisher noch aus).
2. Bei einer Drehung des Koordinatensystems um $\varphi = \frac{\pi}{2}$ wird

$$\sigma_{\bar{x}\bar{x}} = \sigma_{yy}$$

$$\sigma_{\bar{y}\bar{y}} = \sigma_{xx}$$

$$\sigma_{\bar{x}\bar{y}} = -\sigma_{xy} .$$

3. Es gilt

Satz 1.4: Bei einem *ebenen Spannungszustand* verschwinden die Schubspannungen für Schnittrichtungen, die gegenüber dem kartesischen Ausgangs-Bezugssystem um einen Winkel

$$\varphi = \frac{1}{2} \arctan \frac{2\,\sigma_{xy}}{\sigma_{xx} - \sigma_{yy}}$$

um die z-Achse gedreht sind. Das diesen Schnittrichtungen entsprechende orthonormale Bezugssystem ($\mathbf{e}_1$, $\mathbf{e}_2$) bildet die *Hauptachsen des Spannungstensors.* Die zu diesen Schnittrichtungen gehörenden Normalspannungen nennen wir *Haupt-Normalspannungen* (σ_1, σ_2 mit $\sigma_1 \geqslant \sigma_2$). Für sie gilt

$$\left.\begin{matrix}\sigma_1\\ -\\ \sigma_2\end{matrix}\right\} = \frac{1}{2}(\sigma_{xx} + \sigma_{yy}) \pm \frac{1}{2}\sqrt{(\sigma_{xx} - \sigma_{yy})^2 + 4\,\sigma_{xy}^2}\,\Bigg\}.$$

Anmerkung:

Die Hauptachsen werden auch vielfach *Haupt-Normalspannungsrichtungen* genannt.
Zur Auffindung des Winkels φ, der zu der Hauptachse 1 gehört, die durch $\sigma_1 \geqslant \sigma_2$ gekennzeichnet ist, dient die nachstehende Tabelle (s. hierzu Abb. 1.4), die genau jener Tabelle entspricht, die bei den Flächen-Trägheitsmomenten zur Festlegung der 1-Achse angegeben wurde (Band I, Abschnitt 7.4.1).

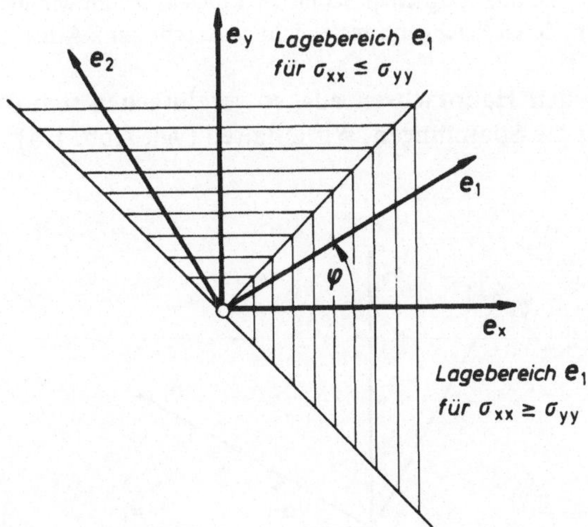

Abb. 1.4

$\sigma_{xx} \geqslant \sigma_{yy}$	$\sigma_{xy} \geqslant 0$	$0 \leqslant \varphi \leqslant \frac{\pi}{4}$
	$\sigma_{xy} \leqslant 0$	$-\frac{\pi}{4} \leqslant \varphi \leqslant 0$
$\sigma_{xx} \leqslant \sigma_{yy}$	$\sigma_{xy} \geqslant 0$	$\frac{\pi}{4} \leqslant \varphi \leqslant \frac{\pi}{2}$
	$\sigma_{xy} \leqslant 0$	$\frac{\pi}{2} \leqslant \varphi \leqslant \frac{3}{4}\pi$

4. Verfolgen wir den Betrag der Schubspannung in Abhängigkeit von der durch den Winkel φ gekennzeichneten Schnittrichtung, so finden wir

---

Satz 1.5: Bei einem *ebenen Spannungszustand* wird der Betrag der Schubspannung $\sigma_{\bar{x}\bar{y}}(\varphi)$ für solche Schnittrichtungen maximal, die um $\frac{\pi}{4}$ gegen die Hauptachsen gedreht sind. Der Maximalwert ist

$$|\sigma_{\bar{x}\bar{y}}|_{max} = \frac{1}{2}\sqrt{(\sigma_{xx} - \sigma_{yy})^2 + 4\,\sigma_{xy}^2} = \frac{1}{2}(\sigma_1 - \sigma_2).$$

Anmerkung:

Haben σ_1 und σ_2 gleiches Vorzeichen, so ist $|\sigma_{\bar{x}\bar{y}}|_{max}$ *nicht* identisch mit dem Extremwert der Schubspannung für *alle* möglichen Schnittrichtungen, sofern wir auch solche Schnittrichtungen zulassen, deren Flächennormale nicht senkrecht zur z-Achse ist.

5. Gehen wir von den Hauptachsen aus, so vereinfachen sich die Transformationsformeln für die Spannungen. Wir erhalten (vgl. Abb. 1.5)

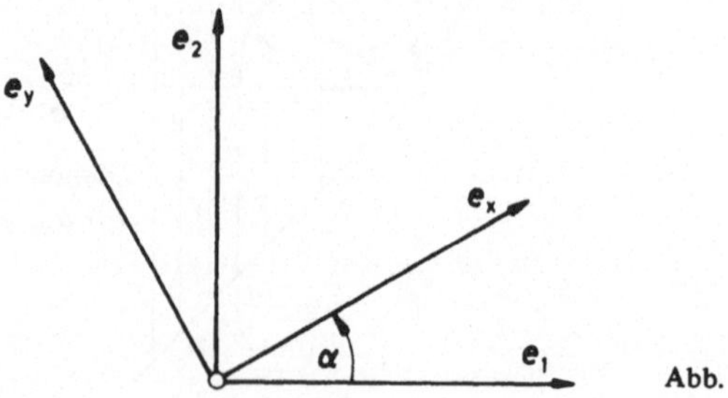

Abb. 1.5

Satz 1.6: *Transformation der Zahlenwerte des Spannungstensors für einen ebenen Spannungszustand in einem kartesischen Koordinatensystem bei Drehung um die z-Achse, ausgehend von den Hauptachsen:*

$$\left.\begin{matrix}\sigma_{xx}\\ \sigma_{yy}\end{matrix}\right\} = \frac{1}{2}(\sigma_1 + \sigma_2) \pm \frac{1}{2}(\sigma_1 - \sigma_2)\cos 2\alpha$$

$$\sigma_{xy} = -\frac{1}{2}(\sigma_1 - \sigma_2)\sin 2\alpha.$$

6. Die in Satz 1.3 bis 1.6 formulierten Beziehungen lassen sich übersichtlich in dem *Mohr*schen Spannungskreis darstellen (Abb. 1.6) (*Mohr* 1835–1918), der vollständig dem *Mohr*schen Trägheitskreis entspricht (vgl. Band I, Abschnitt 7.4.1).

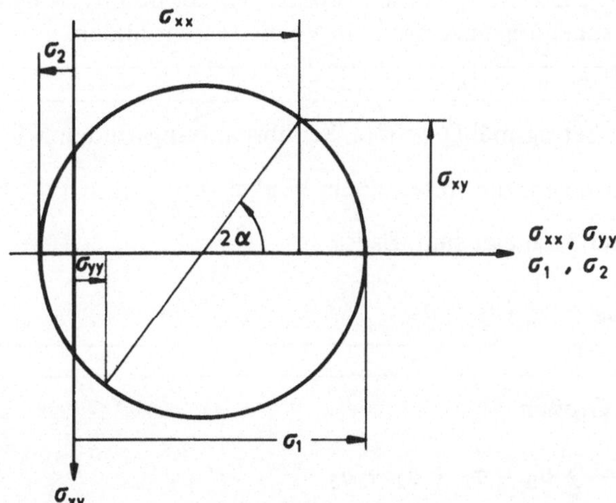

Abb. 1.6

7. Aus den Transformationsformeln für den Spannungstensor ist abzuleiten:

Satz 1.7: Beim *ebenen Spannungszustand* sind die Größen

$$\bar{S}_1 = \sigma_{xx} + \sigma_{yy} = \sigma_1 + \sigma_2$$

$$\bar{S}_2 = \sigma_{xx}^2 + 2\,\sigma_{xy}^2 + \sigma_{yy}^2 = \sigma_1^2 + \sigma_2^2$$

Invarianten des Spannungszustandes, d.h. unabhängig von der Orientierung des Bezugssystems.

Anmerkung:

In vielen Fällen werden wir ebene Spannungszustände in anderen Ebenen, z.B. in der zx-Ebene betrachten. Die Beziehungen sind dann durch zyklische Vertauschung der Indices zu übertragen, z.B.

$x \rightarrow z$

$y \rightarrow x$.

Die vorstehenden Überlegungen lassen sich auf *allgemeine (dreiachsige) Spannungszustände* ausdehnen. Wir verzichten hier auf formale Beweise und geben lediglich die Ergebnisse an:

Satz 1.8: Bei *jedem* Spannungszustand gibt es drei senkrecht aufeinander stehende Schnittrichtungen, für die die Schubspannungen verschwinden. Die diese Schnittrichtungen kennzeichnenden Flächennormalen bilden die *Hauptachsen des Spannungstensors* ($\mathbf{e}_1, \mathbf{e}_2, \mathbf{e}_3$). Die zugehörigen *Haupt-Normalspannungen* bezeichnen wir mit σ_1, σ_2, σ_3. Die Hauptachsen ordnen wir so, daß $\sigma_1 \geqslant \sigma_2 \geqslant \sigma_3$ ist und die zugehörigen Achsen ein Rechtssystem bilden.

Satz 1.9: Die betragsmäßig größte Schubspannung finden wir für Schnittrichtungen, die unter einem Winkel von $\frac{\pi}{4}$ gegen die Hauptachsen 1 und 3 geneigt sind. Es ist

$$|\tau|_{max} = \frac{1}{2}(\sigma_1 - \sigma_3).$$

Satz 1.10: Die Größen

$$S_1 = \sum_i \sigma_{ii} = \sigma_1 + \sigma_2 + \sigma_3$$

$$S_2 = \sum_i \sum_k \sigma_{ik}\sigma_{ik} = \sigma_1^2 + \sigma_2^2 + \sigma_3^2$$

$$S_3 = \sum_i \sum_k \sum_l \sigma_{ik}\sigma_{kl}\sigma_{li} = \sigma_1^3 + \sigma_2^3 + \sigma_3^3$$

$$i, k, l = 1, 2, 3$$

sind *Invarianten des Spannungszustandes,* d.h. *unabhängig von der Orientierung des Bezugssystems.*

---

1. Anmerkung:

Zur Abkürzung ist in den vorstehenden Beziehungen

$$\sigma_{xx} = \sigma_{11}, \quad \sigma_{xy} = \sigma_{12}, \quad \sigma_{xz} = \sigma_{13}$$
$$\sigma_{yx} = \sigma_{21} \text{ usw.}$$

gesetzt. Wir werden von dieser abgekürzten Schreibweise auch an anderer Stelle Gebrauch machen (vgl. hierzu auch Band I, Abschnitte 7.4.1 und 11.1).

2. Anmerkung:

Die Invarianten S_1, S_2 des allgemeinen Spannungszustandes gehen in die entsprechenden Invarianten $\bar{S}_1$, $\bar{S}_2$ des ebenen Spannungszustandes (vgl. Satz 1.7) über, wenn wir

$$\sigma_{xz} = \sigma_{yz} = \sigma_{zz} = 0 \quad \text{bzw.} \quad \sigma_3 = 0$$

setzen. Die S_3 entsprechende Invariante $\bar{S}_3$ des ebenen Spannungszustandes ist keine unabhängige Größe; sie läßt sich durch $\bar{S}_1$ und $\bar{S}_2$ ausdrücken. Es ist

$$\bar{S}_3 = \frac{3}{2}\bar{S}_1\bar{S}_2 - \frac{1}{2}\bar{S}_1^3 .$$

Hingegen ist beim allgemeinen Spannungszustand S_3 nicht durch S_1 und S_2 ausdrückbar und deshalb eine davon unabhängige Größe.

3. Anmerkung:

Die Haupt-Normalspannungen $\sigma_1, \sigma_2, \sigma_3$ sind die drei reellen Wurzeln der kubischen Gleichung

$$\det(\sigma_{ik} - \sigma\,\delta_{ik}) = 0$$

$$\text{mit } \delta_{ik} = \begin{cases} 1 & \text{für } i = k \\ 0 & \text{für } i \neq k, \end{cases}$$

(*Kronecker*-Delta)

die sich mit Hilfe der Invarianten auch in der Form

$$\sigma^3 - S_1\sigma^2 - S_2^*\sigma - S_3^* = 0$$

schreiben läßt. Die Größen

$$S_2^* = \frac{1}{2}(S_2 - S_1^2)$$

$$S_3^* = \frac{1}{3}(S_3 + \frac{1}{2}S_1^3 - \frac{3}{2}S_1S_2),$$

die aus den Invarianten S_1, S_2, S_3 gebildet sind, sind natürlich ebenfalls invariant. Beim ebenen Spannungszustand wird $S_3^* = 0$. Die kubische Gleichung entartet deshalb in diesem Falle zu einer quadratischen Gleichung mit den Wurzeln σ_1, σ_2 (und $\sigma_3 = 0$).

Wir können die Spannungen additiv aufspalten in einen Anteil mit allseitig gleichen Normalspannungen σ_m und in einen Anteil, der davon abweicht (*Deviatorspannungen*):

$$\begin{pmatrix} \sigma_{xx} & \sigma_{xy} & \sigma_{xz} \\ \sigma_{yx} & \sigma_{yy} & \sigma_{yz} \\ \sigma_{zx} & \sigma_{zy} & \sigma_{zz} \end{pmatrix} = \begin{pmatrix} \sigma_m & 0 & 0 \\ 0 & \sigma_m & 0 \\ 0 & 0 & \sigma_m \end{pmatrix} + \begin{pmatrix} \sigma_{xx} - \sigma_m & \sigma_{xy} & \sigma_{xz} \\ \sigma_{yx} & \sigma_{yy} - \sigma_m & \sigma_{yz} \\ \sigma_{zx} & \sigma_{zy} & \sigma_{zz} - \sigma_m \end{pmatrix}$$

mit $\sigma_m = \frac{1}{3}(\sigma_{xx} + \sigma_{yy} + \sigma_{zz}) = \frac{1}{3}(\sigma_1 + \sigma_2 + \sigma_3) = \frac{1}{3} S_1 .$

Der erste Anteil beschreibt einen *kugelsymmetrischen Spannungszustand,* bei dem wir für *jede Schnittrichtung* stets die gleiche (mittlere) *Normalspannung* σ_m und keine Schubspannungen vorfinden. Ein solcher Spannungszustand ist durch eine einzige Invariante zu kennzeichnen:

$$S_1 = 3\,\sigma_m .$$

Die *Deviatorspannungen* wollen wir mit τ_{ik} bezeichnen. Für sie gilt

$$\tau_{xx} = \sigma_{xx} - \sigma_m$$

$$\tau_{xy} = \sigma_{xy}$$

usw.

Betrachten wir die *Invarianten* T_1, T_2, T_3 dieses Spannungszustandes, so finden wir

$$T_1 = \sum_i \tau_{ii} \equiv 0$$

$$T_2 = \sum_i \sum_k \tau_{ik}\tau_{ik} = S_2 - \frac{1}{3} S_1^2$$

$$T_3 = \sum_i \sum_k \sum_l \tau_{ik}\tau_{kl}\tau_{li} = S_3 - S_1 S_2 + \frac{2}{9} S_1^3 .$$

Für die Deviatorspannungen erhalten wir also nur zwei voneinander unabhängige Invarianten. Zusammen mit der den kugelsymmetrischen Spannungszustand kennzeichnenden Invarianten S_1 sind es dann insgesamt wieder drei.
Welches Grundsystem von Invarianten wir festlegen (z.B. S_1, S_2, S_3 oder S_1, T_2, T_3 oder etwa S_1, S_2^*, S_3^*), bleibt gleichgültig. Alle etwa sonst noch abzuleitenden Invarianten des Spannungszustandes lassen sich auf eines der genannten Grundsysteme (oder ein anderes äquivalentes Grundsystem) der Invarianten zurückführen. Das hängt mit der Symmetrie des Spannungszustandes zusammen.

Anmerkung:

Bei den Deviatorspannungen gilt für die entsprechend der 3. Anmerkung auf Seite 23 gebildeten Invarianten

$$T_2^* = \frac{1}{2} T_2 \quad \text{und} \quad T_3^* = \frac{1}{3} T_3$$

weil $T_1 \equiv 0$ ist.

Die wichtigsten Ergebnisse der vorstehenden Überlegungen fassen wir noch einmal zusammen in

---

Satz 1.11: Jeder Spannungszustand σ_{ik} (bezogen auf eine orthonormale Basis) ist entsprechend der Beziehung

$$\sigma_{ik} = \tau_{ik} + \sigma_m \delta_{ik}$$

$$\sigma_m = \frac{1}{3} \sum_i \sigma_{ii}$$

aufteilbar in einen

kugelsymmetrischen Tensor $\sigma_m \delta_{ik}$
und einen Deviator $\tau_{ik} = \sigma_{ik} - \sigma_m \delta_{ik}$.

Der kugelsymmetrische Spannungszustand ist durch die Invariante

$$S_1 = 3\,\sigma_m = \sum_i \sigma_{ii}$$

zu kennzeichnen. Die Invarianten der Deviatorspannungen sind

$$T_2 = \sum_i \sum_k \tau_{ik}\tau_{ik} = S_2 - \frac{1}{3} S_1^2$$

$$T_3 = \sum_i \sum_k \sum_l \tau_{ik}\tau_{kl}\tau_{li} = S_3 - S_1 S_2 + \frac{2}{9} S_1^3 .$$

Anmerkung:

In der Fluid-Mechanik führt man in aller Regel den sogenannten *hydrostatischen Druck*

$$p = -\sigma_m$$

zur Kennzeichnung des kugelsymmetrischen Spannungszustandes ein, weil bei idealen Flüssigkeiten und Gasen σ_m stets negativ ist.

1.3. Beschreibung des Verzerrungszustandes

Im Verlauf eines thermo-mechanischen Prozesses, der beispielsweise durch Belastungs- oder Temperaturänderungen verursacht wird, erfahren die Körperpunkte *Verschiebungen,* die wir in der Form

$$\mathbf{u}(\mathring{\mathbf{r}}, t) = \mathbf{r}(\mathring{\mathbf{r}}, t) - \mathring{\mathbf{r}}$$

beschreiben können, wobei

$$\mathring{\mathbf{r}} = \mathbf{r}(t_0)$$

ist (s. Abb. 1.7; vgl. hierzu Band I, Abschnitt 5.3). Aus den Verschiebungen der Körperpunkte ergeben sich für die *Körperelemente* (vgl. Abb. 1.8)

a) *Starrkörper-Verschiebungen* bestehend aus *Translation* und *Rotation*.

b) *Verzerrungen* bestehend aus *Dehnungen* und *Gleitungen* (vgl. Band I, Abschnitt 11.2).

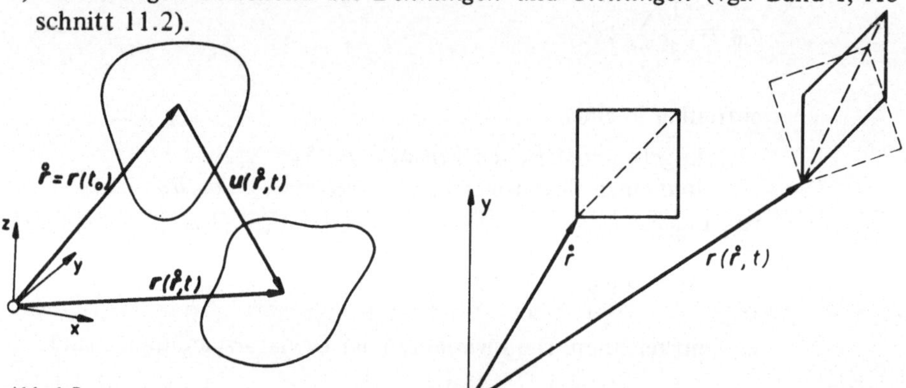

Abb. 1.7

Abb. 1.8

Während der Translations-Anteil der Starrkörper-Verschiebung eines Körperelementes durch das Verschiebungsfeld $\mathbf{u}(\mathring{\mathbf{r}}, t)$ selbst gegeben ist, hängen der Rotationsanteil der Starrkörper-Verschiebung sowie die Verzerrung eines Körperelementes von den *Änderungen* des Verschiebungsfeldes in der Umgebung des Körperpunktes $\mathbf{r}(\mathring{\mathbf{r}}, t)$ ab. Diesen Zusammenhang wollen wir jetzt untersuchen. Dabei wollen wir uns auf hinreichend kleine Rotationen und Verzerrungen (geometrische Linearität) beschränken, wie wir schon eingangs (Abschnitt 1.1) festgestellt haben. In diesem Falle können wir die einzelnen Anteile der Rotationen und Verzerrungen superponieren. Darum können wir beispielsweise auch zunächst die Verschiebungskomponenten in der xy-Ebene für sich gesondert betrachten.

Aus der Abb. 1.9 lesen wir unter Vernachlässigung von Größen, die von höherer Ordnung klein sind, ab:

$$\epsilon_{xx} = \frac{u_x + \dfrac{\partial u_x}{\partial \mathring{x}} d\mathring{x} - u_x}{d\mathring{x}} = \frac{\partial u_x}{\partial \mathring{x}}$$

$$\epsilon_{yy} = \frac{u_y + \dfrac{\partial u_y}{\partial \mathring{y}} d\mathring{y} - u_y}{d\mathring{y}} = \frac{\partial u_y}{\partial \mathring{y}}$$

$$\epsilon_{xy} = \epsilon_{yx} = \frac{1}{2} \{\gamma_{(xy)} + \gamma_{(yx)}\}$$

$$\epsilon_{xy} = \epsilon_{yx} \approx \frac{1}{2}\left\{\frac{u_y + \frac{\partial u_y}{\partial \mathring{x}}\, d\mathring{x} - u_y}{d\mathring{x}(1+\epsilon_{xx})} + \frac{u_x + \frac{\partial u_x}{\partial \mathring{y}}\, d\mathring{y} - u_x}{d\mathring{y}(1+\epsilon_{yy})}\right\}$$

$$\approx \frac{1}{2}\left\{\frac{\partial u_y}{\partial \mathring{x}} + \frac{\partial u_x}{\partial \mathring{y}}\right\}.$$

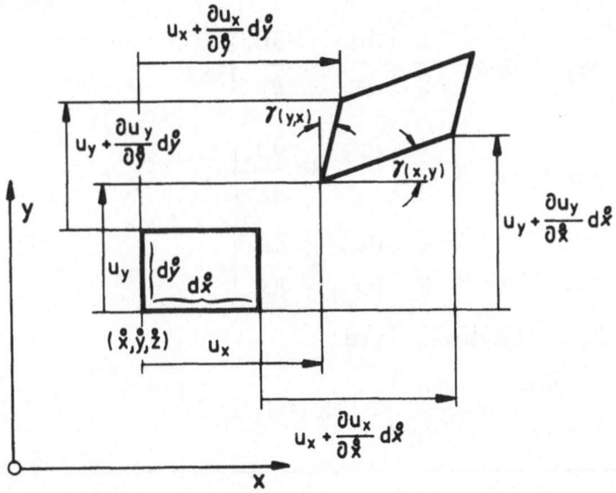

Abb. 1.9

Analoge Ausdrücke ergeben sich für die Zusammenhänge zwischen den Verschiebungen und Verzerrungen in der yz- und in der zx-Ebene.
In dieser Darstellung haben wir alle Größen dem Ausgangszustand zugeordnet:

$$u_x = u_x(\mathring{x}, \mathring{y}, \mathring{z}) \text{ usw.}$$

Deshalb haben wir die Ableitungen auch nach den Koordinaten des Ausgangszustandes vorzunehmen. Nun ist aber unter unseren Voraussetzungen beispielsweise die Erstreckung eines verzerrten Körperelementes in x-Richtung nur wenig verschieden von der ursprünglichen Länge $d\mathring{x}$ im Ausgangszustand, d.h.

$$dx \approx d\mathring{x}\,.$$

Ferner können wir es bei kleinen Verschiebungen offenlassen, ob wir die Verschiebungen **u** den Körperpunkten in der Ausgangslage oder den Punkten des deformierten Körpers zuordnen wollen; denn es ist unter diesen Voraussetzungen

$$\mathbf{u}(\mathring{\mathbf{r}}, t) \approx \mathbf{u}(\mathbf{r}, t).$$

So kommen wir dazu, für hinreichend kleine Translationen, Drehungen und Verzerrungen der Körperelemente den Zusammenhang zwischen den Verschiebungen und den Verzerrungen in folgender Form als gegeben zu betrachten:

Satz 1.12: *Beziehung zwischen den Verschiebungen und Verzerrungen eines Elementes in einem kartesischen Koordinatensystem bei hinreichend kleinen Drehungen und Verzerrungen*

Es ist

$$\epsilon_{xx} = \frac{\partial u_x}{\partial x}, \quad \epsilon_{yy} = \frac{\partial u_y}{\partial y}, \quad \epsilon_{zz} = \frac{\partial u_z}{\partial z},$$

$$\epsilon_{xy} = \epsilon_{yx} = \frac{1}{2}\left\{\frac{\partial u_y}{\partial x} + \frac{\partial u_x}{\partial y}\right\},$$

$$\epsilon_{yz} = \epsilon_{zy} = \frac{1}{2}\left\{\frac{\partial u_z}{\partial y} + \frac{\partial u_y}{\partial z}\right\},$$

$$\epsilon_{zx} = \epsilon_{xz} = \frac{1}{2}\left\{\frac{\partial u_x}{\partial z} + \frac{\partial u_z}{\partial x}\right\},$$

bzw. in abgekürzter Schreibweise

$$\epsilon_{ik} = \epsilon_{ki} = \frac{1}{2}\left(\frac{\partial u_k}{\partial x_i} + \frac{\partial u_i}{\partial x_k}\right). \quad i, k = 1, 2, 3.$$

Hierbei haben wir in Analogie zu anderen Fällen

$$u_x = u_1, \quad u_y = u_2, \quad u_z = u_3,$$
$$x = x_1, \quad y = x_2, \quad z = x_3$$

gesetzt.

Untersuchen wir, wie sich die Dehnungen und Gleitungen bei einer Drehung des Bezugssystem ändern, so finden wir die gleichen Transformationen wie für die Zahlenwerte des Spannungstensors. Daraus schließen wir:

Satz 1.13: Die Verzerrungen

$$\epsilon_{ik} = \epsilon_{ki} = \frac{1}{2}\left\{\frac{\partial u_k}{\partial x_i} + \frac{\partial u_i}{\partial x_k}\right\} \qquad i, k = 1, 2, 3$$

stellen die Zahlenwerte eines symmetrischen Tensors, des *Verzerrungstensors* dar. Deshalb lassen sich die für den Spannungstensor formulierten Sätze 1.3 bis 1.11 analog auf den Verzerrungstensor übertragen. Ferner sind die Transformationen ebener Verzerrungszustände (bei Drehung des Koordinatensystems um die z-Achse) mit Hilfe des *Mohr*schen Kreises darstellbar.

Wir begnügen uns hier mit dieser globalen Feststellung und verzichten darauf, die Sätze für den Verzerrungstensor einzeln hinzuschreiben. Lediglich den Satz, der dem Satz 1.11 entspricht, wollen wir hier wegen seiner physikalischen Bedeutung noch einmal gesondert formulieren:

Satz 1.14: Jeder Verzerrungszustand ϵ_{ik} läßt sich aufspalten

a) in einen *kugelsymmetrischen Tensor*

$$\frac{1}{3}\,\epsilon\,\delta_{ik} = \frac{1}{3}\left(\sum_r \epsilon_{rr}\right)\delta_{ik}\,,$$

der die *Volumendehnung* ϵ kennzeichnet, und

b) in einen *Deviator*

$$\gamma_{ik} = \epsilon_{ik} - \frac{1}{3}\,\epsilon\,\delta_{ik}\,,$$

der die (volumentreuen) *Gestaltänderungen* beschreibt.

Anmerkung:

Zur zahlenmäßigen Festlegung des kugelsymmetrischen Anteils der Verzerrungen führen wir hier als kennzeichnende Größe die Volumendehnung ϵ und nicht die mittlere Dehnung $\epsilon_m = \frac{1}{3}\epsilon$ ein, weil ϵ eine unmittelbare physikalische Bedeutung hat. Es sei ferner darauf hingewiesen, daß die Zahlenwerte γ_{ik} des Deviators nicht verwechselt werden dürfen mit den Winkeländerungen $\gamma_{(ik)}$, die wir zur Definition der Gleitungen in Band I, Abschnitt 11.2.2 herangezogen haben und die vielfach noch zur zahlenmäßigen Festlegung der Gleitungen benutzt werden. Zur besseren Unterscheidung haben wir bei den in Band I, Abschnitt 11.2.2 verwendeten Größen, die nicht als Zahlenwerte eines Tensors zu betrachten sind, die Indices in Klammern gesetzt.

Die Starrkörper-Rotation eines Elementes können wir identifizieren mit der Drehung, die die Diagonale eines kubischen Elementes erfährt (s. Abb. 1.10; vgl. auch Band I, Abschnitt 11.2.2). Wir erhalten:

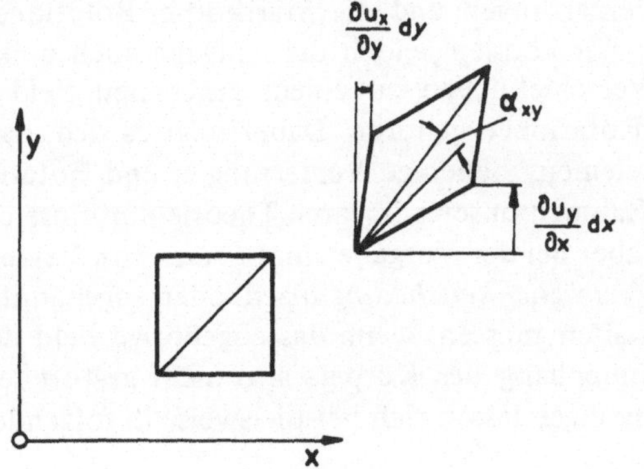

Abb. 1.10

Satz 1.15: *Beziehung zwischen den Verschiebungen und Starrkörper-Rotationen eines Elementes in einem kartesischen Koordinatensystem bei hinreichend kleinen Drehungen und Verzerrungen*

Es ist

$$\alpha_{ik} = \frac{1}{2}\left\{\frac{\partial u_k}{\partial x_i} - \frac{\partial u_i}{\partial x_k}\right\}.$$

Die Größen α_{ik} sind die Zahlenwerte eines antimetrischen Tensors, d.h. es ist

$$\alpha_{ik} = -\alpha_{ki}$$

$$\alpha_{ii} = 0\,.$$

Sowohl die Verzerrungen ϵ_{ik} wie die Starrkörper-Rotationen α_{ik} sind nach Satz 1.13 bzw. Satz 1.15 aus dem Verschiebungsfeld $\mathbf{u}(\mathring{\mathbf{r}}, t)$ bzw. $\mathbf{u}(\mathbf{r}, t)$ abzuleiten. Sie lassen sich als symmetrischer bzw. antimetrischer Anteil des Verschiebungsgradienten

$$\text{grad}\,\mathbf{u} = \nabla\,\mathbf{u}$$

deuten, wobei

$$\nabla = \mathbf{e}_x \frac{\partial}{\partial x} + \mathbf{e}_y \frac{\partial}{\partial y} + \mathbf{e}_z \frac{\partial}{\partial z}$$

den *Nabla*-Operator bezeichnet.

Satz 1.16: Bei hinreichend kleinen Drehungen und Verzerrungen sind die Verzerrungen ϵ_{ik} gleich dem symmetrischen Anteil des Verschiebungsgradienten grad **u**, die Starrkörper-Rotationen α_{ik} gleich dem antimetrischen Anteil von grad **u**.

Bei bekanntem Verschiebungsfeld können wir mit Hilfe der Sätze 1.13 und 1.15 bzw. 1.16 die Verzerrungen und die Starrkörper-Rotationen aller Körperelemente ermitteln. Wir können jedoch die Aufgabe auch umkehren und danach fragen, welche Verschiebungen zu einem gegebenen Feld von Verzerrungen und Starrkörper-Rotationen gehören. Dabei zeigt es sich, daß wir zwar für ein einzelnes Körperelement beliebige Verzerrungen und Rotationen vorschreiben können (die im Rahmen unserer linearen Theorie nur hinreichend klein bleiben müssen), daß wir aber bei der Vorgabe eines *Feldes* von Verzerrungen und Rotationen gewisse *Verträglichkeitsbedingungen* oder sogenannte *Kompatibilitätsbedingungen* einhalten müssen, wenn das zugehörige Feld der Verschiebungen stetig, der Zusammenhang des Körpers also nicht gestört sein soll. Diese Verträglichkeitsbedingungen lassen sich beispielsweise in folgender Form schreiben:

Satz 1.17: Das Verzerrungsfeld muß (dreimal stetig differenzierbares Verschiebungsfeld vorausgesetzt) den *Kompatibilitätsbedingungen*

$$\frac{\partial^2 \epsilon_{ii}}{\partial x_k^2} + \frac{\partial^2 \epsilon_{kk}}{\partial x_i^2} - 2 \frac{\partial^2 \epsilon_{ik}}{\partial x_i \, \partial x_k} = 0$$

$$\frac{\partial^2 \epsilon_{ik}}{\partial x_k \, \partial x_l} + \frac{\partial^2 \epsilon_{kl}}{\partial x_i \, \partial x_k} - \frac{\partial^2 \epsilon_{li}}{\partial x_k^2} - \frac{\partial^2 \epsilon_{kk}}{\partial x_i \, \partial x_l} = 0$$

genügen.

Die Bedeutung der Kompatibilitätsbedingungen erkennen wir, wenn wir die Verzerrungen durch die Verschiebungen ausdrücken. Nehmen wir die erste Gleichungsgruppe und setzen dort z.B. $i = 1$ und $k = 2$, so erhalten wir (mit $x_1 = x$, $x_2 = y$)

$$\frac{\partial^2}{\partial y^2} \underbrace{\left(\frac{\partial}{\partial x} u_x\right)}_{\epsilon_{xx}} + \frac{\partial^2}{\partial x^2} \underbrace{\left(\frac{\partial}{\partial y} u_y\right)}_{\epsilon_{yy}} - 2 \cdot \frac{\partial^2}{\partial x \partial y} \underbrace{\frac{1}{2}\left(\frac{\partial u_y}{\partial x} + \frac{\partial u_x}{\partial y}\right)}_{\epsilon_{xy}} \equiv 0.$$

Zwei weitere identisch verschwindende Gleichungen dieser Gruppe ergeben sich durch zyklische Vertauschung der Indices. Ebenso enthält die zweite Gruppe der Kompatibilitätsbedingungen drei identisch verschwindende Gleichungen, wenn wir wiederum die Verzerrungen durch die Verschiebungen ausdrücken. Die Kompatibilitätsbedingungen stellen also – in den Verschiebungen hingeschrieben – nichts anderes als *Identitäten* dar. Sie ergeben *keine Bestimmungsgleichungen* zur Berechnung des Verschiebungsfeldes aus dem Feld der Verzerrungen und Rotationen.

Anmerkung:

Die zweite Gruppe der Kompatibilitätsbedingungen stellt im wesentlichen die Verträglichkeitsbedingung für die Starrkörper-Rotationen der Elemente dar. Jede der beiden Gruppen umfaßt im übrigen jeweils nur drei wesentliche Identitäten. Werden zwei Indices gleichgesetzt (z.B. $i = k$), so entstehen lediglich triviale Gleichungen, wie wir leicht durch Einsetzen feststellen. Insgesamt haben wir also sechs solcher Identitäten. Bei *ebenen Verzerrungszuständen* reduziert sich das Gleichungssystem auf *eine* wesentliche Gleichung.

Die *Verzerrungs-* bzw. *Rotations-Geschwindigkeiten* erhalten wir, indem wir die Verschiebungen u_i durch die entsprechenden Geschwindigkeiten v_i ersetzen:

Satz 1.18: Die *Verzerrungsgeschwindigkeit* eines Körperelementes ist in einem kartesischen Koordinatensystem durch

$$d_{ik} = \frac{1}{2}\left\{\frac{\partial v_k}{\partial x_i} + \frac{\partial v_i}{\partial x_k}\right\} \qquad i, k = 1, 2, 3$$

gegeben. Die Größen d_{ik} sind die Zahlenwerte eines *symmetrischen Tensors:*

$$d_{ik} = d_{ki}.$$

Satz 1.19: Die *Geschwindigkeit der Starrkörper-Rotation* ist in einem kartesischen Koordinatensystem durch die Größen

$$\omega_{ik} = \frac{1}{2}\left\{\frac{\partial v_k}{\partial x_i} - \frac{\partial v_i}{\partial x_k}\right\} \qquad i, k = 1, 2, 3$$

bestimmt, die die Zahlenwerte eines *antimetrischen Tensors* bilden:

$$\omega_{ik} = -\omega_{ki}.$$

Die für den Verzerrungstensor geltenden Aussagen lassen sich auf den Tensor der Verzerrungsgeschwindigkeiten übertragen.

Anmerkung:

Die in den Sätzen 1.18 bzw. 1.19 angegebenen Beziehungen zwischen dem Geschwindigkeitsfeld und den Verzerrungs- bzw. Rotationsgeschwindigkeiten gelten auch für endliche Verzerrungen und Drehungen. Der Tensor der Rotationsgeschwindigkeit wird manchmal auch mit umgekehrten Vorzeichen definiert.

1.4. Grundgesetz der Mechanik; analytische Fassung

In Band I, Abschnitt 6.3 haben wir das aus Impuls- und Drallsatz bestehende Grundgesetz der Mechanik in vektorieller, *symbolischer* Schreibweise formuliert, die offenläßt, auf welche Basis die darin vorkommenden vektoriellen Größen bezogen werden sollen. Für die Anwendung des Grundgesetzes auf Probleme der Statik und Kinetik deformierbarer Körper benötigen wir jedoch das Grundgesetz in einer *analytischen* Fassung, die es uns gestattet, die vektoriellen Größen zahlenmäßig zu erfassen. Wir wählen dazu hier ein kartesisches Bezugssystem, dessen Bezugspunkt und Orientierung in irgendeiner Weise geeignet festgelegt sein mögen.

Der *Impulssatz* (Teil A des Grundgesetzes der Mechanik; vgl. Band I, Satz 6.1) lautet in symbolischer Schreibweise

$$\mathrm{d}\mathbf{F}_A + \mathrm{d}\mathbf{F}_V = \frac{D}{dt}(dm\,\mathbf{v})\,.$$

Hierin bezeichnen

$dm = \rho\,dV = \rho\,dx\,dy\,dz$ die Masse des Körperelementes, dessen Dichte ρ und dessen Volumen dV ist,

$\mathbf{v} = \frac{D}{dt}\mathbf{u} = \dot{\mathbf{u}}$ die Geschwindigkeit des Körperelementes,

$\mathrm{d}\mathbf{F}_v = dm\left(\sum_i \mathbf{f}_i\right) = dm\,\mathbf{f}$ die vektorielle Summe der *volumenhaft* verteilt an dem Körperelement angreifenden Kräfte,

$\mathrm{d}\mathbf{F}_A$ die vektorielle Summe der *flächenhaft* verteilt an dem Körperelement angreifenden Kräfte.

Für die Größen $\mathrm{d}\mathbf{F}_V$ und dm $\mathbf{v}$ lassen sich bei gegebener Basis die entsprechenden Zahlenwerte unmittelbar angeben. Zu ermitteln ist jedoch noch, was wir für die vektorielle Summe der flächenhaft verteilt angreifenden Kräfte erhalten. Aus Abb. 1.11, die nur die in x-Richtung wirkenden Kräfte enthält, lesen wir für die aus den Spannungen in x-Richtung resultierende Kraft ab:

$$\left(\sigma_{xx} + \frac{\partial \sigma_{xx}}{\partial x}\,dx - \sigma_{xx}\right)dy\,dz + \left(\sigma_{yx} + \frac{\partial \sigma_{yx}}{\partial y}\,dy - \sigma_{yx}\right)dz\,dx$$

$$+\left(\sigma_{zx} + \frac{\partial \sigma_{zx}}{\partial z}\,dz - \sigma_{zx}\right)dx\,dy = \left(\frac{\partial \sigma_{xx}}{\partial x} + \frac{\partial \sigma_{yx}}{\partial y} + \frac{\partial \sigma_{zx}}{\partial z}\right)dV.$$

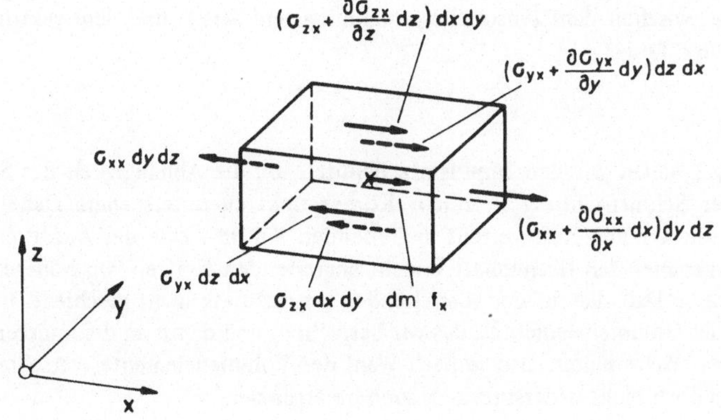

Abb. 1.11

Setzen wir das in den Impulssatz ein und ebenso die Ausdrücke, die wir jeweils für die Summe der flächenhaft verteilt angreifenden Kräfte in y- bzw. z-Richtung erhalten, so ergeben sich – nach Division durch dV – die folgenden drei skalaren Gleichungen:

Satz 1.20: *Impulssatz; analytische Fassung*

$$\frac{\partial \sigma_{xx}}{\partial x} + \frac{\partial \sigma_{yx}}{\partial y} + \frac{\partial \sigma_{zx}}{\partial z} + \rho\, f_x = \rho\, \frac{D^2 u_x}{dt^2} ,$$

$$\frac{\partial \sigma_{xy}}{\partial x} + \frac{\partial \sigma_{yy}}{\partial y} + \frac{\partial \sigma_{zy}}{\partial z} + \rho\, f_y = \rho\, \frac{D^2 u_y}{dt^2} ,$$

$$\frac{\partial \sigma_{xz}}{\partial x} + \frac{\partial \sigma_{yz}}{\partial y} + \frac{\partial \sigma_{zz}}{\partial z} + \rho\, f_z = \rho\, \frac{D^2 u_z}{dt^2} ,$$

bzw. in abgekürzter Schreibweise

$$\sum_i \frac{\partial \sigma_{ik}}{\partial x_i} + \rho\, f_k = \rho\, \frac{D^2 u_k}{dt^2} .$$

---

1. Anmerkung:

Diese drei skalaren Gleichungen entsprechen einer vektoriellen Gleichung, die sich symbolisch in folgender Form schreiben läßt:

$$\operatorname{div} \mathbf{S} + \rho \mathbf{f} = \rho \cdot \frac{D^2 \mathbf{u}}{dt^2} .$$

Hierin bezeichnet

$$\operatorname{div} \mathbf{S} = \nabla \cdot \mathbf{S}$$

die Divergenz des Spannungstensors **S**. Der Impulssatz ist eine sog. *Feldgleichung*. Er stellt eine Beziehung zwischen dem tensoriellen Spannungsfeld **S**(**r**, t) und dem vektoriellen Verschiebungsfeld **u**(**r**, t) dar.

2. Anmerkung:

In Abschnitt 1.2 haben wir den Impulssatz benutzt, um die Abhängigkeit des Spannungsvektors von der Schnittrichtung in einem Körperpunkt zu untersuchen. Dabei fielen im Grenzübergang die volumenhaft verteilt angreifenden Kräfte sowie der Ausdruck dm $\dot{\mathbf{v}}$ als Größen, die gegenüber den flächenhaft verteilt angreifenden Kräften von höherer Ordnung klein sind, heraus. Daß dies in der vorstehenden Betrachtung nicht geschieht, liegt an der anderen Wahl des Volumenelementes, das wir betrachten und damit an der anderen Wahl des Grenzüberganges. Wir erhalten also je nach Wahl des Volumenelementes verschiedene Aussagen, die sich jedoch nicht widersprechen, sondern ergänzen.

Der *Drallsatz* (Teil B des Grundgesetzes der Mechanik; vgl. Band I, Satz 6.2), liefert unter Annahme des *Boltzmann*-Axioms lediglich die Aussage, daß der Spannungstensor symmetrisch ist (Satz 1.2). Seine Aussagekraft ist damit ausgeschöpft. Er erscheint in der Mechanik deformierbarer Körper, die als klassische Kontinua (Punkt-Kontinua) zu betrachten sind, d.h. bei Gültigkeit des *Boltzmann*-Axioms, darüber hinaus nicht mehr als selbständige Grundgleichung. Ist die Beschleunigung aller Körperpunkte identisch Null, so verschwinden die rechten Seiten der Gleichungen von Satz 1.20 und wir gelangen zur *Statik der deformierbaren Körper*. Das Gleichungssystem der Statik wird durch die Überlagerung einer gleichförmigen Translationsbewegung nicht gestört (*Galilei*-Transformation).

1.5. Energiesatz der Mechanik

Wir wollen den Austausch mechanischer Energie ermitteln, der im Verlauf der Bewegung und der Deformationen eines unter der Wirkung von Kräften stehenden Körpers stattfindet. Wir beschränken uns dabei auf differentielle Änderungen des Verschiebungszustandes und können es offenlassen, wodurch diese Änderungen bewirkt sind.

Zur Ermittlung des gesuchten Energie-Austausches gehen wir vom Impulssatz für ein Körperelement aus. Wir multiplizieren den Impulssatz skalar mit dem Verschiebungs-Inkrement **Du** und integrieren dann über den ganzen Körper. Wir erhalten so zunächst in symbolischer Schreibweise

$$\int_V \left\{ d\mathbf{F}_A + d\mathbf{F}_V \right\} \cdot D\mathbf{u} = \int_V dm\, \dot{\mathbf{v}} \cdot D\mathbf{u}\,.$$

Die analytische Fassung dieser Beziehung lautet in abgekürzter Schreibweise

$$\int_V \sum_k \left\{ \sum_i \frac{\partial \sigma_{ik}}{\partial x_i} \right\} Du_k\, dV + \int_V \rho \sum_k f_k\, Du_k\, dV = \int_V \rho \sum_k \frac{Dv_k}{dt}\, Du_k\, dV.$$

Wir formen nun um. Es ist einerseits

$$\sum_k \left\{ \sum_i \frac{\partial \sigma_{ik}}{\partial x_i} \right\} Du_k = \sum_k \sum_i \frac{\partial}{\partial x_i} (\sigma_{ik}\, Du_k) - \sum_k \sum_i \sigma_{ik} \frac{\partial}{\partial x_i} (Du_k)$$

und andrerseits

$$\sum_k \frac{Dv_k}{dt}\, Du_k = \sum_k \frac{Dv_k}{dt}\, v_k\, dt = \frac{D}{dt}\left(\frac{v^2}{2}\right) dt = D\left(\frac{v^2}{2}\right)$$

mit

$$v^2 = \sum_k v_k\, v_k\,.$$

Setzen wir das ein, so erhalten wir im nächsten Schritt

$$\int_V \sum_i \sum_k \frac{\partial}{\partial x_i}(\sigma_{ik}\, Du_k)\, dV - \int_V \sum_i \sum_k \sigma_{ik} \frac{\partial}{\partial x_i}(Du_k)\, dV + \int_V \sum_k f_k\, Du_k\, dm = \int_V D\left(\frac{v^2}{2}\right) dm.$$

Wir betrachten nun die einzelnen Glieder dieser Gleichung:

a) Nach dem *Gaußschen* Integralsatz ist

$$\int_V \sum_i \sum_k \frac{\partial}{\partial x_i}(\sigma_{ik}\, Du_k)\, dV = \int_A \sum_k p_k\, Du_k\, dA.$$

Das auf der linken Seite stehende Volumenintegral geht in ein Integral über, das nur über die Oberfläche des Körpers zu erstrecken ist. Hierin bezeichnet **p** den Spannungsvektor der von *außen* flächenhaft verteilt auf den Körper einwirkenden Kräfte. Das vorstehende Integral stellt deshalb das Inkrement der Arbeit dieser Kräfte dar:

$$\int_V \sum_k p_k\, Du_k\, dA = DA_A^{(a)}\,.$$

b) Wir können, wie sich unter Beachtung der Symmetrie des Spannungstensors (d.h. $\sigma_{ik} = \sigma_{ki}$) zeigen läßt (Näheres siehe Abschnitt 2.3)

$$\int_V \sum_i \sum_k \sigma_{ik} \frac{\partial}{\partial x_i}(Du_k)\, dV = \int_V \sum_i \sum_k \sigma_{ik} \underbrace{\frac{1}{2}\left\{\frac{\partial}{\partial x_i} Du_k + \frac{\partial}{\partial x_k} Du_i\right\}}_{D\epsilon_{ik}} dV$$

setzen. Der rechts stehende Ausdruck beschreibt das Inkrement der *Formänderungsarbeit*, d.h. jenes Anteiles der Arbeit, der zur Formänderung des Körpers aufgewendet wird:

$$\int_V \sum_i \sum_k \sigma_{ik}\, D\epsilon_{ik}\, dV = DW.$$

Um dies nachzuweisen, betrachten wir den Ausdruck

$$\begin{aligned} Dw &= \sum_i \sum_k \frac{\sigma_{ik}}{\rho} D\epsilon_{ik} \\ &= \frac{1}{\rho}\{\sigma_{xx}\, D\epsilon_{xx} + \sigma_{xy}\, D\epsilon_{xy} + \sigma_{xz}\, D\epsilon_{xz} \\ &\quad + \sigma_{yx}\, D\epsilon_{yx} + \sigma_{yy}\, D\epsilon_{yy} + \sigma_{yz}\, D\epsilon_{yz} \\ &\quad + \sigma_{zx}\, D\epsilon_{zx} + \sigma_{zy}\, D\epsilon_{zy} + \sigma_{zz}\, D\epsilon_{zz}\}. \end{aligned}$$

Er beschreibt, wie wir gleich sehen werden, das auf die Masse eines Körperelementes bezogene Inkrement der *Verzerrungsarbeit*, d.h. die *spezifische* Arbeit, die die an einem Körperelement angreifenden Spannungen bei einer inkrementellen Verzerrung dieses Elementes leisten. Nehmen wir beispielsweise das erste Glied der rechten Seite (multipliziert mit $dm = \rho\ dV$), also den Ausdruck

$$\sigma_{xx}\ dy\ dz \cdot dx\ D\epsilon_{xx} = \sigma_{xx}\ D\epsilon_{xx}\ dV\ ,$$

so erkennen wir (vgl. Abb. 1.12), daß er die Arbeit darstellt, die die Spannungen σ_{xx} bei einer Verzerrung $D\epsilon_{xx}$ des Körperelementes leisten. Analog stellt (vgl. Abb. 1.13)

$$\sigma_{xy}\ dy\ dz \cdot dx\,(D\epsilon_{xy} + D\epsilon_{yx}) = \{\sigma_{xy}\ D\epsilon_{xy} + \sigma_{yx}\ D\epsilon_{yx}\}\ dV$$

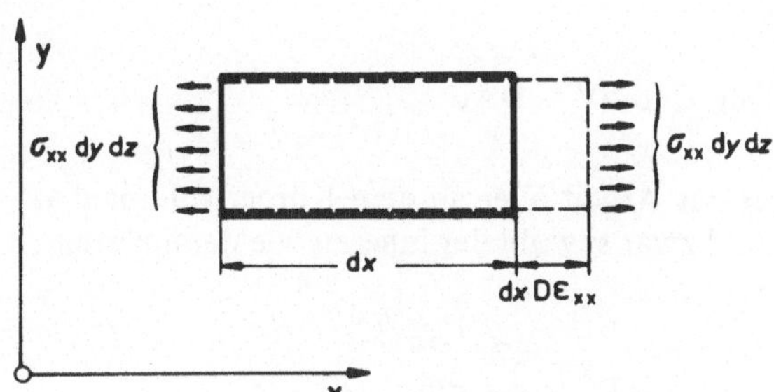

Abb. 1.12

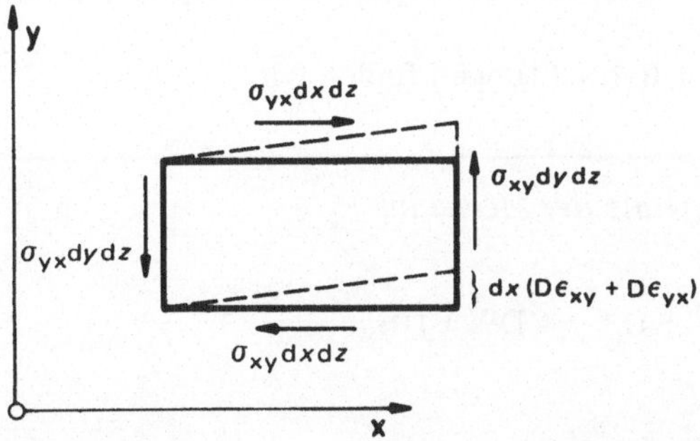

Abb. 1.13

die Arbeit der Spannungen $\sigma_{xy} = \sigma_{yx}$ bei einer Verzerrung $D\epsilon_{xy} = D\epsilon_{yx}$ dar. Entsprechendes gilt für die Arbeit der übrigen Spannungen. Die spezifischen Arbeiten erhalten wir, indem wir die obigen Ausdrücke durch $dm = \rho\ dV$ dividieren.

Die einzelnen Arbeitsanteile lassen sich additiv superponieren, weil beispielsweise bei einer Dehnungsänderung $D\epsilon_{xx}$ nur die Spannungen σ_{xx} Arbeit leisten usw. Ferner ist auch einfach zu zeigen, daß etwaige Überlagerungen von

Starrkörper-Bewegungen (Translationen und Rotationen) keine zusätzlichen Arbeitsanteile verursachen. Es gehen mithin in Dw additiv nur die Arbeitsanteile ein, die die Spannungen σ_{ik} bei Verzerrungsinkrementen $D\epsilon_{ik}$ leisten. Aus der *spezifischen Verzerrungsarbeit* eines Körperelementes

$$Dw = \sum_i \sum_k \frac{\sigma_{ik}}{\rho} D\epsilon_{ik}$$

erhalten wir die *Formänderungsarbeit für den ganzen Körper* durch Integration über alle Körperelemente:

$$DW = \int_V Dw\,\rho\,dV = \int_V \sum_i \sum_k \sigma_{ik}\, D\epsilon_{ik}\, dV.$$

Das aber ist gerade der Ausdruck, der sich oben ergeben hat.

c) Es ist

$$\int_V \sum_k Du_k\, f_k\, \rho\, dV = DA_V$$

das Inkement der Arbeit aller an dem Körper volumenhaft verteilt angreifenden Kräfte, und zwar sowohl der inneren wie der äußeren.

d) Es ist

$$\int_V D\left(\frac{v^2}{2}\right) dm = D \int_V \frac{v^2}{2}\, dm = DE$$

die Änderung der kinetischen Energie E des Körpers (vgl. Band I, Abschnitt 6.5).

Als Ergebnis unserer Betrachtungen finden wir:

Satz 1.21: *Energiesatz der Mechanik*

Es ist

$$DA_A^{(a)} + DA_V = DW + DE,$$

wobei

- $DA_A^{(a)}$ das Inkrement der Arbeit der *flächenhaft angreifenden äußeren Kräfte*,
- DA_V das Inkrement der Arbeit *aller volumenhaft angreifenden Kräfte*,
- DW das Inkrement der *Formänderungsarbeit*,
- DE das Differential der *kinetischen Energie*

bezeichnet. Spalten wir die Arbeit der volumenhaft verteilt angreifenden Kräfte auf in

$$DA_V = DA_V^{(a)} + DA_V^{(i)},$$

wobei $DA_V^{(a)}$ die Arbeit der äußeren und $DA_V^{(i)}$ die Arbeit der inneren volumenhaft verteilt angreifenden Kräfte darstellt, so gilt

$$\underbrace{DA_A^{(a)} + DA_V^{(a)}}_{DA^{(a)}} + DA_V^{(i)} = DW + DE.$$

Anmerkung:

Wenn wir in unseren Energie-Betrachtungen keine inneren volumenhaft verteilt angreifenden Kräfte zu berücksichtigen brauchen, werden wir anstelle von $DA^{(a)}$ häufig auch einfach DA für das Inkrement der Arbeit aller äußeren Kräfte schreiben.

Abschließend halten wir noch einmal fest, daß der Energiesatz der Mechanik, wie die vorstehenden Betrachtungen zeigen, eine Folgerung aus dem Grundgesetz der Mechanik ist. Er stellt deshalb kein selbständiges Axiom dar.

1.6. Allgemeiner Energiesatz

Der allgemeine Energiesatz postuliert, daß bei allen Energie-Austauschprozessen die Gesamtmenge der Energie stets unverändert bleibt. Die einem Körper zugeführte Energie muß sich deshalb nach diesem Postulat in irgendeiner Form in diesem Körper wiederfinden. Das ist der Inhalt des *1. Hauptsatzes der Thermodynamik*, der die Bedeutung eines *Axioms* hat:

Satz 1.22: *1. Hauptsatz der Thermodynamik*
1. Fassung
Für jeden Körper ist

$$DA^{(a)} + DA_V^{(i)} + DQ = DE + DU.$$

Hierin bezeichnet

- $DA^{(a)}$ das Inkrement der Arbeit aller äußeren Kräfte
- $DA_V^{(i)}$ das Inkrement der Arbeit der volumenhaft verteilt angreifenden inneren Kräfte
- DQ das Inkrement der Energiezufuhr in anderer Form, z.B. in Form von Wärme oder Strahlung
- E die kinetische Energie
- U die innere Energie.

Nun ist nach dem Energiesatz der Mechanik

$$DA^{(a)} + DA_V^{(i)} = DE + DW.$$

Darum können wir dem 1. Hauptsatz der Thermodynamik auch folgende Fassung geben, die sich besonders zur energetischen Betrachtung von Formänderungsvorgängen eignet:

Satz 1.23: *1. Hauptsatz der Thermodynamik*
2. Fassung

$$DW + DQ = DU.$$

Da der 1. Hauptsatz der Thermodynamik auch für jeden Teilkörper und für jedes Körperelement gelten muß, können wir der 2. Fassung eine analoge 3. Fassung an die Seite stellen, die für die spezifischen, d.h. für die auf die Masseneinheit bezogenen Größen gilt:

Satz 1.24: *1. Hauptsatz der Thermodynamik*
3. Fassung (für spezifische Größen)

$$Dw + Dq = Du.$$

Die spezifische innere Energie ist eine (extensive) thermodynamische Zustandsgröße, während w und q keine thermodynamischen Zustandsgrößen, sondern nur Prozeßgrößen sind.
Im folgenden beschränken wir uns auf thermomechanische Prozesse ohne interne Variablen. In solchen Prozessen können wir eindeutig das Inkrement der spezifischen Verzerrungsarbeit in einen reversiblen und in einen irreversiblen Anteil aufspalten:

$$Dw = Dw_{(r)} + Dw_{(i)}.$$

Nach dem *2. Hauptsatz der Thermodynamik* gilt

Satz 1.25: $Dw_{(i)} \geqslant 0$.

In der Thermodynamik wird gezeigt, daß die *spezifische Entropie-Änderung* eines Körperelementes in folgender Weise zu beschreiben ist:

Satz 1.26: $Ds = \frac{1}{T}\{Dq + Dw_{(i)}\}.$

Darin bezeichnet

s die *spezifische Entropie* (extensive thermodynamische Zustandsgröße),

T die *absolute Temperatur* (intensive thermodynamische Zustandsgröße).

Aus Satz 1.26 folgt

$$Dq = T\,Ds - Dw_{(i)}.$$

Setzen wir das in den 1. Hauptsatz (3. Fassung) ein, so erhalten wir

Satz 1.27: $Dw_{(r)} = Du - T\,Ds$

$$= D(u - T\,s) + s\,DT$$

$$= D\varphi + s\,DT$$

mit $\varphi = u - T\,s$ als sog. *freier Energie* (extensive thermodynamische Zustandsgröße).

Der vorstehende Satz ist für manche energetischen Betrachtungen deshalb von besonderer Bedeutung, weil auf der rechten Seite nur thermodynamische Zustandsgrößen vorkommen.
Aus dem allgemeinen Energiesatz lassen sich verschiedene Sonderfälle herleiten:

1. Starre Körper

Für sie gilt $Dw = 0$ bzw. $DW = 0$ und $DA_V^{(i)} = 0$. Deshalb folgt aus den Sätzen 1.22 und 1.23

$$DA^{(a)} = DE$$

$$DQ = DU.$$

Der allgemeine Energiesatz zerfällt für starre Körper (und nur für sie!) in zwei Teilaussagen.

2. Isotherme Prozesse

Mit T = konst. folgt aus Satz 1.27

$$Dw_{(r)} = D\varphi = D(u - T\,s).$$

3. Adiabatische Prozesse

Adiabatische Prozesse sind gekennzeichnet durch $Dq = 0$. Sie haben unter anderem zur Voraussetzung, daß die Temperatur im Körper ortsunabhängig sein muß. Für adiabatische Prozesse gilt nach Satz 1.24 und Satz 1.26

$$Dw = Du$$

$$Dw_{(i)} = T\,Ds.$$

Fragen:

1. Für wie viele Schnittrichtungen durch einen Punkt müssen wir den zugehörigen Spannungsvektor kennen, damit wir auch für jede beliebige andere Schnittrichtung durch diesen Punkt den zugehörigen Spannungsvektor angeben können?

2. Warum benötigen wir nur sechs (statt neun) Zahlenwerte zur Festlegung des Spannungszustandes in einem Punkt?
3. Wodurch ist ein ebener Spannungszustand gekennzeichnet und wie viele Zahlenangaben sind erforderlich, um ihn zu beschreiben?
4. Wie ändern sich die Zahlenwerte des Spannungstensors eines ebenen Spannungszustandes mit der Drehung der Schnittrichtung?
5. Was kennzeichnet die Hauptachsen des Spannungszustandes?
6. Was sind die Haupt-Normalspannungen?
7. Welche Bedeutung haben die Invarianten des Spannungszustandes? Wie viele gibt es? Wie sind sie definiert?
8. Welche Beziehung besteht zwischen der mittleren Normalspannung σ_m und den Invarianten des Spannungszustandes?
9. Was sind die Deviatorspannungen?
10. Welcher Zusammenhang besteht zwischen den Verzerrungen eines Körperelementes und dem Verschiebungsfeld?
11. Wie können wir die Verzerrungen in Volumen- und Gestaltänderungen aufteilen?
12. Welcher Zusammenhang besteht zwischen den Starrkörper-Verschiebungen (Translation und Rotation) und dem Verschiebungsfeld?
13. Wie lautet das Grundgesetz der Mechanik für deformierbare Körper in analytischer Fassung?
14. Welche Aussage liefert der Drallsatz für deformierbare Körper?
15. Woraus leitet sich der Energiesatz der Mechanik ab und was sagt er aus?
16. Was sagt der allgemeine Energiesatz aus?
17. Aus welchen Anteilen setzt sich die Änderung der inneren Energie zusammen?
18. Aus welchen Anteilen setzt sich die Änderung der Entropie zusammen?
19. Wie ist die freie Energie definiert?

2. Materialgesetz für elastische Körper

2.1. Allgemeines

Die Überlegungen, die wir im 1. Kapitel bezüglich der Beschreibung des Spannungs- und des Verzerrungszustandes angestellt haben, sowie die Formulierung des Grundgesetzes der Mechanik und die allgemeinen Energiebetrachtungen sind *materialunabhängig.* Sie gelten für alle klassischen Kontinua, seien es feste Körper, Flüssigkeiten oder Gase. Das spezielle Materialverhalten wird durch Gesetze beschrieben, die *materialabhängig* sind und darum *Materialgesetze* heißen. Sie sind dadurch gekennzeichnet, daß in ihnen physikalische Größen vorkommen, die bestimmte Materialeigenschaften festlegen und *Material-Konstanten* genannt werden.

Es gibt verschiedene Arten von Materialgesetzen, z.B. solche, die das optische Verhalten eines Materials betreffen, oder andere, die sich auf das elektromagnetische Verhalten beziehen. Wir haben hier nur das *thermo-mechanische* Materialgesetz im Auge, und zwar insbesondere jenen Teil dieses Materialgesetzes, das die Beziehungen zwischen den Spannungen, den Verzerrungen und der Temperatur beschreibt und auch als *Formänderungsgesetz* bezeichnet wird. Dabei knüpfen wir an die Überlegungen an, die wir in Band I, Abschnitt 11.3 angestellt haben, wollen aber diese Überlegungen jetzt etwas vertiefen.

Wir bezeichnen ein Material als *elastisch,* wenn eine eindeutig umkehrbare Beziehung zwischen den Spannungen σ_{ik}, den Verzerrungen ϵ_{ik} und der Temperatur T besteht. Eine solche Beziehung stellt im Sinne der Thermodynamik eine *Zustandsgleichung* zwischen den thermodynamischen Zustandsgrößen σ_{ik}, ϵ_{ik} und T dar. Alle Verzerrungen eines Körperelementes sind bei Bestehen einer solchen Zustandsgleichung *reversibel.* Wir können deshalb auch für jedes Körperelement eines solchen elastischen Materials einen *natürlichen Zustand* definieren, den es bei *Spannungsfreiheit* für eine bestimmte – in physikalisch sinnvollen Grenzen beliebig festlegbare – Temperatur T_0 einnimmt.

Die Annahme eines rein elastischen Verhaltens ist stets eine Idealisierung. Reale Körper zeigen immer gewisse Abweichungen davon, die allerdings in vielen Fällen vernachlässigbar klein sein können. Darum ist es sinnvoll, mit solchen idealisierten Modell-Körpern zu rechnen. Wie sich elastische Körper in eine Reihe anderer einfacher Modell-Körper einfügen, zeigt die Übersicht in Tabelle 2.1. Zur Vereinfachung haben wir bei der Charakterisierung der einzelnen Modell-

Körper die Abhängigkeit des Materialverhaltens von der Temperatur dadurch ausgeklammert, daß wir in dieser Übersicht lediglich *isotherme Prozesse* (T = konst.) betrachten, die Abhängigkeit von der Temperatur also außer acht lassen. Die zweite Zeile der Übersicht enthält die symbolischen Darstellungen, die das Materialverhalten unter einachsiger Beanspruchung bildhaft kennzeichnen, mit Ausnahme der idealen Flüssigkeit, für die eine Kennzeichnung in dieser Weise nicht möglich ist. Die Symbole bedeuten:

Starrer Stab: starrer Körper,
Feder: elastischer Körper,
Körper auf rauher Unterlage (Reib-Bremse): plastischer Körper,
Geschwindigkeitsproportionaler Dämpfer: viskose Flüssigkeit.

Tabelle 2.1
Übersicht über die Formänderungsgesetze einiger einfacher Modellkörper (isotherme Prozesse)

starre Körper	elastische Körper	plastische Körper	ideale Flüssigkeiten	viskose Flüssigkeiten
Keine Verzerrungen, Spannungen unbestimmt	Umkehrbar eindeutige Beziehungen zwischen Spannungen und Verzerrungen	Gestaltänderungsinkremente hängen von Deviatorspannungen ab (und von deren Inkrementen sowie von der Vorgeschichte) für idealplastische Körper fällt Klammer fort.	Keine Deviatorspannungen	Gestaltänderungsgeschwindigkeit hängt von den Deviatorspannungen ab.
	Formänderungsgesetze sind homogen in der Zeit, d.h. geschwindigkeitsunabhängig. Verzerrungen, bzw. deren Inkremente gehen in Formänderungsgesetze ein.		Die Verzerrungen selbst gehen in Formänderungsgesetze nicht ein.	
Definierte Körperformen			Keine definierten Körperformen	

Durch die Kombination von Materialeigenschaften erhalten wir weitere Klassen einfacher Modell-Körper, z.B. elasto-plastische Körper oder visko-elastische Körper. Im Rahmen dieses Kapitels werden wir uns jedoch nur mit dem Materialgesetz für elastische Körper befassen. Dabei wollen wir uns auf *linear-elastische isotrope Körper* beschränken. Wir setzen also voraus:

a) *geometrische Linearität* (vgl. Abschnitt 1.3),
b) *physikalische Linearität*, d.h. lineare Beziehungen zwischen den Spannungen, den Verzerrungen und der Temperatur.
c) *isotropes Material.*

Im allgemeinen werden wir ferner voraussetzen, daß die betrachteten Körper homogen sind, die Material-Konstanten also ortsunabhängig sind.

2.2. Das Materialgesetz für isotrope, linear-elastische Körper

In Band I, Abschnitt 11.3.3 haben wir uns überlegt, wie wir aus einigen leicht zu ermittelnden Versuchsergebnissen das *Formänderungsgesetz* für homogene, isotrope, linear-elastische Körper ableiten können. Wir sind so zum verallgemeinerten *Hookeschen* Gesetz gelangt, das auf *Hooke* (1635–1703), *Cauchy* (1789–1857) und *de St. Venant* (1797–1886) zurückgeht. Es stellt – thermodynamisch betrachtet – die (thermische) *Zustandsgleichung* zwischen den intensiven Zustandsgrößen σ_{ik}, ϵ_{ik} und T dar. Wir halten dieses Ergebnis hier noch einmal fest in dem

---

Satz 2.1: *Formänderungsgesetz für isotrope, linear-elastische Körper: Verallgemeinertes Hookesches Gesetz*

Es ist (mit $\epsilon_{ik} = 0$ für $\sigma_{ik} = 0$ und $T = T_0$)

$$\epsilon_{xx} = \frac{1}{E}\{\sigma_{xx} - \nu(\sigma_{yy} + \sigma_{zz})\} + \alpha(T - T_0)$$

$$\epsilon_{yy} = \frac{1}{E}\{\sigma_{yy} - \nu(\sigma_{zz} + \sigma_{xx})\} + \alpha(T - T_0)$$

$$\epsilon_{zz} = \frac{1}{E}\{\sigma_{zz} - \nu(\sigma_{xx} + \sigma_{yy})\} + \alpha(T - T_0)$$

$$\epsilon_{xy} = \frac{1}{2G}\sigma_{xy}$$

$$\epsilon_{yz} = \frac{1}{2G}\sigma_{yz}$$

$$\epsilon_{zx} = \frac{1}{2G}\sigma_{zx}.$$

Hierin ist

E der Elastizitätsmodul,

G der Schubmodul,
ν die Querkontraktionszahl,
α der (lineare) Wärmeausdehnungskoeffizient.

Diese thermische (tensorielle) Zustandsgleichung zwischen ϵ_{ik}, σ_{ik} und T ist eindeutig auch nach den Zustandsgrößen σ_{ik} bzw. T auflösbar.

In Band I, Abschnitt 11.3.3 haben wir ferner bereits darauf hingewiesen, daß von den drei Material-Konstanten E, G und ν nur zwei voneinander unabhängig sind und jeweils die dritte durch die beiden übrigen ausgedrückt werden kann. Wir wollen das jetzt beweisen. Dazu betrachten wir einen prismatischen Körper, der in der xy-Ebene einen quadratischen Querschnitt (Kantenlänge l) hat. Die Erstreckung des Körpers in z-Richtung kann beliebig sein. Wir können also sowohl eine dünne quadratische Scheibe wie ein langes quadratisches Prisma oder auch einen würfelförmigen Körper betrachten. Dieser Körper sei einem *ebenen Spannungszustand* mit

$$\sigma_{xx} = \sigma_1$$

$$\sigma_{yy} = \sigma_2 = -\sigma_1$$

$$\sigma_{zz} = \sigma_3 = 0$$

$$T = T_0$$

unterworfen (vgl. Abb. 2.1). Die entsprechenden *Dehnungen* sind

$$\epsilon_{xx} = \epsilon_1 = \frac{1}{E}\{\sigma_{xx} - \nu\,\sigma_{yy}\} = \frac{1+\nu}{E}\,\sigma_1$$

$$\epsilon_{yy} = \epsilon_2 = \frac{1}{E}\{\sigma_{yy} - \nu\,\sigma_{xx}\} = -\frac{1+\nu}{E}\,\sigma_1\,.$$

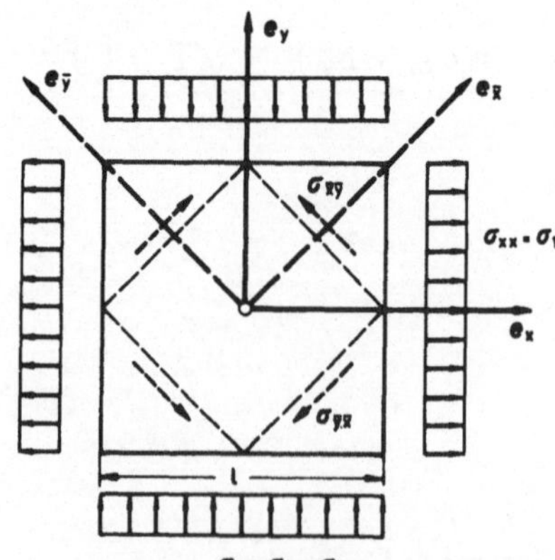

Abb. 2.1

Für Schnittrichtungen senkrecht zu den Koordinatenachsen eines um $\frac{\pi}{4}$ gedrehten Koordinatensystems $\bar{x}$, $\bar{y}$ finden wir mit Hilfe der Transformationsformeln (Satz 1.6)

$$\sigma_{\bar{x}\bar{x}} = \sigma_{\bar{y}\bar{y}} = 0$$

$$\sigma_{\bar{x}\bar{y}} = -\frac{1}{2}(\sigma_{xx} - \sigma_{yy}) = -\sigma_1 .$$

Analog erhalten wir für die entsprechenden Verzerrungen

$$\epsilon_{\bar{x}\bar{x}} = \epsilon_{\bar{y}\bar{y}} = 0$$

$$\epsilon_{\bar{x}\bar{y}} = -\frac{1}{2}(\epsilon_{xx} - \epsilon_{yy}) = -\frac{1}{2}(\epsilon_1 - \epsilon_2) = -\frac{1+\nu}{E}\sigma_1 .$$

Mit $\sigma_1 = -\sigma_{\bar{x}\bar{y}}$ folgt aus der letzten Gleichung

$$\epsilon_{\bar{x}\bar{y}} = \frac{1+\nu}{E}\sigma_{\bar{x}\bar{y}} .$$

Andrerseits muß nach dem verallgemeinerten *Hooke*schen Gesetz

$$\epsilon_{\bar{x}\bar{y}} = \frac{1}{2G}\sigma_{\bar{x}\bar{y}} .$$

sein. Durch Vergleich dieser beiden Beziehungen erhalten wir also

$$\frac{1+\nu}{E} = \frac{1}{2G}$$

Damit ist der behauptete Zusammenhang zwischen den drei Material-Konstanten E, G und ν eines isotropen, linear-elastischen Körpers bewiesen. Das Ergebnis fassen wir noch einmal zusammen:

Satz 2.2: Die drei Material-Konstanten E, G und ν eines *isotropen, linear-elastischen Körpers* sind durch die Beziehung

$$G = \frac{E}{2(1+\nu)}$$

miteinander verknüpft. Deshalb sind nur zwei dieser Material-Konstanten voneinander unabhängig.

Anmerkung:

Wir können den Satz 2.2 auch so beweisen, daß wir die Winkeländerungen $\epsilon_{\bar{x}\bar{y}} = \epsilon_{\bar{y}\bar{x}}$ unmittelbar aus einer geometrischen Betrachtung anhand der Abb. 2.2 ermitteln. Wir erhalten dann zunächst die Aussage

$$\tan\left(\frac{\pi}{4} + \epsilon_{\bar{x}\bar{y}}\right) = \tan\left(\frac{\pi}{4} + \epsilon_{\bar{y}\bar{x}}\right) = \frac{\frac{1}{2}(1 + \epsilon_{yy})}{\frac{1}{2}(1 + \epsilon_{xx})} ,$$

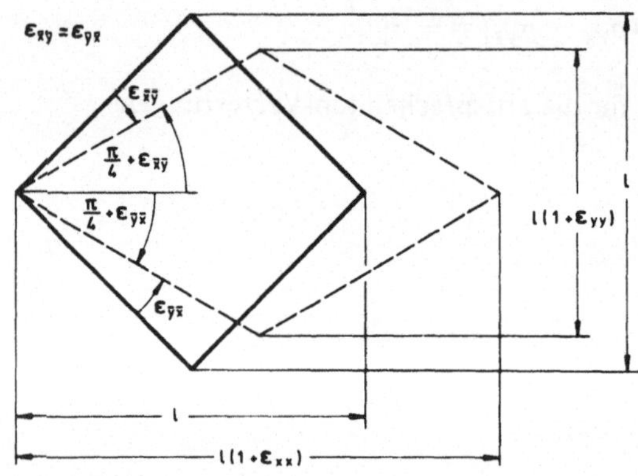

Abb. 2.2

aus der sich (unter Beschränkung auf kleine Verzerrungen) die Beziehung

$$\epsilon_{\bar{x}\bar{y}} = \epsilon_{\bar{y}\bar{x}} = -\frac{1}{2}(\epsilon_{xx} - \epsilon_{yy}) = -\frac{1}{2}(\epsilon_1 - \epsilon_2)$$

gewinnen läßt. In Verbindung mit dem Ergebnis der Spannungstransformation

$$\sigma_{\bar{x}\bar{y}} = -\frac{1}{2}(\sigma_{xx} - \sigma_{yy}) = -\frac{1}{2}(\sigma_1 - \sigma_2)$$

erhalten wir dann aufgrund der gleichen Überlegungen wie zuvor den Satz 2.2.
Der Vorzug des von uns zunächst angegebenen Beweises besteht darin, daß wir ihn leicht verallgemeinern können. Wir brauchen nämlich gar nicht einen speziellen Spannungszustand vorauszusetzen. Wir werden zu dem gleichen Ergebnis auch ohne wesentlichen Mehraufwand geführt, wenn wir von einem beliebigen ebenen Spannungszustand σ_{xx}, σ_{yy}, σ_{xy} (oder auch von einem beliebigen räumlichen Spannungszustand) ausgehen.

Das Formänderungsgesetz des isotropen, linear-elastischen Körpers wird physikalisch durchsichtiger, wenn wir sowohl den Spannungs- wie den Verzerrungszustand in den *kugelsymmetrischen Anteil* und in den *Deviator* aufspalten:

$$\sigma_{ik} = \sigma_m\, \delta_{ik} + \tau_{ik}$$

$$\epsilon_{ik} = \frac{1}{3}\epsilon\, \delta_{ik} + \gamma_{ik}$$

mit

$$\sigma_m = \frac{1}{3}(\sigma_{xx} + \sigma_{yy} + \sigma_{zz}) = \frac{1}{3}(\sigma_1 + \sigma_2 + \sigma_3) \quad \text{(mittlere Normalspannung)}$$

und

$$\epsilon = \epsilon_{xx} + \epsilon_{yy} + \epsilon_{zz} = \epsilon_1 + \epsilon_2 + \epsilon_3 \qquad \text{(Volumendehnung)}$$

Wir erhalten dann, wie aus Satz 2.1 unmittelbar abzuleiten ist:

Satz 2.3: *Formänderungsgesetz für isotrope, linear-elastische Körper bei Aufspaltung der Verzerrungen in Volumen- und Gestaltänderungen*

Es ist

$$\epsilon = \frac{1}{K}\,\sigma_m + 3\alpha\,(T - T_0)$$

$$\gamma_{ik} = \frac{1}{2G}\,\tau_{ik}.$$

Hierin bezeichnet

$K = \dfrac{E}{3(1-2\nu)}$ den Kompressionsmodul,

$G = \dfrac{E}{2(1+\nu)}$ den Schubmodul,

α den (linearen) Wärmeausdehnungs-Koeffizienten.

In dieser Fassung erscheinen von vorneherein neben α nur zwei Material-Konstanten, nämlich der *Kompressionsmodul* K und der *Schubmodul* G, die wir natürlich auch durch E und ν ausdrücken können. Die Größe 3α bezeichnet man auch als *Volumenausdehnungs-Koeffizient*, weil sie die Beziehung zwischen der Temperaturänderung und der davon abhängigen Volumendehnung bestimmt.

Auch in der Fassung von Satz 2.3 enthält das Formänderungsgesetz für isotrope, linear-elastische Körper (wie in der Fassung von Satz 2.1) nur sechs voneinander unabhängige, skalare Gleichungen, weil

$$\gamma_{ik} = \gamma_{ki} \quad \text{bzw.} \quad \tau_{ik} = \tau_{ki}$$

und

$$\sum_i \gamma_{ii} = 0 \quad \text{bzw.} \quad \sum_i \tau_{ii} = 0$$

ist. In dieser Fassung ist das Gleichungssystem im übrigen auch besonders leicht nach σ_m bzw. T und nach τ_{ik} auflösbar. Darin liegt ein weiterer Vorzug dieser Formulierung des Formänderungsgesetzes.

Zur Vervollständigung des Materialgesetzes für elastische Körper benötigen wir neben dem Formänderungsgesetz, d.h. neben der thermischen Zustandsgleichung noch eine *kalorische Zustandsgleichung*. Wir wollen diese Überlegungen hier nicht weiter vertiefen, kommen aber im Abschnitt 2.5 kurz auf diesen Sachverhalt zurück.
Anmerken wollen wir noch, daß das Formänderungsgesetz für anisotrope, elastische Körper zusätzliche Material-Konstanten enthält. Im allgemeinsten Fall der Anisotropie eines linear-elastischen Körpers gehen in das Formänderungsgesetz insgesamt 21 Material-Konstanten ein. In speziellen Fällen sind es entsprechend weniger. Bei physikalisch nicht-linearen, elastischen Körpern (die geometrische Nicht-Linearität ist für die Anzahl der Material-Konstanten ohne Bedeutung) treten weitere Material-Konstanten auf.

2.3. Die spezifische Verzerrungsarbeit des isotropen, linear-elastischen Körpers

Bei der Ableitung des Energiesatzes der Mechanik (Abschnitt 1.5) sind wir auf den Ausdruck

$$\int_V \sum_i \sum_k \sigma_{ik} \frac{\partial}{\partial x_i} (Du_k)\, dV$$

gestoßen, den wir als Differential der *Formänderungsarbeit*

$$DW = \int_V \sum_i \sum_k \sigma_{ik}\, D\epsilon_{ik}\, dV = \int_V \underbrace{\sum_i \sum_k \frac{1}{\rho} \sigma_{ik}\, D\epsilon_{ik}}_{Dw}\; \underbrace{\rho\, dV}_{dm}$$

interpretiert haben. Den Ausdruck

$$Dw = \sum_i \sum_k \frac{1}{\rho} \sigma_{ik}\, D\epsilon_{ik}$$

haben wir in diesem Zusammenhang als *spezifische* (d.h. auf die Masse dm bezogene) *Verzerrungsarbeit* bezeichnet.
Diese Interpretation ist korrekt und gilt allgemein, d.h. auch für große Verschiebungen, Verzerrungen und Drehungen, sofern

σ_{ik} die auf den momentanen Zustand bezogene Spannung

ρ die momentane Dichte und

$D\epsilon_{ik}$ das Inkrement der Verzerrung

darstellt. Die letzte Forderung besagt, daß auch im verzerrten Zustand stets

$$D\epsilon_{ik} = \frac{1}{2}\left\{ \frac{\partial}{\partial x_i} (Du_k) + \frac{\partial}{\partial x_k} (Du_i) \right\} = \frac{1}{2}\left\{ \frac{\partial v_k}{\partial x_i} + \frac{\partial v_i}{\partial x_k} \right\} dt = d_{ik}\, dt$$

sein soll, wobei d_{ik} die Verzerrungsgeschwindigkeit (vgl. Satz 1.18) bezeichnet. Dies können wir durch eine geeignete, auch für große Verzerrungen brauchbare Definition des Verzerrungstensors ϵ_{ik} erreichen.
Für *kleine Verschiebungen, Verzerrungen und Drehungen* (geometrische Linearität) können wir

- σ_{ik} auf den Ausgangszustand beziehen,
- ρ durch die Dichte $\overset{\circ}{\rho}$ im Ausgangszustand ersetzen und
- $D\epsilon_{ik}$ als Inkrement des in den Sätzen 1.12, 1.13 (Abschnitt 1.3) definierten Verzerrungstensors interpretieren, da bei geometrischer Linearität die Ableitung $\frac{D}{dt}$ mit der Ableitung $\frac{\partial}{\partial x_i}$ vertauschbar ist.

Deshalb gilt

Satz 2.4: Bei *geometrischer Linearität* ist die *spezifische Verzerrungsarbeit*

$$Dw = \frac{1}{\overset{\circ}{\rho}} \sum_i \sum_k \sigma_{ik} \, D\epsilon_{ik}$$

wobei

σ_{ik} auf den Ausgangszustand bezogen und
$D\epsilon_{ik}$ das Inkrement des geometrisch linearen Verzerrungstensors (Sätze 1.12 und 1.13) ist.

Zerlegen wir σ_{ik} und ϵ_{ik} jeweils in einen Kugeltensor und in einen Deviator entsprechend den Beziehungen

$$\sigma_{ik} = \sigma_m \, \delta_{ik} + \tau_{ik} \quad \text{mit} \quad \sigma_m = \frac{1}{3}(\sigma_{xx} + \sigma_{yy} + \sigma_{zz})$$

$$\epsilon_{ik} = \frac{1}{3}\epsilon \, \delta_{ik} + \gamma_{ik} \quad \text{mit} \quad \epsilon = \epsilon_{xx} + \epsilon_{yy} + \epsilon_{zz}$$

und setzen das in den Ausdruck für Dw ein, so folgt

$$Dw = \frac{\sigma_m}{\overset{\circ}{\rho}} \frac{1}{3} D\epsilon \left(\sum_i \sum_k \delta_{ik} \, \delta_{ik} \right) + \frac{\sigma_m}{\overset{\circ}{\rho}} \left(\sum_i \sum_k \delta_{ik} \, D\gamma_{ik} \right)$$

$$+ \frac{1}{\overset{\circ}{\rho}} \left(\sum_i \sum_k \tau_{ik} \, \delta_{ik} \right) \frac{1}{3} D\epsilon + \frac{1}{\overset{\circ}{\rho}} \sum_i \sum_k \tau_{ik} \, D\gamma_{ik} \, .$$

Nun ist

$$\sum_i \sum_k \delta_{ik} \, \delta_{ik} = \sum_i \delta_{ii} = 3$$

$$\sum_i \sum_k \delta_{ik} \, D\gamma_{ik} = \sum_i D\gamma_{ii} = 0$$

$$\sum_i \sum_k \tau_{ik} \, \delta_{ik} = \sum_i \tau_{ii} = 0.$$

Wir erhalten also:

Satz 2.5: Das Inkrement der *spezifischen Verzerrungsarbeit* ist bei *geometrischer Linearität* entsprechend der Beziehung

$$Dw = \frac{1}{\overset{\circ}{\rho}} \sum_i \sum_k \sigma_{ik} \, D\epsilon_{ik}$$

$$= \frac{1}{\overset{\circ}{\rho}} \sigma_m \, D\epsilon + \frac{1}{\overset{\circ}{\rho}} \sum_i \sum_k \tau_{ik} \, D\gamma_{ik}$$

aufspaltbar in einen Anteil

$$Dw_V = \frac{1}{\overset{\circ}{\rho}} \sigma_m \, D\epsilon,$$

der die *spezifische Volumenänderungs-Arbeit* beschreibt, und in einen Anteil

$$Dw_G = \frac{1}{\overset{\circ}{\rho}} \sum_i \sum_k \tau_{ik} D\gamma_{ik},$$

der die *spezifische Gestaltänderungs-Arbeit* darstellt.

Anmerkung:

Eine solche Aufspaltung der spezifischen Verzerrungsarbeit in Volumenänderungs- und Gestaltänderungs-Arbeit ist – bei geeigneter Definition von σ_{ik} und ϵ_{ik} – auch für große Verzerrungen und Drehungen (geometrische Nicht-Linearität) möglich, erfordert aber besondere Überlegungen.

Im folgenden beschränken wir uns auf *isotherme Prozesse* ($T = T_0$). Für sie ist σ_{ik} eine eindeutige Funktion von ϵ_{ik} allein. Für solche Prozesse wird auch die spezifische Verzerrungsarbeit w eine eindeutige Funktion der Verzerrungen bzw. der Spannungen (vgl. Abschnitt 2.4):

$$w = w(\epsilon_{ik}\,; T = T_0) \quad \text{bzw.} \quad w = w(\sigma_{ik}\,; T = T_0).$$

Um w zu berechnen, gehen wir zweckmäßig von der Aufspaltungsmöglichkeit der Verzerrungsarbeit in Volumenänderungs- und Gestaltänderungs-Arbeit aus. Dabei wollen wir uns hier auf *linear-elastische Körper*, also neben der geometrischen auch auf physikalische Linearität beschränken.

Wir erhalten so zunächst, wenn wir den natürlichen Zustand ($\sigma_{ik} = 0, \epsilon_{ik} = 0, T = T_0$) als Ausgangszustand wählen

$$w(\epsilon_{ik}; T = T_0) = \frac{1}{\overset{\circ}{\rho}} \int_0^{\epsilon} \sigma_m \, D\epsilon + \frac{1}{\overset{\circ}{\rho}} \sum_i \sum_k \int_0^{\gamma_{ik}} \tau_{ik} \, D\gamma_{ik} .$$

Nach dem verallgemeinerten *Hooke*schen Gesetz ist

$$\sigma_m = K\epsilon$$
$$\tau_{ik} = 2G\gamma_{ik} .$$

Damit ergibt sich

$$\overset{\circ}{\rho}\, w(\epsilon_{ik}; T = T_0) = K \int_0^{\epsilon} \epsilon \, D\epsilon + 2G \sum_i \sum_k \int_0^{\gamma_{ik}} \gamma_{ik} \, D\gamma_{ik} .$$

Da unter den gegebenen Voraussetzungen ($T = T_0$), wie im folgenden Abschnitt 2.4 noch gezeigt wird, das Integrationsergebnis unabhängig vom Wege sein muß, können wir die einzelnen Integrationen nacheinander ausführen und erhalten so

---

Satz 2.6: Die spezifische Verzerrungsarbeit eines *linear-elastischen, isotropen Körpers* ist bei *isothermen Prozessen,* ausgehend vom natürlichen Zustand des Körperelementes, d.h. von $\sigma_{ik} = 0, \epsilon_{ik} = 0, T = T_0$:

$$w(\epsilon_{ik}; T = T_0) = \frac{1}{2\overset{\circ}{\rho}} \left\{ K\epsilon^2 + 2G \sum_i \sum_k \gamma_{ik}\, \gamma_{ik} \right\}$$
$$= w_V(\epsilon) + w_G(\gamma_{ik}).$$

Wir können die spezifische Verzerrungsarbeit auch als Funktion der Spannungen angeben. Setzen wir die für isotherme Prozesse geltenden Beziehungen

$$\epsilon = \frac{\sigma_m}{K} \quad \text{und} \quad \gamma_{ik} = \frac{\tau_{ik}}{2G}$$

in Satz 2.6 ein, so folgt:

Satz 2.7: Drücken wir die spezifische Verzerrungsarbeit eines *linear-elastischen, isotropen Körpers* bei *isothermen Prozessen* (ausgehend vom natürlichen Zustand) durch die Spannungen aus, so erhalten wir

$$w(\sigma_{ik}; T = T_0) = \frac{1}{2\overset{\circ}{\rho}} \left\{ \frac{\sigma_m^2}{K} + \frac{1}{2G} \sum_i \sum_k \tau_{ik}\, \tau_{ik} \right\}$$
$$= \frac{1}{2\overset{\circ}{\rho}} \left\{ \frac{S_1^2}{9K} + \frac{T_2}{2G} \right\},$$

wobei S_1 bzw. T_2 die in Satz 1.10 bzw. Satz 1.11 angegebenen Invarianten des Spannungszustandes sind.

Anmerkung:

Vielfach ist es vorteilhaft, statt der auf die Masse bezogenen Verzerrungsarbeit w die auf das Volumen bezogene Verzerrungsarbeit

$$\overset{\circ}{\rho}\, w = \frac{S_1^2}{18K} + \frac{T_2}{4G} \qquad [ML^{-1}Z^{-2}] = [KL^{-2}]$$

anzugeben, die die Dimension einer Spannung hat.

Die Invarianten S_1 und T_2 können wir auf die Spannungen σ_{ik} zurückführen, statt sie durch σ_m bzw. die Deviatorspannungen τ_{ik} auszudrücken. Wir erhalten dann

$$\overset{\circ}{\rho}\, w = \underbrace{\frac{1}{18K}(\sigma_{xx} + \sigma_{yy} + \sigma_{zz})^2}_{\overset{\circ}{\rho}\, w_V}$$

$$\underbrace{+ \frac{1}{12G}\{(\sigma_{xx} - \sigma_{yy})^2 + (\sigma_{yy} - \sigma_{zz})^2 + (\sigma_{zz} - \sigma_{xx})^2 + 6(\sigma_{xy}^2 + \sigma_{yz}^2 + \sigma_{zx}^2)\}}_{\overset{\circ}{\rho}\, w_G}$$

$$= \frac{1}{18K}(\sigma_1 + \sigma_2 + \sigma_3)^2 + \frac{1}{12G}\{(\sigma_1 - \sigma_2)^2 + (\sigma_2 - \sigma_3)^2 + (\sigma_3 - \sigma_1)^2\}.$$

Dieses Ergebnis läßt sich jedoch auch noch in anderer Weise zusammenfassen, wenn wir auf die Aufspaltung in Volumenänderungs-Arbeit und Gestaltänderungs-Arbeit verzichten. Die Zusammenfassung ergibt

$$\overset{\circ}{\rho}\, w = \frac{1}{2E}\{\sigma_{xx}^2 + \sigma_{yy}^2 + \sigma_{zz}^2 - 2\nu(\sigma_{xx}\sigma_{yy} + \sigma_{yy}\sigma_{zz} + \sigma_{zz}\sigma_{xx}\}$$

$$+ \frac{1}{2G}\{\sigma_{xy}^2 + \sigma_{yz}^2 + \sigma_{zx}^2\}$$

$$= \frac{1}{2E}\{\sigma_1^2 + \sigma_2^2 + \sigma_3^2 - 2\nu(\sigma_1\sigma_2 + \sigma_2\sigma_3 + \sigma_3\sigma_1\}.$$

Auf diesen Ausdruck für die Verzerrungsarbeit werden wir übrigens geführt, wenn wir das Integral

$$\overset{\circ}{\rho}\, w = \sum_i \sum_k \int_0^{\epsilon_{ik}} \sigma_{ik}\, D\epsilon_{ik}$$

direkt auswerten.

2.4. Thermodynamische Betrachtungen zum Materialgesetz für elastische Körper

Der *thermodynamische Zustand* eines jeden Materials ist (im thermodynamischen Gleichgewicht) eine eindeutige Funktion eines geeignet definierten Satzes von – voneinander unabhängigen – Zustandsgrößen. Für ein elastisches Material können wir als unabhängige thermodynamische Zustandsgrößen etwa

die Verzerrungen ϵ_{ik}
und die Temperatur T

einführen. Mit der Angabe dieser Größen ist der thermodynamische Zustand eines elastischen Materials eindeutig festgelegt, wie etwa das verallgemeinerte *Hooke*sche Gesetz für den isotropen, linear-elastischen Körper zeigt.
Alle übrigen (abhängigen) Zustandsgrößen müssen eindeutige Funktionen dieses Satzes von (unabhängigen) Zustandsgrößen sein, also insbesondere auch die *spezifische freie Energie* φ:

$$\varphi = \varphi(\epsilon_{ik}, T).$$

Das totale Differential von φ ist

$$D\varphi = \sum_i \sum_k \frac{\partial \varphi}{\partial \epsilon_{ik}} D\epsilon_{ik} + \frac{\partial \varphi}{\partial T} DT.$$

Andrerseits gilt nach Satz 1.27 für *reversible* Zustandsänderungen ($Dw = Dw_{(r)}$):

$$\begin{aligned} D\varphi &= Dw - s\,DT \\ &= \sum_i \sum_k \frac{\sigma_{ik}}{\rho} D\epsilon_{ik} - s\,DT. \end{aligned}$$

Da die Inkremente der unabhängigen Zustandsgrößen ϵ_{ik} und T beliebig vorgegeben werden können (abgesehen von der Bedingung $D\epsilon_{ik} = D\epsilon_{ki}$), folgt aus dem Vergleich der beiden vorstehenden Beziehungen:

Satz 2.8: Ist die *spezifische freie Energie* eines elastischen Materials als Funktion der Zustandsgrößen ϵ_{ik} und T gegeben, d.h. $\varphi = \varphi(\epsilon_{ik}, T)$, so gilt

$$\frac{\partial \varphi}{\partial \epsilon_{ik}} = \frac{\sigma_{ik}(\epsilon_{ik}, T)}{\rho(\epsilon_{ik})}$$ Formänderungsgesetz; thermische Zustandsgleichung

$$\frac{\partial \varphi}{\partial T} = -s(\epsilon_{ik}, T)$$ kalorische Zustandsgleichung

---

Es sind demnach die thermische und die kalorische Zustandsgleichung eines elastischen Körpers vollständig bestimmt, sobald wir die spezifische freie Energie φ als Funktion der Zustandsgrößen ϵ_{ik} und T kennen.

Anmerkung:

Diese Aussage gilt bei entsprechender Definition der Verzerrungen (und der Spannungen) nicht nur für isotrope, linear-elastische Körper, sondern ganz allgemein, also auch für anisotrope, nicht-lineare Körper.

Aus Satz 2.8 folgt weiter, daß

$$\frac{\partial}{\partial \epsilon_{ik}}\left(\frac{\sigma_{rs}}{\rho}\right) = \frac{\partial}{\partial \epsilon_{rs}}\left(\frac{\sigma_{ik}}{\rho}\right) \qquad \left(= \frac{\partial^2 \varphi}{\partial \epsilon_{rs}\, \partial \epsilon_{ik}}\right)$$

und

$$\frac{\partial}{\partial T}\left(\frac{\sigma_{ik}}{\rho}\right) = - \frac{\partial s}{\partial \epsilon_{ik}} \qquad \left(= \frac{\partial^2 \varphi}{\partial T\, \partial \epsilon_{ik}}\right)$$

sein muß, wenn keine Widersprüche auftauchen sollen. Umgekehrt sind diese Beziehungen notwendige und hinreichende Bedingungen dafür, daß ein vorgelegtes Gleichungssystem, bestehend aus der thermischen Zustandsgleichung

$$\frac{\sigma_{ik}}{\rho} = \frac{\sigma_{ik}(\epsilon_{ik}, T)}{\rho(\epsilon_{ik})}$$

und der kalorischen Zustandsgleichung

$$s = s(\epsilon_{ik}, T)$$

als widerspruchsfreies Materialgesetz für einen elastischen Körper interpretiert werden kann (Integrabilitätsbedingung).

Für kleine Verzerrungen und Drehungen können wir die vorstehenden Beziehungen wiederum *geometrisch linearisieren* und

$$\sigma_{ik}(\epsilon_{ik}, T) = \mathring{\rho}\, \frac{\partial \varphi}{\partial \epsilon_{ik}}$$

setzen, wobei (vgl. Abschnitt 2.3)

- σ_{ik} auf den Ausgangszustand bezogen
- $\mathring{\rho}$ die Dichte im Ausgangszustand (natürlicher Zustand mit $\sigma_{ik} = 0$, $\epsilon_{ik} = 0$, $T = T_0$) und
- ϵ_{ik} der geometrisch linearisierte Verzerrungstensor (vgl. Sätze 1.12 und 1.13)

ist. Damit vereinfacht sich auch die erste Integrabilitätsbedingung, der das Formänderungsgesetz (die thermische Zustandsgleichung) genügen muß, zu

$$\frac{\partial \sigma_{rs}}{\partial \epsilon_{ik}} = \frac{\partial \sigma_{ik}}{\partial \epsilon_{rs}}.$$

Für das verallgemeinerte *Hooke*sche Gesetz (das auch physikalisch linear ist) ist diese Bedingung erfüllt. Wir erhalten z.B., wie leicht nachzuprüfen ist,

$$\frac{\partial \sigma_{xx}}{\partial \epsilon_{yy}} = \frac{\partial \sigma_{yy}}{\partial \epsilon_{xx}} = \frac{\nu E}{(1+\nu)(1-2\nu)}$$

oder

$$\frac{\partial \sigma_{xy}}{\partial \epsilon_{xx}} = \frac{\partial \sigma_{xx}}{\partial \epsilon_{xy}} = 0.$$

Für das totale Differential der freien Energie $\varphi(\epsilon_{ik}, T)$ hatten wir gefunden

$$\begin{aligned} D\varphi &= \sum_i \sum_k \frac{\partial \varphi}{\partial \epsilon_{ik}} D\epsilon_{ik} + \frac{\partial \varphi}{\partial T} DT \\ &= DW \qquad\qquad - s\, DT. \end{aligned}$$

Bei *isothermen Prozessen* ist $T = T_0$ = konst., d.h. $DT = 0$. Darum wird in diesem Falle

$$Dw = D\varphi$$

und infolgedessen w als totales Differential der unabhängigen Variablen ϵ_{ik} ausdrückbar. Daraus ergibt sich, daß die Integration von Dw bei isothermen Prozessen unabhängig vom Ablauf der Verzerrungen wird und zu einer eindeutigen Funktion

$$w = w(\epsilon_{ik};\ T = T_0)$$

führt. Diesen Sachverhalt haben wir in Abschnitt 2.3 bereits genutzt. Da bei isothermen Prozessen die Verzerrungen ϵ_{ik} nur von den Spannungen σ_{ik} allein – und zwar eindeutig – abhängen, können wir im übrigen die spezifische Verzerrungsarbeit auch als eindeutige Funktion der Spannungen angeben:

$$w = w(\sigma_{ik};\ T = T_0)$$

Auch davon haben wir in Abschnitt 2.3 bereits Gebrauch gemacht.

2.5. Die Beanspruchung eines isotropen elastischen Körpers; Festigkeitshypothesen

In den technischen Anwendungen der Elastizitätstheorie besteht eine wesentliche Aufgabe darin festzustellen, welche Sicherheit eine Konstruktion oder ein einzelnes Bauteil gegenüber einem mechanischen Versagen bietet. In vielen Fällen tritt ein solches Versagen ein, wenn die Beanspruchung die *Elastizitätsgrenze* (oft auch als *Fließgrenze* bezeichnet) überschreitet, weil mit dem Überschreiten der Elastizitätsgrenze vielfach unzulässig große Formänderungen verbunden sind. In anderen Fällen ist allein die Sicherheit gegen *Bruch* bestimmend. Manchmal kann allerdings auch die Gewähr einer bestimmten *Steifigkeit* als Versagens-Kriterium dienen.

Sehen wir von dem letzten Fall ab, so geht es darum, aus dem Spannungszustand an der gefährdeten Stelle der Konstruktion ein Maß für die Beanspruchung des Werkstoffes abzuleiten, das uns erkennen läßt, wie weit die Beanspruchung noch von der Elastizitätsgrenze (Fließgrenze) bzw. der Bruchgrenze entfernt ist. Als Vergleich dient uns dabei im allgemeinen die Beanspruchung eines Werkstoffes im Zugversuch. Bei der Beurteilung einer Konstruktion hinsichtlich ihrer Bruchsicherheit ist hierbei allerdings Vorsicht geboten. Die im Zugversuch bei zähen Werkstoffen vor dem Bruch eintretende Einschnürung ist eine Besonderheit, die es nicht erlaubt, das Bruchverhalten im Zugversuch auf alle andern Beanspruchungsarten unmittelbar zu übertragen. Deshalb wollen wir hier unsere Betrachtungen auf die Beurteilung der Beanspruchung innerhalb des elastischen Bereiches beschränken. Dazu merken wir noch an, daß für spröde Werkstoffe ohnehin die Bruchgrenze nahezu mit der Elastizitätsgrenze zusammenfällt.

Die Beanspruchung eines isotropen, elastischen Werkstoffes kann nicht davon abhängen, wie wir unser Koordinatensystem zur zahlenmäßigen Festlegung des Spannungszustandes gewählt haben. Das bedeutet, daß in das Maß für die Beanspruchung eines solchen Werkstoffes nur die Invarianten des Spannungszustandes bzw. die daraus ableitbaren Zahlenwerte der Haupt-Normalspannungen (jedoch nicht die Orientierung der Hauptachsen!) eingehen können. Wie das Maß der Beanspruchung zu definieren ist, das ist Gegenstand der *Festigkeits-Hypothesen*, die ihrerseits auf Versuchsergebnissen fußen, die unter verschiedenartigen Beanspruchungen (einachsige, ebene und räumliche Spannungszustände) gewonnen sind.

Von den früher gebräuchlichen, zahlreichen Festigkeits-Hypothesen haben heute im wesentlichen nur noch die folgenden eine praktische Bedeutung (vgl. Band I, Abschnitt 12.7):

1. für *zähe Werkstoffe* (zu denen viele Metalle gehören):
   (a) die *Gestaltänderungs-Arbeit-Hypothese*, erstmalig von *Huber* (1904) aufgrund von Versuchsergebnissen formuliert und später von *Hencky* (1924) in ihrer physikalischen Bedeutung interpretiert.
   (b) die *Schubspannungs-Hypothese*, die von *Tresca* (1864) im Zusammenhang mit plastizitätstheoretischen Überlegungen eingeführt wurde,
2. für *spröde Werkstoffe* (zu denen z.B. Steine oder auch einige Metalle im gehärteten Zustand zu zählen sind):
   (c) die *Normalspannungs-Hypothese*.

Das Ziel der Festigkeits-Hypothesen ist es, die Beanspruchung eines Werkstoffes bei einem beliebigen Spannungszustand mit der Beanspruchung im Zugversuch mittels *eines* Zahlenwertes zu vergleichen. Die Annahme, daß es möglich sein soll, die Beanspruchung in *einem* Zahlenwert erfassen zu können, stellt allerdings selbst bereits eine Hypothese dar, die freilich allgemein üblich ist. Der Zahlenwert, mit dem die Beanspruchung gekennzeichnet wird, ist so festgelegt, daß er im Zugversuch mit der Normalspannung in Zugrichtung übereinstimmt.

Wir definieren also eine sogenannte *Vergleichsspannung* σ_V, die es gestattet, die Beanspruchung bei einem beliebigen Spannungszustand unmittelbar mit der Beanspruchung im Zugversuch zu vergleichen.

Bei der *Gestaltänderungs-Arbeit-Hypothese* (a) dient als Kriterium für die Beanspruchung die Gestaltänderungs-Arbeit, die in einem isothermen Prozeß bei dem gegebenen Spannungszustand in den Werkstoff hineingesteckt worden ist. Im Zugversuch ist (vgl. Abschnitt 2.3) mit $\sigma_1 = \sigma, \sigma_2 = \sigma_3 = 0$:

$$\mathring{\rho}\, w_G = \frac{1}{6G}\, \sigma^2 .$$

Deshalb wird nach dieser Hypothese

$$\begin{aligned}\sigma_V &= \sqrt{6G\, \mathring{\rho}\, w_G} \\ &= \sqrt{\frac{1}{2}\{(\sigma_1 - \sigma_2)^2 + (\sigma_2 - \sigma_3)^2 + (\sigma_3 - \sigma_1)^2\}} \\ &= \sqrt{\frac{3}{2} \sum_i \sum_k \tau_{ik}\, \tau_{ki}} \\ &= \sqrt{\frac{3}{2} T_2}\end{aligned}$$

als Vergleichsspannung festgelegt.

Nach der *Schubspannungs-Hypothese* (b) ist die maximale Schubspannung das Kriterium für die Beanspruchung. Im Zugversuch ($\sigma_1 = \sigma, \sigma_2 = \sigma_3 = 0$) ist nach Satz 1.9

$$|\tau|_{max} = \frac{1}{2}\, \sigma$$

Deshalb erhalten wir nach dieser Hypothese als Vergleichsspannung

$$\sigma_V = 2\, |\tau|_{max} = \sigma_1 - \sigma_3 .$$

Anmerkung:

Wir können auch in diesem Falle σ_V durch die Invarianten des Spannungszustandes ausdrücken. Dies führt jedoch zu umständlichen Formeln. Deshalb unterlassen wir es.

Die *Normalspannungs-Hypothese* (c) geht davon aus, daß die maximale Normalspannung maßgebend für die Beanspruchung ist. Daraus folgt unmittelbar, daß nach dieser Hypothese

$$\sigma_V = \sigma_1$$

zu setzen ist. Hinzuzufügen ist, daß nach dieser Hypothese nur positive Zahlen-

werte von σ_1 zu einer Gefährdung des Werkstoffes führen. Für $\sigma_1 \leqslant 0$ ist deshalb $\sigma_V = 0$ zu setzen. Diese Hypothese hat deshalb allenfalls für solche Werkstoffe Bedeutung, die zum Spröd-Zugbruch neigen.
Vergleichen wir die drei Festigkeits-Hypothesen miteinander, so finden wir, daß in die Vergleichsspannung

bei der Gestaltänderungs-Arbeit-Hypothese σ_1, σ_2 und σ_3,
bei der Schubspannungs-Hypothese nur σ_1 und σ_3,
bei der Normalspannungs-Hypothese hingegen lediglich σ_1

eingehen. Das charakterisiert bereits in gewisser Weise den Grad der Vereinfachung der verschiedenen Hypothesen.
Wir haben schon festgestellt, daß die Kennzeichnung der Beanspruchung durch einen einzigen Zahlenwert bereits eine Hypothese enthält. Für eine Verfeinerung der Betrachtungsweise kann es nützlich sein, daß sich die Beanspruchungsart mit Hilfe der Invarianten in gewisser Weise klassifizieren läßt. Dazu bilden wir die Verhältnisse

$$\frac{S_1^2}{T_2} = \zeta \qquad 0 \leqslant \zeta$$

und

$$\frac{T_3^2}{T_2^3} = \vartheta \qquad 0 \leqslant \vartheta \leqslant \frac{1}{6}$$

Der erste Ausdruck ζ kennzeichnet das Verhältnis der mittleren Spannung (kugelsymmetrischer Spannungszustand) zur Intensität der Deviator-Spannungen. Im zweiten Ausdruck drückt sich die Art des Deviator-Spannungszustandes aus. Es läßt sich nämlich leicht zeigen, daß zu dem unteren Grenzwert $\vartheta = 0$ eine reine Schubbeanspruchung, zu dem oberen Grenzwert $\vartheta = \frac{1}{6}$ hingegen ein einachsiger Spannungszustand gehört.

2.6. Das vollständige Gleichungssystem der Elasto-Mechanik

Als *material-unabhängige Grundgleichung* steht uns der *Impulssatz* (Satz 1.20) zur Verfügung, der das *Spannungsfeld* (sechs skalare Feldgrößen) mit dem *Verschiebungsfeld* (drei skalare Feldgrößen) durch eine *vektorielle Feldgleichung* (drei skalare Feldgleichungen) verknüpft. Die volumenhaft angreifenden Kräfte, die ebenfalls in den Impulssatz eingehen, können wir in vielen Fällen als gegeben betrachten oder sonst in Abhängigkeit von den Verschiebungen beschreiben. Diese Kräfte treten deshalb nicht als gesonderte, unbekannte Feldgrößen in Erscheinung.

Das *Formänderungsgesetz*, die *materialabhängige thermische Zustandsgleichung*, ist eine tensorielle Gleichung (bestehend aus sechs skalaren Gleichungen), die die Beziehung zwischen den Spannungen (sechs skalare Zahlenwerte), den Verzerrungen (sechs skalare Zahlenwerte) und der Temperatur (ein skalarer Zahlenwert) angibt. In dieser Form stellt das Formänderungsgesetz zunächst keine Feldgleichung dar. Führen wir jedoch die Verzerrungen auf das Verschiebungsfeld (drei skalare Feldgrößen) zurück, so nimmt auch diese Zustandsgleichung die Form einer Feldgleichung an. In sie gehen ein: die sechs Spannungen, der Gradient der drei Verschiebungskomponenten und die Temperatur, insgesamt also 10 Feldgrößen.
Drücken wir im Impulssatz die Spannungen durch den Gradienten der Verschiebungen und durch die Temperatur aus, so erhalten wir drei Gleichungen für vier skalare Feldgrößen. Dieses Gleichungssystem reicht jedoch im allgemeinen nicht aus, um daraus das Verschiebungs- und das Temperaturfeld zu ermitteln. Zu seiner Vervollständigung benötigen wir

– die *material-abhängige kalorische Zustandsgleichung*, mit der allerdings zunächst eine weitere unbestimmte Größe (die spezifische innere Energie u bzw. die spezifische Entropie s) ins Spiel kommt, und
– das *material-abhängige Gesetz für den thermischen Energie-Austausch*, das die *Wärmeleitung* im Innern des Körpers sowie die *Wärmeübertragung* zwischen dem Körper und seiner Umgebung bestimmt.

Das vollständige Gleichungssystem umfaßt also:

(A) Impulssatz, aus dem auch das Gesetz über den Austausch mechanischer Energie ableitbar ist,
(B) thermische Zustandsgleichung (Formänderungsgesetz),
(C) kalorische Zustandsgleichung,
(D) Gesetz über den Austausch thermischer Energie.

Aus diesem Gleichungssystem und den daraus ableitbaren Beziehungen können wir in Verbindung mit den zugehörigen Rand- und Anfangsbedingungen das Verschiebungs- und das Temperaturfeld (und daraus dann das Feld der Verzerrungen und der Spannungen) sowie den mechanischen und den thermischen Energieaustausch ermitteln.

Anmerkung:

Ein einfaches Beispiel dafür, daß Impulssatz (A) und Formänderungsgesetz (B) nicht ausreichen, einen thermo-mechanischen Prozeß vollständig zu bestimmen, ist der adiabatische Zugversuch, bei dem die Belastung so schnell aufgebracht wird, daß dem Probestab keine Möglichkeit bleibt, während des Belastungsvorganges Wärme mit der Umgebung auszutauschen. Es zeigt sich, daß bei einem solchen Zugversuch der Probestab eine Temperaturabnahme erfährt, die mit der Volumenzunahme im Zugversuch zusammenhängt. Diese Temperaturabnahme, die zu einer Verringerung der Längsdehnung im Vergleich zum isothermen Zugversuch führt, ist aus (A) und (B) allein nicht zu ermitteln.

Beschränken wir uns auf *isotherme Probleme der Elasto-Statik*, so vereinfacht sich das Gleichungssystem wesentlich. Es zerfällt in zwei Teilprobleme, ein mechanisches und ein kalorisches, weil die Temperatur bei diesen Problemen als bekannt vorausgesetzt werden kann.
Das vorab zu lösende mechanische Teilproblem wird durch den Impulssatz und das (isotherme) Formänderungsgesetz beherrscht. Drücken wir die Spannungen durch die Verzerrungen und diese wiederum durch die Verschiebungen aus, so liefert uns der Impulssatz mit den zugehörigen Randbedingungen drei partielle skalare Differentialgleichungen für die drei Verschiebungskomponenten, die für *linear-elastische Körper* folgende Form annehmen:

Satz 2.9: *Gleichungssystem für die Verschiebungen bei isothermen Problemen der Statik eines linear-elastischen Körpers:*

$$G\left\{\frac{\partial^2 u_x}{\partial x^2}+\frac{\partial^2 u_x}{\partial y^2}+\frac{\partial^2 u_x}{\partial z^2}+\frac{1}{1-2\nu}\frac{\partial}{\partial x}\left(\frac{\partial u_x}{\partial x}+\frac{\partial u_y}{\partial y}+\frac{\partial u_z}{\partial z}\right)\right\}+\rho f_x=0$$

$$G\left\{\frac{\partial^2 u_y}{\partial x^2}+\frac{\partial^2 u_y}{\partial y^2}+\frac{\partial^2 u_y}{\partial z^2}+\frac{1}{1-2\nu}\frac{\partial}{\partial y}\left(\frac{\partial u_x}{\partial x}+\frac{\partial u_y}{\partial y}+\frac{\partial u_z}{\partial z}\right)\right\}+\rho f_y=0$$

$$G\left\{\frac{\partial^2 u_z}{\partial x^2}+\frac{\partial^2 u_z}{\partial y^2}+\frac{\partial^2 u_z}{\partial z^2}+\frac{1}{1-2\nu}\frac{\partial}{\partial z}\left(\frac{\partial u_x}{\partial x}+\frac{\partial u_y}{\partial y}+\frac{\partial u_z}{\partial z}\right)\right\}+\rho f_z=0$$

bzw.

$$G\left\{\nabla\cdot\nabla\mathbf{u}+\frac{1}{1-2\nu}\nabla(\nabla\cdot\mathbf{u})\right\}+\rho\mathbf{f}=\mathbf{0}.$$

Anmerkung:

Wir können den Impulssatz auch in ein Gleichungssystem für drei *Spannungsfunktionen* umformen. Dazu müssen wir die Verträglichkeitsbedingungen für die Verzerrungen mit heranziehen. Ersetzen wir in diesen Verträglichkeitsbedingungen die Verzerrungen mit Hilfe des Formänderungsgesetzes durch die Spannungen, so erhalten wir weitere Gleichungen für die Spannungen, die wir benutzen können, um überzählige Größen zu eliminieren. Dieses Vorgehen erfordert jedoch besondere Lösungsansätze, auf die wir hier nicht weiter eingehen können. Auf spezielle Fälle kommen wir in den Kapiteln 4, 10 und 11 zu sprechen.

Das kalorische Teilproblem ist bei isothermen Problemen der Elasto-Statik nachträglich zu lösen. Es besteht darin, mit Hilfe der kalorischen Zustandsgleichung den stattfindenden Wärmeaustausch zu ermitteln, der sich aus der Bedingung ergibt, daß alle Zustandsänderungen voraussetzungsgemäß isotherm erfolgen sollen. In vielen Fällen verzichten wir auch auf die Lösung dieses Problems, da es häufig nicht weiter interessiert, so daß sich das Gesamtproblem auf das mechanische Teilproblem reduziert.

Wir können in unsere Betrachtungen elastischer Körper auch temperaturbedingte Gefügeumwandlungen oder piezo-elektrische Effekte usw. einbeziehen. Dann müssen wir jedoch unser Gleichungssystem entsprechend erweitern. Die hinzukommenden materialabhängigen Beziehungen haben teils den Charakter von Feldgleichungen, teils von Zustandsgleichungen. Wir gehen darauf hier nicht weiter ein.

Fragen:

1. Was bedeuten geometrische Linearität und physikalische Linearität?
2. Welche Eigenschaften kennzeichnen einen Körper als elastisch?
3. Wie lautet das Formänderungsgesetz des isotropen, linear-elastischen Körpers?
4. Welcher Zusammenhang besteht zwischen den Werkstoffkonstanten E, G und ν des isotropen, linear-elastischen Körpers?
5. Welche Form nimmt das *Hooke*sche Gesetz bei Aufspaltung in Volumen- und Gestaltänderungen an?
6. Wie ist die spezifische Verzerrungsarbeit w definiert?
7. Welche Ausdrücke erhalten wir für die spezifische, isotherme Verzerrungsarbeit bei einem linear-elastischen Körper?
8. Wie und aufgrund welcher physikalischer Beziehungen lassen sich Formänderungsgesetz und kalorische Zustandsgleichung des linear-elastischen Körpers aus der spezifischen freien Energie herleiten?
9. Welchen notwendigen (und hinreichenden) Bedingungen müssen Formänderungsgesetz und kalorische Zustandsgleichung für einen elastischen Körper genügen, damit das Materialgesetz widerspruchsfrei ist?
10. Welche Festigkeits-Hypothesen sind gebräuchlich und was besagen sie?
11. Welche Sätze und Gleichungen umfaßt das vollständige Gleichungssystem der Elasto-Mechanik?
12. Welche Vereinfachungen ergeben sich bei einer Beschränkung auf isotherme Formänderung für das Gleichungssystem der Elasto-Mechanik?

3. Stab-Biegung mit Normal- und Querkraft

3.1. Allgemeine Voraussetzungen; bisher gewonnene Ergebnisse der elementaren Theorie

Wir knüpfen an die Überlegungen an, die wir in Band I (Kapitel 12) im Rahmen der elementaren Elasto-Statik der Stäbe durchgeführt haben. Die dort gewonnenen Ergebnisse wollen wir hier jedoch nach einigen Richtungen erweitern, vertiefen und ergänzen, und zwar hier für die *Biegung des geraden Stabes* unter Einbeziehung der Wirkung von Längs- und Querkräften. Wir werden dabei im Rahmen einer elementaren Elasto-Statik der Stäbe bleiben; d.h. wir verzichten weiterhin auf die exakte Lösung des vollständigen Gleichungssystems der Elasto-Statik und gehen statt dessen von gewissen Annahmen über die Formänderungen der stabförmigen Körper sowie die Spannungsverteilung in diesen Körpern aus.

Allgemein setzen wir in diesem Kapitel, sofern nicht ausdrücklich etwas anderes gesagt wird, voraus:

1. linear-elastischer Körper,
2. homogener, isotroper Werkstoff,
3. gerade Stabachse (Stabachse = x-Achse),
4. unveränderlicher Querschnitt,
5. y- und z-Achse sind Hauptachsen des Querschnittes,
6. $M_T = 0$.

Bei der *querkraftfreien Biegung* (Schnittgrößen: N = konst., $Q_y = Q_z = 0$, M_y = konst., M_z = konst.; $T = T_0$, vgl. Beispiel in Abb. 3.1) können wir, wie in Band I (Abschnitte 12.3 und 12.4) gezeigt wurde, von den *Annahmen* ausgehen:

(a) Stabachse geht in Kreisbogen über, die Querschnitte bleiben eben und senkrecht zur Stabachse;

(b) Schnittflächen parallel zur Stabachse sind spannungsfrei.

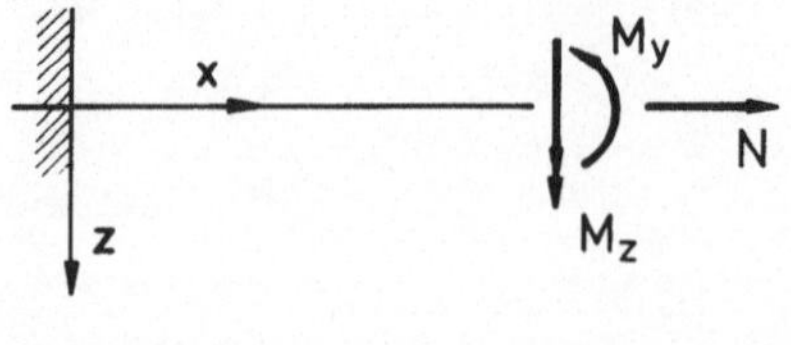

Abb. 3.1

Wir erhalten dann für die Spannungsverteilung im Stab (in Abb. 3.2 für $N < 0$, $M_y > 0$ und $M_z > 0$ schematisch dargestellt)

$$\sigma_{xx} = \sigma(y, z) = \frac{N}{A} + \frac{M_y}{J_{yy}}\, z - \frac{M_z}{J_{zz}}\, y$$

$$\sigma_{yy} = \sigma_{zz} = \sigma_{xy} = \sigma_{yz} = \sigma_{zx} = 0$$

mit A = Querschnittsgröße
J_{yy}, J_{zz} = Flächen-Trägheitsmomente.

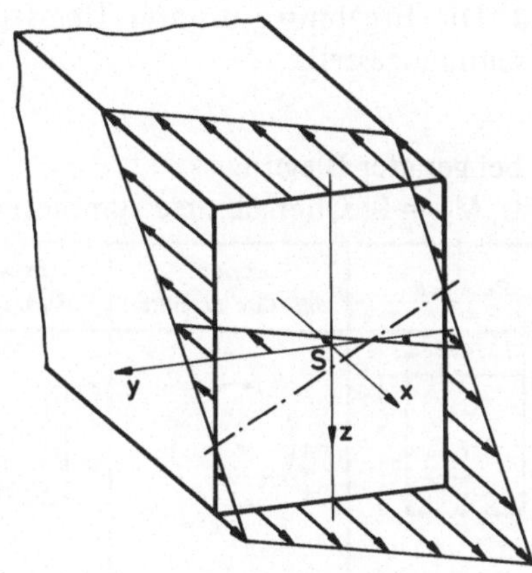

Abb. 3.2

Daraus ergibt sich für die Gleichung der *neutralen Faser* ($\sigma = 0$) die Beziehung

$$z = -\frac{J_{yy}}{M_y}\frac{N}{A} + \frac{J_{yy}}{J_{zz}}\frac{M_z}{M_y}\, y.$$

Aus der Spannungsverteilung leiten wir ferner auch leicht mit Hilfe des verallgemeinerten *Hooke*schen Gesetzes die zugehörige Verteilung der Verzerrungen ab.

Für die *Biegung mit Querkraft* (Schnittgrößen: N = konst., Q_y = konst., Q_z = konst., $M_y = M_y(x)$, $M_z = M_z(x)$; $T = T_0$; vgl. Beispiel in Abb. 3.3)

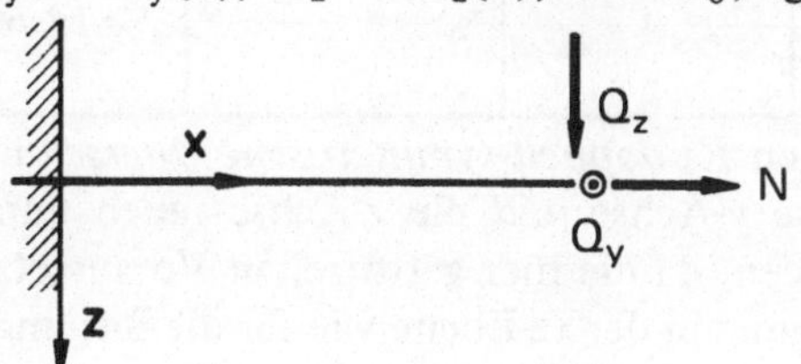

Abb. 3.3

gehen wir davon aus, daß die Spannungen $\sigma_{xx} = \sigma(x, y, z)$ und die Spannungen σ_{yy}, σ_{zz}, σ_{yz} von der Querkraft nicht beeinflußt werden. Wir nehmen also zunächst auch für die Biegung mit Querkraft allgemein an (vgl. Band I, Abschnitt 12.5):

$$\text{(a)} \qquad \sigma_{xx} = \sigma(x, y, z) = \frac{N}{A} + \frac{M_y(x)}{J_{yy}}\, z - \frac{M_z(x)}{J_{zz}}\, y\,,$$

$$\text{(b)} \qquad \sigma_{yy} = \sigma_{zz} = \sigma_{yz} = 0.$$

Die Ermittlung der Verteilung der Schubspannungen σ_{xz} und σ_{yz} erfordert allerdings je nach Querschnittsform besondere Annahmen. In Band I, Abschnitt 12.5 haben wir uns dabei auf *gerade Biegung* ($Q_y = 0$, $Q_z = Q$, $M_z = 0$, $M_y = M(x)$ usw.) und auf solche Querschnittsformen beschränkt, die *symmetrisch in bezug auf die z-Achse* sind. Die Ergebnisse unserer Überlegungen sind in der Tabelle 3.1 noch einmal zusammengestellt.

Tabelle 3.1
Schubspannungsverteilung bei gerader Biegung
$Q_z = Q$, $M_y = M(x)$, $Q_y = 0$, $M_z = 0$; Querschnitte symmetrisch zur z-Achse

Querschnitts-formen	*Rechteck*	*übrige Voll-Querschnitte*	*dünnwandige Querschnitte*
Bezeichnungen	b, h, y, z	y, z, e, b(z)	$\zeta = L$, η, ζ, $\delta(\zeta)$, y, z
Annahme	$\sigma_{xy} = 0$ $\sigma_{xz} = \tau(z)$	$\sigma_{xz} = \sigma_{xz}(z)$ $\sigma_{xy} = \sigma_{xz}(z)\frac{d\,b(z)}{dz}\frac{y}{b(z)}$	$\sigma_{x\eta} = 0$ $\sigma_{x\zeta} = \tau(\zeta)$
Schub-spannungs-verteilung	$\tau(z) = \frac{Q\,S(z)}{b\,J}$ $= \frac{3}{2}\frac{Q}{A}\left\{1 - \left(\frac{2z}{h}\right)^2\right\}$ $S(z) = \int_z^{h/2} z\,dA = \int_z^{h/2} z\,b\,dz$	$\sigma_{xz}(z) = \frac{Q\,S(z)}{b(z)\,J}$ $\sigma_{xy} = \sigma_{xy}(y,z)$ *entsprechend Annahme* $S(z) = \int_z^{e} z\,dA = \int_z^{e} z\,b(z)\,dz$	$\tau(\zeta) = \frac{Q\,S(\zeta)}{\delta(\zeta)\,J}$ $S(\zeta) = \int_\zeta^{L} z(\zeta)\,dA$ $= \int_\zeta^{L} z(\zeta)\,\delta(\zeta)\,d\zeta$

Die Ergebnisse lassen sich für *doppelt-symmetrische Querschnittsformen* (Symmetrie in bezug auf die y-Achse *und* die z-Achse) auch unmittelbar auf die *schiefe Biegung* übertragen, da die hier getroffenen Voraussetzungen in diesem Falle sowohl für die Biegung in der xz-Ebene wie für die Biegung in der xy-Ebene

erfüllt sind. Wir haben dabei nur auf die richtige Vorzeichenfestsetzung zu achten. In allen andern Fällen (schiefe Biegung bei Querschnitten, die nicht doppelt-symmetrisch sind, gerade oder schiefe Biegung bei unsymmetrischen Querschnitten) ist eine Übertragung der vorstehenden Ergebnisse nicht unmittelbar möglich. Es kann dann eine Kopplung zwischen Biegung und Torsion eintreten. Auf die damit zusammenhängenden Fragen gehen wir am Ende von Kapitel 4 (Abschnitt 4.5) ein.
In Band I, Abschnitt 12.7., haben wir noch überlegt, wie wir die Anwendung der elementaren Theorie auf allgemeinere Belastungen, veränderliche Querschnitte usw. erweitern können. Es blieben dabei jedoch viele Fragen offen. Einigen dieser Fragen wollen wir uns in den folgenden Abschnitten zuwenden. Zunächst aber wollen wir die Frage aufgreifen, welche Formänderungen ein Stab bei einer Belastungs- bzw. Temperaturänderung erfährt. Diese Frage ist bisher nämlich unerörtert geblieben. Wir haben uns nur auf einige Aussagen über die Formänderungen der einzelnen Stabelemente beschränkt.

3.2. Formänderungen des geraden Stabes bei Biegung mit Normal- und Querkraft

3.2.1. Allgemeines

Änderungen der Belastung oder der Temperatur eines Stabes rufen zugleich auch *Formänderungen* des Stabes hervor. Da wir vorausgesetzt haben, daß der Stab als *linear-elastischer Körper* zu betrachten ist, kommt es auf den Ausgangszustand nicht an, sondern lediglich auf die Änderungen, solange wir im Rahmen der linearen Theorie bleiben. Wir können deshalb z.B. davon ausgehen, daß der *Ausgangszustand* ein *natürlicher Zustand* ist (unbelastet, $T = T_0$, spannungsfrei, vgl. Band I, Definition 12.1). Häufig werden wir jedoch als Ausgangszustand etwa den Zustand ansehen, bei dem zwar der Stab unter der Wirkung seines Eigengewichtes steht, aber sonst unbelastet ist. Aber darauf kommt es hier, wie gesagt, nicht an, da bei einem linear-elastischen Körper alle Belastungszustände superponierbar sind. Deshalb dürfen wir auch, ohne auf Widerspruch zu stoßen, den Stab im *Ausgangszustand* stets als *unverformt* ansehen.
Vernachlässigen wir die von den Querkräften hervorgerufenen Formänderungen der Stabelemente, die im allgemeinen von untergeordneter Bedeutung sind (wie wir in Kapitel 6 noch nachweisen werden), und setzen wir voraus, daß bei Temperaturänderungen keine Temperaturdifferenzen über den Querschnitt auftreten, so können wir davon ausgehen, daß bei allen Formänderungen die Stabquerschnitte jeweils eben und senkrecht zur Stabachse bleiben. Es sind dann die Formänderungen des Stabes (abgesehen von den Querkontraktionen, die hier nicht weiter interessieren, aber leicht gesondert zu ermitteln sind) vollständig bestimmt, sobald wir die Deformationen der Stabachse kennen. Diese

können wir durch die Angabe der Verschiebungen **u**(x) der Punkte der Stabachse beschreiben (vgl. Abb. 3.4).

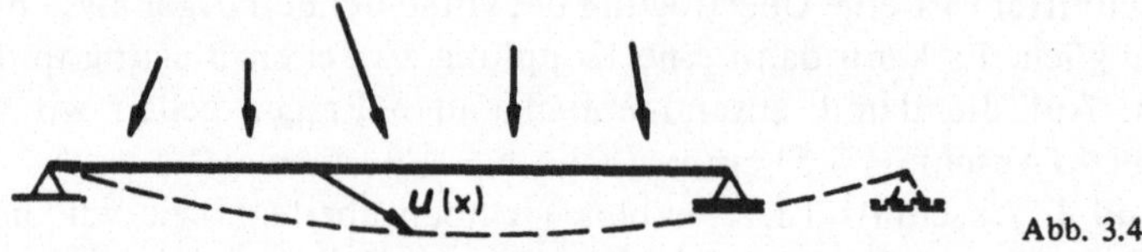

Abb. 3.4

Anmerkung:

Die Feststellung, daß wir bei Vernachlässigung der Querkraft-Formänderungen und bei Annahme $T = T(x)$ davon ausgehen können, daß die Stabquerschnitte jeweils eben und senkrecht zur Stabachse bleiben, deckt sich mit den Annahmen, die wir für die Ermittlung der Spannungsverteilung bei der Stabbiegung getroffen haben.

3.2.2. Die Differentialgleichungen der Stabbiegung (mit Normalkraft)

Für die Formänderungen der Stabachse haben wir in Band I (Kapitel 12) abgeleitet:

Dehnung der Stabachse: $$\epsilon_0(x) = \frac{N(x)}{EA(x)} + \alpha(T(x) - T_0),$$

Krümmung der Stabachse: $$\frac{1}{R_z(x)} = \frac{M_y(x)}{EJ_{yy}(x)}$$

$$\frac{1}{R_y(x)} = \frac{M_z(x)}{EJ_{zz}(x)} .$$

Dabei wollen wir – unter Beachtung der nötigen Sorgfalt – sogleich auch zulassen, daß die Schnittgrößen und der Stabquerschnitt längs der Stabachse veränderlich sind, so daß auch die Größen ϵ_0, R_z, R_y – wie angegeben – von x abhängig werden. Für den Zusammenhang dieser Größen mit den Verschiebungen der Punkte der Stabachse gilt:

$$\epsilon_0(x) = \frac{du_x}{dx} = u_x'(x)$$

$$\frac{1}{R_z(x)} = -\frac{\dfrac{d^2 u_z}{dx^2}}{\left\{1 + \left(\dfrac{du_z}{dx}\right)^2\right\}^{3/2}}$$

$$\frac{1}{R_y(x)} = \frac{\dfrac{d^2 u_y}{dx^2}}{\left\{1 + \left(\dfrac{du_y}{dx}\right)^2\right\}^{3/2}} .$$

Da wir im Rahmen der Theorie linear-elastischer Körper voraussetzen, daß die Drehungen der Körperelemente, die sich in den Größen $\frac{du_z}{dx}$ und $\frac{du_y}{dx}$ ausdrücken, klein bleiben, können wir die Quadrate dieser Größen gegenüber 1 vernachlässigen und mithin schreiben

$$\frac{1}{R_z(x)} = -\frac{d^2 u_z}{dx^2} = -u_z''(x)$$

$$\frac{1}{R_y(x)} = \frac{d^2 u_y}{dx^2} = u_y''(x).$$

Damit ergeben sich für die Formänderungen der Stabachse die folgenden Differentialgleichungen:

$$\boxed{\begin{aligned} \frac{du_x}{dx} &= u_x'(x) = \frac{N(x)}{EA(x)} + \alpha(T(x) - T_0) \\ \frac{d^2 u_y}{dx^2} &= u_y''(x) = \frac{M_z(x)}{EJ_{zz}(x)} \\ \frac{d^2 u_z}{dx^2} &= u_z''(x) = -\frac{M_y(x)}{EJ_{yy}(x)} \end{aligned}}$$

Bei *ebenen Problemen* ($u_y = 0, M_z = 0$) setzt man vielfach

$$u_x = u(x), \quad u_z = w(x)$$

$$M_y = M(x), \quad J_{yy} = J(x).$$

Mit diesen Bezeichnungen gilt (vgl. Abb. 3.5)

$$\boxed{\begin{aligned} u'(x) &= \frac{N(x)}{EA(x)} + \alpha(T(x) - T_0) \\ w''(x) &= -\frac{M(x)}{EJ(x)} . \end{aligned}}$$

Unter Beachtung der gegebenen Randbedingungen lassen sich diese Gleichungen bei bekannten Schnittgrößen unmittelbar und getrennt integrieren und so die Verschiebungen der Punkte der Stabachse ermitteln. Die Größen $u_y(x)$, $u_z(x)$ bzw. w(x) beschreiben die Durchbiegung des Stabes oder – wie wir auch sagen – die *Biegelinie* des Stabes.

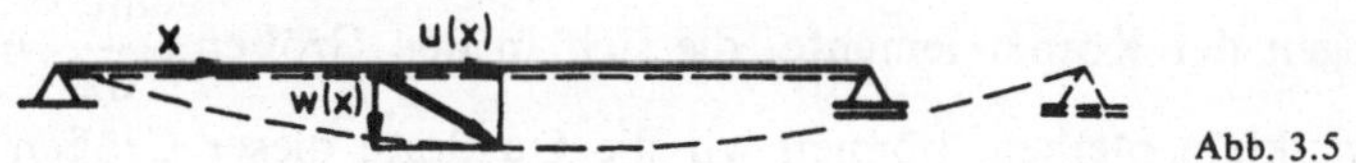

Abb. 3.5

Anmerkung:

Um bei räumlichen Problemen den Vorzeichenwechsel bei den Gleichungen für $u_z(x)$ und $u_y(x)$ zu vermeiden, behandelt man vielfach solche Probleme als Überlagerung zweier ebener Probleme (etwa in zwei zueinander senkrechten Ebenen 1 und 2); man setzt dann

$$w_1''(x) = -\frac{M_1(x)}{EJ_1(x)} ,$$

$$w_2''(x) = -\frac{M_2(x)}{EJ_2(x)} ,$$

hat aber dabei die richtige Vorzeichenfestlegung von $M_1(x)$ und $M_2(x)$ zu beachten, etwa durch Einführung je einer gestrichelten Zone für beide Ebenen.

Beispiel (s. Abb. 3.6.)

Querschnitt:	unveränderlich
Schnittgrößen:	$N = F_2$
	$M(x) = -F_1(l - x)$
Randbedingungen:	$u(0) = 0$
	$w(0) = 0,\ w'(0) = 0$

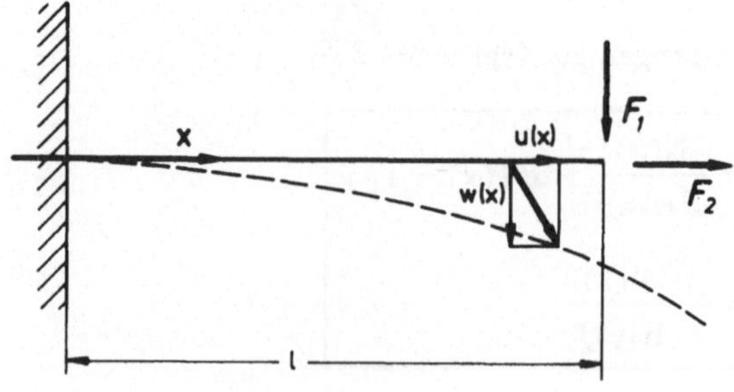

Abb. 3.6

Die Integration der Differentialgleichung für die Längsverschiebung u(x) ergibt zunächst

$$\int_0^x u'(x)\,dx = u(x) - u(0) = \int_0^x \frac{N(x)}{EA}\,dx = \frac{1}{EA}\int_0^x F_2\,dx = \frac{F_2}{EA}\,x,$$

also (wegen u(0) = 0)

$$u(x) = \frac{F_2}{EA}\,x.$$

Die erste Integration der Differentialgleichung für w(x) liefert

$$\int_0^x w''(x)\,dx = w'(x) - w'(0) = -\int_0^x \frac{M(x)}{EJ}\,dx$$

$$= \frac{F_1}{EJ}\int_0^x (l - x)\,dx = \frac{F_1}{EJ}\left(lx - \frac{x^2}{2}\right)$$

Die zweite Integration führt unter Beachtung von w'(0) = 0 auf

$$\int_0^x w'(x)\,dx = w(x) - w(0) = \frac{F_1}{EJ}\int_0^x \left(lx - \frac{x^2}{2}\right)dx$$

$$= \frac{F_1 l^3}{EJ}\left\{\frac{1}{2}\left(\frac{x}{l}\right)^2 - \frac{1}{6}\left(\frac{x}{l}\right)^3\right\},$$

d.h. mit w(0) = 0 auf

$$w(x) = \frac{F_1 l^3}{EJ}\left\{\frac{1}{2}\left(\frac{x}{l}\right)^2 - \frac{1}{6}\left(\frac{x}{l}\right)^3\right\},$$

Speziell erhalten wir für die Durchbiegung am Stabende (x = l)

$$w(l) = \frac{1}{3}\,\frac{F_1 l^3}{EJ}.$$

Der Einfachheit halber wollen wir uns auch bei den folgenden Betrachtungen auf ebene Systeme beschränken; die Erweiterung auf räumliche Systeme bereitet jedoch keine Schwierigkeiten.
Differenzieren wir die Differentialgleichung für die Biegelinie noch zweimal nach x, so folgt (bei $EJ \neq$ konst.)

$$[EJ(x)\,w''(x)]'' = -M''(x).$$

Nun ist (vgl. Band I, Abschnitt 9.4)

$$M''(x) = -q(x).$$

Deshalb folgt

$$\boxed{[EJ(x)\,w''(x)]'' = q(x).}$$

Bei EJ = konst. vereinfacht sich diese Beziehung zu

$$\boxed{EJ\,w''''(x) = q(x).}$$

In dieser Form ist die Durchbiegung w(x) unmittelbar mit der Belastung q(x) verknüpft. Wir können uns bei dieser Fassung der *Differentialgleichung der Biegelinie* die Zwischenrechnung für die Ermittlung des Biegemomentenverlaufs M(x) ersparen und die Differentialgleichung für w(x) unter Beachtung der entsprechenden Randbedingungen unmittelbar viermal integrieren. Dieses Vorgehen eignet sich besonders bei verteilter Querbelastung.

Beispiel (s. Abb. 3.7)

q = konst.

Randbedingungen: $w(0) = 0, \; w(l) = 0$

$$w''(0) = -\frac{M(0)}{EJ} = 0, \quad w''(l) = -\frac{M(l)}{EJ} = 0.$$

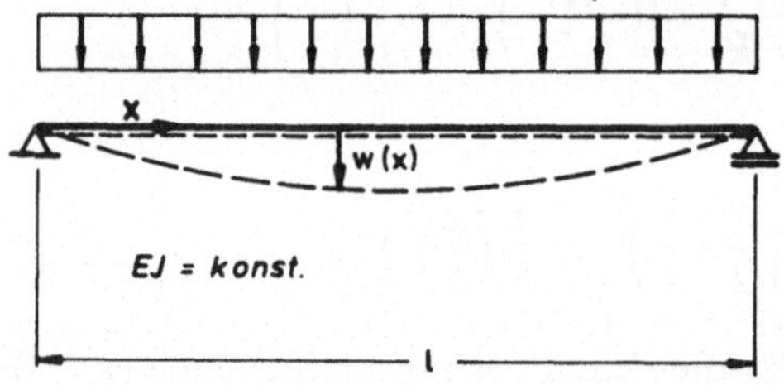

Abb. 3.7

Die viermalige Integration der Differentialgleichung ergibt unter Berücksichtigung der Randbedingungen:

1. Integration:

$$EJ\,w'''(x) - EJ\,w'''(0) = \int_0^x q\,dx = q\,x.$$

2. Integration:

$$EJ\,w''(x) - \underbrace{EJ\,w''(0)}_{0} = \int_0^x EJ\,w'''(0)\,dx + \int_0^x q\,x\,dx$$

$$= EJ\,w'''(0)\,x + q\,\frac{x^2}{2}\,.$$

Die Randbedingung EJ $w''(l) = 0$ liefert die Bedingung

$$EJ\, w'''(0)\, l + q\, \frac{l^2}{2} = 0 .$$

Daraus folgt

$$EJ\, w'''(0) = -\, q\, \frac{l}{2} .$$

3. Integration:

$$EJ\, w'(x) - EJ\, w'(0) = -\int_0^x \frac{q\, l}{2}\, x\, dx + \int_0^x q\, \frac{x^2}{2}\, dx$$

$$= -\, \frac{q\, l\, x^2}{4} + \frac{q\, x^3}{6} .$$

4. Integration:

$$EJ\, w(x) - \underbrace{EJ\, w(0)}_{0} = \int_0^x EJ\, w'(0)\, dx - \int_0^x \frac{q\, l\, x^2}{4}\, dx + \int_0^x \frac{q\, x^3}{6}\, dx$$

$$= EJ\, w'(0)\, x - \frac{q\, l\, x^3}{12} + \frac{q\, x^4}{24} .$$

Die letzte noch freie Integrationskonstante $w'(0)$ ermitteln wir aus der Randbedingung

$$EJ\, w(l) = 0 = EJ\, w'(0)\, l - \frac{q\, l^4}{24} .$$

Das ergibt

$$EJ\, w'(0) = \frac{q\, l^3}{24} .$$

Damit erhalten wir schließlich für die Biegelinie die Gleichung

$$w(x) = \frac{q\, l^4}{24\, EJ} \left\{ \frac{x}{l} - 2 \left(\frac{x}{l}\right)^3 + \left(\frac{x}{l}\right)^4 \right\} .$$

Ist der Stab durch *Einzelkräfte* belastet, so müssen wir die Differentialgleichungen *abschnittsweise* integrieren. Die dabei zusätzlich auftretenden Integrationskonstanten können wir aus den *Übergangsbedingungen* ermitteln. Diese besagen, daß auch an den Angriffsstellen von Einzelkräften im Rahmen der elementaren Elasto-Statik der Stäbe die Verschiebungen u und w sowie w' stetig sein müssen. Analoge Aussagen gelten für räumliche Probleme.

Für die Zahlenrechnung ist es – besonders in der Baustatik – oft bequemer, mit den Größen EJw bzw. EAu statt mit den Verschiebungen w und u selbst zu rechnen. Davon haben wir bei den vorstehenden Beispielen schon teilweise Gebrauch gemacht, auch wenn wir die Gleichungen nicht zahlenmäßig ausgewertet haben.

Ist die Biegesteifigkeit EJ bzw. die Dehnsteifigkeit EA von x abhängig, so führt man bei der Durchführung der Rechnung zweckmäßig für diese Größen je eine konstante Bezugsgröße EJ_c bzw. EA_c ein. Die Differentialgleichungen lauten dann

$$EA_c\, u'(x) = N(x)\, \frac{A_c}{A(x)}$$

$$EJ_c\, w''(x) = -M(x)\, \frac{J_c}{J(x)} .$$

Die Integration dieser Gleichungen liefert dann unmittelbar das EA_c-fache der Längsverschiebungen u(x) bzw. das EJ_c-fache der Durchbiegung w(x).

3.2.3. Die Mohrsche Analogie für die Biegelinie

Wir betrachten der Einfachheit halber *ebene Systeme.* Die Differentialgleichung der Biegelinie w(x) lautet

bei EJ = konst. $\quad EJ\, w''(x) = -M(x)$

bei EJ ≠ konst. $\quad EJ_c w''(x) = -M(x)\, \frac{J_c}{J(x)}$.

Andrerseits gilt für den Zusammenhang zwischen Biegemoment M(x) und Querbelastung q(x)

$$M''(x) = -q(x).$$

Zwischen den Differentialgleichungen für die Biegelinie und für den Momentenverlauf besteht also eine vollständige *Analogie.* Dabei entsprechen sich

	Biegelinie		Momentenverlauf
bei EJ = konst.	$EJ\, w(x)$	⟷	$M(x)$
	$M(x)$	⟷	$q(x)$
bei EJ ≠ konst.	$EJ_c w(x)$	⟷	$M(x)$
	$M(x)\, \frac{J_c}{J(x)}$	⟷	$q(x)$

Alle (rechnerischen und graphischen) Verfahren, die wir zur Ermittlung der Biegemomentenlinie aus der Querbelastung kennen, sind deshalb auch auf die

Gewinnung der Biegelinie aus dem Momentenverlauf anwendbar entsprechend folgendem Gedankengang (s. Abb. 3.8):

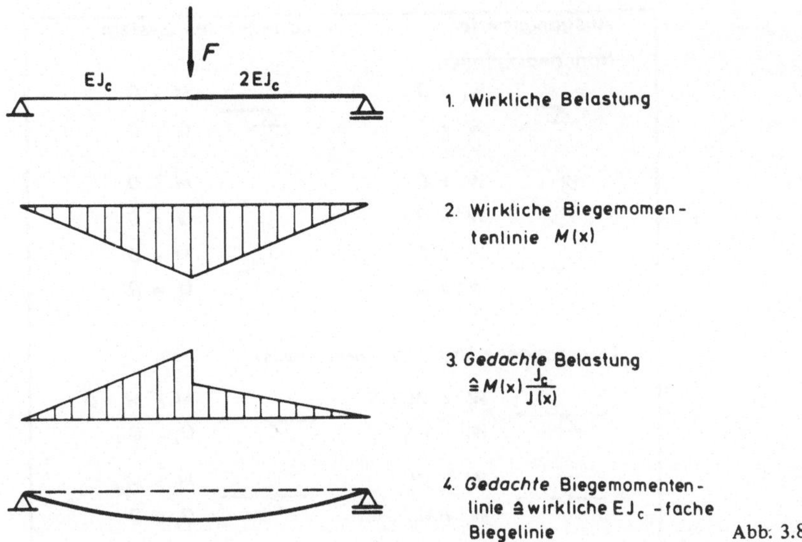

Abb. 3.8

Bei der Durchführung des Verfahrens haben wir jedoch zu beachten, daß wir die Analogie auch bei den Rand- und Übergangsbedingungen einzuhalten haben. Die *gedachte* Belastung $M(x)\,\dfrac{J_c}{J(x)}$ muß auf das *adjungierte System* aufgebracht werden. Dieses finden wir anhand der Gegenüberstellung in Tabelle 3.2, die auch einige Beispiele zeigt. Wir erkennen daraus auch, daß bei dem erläuterten Beispiel in Abb. 3.8 gerade Ausgangssystem und adjungiertes System in den Randbedingungen übereinstimmen. Das gilt jedoch keineswegs allgemein.

Bei statisch unbestimmten Ausgangssystemen sind die adjungierten Systeme verschieblich, wie das letzte Beispiel in Tabelle 3.2 zeigt. Diese Verschieblichkeit wirkt sich jedoch nicht aus, weil in diesen Fällen die *gedachte Belastung* mit den etwa noch verbleibenden *gedachten Auflagern* des adjungierten Systems stets ein *Gleichgewichtssystem* bildet. Hat das adjungierte System keine Auflager mehr, so bildet die Belastung selbst ein Gleichgewichtssystem. Das läßt sich in jedem Einzelfall leicht nachweisen.

Tabelle 3.2
Mohr'sche Analogie
Analogie der Rand- und Übergangsbedingungen

Ausgangssystem	adjungiertes System
Randbedingungen	
$w = 0$, $w' \neq 0$	$M = 0$, $Q \neq 0$
$w = 0$, $w' = 0$	$M = 0$, $Q = 0$
$w \neq 0$, $w' \neq 0$	$M \neq 0$, $Q \neq 0$
Übergangsbedingungen (links-rechts)	
$w_L = w_R = 0$, $w_L' = w_R'$	$M_L = M_R = 0$, $Q_L = Q_R$
$w_L = w_R$, $w_L' \neq w_R'$	$M_L = M_R$, $Q_L \neq Q_R$
Beispiele für Systeme	

3.3. Einfluß der Krafteinleitung auf die Spannungsverteilung

3.3.1. Allgemeines

Die Ermittlung der *Spannungsverteilung in der Nähe von Krafteinleitstellen* ist im allgemeinen nur möglich, wenn wir auf das vollständige Gleichungssystem der Elastizitäts-Theorie bzw. der Elasto-Statik zurückgreifen. Dabei müssen wir von der wirklichen Kräfteverteilung ausgehen. Das Prinzip von *de St. Venant* (vgl. Band I, Abschnitt 4.8), nach dem stereo-statisch äquivalente Kräfte auch elasto-statisch äquivalent sind, gilt nur für den *Fernbereich*, d.h. in hinreichender Entfernung von den Krafteinleitstellen.

In manchen Fällen können wir jedoch auch im *Nahbereich von Krafteinleitstellen* mit elementaren Betrachtungen etwas weiter kommen. Zwei Probleme dieser Art, die in den Rahmen der *elementaren Elasto-Statik der Stäbe* passen, wollen wir im folgenden betrachten.

Wir übernehmen die allgemeinen Voraussetzungen, die wir in Abschnitt 3.1 formuliert haben. Wir setzen einschränkend ferner voraus:

1. Querschnitte symmetrisch zur z-Achse;
2. ebene Biegung, d.h. $N = N(x)$,

$$Q_y = 0, \qquad M_z = 0$$

$$Q_z = Q(x), \quad M_y = M(x);$$

3. Krafteinleitung der Längs- und Querbelastung gleichmäßig in y-Richtung verteilt und deshalb nur von z abhängig;
4. $T = T_0$.

Die Verteilung der Längs- und Querbelastung über den Stabquerschnitt können wir in folgender Weise beschreiben:

a) *Längsbelastung* (s. Abb. 3.9)

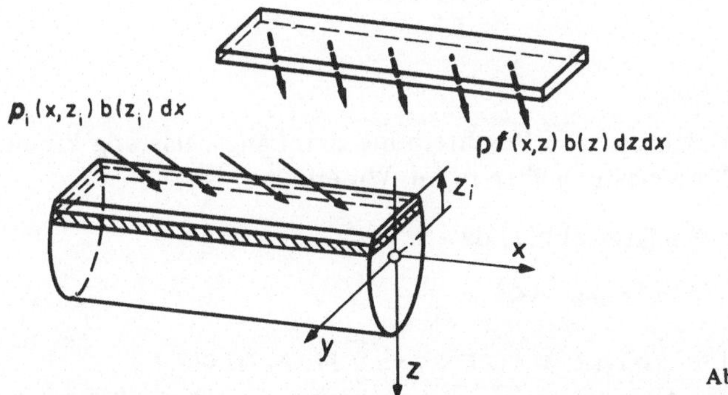

Abb. 3.9

Die auf die Schicht eines Stabelementes von der Länge dx entfallende Belastung der volumenhaft verteilt angreifenden Längskräfte ist

$$dn_V\, dx = f_x(x, z)\, \rho\, b(z)\, dz\, dx.$$

Hierzu kommt gegebenenfalls die *flächenhaft verteilt angreifende Längsbelastung.* Als Angriffsflächen kommen dabei nur solche Oberflächen in Betracht, die parallel zur xy-Ebene sind; denn nur in solchen Fällen ist die Voraussetzung erfüllbar, daß alle Belastungen gleichmäßig in y-Richtung verteilt angreifen sollen. Für die auf eine solche Fläche entfallende Längsbelastung erhalten wir

$$n_{Ai}\, dx = p_{ix}(x, z_i)\, b(z_i)\, dx.$$

Die resultierende Längsbelastung pro Längeneinheit erhalten wir durch Integration über den Querschnitt:

$$n(x) = \int_A \rho\, f_x(x, z) \underbrace{b(z)\, dz}_{dA} + \sum_i p_{ix}(x, z_i)\, b(z_i).$$

Die Längsbelastung erzeugt ferner im allgemeinen zugleich eine Momentenbelastung pro Längeneinheit, für die

$$m(x) = \int_A \rho\, f_x(x, z)\, z \underbrace{b(z)\, dz}_{dA} + \sum_i p_{ix}(x, z_i)\, z_i b(z_i)$$

gilt.

Abkürzend schreiben wir auch

$$n(x) = \int_A dn, \qquad m(x) = \int_A z\, dn$$

und beziehen in die Integrale die flächenhaft verteilt angreifenden Kräfte mit ein.

b) *Querbelastung*

Die Überlegungen zur Beschreibung der Längsbelastung können wir analog auf die Querbelastung übertragen. Wir erhalten

$$dq_V = \rho\, f_z(x, z)\, b(z)\, dz$$

$$q_{Ai} = p_{iz}(x, z_i)\, b(z_i)$$

$$q(x) = \int_A \rho\, f_z(x, z) \underbrace{b(z)\, dz}_{dA} + \sum_i p_{iz}(x, z_i)\, b(z_i)$$

oder abgekürzt

$$q(x) = \int_A dq.$$

Eine Momentenbelastung m(x) entsteht durch die Querbelastung nicht.

Als einfaches Beispiel betrachten wir im folgenden die Spannungsverteilung in einem Stab mit Rechteckquerschnitt, und zwar einmal bei verteilter Längsbelastung, das andere Mal bei verteilter Querbelastung. Die Beispiele lassen sich jedoch im Rahmen der üblichen Voraussetzungen der elementaren Elasto-Statik der Stäbe leicht entsprechend verallgemeinern.

3.3.2. *Stab mit Rechteckquerschnitt bei verteilter Längsbelastung*

Wir betrachten einen Stab mit Rechteckquerschnitt unter der in Abb. 3.10 skizzierten verteilten Längsbelastung:

$$f_x(x, z) = f_x = \text{konst.},$$

$$p_x\left(x, -\frac{h}{2}\right) = p_x = \text{konst.}$$

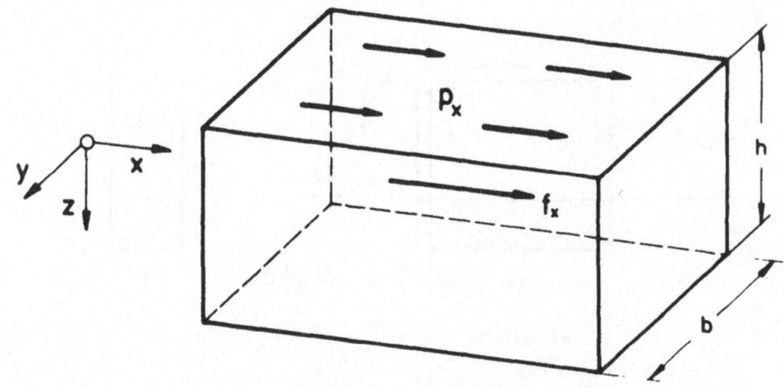

Abb. 3.10

Die flächenhaft verteilt angreifenden Kräfte können wir uns hierbei etwa durch Reibung erzeugt denken. Aus dieser Belastungsverteilung resultieren als Belastungen pro Längeneinheit

$$n(x) = \rho\, f_x\, b\, h + p_x\, b,$$

$$m(x) = p_x\, b\, \frac{h}{2}\,.$$

Für die Verteilung der Spannungen im Querschnitt treffen wir die in der elementaren Elasto-Statik übliche *Annahme*

(a) $$\sigma_{xx} = \sigma(x, z) = \frac{N(x)}{A} + \frac{M(x)}{J}\, z,$$

$$\sigma_{xy} = 0, \qquad \sigma_{xz} = \tau(x, z).$$

Ferner nehmen wir wie üblich an

(b) $$\sigma_{yy} = \sigma_{zz} = \sigma_{yz} = 0.$$

Zur Ermittlung der Schubspannungsverteilung $\tau(x, z)$ im Querschnitt gehen wir in gleicher Weise vor, wie wir es beim Stab mit konstanter Längs- und Querkraft (vgl. Band I, Abschnitt 12.5.1) getan haben. Wir schneiden von einem Stabelement einen Abschnitt in der in Abb. 3.11 angegebenen Weise (Schnittfläche: z = konst.) ab. Stellen wir für das abgeschnittene Teil die Gleichgewichtsbedingung in x-Richtung auf, so erhalten wir

$$-\tau(x,z)\,b + \int_z^{\frac{h}{2}} \frac{\partial\sigma}{\partial x}\,b\,dz + \int_z^{\frac{h}{2}} \rho\, f_x\, b\, dz = 0,$$

d.h.

$$\tau(x,z) = \frac{1}{b}\left\{\int_z^{\frac{h}{2}} \frac{\partial\sigma}{\partial x}\;b\,dz + \int_z^{\frac{h}{2}} dn\right\}.$$

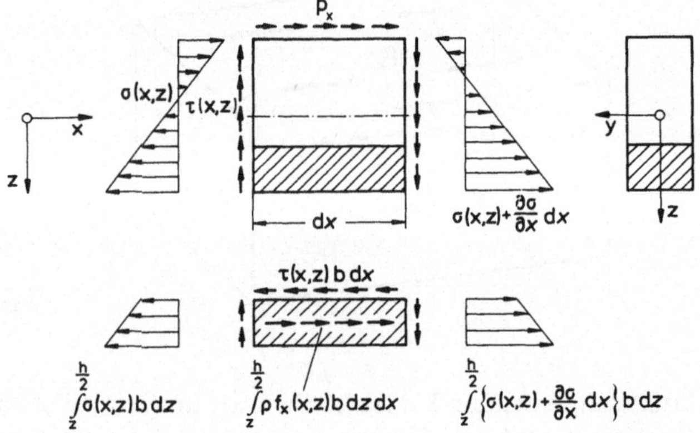

Abb. 3.11

Nun ist (vgl. Band I, Abschnitt 9.4.1)

$$\frac{\partial\sigma}{\partial x} = \frac{\partial}{\partial x}\left\{\frac{N(x)}{A} + \frac{M(x)}{J}\;z\right\}$$

$$= \frac{1}{A}\;\frac{dN}{dx} + \frac{z}{J}\,\frac{dM}{dx}$$

$$= -\;\frac{n(x)}{A} + \frac{z}{J}\;\{Q(x) - m(x)\}\,.$$

Deshalb wird

$$\boxed{\tau(x,z) = \frac{[Q(x)-m(x)]\,S(z)}{b\,J} - \frac{1}{b}\left\{\frac{n(x)}{A}\int_z^{\frac{h}{2}} \underbrace{b\,dz}_{dA} - \int_z^{\frac{h}{2}} \underbrace{\rho\, f_x\, b\, dz}_{dn}\right\} \quad \text{mit} \quad S(z) = \int_z^{\frac{h}{2}} z\;\underbrace{b\,dz}_{dA}}$$

In dieser Schreibweise können wir das vorstehende Ergebnis auch auf allgemeinere Vollquerschnitte mit Symmetrie zur z-Achse ausdehnen. Wir haben dann lediglich $\tau(x, z) = \sigma_{xz}(x, z)$ und $b = b(z)$ zu setzen und die oberen Grenzen der Integrale entsprechend zu bezeichnen. Die Schubspannungskomponenten $\sigma_{xy}(x, y, z)$ sind hierbei nachträglich unter den üblichen Annahmen (vgl. Tafel 3.1) zu berechnen. Wir können ferner das Ergebnis auch auf dünnwandige Querschnitte mit Symmetrie zur z-Achse übertragen, wobei τ, S usw. entsprechend zu interpretieren sind (vgl. Tafel 3.1).

In unserm speziellen Beispiel können wir die Integrale noch weiter auswerten. Es ist

$$S(z) = \int_z^{\frac{h}{2}} z\, b\, dz \;=\; \frac{b\,h^2}{8}\left\{1 - \left(\frac{2z}{h}\right)^2\right\}.$$

$$\frac{n(x)}{A}\int_z^{\frac{h}{2}} b\, dz - \rho\, f_x \int_z^{\frac{h}{2}} b\, dz = p_x \frac{b}{2}\left\{1 - \frac{2z}{h}\right\},$$

$$J = \frac{b\,h^3}{12}, \quad A = b\,h.$$

Damit wird

$$\boxed{\tau(x, z) = \frac{3}{2}\,\frac{Q}{b\,h}\left\{1 - \left(\frac{2z}{h}\right)^2\right\} + \underbrace{p_x\left\{\frac{1}{4} + \frac{1}{2}\,\frac{2z}{h} - \frac{3}{4}\left(\frac{2z}{h}\right)^2\right\}}_{\text{Einfluß der Längsbelastung}}.}$$

Die Schubspannungsverteilung ist in Abb. 3.12 schematisch dargestellt. Wir erhalten für den oberen und den unteren Rand, wie es nach dem Satz von der Gleichheit der einander zugeordneten Schubspannungen sein muß,

$$\tau\left(x, -\frac{h}{2}\right) = -p_x, \qquad \tau\left(x, \frac{h}{2}\right) = 0.$$

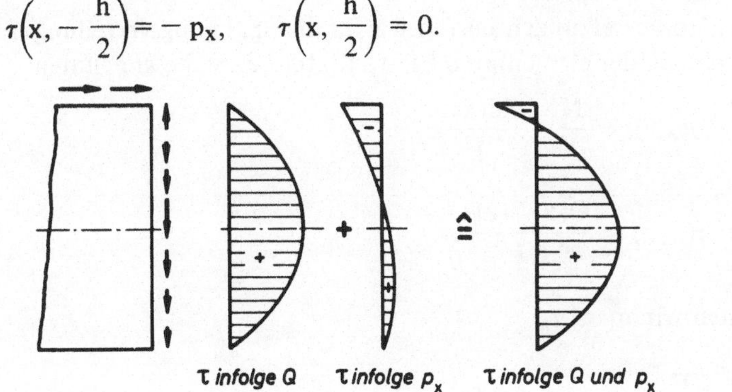

Abb. 3.12

Die Rückwirkungen der mit diesen Schubspannungen verknüpften Verzerrungen auf die Verteilungen der anderen Spannungen bleiben in der elementaren Theorie unberücksichtigt. Da umgekehrt z.B. die Verteilung von $\sigma_{xx} = \sigma$ wesentlich in die hier durchgeführte Berechnung von $\sigma_{xz} = \tau$ eingeht, können die Ergebnisse unserer Betrachtungen natürlich nur näherungsweise gültig sein. Doch ist der Fehler im allgemeinen gering.

3.3.3. *Stab mit Rechteckquerschnitt bei verteilter Querbelastung*

Ein Stab mit Rechteckquerschnitt sei in der in der Abb. 3.13 skizzierten Weise durch flächenhaft und volumenhaft verteilt angreifende Kräfte senkrecht zur Stabachse belastet. Wir beschreiben diese Belastungsverteilung durch die Angabe von

$$f_z(x, z) = f_z = \text{konst.}$$

$$p_z\left(x, -\frac{h}{2}\right) = p_z = \text{konst.}$$

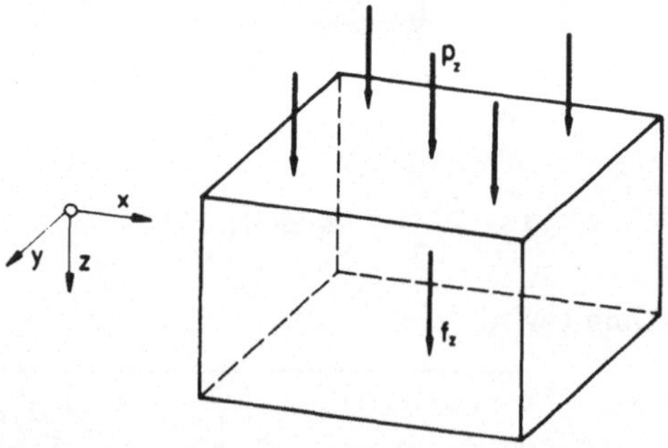

Abb. 3.13

Die volumenhaft verteilt wirkende Belastung können wir uns etwa durch das Eigengewicht erzeugt denken; dann ist $f_z = g$. Die resultierende Querbelastung pro Längeneinheit ist

$$q(x) = \rho\, f_z\, b\, h + p_z\, b.$$

Die Normalkraft N setzen wir der Einfachheit halber als unabhängig von x voraus, d.h. wir gehen zunächst davon aus, daß nicht gleichzeitig eine verteilte Längsbelastung vorhanden ist.
Unter diesen Voraussetzungen dürfen wir für die Spannungsverteilung im Querschnitt im Rahmen der elementaren Elasto-Statik der Stäbe annehmen

$$\text{(a)} \qquad \sigma_{xx} = \sigma(x, z) = \frac{N}{A} + \frac{M(x)}{J}\, z$$

$$\sigma_{xz} = \tau(x, z) = \frac{Q(x)\, S(z)}{b\, J}\,.$$

Ferner nehmen wir an

$$\text{(b)} \qquad \sigma_{yy} = \sigma_{yz} = 0.$$

Hingegen dürfen wir nicht mehr $\sigma_{zz} = 0$ setzen. Wir würden sonst die Bedingung verletzen, daß an der Oberfläche des Stabes $\left(\text{d.h. für } z = -\frac{h}{2}\right) \sigma_{zz} = -p_z$ sein muß.

Die Verteilung der Spannungen $\sigma_{zz}(x, z)$ ermitteln wir wiederum, indem wir von einem Stabelement einen Abschnitt durch einen Schnitt senkrecht zur z-Achse abtrennen und für das abgeschnittene Teil die Gleichgewichtsbedingung in z-Richtung aufstellen (s. Abb. 3.14). Diese ergibt

$$\sigma_{zz}(x, z) = \frac{1}{b}\left\{\int_z^{\frac{h}{2}} \frac{\partial\tau}{\partial x}\, b\, dz + \int_z^{\frac{h}{2}} \underbrace{\rho\, f_z\, b\, dz}_{dq}\right\}.$$

Daraus folgt mit

$$\frac{\partial\tau(x, z)}{\partial x} = \frac{\partial}{\partial x}\left\{\frac{Q(x)\, S(z)}{b\, J}\right\} = -\, q(x)\, \frac{S(z)}{b\, J}$$

$$\sigma_{zz}(x, z) = -\frac{q(x)}{b^2 J} \int_z^{\frac{h}{2}} S(z)\, \underbrace{b\, dz}_{dA} + \frac{1}{b} \int_z^{\frac{h}{2}} \underbrace{\rho\, f_z\, b\, dz}_{dq}.$$

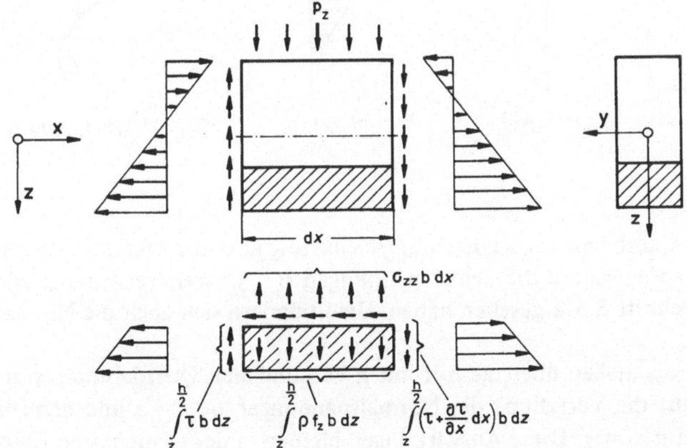

Abb. 3.14

Dieses Ergebnis können wir bei entsprechender Interpretation auch auf allgemeinere Vollquerschnitte und auf dünnwandige Querschnitte übertragen, sofern die Querschnitte symmetrisch zur z-Achse sind.

In unserm speziellen Beispiel ist

$$S(z) = \int_z^{\frac{h}{2}} z\, \underbrace{b\, dz}_{dA} = \frac{b\, h^2}{8}\left\{1 - \left(\frac{2z}{h}\right)^2\right\}$$

$$\int_z^{\frac{h}{2}} S(z)\, b\, dz = \frac{b\,h^2}{8} \int_z^{\frac{h}{2}} \left\{1 - \left(\frac{2z}{h}\right)^2\right\} b\, dz = \frac{b^2 h^3}{24} \left\{1 - \frac{2z}{h}\,\frac{3}{2} + \frac{1}{2}\left(\frac{2z}{h}\right)^3\right\}$$

$$\int_z^{\frac{h}{2}} \rho\, f_z\, b\, dz = \rho\, f_z\, \frac{bh}{2}\left\{1 - \frac{2z}{h}\right\}.$$

Damit wird, wenn wir noch q(x) und J einsetzen

$$\boxed{\sigma_{zz}(x, z) = \rho\, f_z\, \frac{h}{4}\left\{\frac{2z}{h} - \left(\frac{2z}{h}\right)^3\right\} - \frac{1}{2}\, p_z \left\{1 - \frac{3}{2}\,\frac{2z}{h} + \frac{1}{2}\left(\frac{2z}{h}\right)^3\right\}.}$$

Die Verteilung der Spannungen σ_{zz} über die Höhe des Stabes ist in Abb. 3.15 schematisch dargestellt.

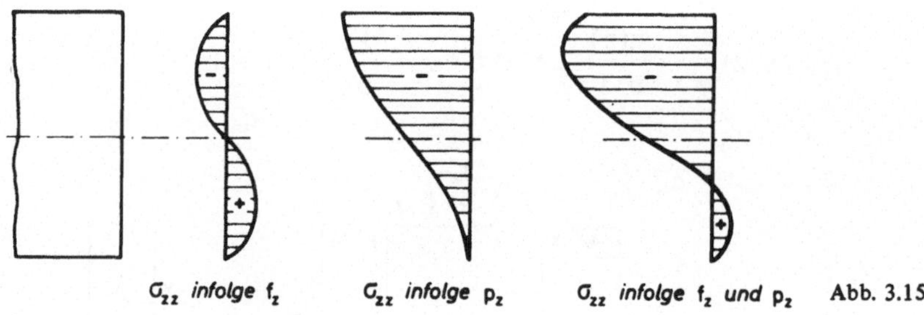

σ_{zz} *infolge* f_z σ_{zz} *infolge* p_z σ_{zz} *infolge* f_z *und* p_z Abb. 3.15

Anmerkung:

Treten neben der Querbelastung zugleich ungleichmäßig über den Querschnitt verteilte Längsbelastungen auf, so enthalten die Schubspannungen $\tau(x, z)$ weitere Anteile, wie wir im vorhergehenden Abschnitt 3.3.2 gesehen haben. Damit ändern sich auch die Normalspannungen $\sigma_{zz}(x, z)$.

Die Spannungen σ_{zz} haben über die mit ihnen verbundenen Querdehnungen in x-Richtung Rückwirkungen auf die Verteilung der Normalspannungen $\sigma_{xx} = \sigma$ und damit auch auf die Schubspannungen $\sigma_{xz} = \tau$. Diese Auswirkungen bleiben in der elementaren Elasto-Statik der Stäbe unberücksichtigt, die sich damit auch bei solch verfeinerten Betrachtungen, wie wir sie hier angestellt haben, als Näherungstheorie erweist.

3.4. Einfluß der Veränderung des Stabquerschnittes auf die Spannungsverteilung

3.4.1. Allgemeines

Im Rahmen der bisherigen Betrachtungen haben wir angenommen, daß Veränderungen des Stabquerschnittes, sofern wir sie überhaupt in den Kreis unserer

Überlegungen einbezogen haben, ohne nennenswerten Einfluß auf die Spannungsverteilung bleiben und sich nur insofern auswirken, daß wir veränderliche Querschnittsgrößen, veränderliche Flächen-Trägheitsmomente usw. in die Ausdrücke für die Spannungsverteilung einzusetzen haben (vgl. Band I, Abschnitt 12.7). Dieses Vorgehen ist jedoch nur zulässig, wenn es sich um schwache, stetig verlaufende Querschnittsveränderungen handelt, bzw. wenn wir solche Querschnitte betrachten, die hinreichend weit von stärkeren Querschnittsänderungen entfernt sind. In jenen Stabquerschnitten, die in Bereichen stärkerer Querschnittsveränderungen liegen, haben wir hingegen mit größeren Abweichungen von der unter den üblichen Annahmen ermittelten Spannungsverteilung zu rechnen.

Zur Ermittlung der genauen Spannungsverteilung im Bereich einer stärkeren Querschnittsveränderung müssen wir im allgemeinen auf das vollständige, dreidimensionale Gleichungssystem der Elasto-Statik zurückgreifen. In einigen Sonderfällen können wir jedoch den Einfluß einer solchen Querschnittsveränderung auch mit den Methoden der elementaren Theorie abschätzen. Zwei Probleme dieser Art wollen wir im folgenden betrachten, und zwar die *ebene Biegung* von Stäben mit *Rechteckquerschnitt*, deren Höhe bzw. Breite veränderlich ist. Zur Vereinfachung wollen wir dabei voraussetzen, daß die Normal- und die Querkraft längs der Stabachse konstant sind und daß auch keine verteilte Momentenbelastung vorhanden ist ($m(x) = 0$). Wir rechnen also mit folgenden Schnittgrößen:

$$Q_y = 0, \quad M_z = 0$$

$$N = \text{konst.}, Q_z = Q = \text{konst.}, M_y = M(x).$$

Ferner sei $T = T_0$.

Bei der Untersuchung des Einflusses der Querschnittsveränderlichkeit auf die Spannungsverteilung im Stab gehen wir davon aus, daß wir die folgenden Annahmen bzw. Ergebnisse der elementaren Theorie auch für die beiden hier zu betrachtenden Probleme übernehmen können:

(a) $$\sigma_{xx} = \sigma(x, z) = \frac{N}{A(x)} + \frac{M(x)}{J(x)} z,$$

(b) $$\sigma_{yy} = \sigma_{zz} = \sigma_{yz} = 0,$$

(c) $$\sigma_{xz} = \sigma_{xz}(x, z).$$

Diese Annahmen haben wir dann jeweils noch durch eine spezielle Annahme über die Verteilung von σ_{xy} zu ergänzen.

3.4.2. Rechteckquerschnitt mit veränderlicher Höhe

Wir betrachten einen geraden Stab mit Rechteckquerschnitt veränderlicher Höhe, für den also

$$b = \text{konst.}, \quad h = h(x)$$

gilt. Die Neigung α des oberen wie des unteren Randes gegen die Stabachse ergibt sich (vgl. Abb. 3.16) aus

$$\tan \alpha(x) = \frac{1}{2} \frac{dh(x)}{dx} .$$

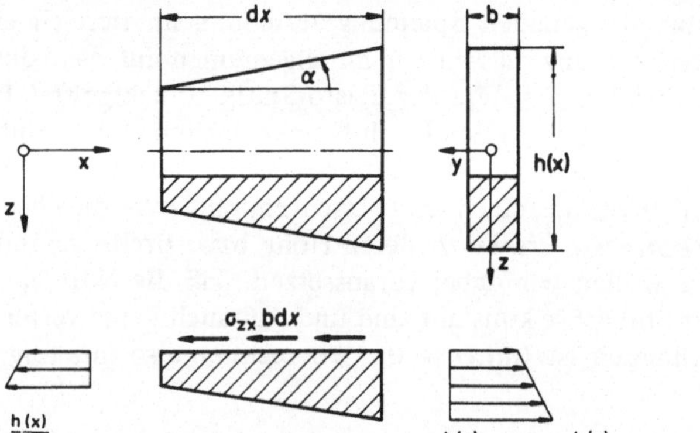

$$\int_z^{\frac{h(x)}{2}} \sigma b dz \qquad \int_z^{\frac{h(x)}{2}} \sigma b dz + \frac{\partial}{\partial x}\left\{\int_z^{\frac{h(x)}{2}} \sigma b dz\right\} dx$$

Abb. 3.16

Da die Breite b des Querschnittes konstant ist, können wir, ohne unmittelbar auf einen Widerspruch zu stoßen, ergänzend zu den Annahmen (a) bis (c) aus Abschnitt 3.4.1 hier zusätzlich annehmen

(d) $\sigma_{xy} = 0$.

Trennen wir von einem Stabelement durch einen Schnitt senkrecht zur z-Achse einen Abschnitt ab, wie es Abb. 3.16 zeigt, so ergibt die Betrachtung des Kräftegleichgewichtes in x-Richtung für diesen Abschnitt

$$\sigma_{xz} = \tau(x, z) = \frac{1}{b} \frac{\partial}{\partial x} \int_z^{\frac{h(x)}{2}} \sigma(x, z)\, b\, dz.$$

Setzen wir in diesen Ausdruck

$$\sigma(x, z) = \frac{N}{A(x)} + \frac{M(x)}{J(x)} z$$

ein, so folgt zunächst allgemein

$$\tau(x, z) = \frac{1}{b}\frac{\partial}{\partial x}\int_z^{\frac{h(x)}{2}}\left\{\frac{N}{A(x)} + \frac{M(x)}{J(x)}\, z\right\} b\, dz$$

$$= \frac{1}{b}\frac{\partial}{\partial x}\left\{\frac{N}{A(x)}\int_z^{\frac{h(x)}{2}} b\, dz + \frac{M(x)}{J(x)}\int_z^{\frac{h(x)}{2}} z\, b\, dz\right\}.$$

Nun ist

$\int_z^{\frac{h(x)}{2}} b\, dz = A^*(x,z)$ die Stirnfläche des abgeschnittenen Teiles an der Stelle x,

$\int_z^{\frac{h(x)}{2}} z\, b\, dz = S(x,z)$ das Moment 1. Grades dieser Stirnfläche in bezug auf die y-Achse.

Wir können deshalb schreiben

$$\tau(x,z) = \frac{1}{b}\left\{N\frac{\partial}{\partial x}\left[\frac{A^*(x,z)}{A(x)}\right] + M(x)\frac{\partial}{\partial x}\left[\frac{S(x,z)}{J(x)}\right] + \frac{dM}{dx}\frac{S(x,z)}{J(x)}\right\}$$

$$= \frac{Q\, S(x,z)}{b\, J(x)} + \underbrace{\frac{N}{b}\frac{\partial}{\partial x}\left[\frac{A^*(x,z)}{A(x)}\right] + \frac{M(x)}{b}\frac{\partial}{\partial x}\left[\frac{S(x,z)}{J(x)}\right]}_{\text{Zusatzglieder}}.$$

Diese Beziehung gilt auch noch für solche Querschnitte, bei denen $b = b(x, z)$ ist, sofern wir weiterhin annehmen dürfen, daß $\sigma_{xz} = \sigma_{xz}(x, z)$, also unabhängig von y bleibt.

In unserem speziellen Beispiel ist

$$A^*(x,z) = \int_z^{\frac{h(x)}{2}} b\, dz = \frac{b\, h(x)}{2}\left\{1 - \frac{2z}{h(x)}\right\},$$

$$S(x,z) = \int_z^{\frac{h(x)}{2}} z\, b\, dz = \frac{b\, h^2(x)}{8}\left\{1 - \left(\frac{2z}{h(x)}\right)^2\right\},$$

$$A(x) = b\, h(x), \quad J(x) = \frac{b\, h^3(x)}{12}, \quad W(x) = \frac{b\, h^2(x)}{6}.$$

Deshalb wird

$$\frac{\partial}{\partial x}\left[\frac{A^*(x,z)}{A(x)}\right] = \frac{1}{2}\frac{\partial}{\partial x}\left[1 - \frac{2z}{h(x)}\right] = \frac{z}{h^2(x)}\frac{dh(x)}{dx} = \frac{2z}{h^2(x)}\tan\alpha,$$

$$\frac{\partial}{\partial x}\left[\frac{S(x,z)}{J(x)}\right] = \frac{3}{2}\frac{\partial}{\partial x}\left\{\frac{1}{h(x)}\left[1 - \left(\frac{2z}{h(x)}\right)^2\right]\right\} = -\frac{3}{h^2(x)}\left\{1 - 3\left(\frac{2z}{h(x)}\right)^2\right\}\tan\alpha$$

Damit erhalten wir für die Schubspannungsverteilung in einem Stab mit Rechteckquerschnitt veränderlicher Höhe

$$\sigma_{xz} = \tau(x,z) = \frac{3}{2}\frac{Q}{A(x)}\left\{1 - \left(\frac{2z}{h(x)}\right)^2\right\} + \underbrace{+\left\{\frac{N}{A(x)}\frac{2z}{h(x)} - \frac{1}{2}\frac{M(x)}{W(x)}\left[1 - 3\left(\frac{2z}{h(x)}\right)^2\right]\right\}\tan\alpha}_{\text{Zusatzglieder}}$$

Die Zusatzglieder von σ_{xz} verschwinden nicht für $z = \frac{1}{2}h(x)$, doch läßt sich zeigen, daß sowohl die gegen die x-Achse geneigte Ober- wie die Unterseite spannungsfrei sind, wie es die Randbedingungen erfordern. Dies folgt im übrigen auch unmittelbar aus den Gleichgewichtsbetrachtungen, die wir angestellt haben und die davon ausgingen, daß diese Flächen spannungsfrei sind.

3.4.3. Rechteckquerschnitt mit veränderlicher Breite

Bei einem geraden Stab mit Rechteckquerschnitt veränderlicher Breite ist

$$b = b(x), \qquad h = \text{konst.}$$

In diesem Falle werden die Ausdrücke

$$\frac{A^*(x,z)}{A(x)} = 1 - \frac{2z}{h}$$

und

$$\frac{S(x,z)}{J(x)} = \frac{3}{2h}\left\{1 - \left(\frac{2z}{h}\right)^2\right\},$$

die in die allgemeine Beziehung für die Schubspannungen σ_{xz} eingehen (vgl. Abschnitt 3.4.2), unabhängig von x. Es verschwinden darum die Ableitungen dieser Ausdrücke nach x und wir erhalten

$$\sigma_{xz}(x, z) = \frac{Q\, S(x, z)}{b(x)\, J(x)} = \frac{3}{2} \frac{Q}{A(x)} \left\{1 - \left(\frac{2z}{h}\right)^2\right\}.$$

Zusatzglieder treten also bei σ_{xz} nicht auf. Hingegen können wir nicht mehr $\sigma_{xy} = 0$ annehmen, weil dabei auf den Seitenflächen die Bedingung der Spannungsfreiheit verletzt würde. Das erkennen wir unmittelbar, wenn wir die keilförmigen Randstücke betrachten, die wir durch je einen Schnitt senkrecht zur y-Achse an den Stellen $y = \pm \frac{1}{2} b(x)$ sowie durch zwei benachbarte Schnitte senkrecht zur z-Achse (Abstand dz) heraustrennen können, wie es Abb. 3.17 zeigt. Wir finden dann

$$\sigma_{xy}\left(x, y = \pm \frac{b(x)}{2}, z\right) = \pm\, \sigma_{xx}(x, z) \tan\beta = \pm \frac{1}{2} \sigma(x, z) \frac{db(x)}{dx}.$$

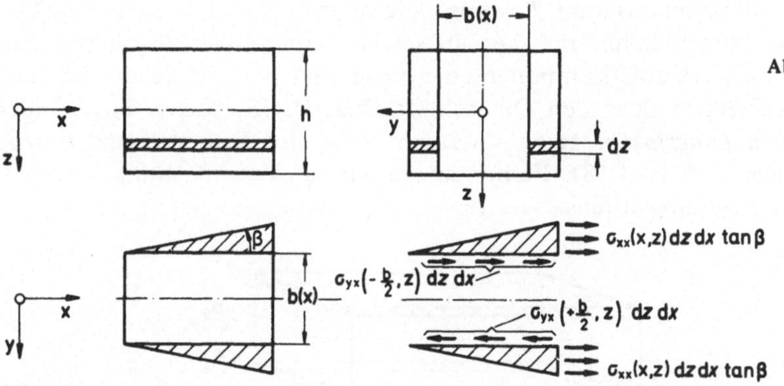

Abb. 3.17

Für y = 0 wird aus Symmetriegründen $\sigma_{xy} = 0$. Es liegt nun nahe, für die Schubspannungen σ_{xy} eine lineare Verteilung über die Breite anzunehmen, d.h. als 4. *Annahme* einzuführen:

(d) $\sigma_{xy}(x, y, z) \sim \dfrac{2y}{b(x)}$.

Mit dieser Annahme erhalten wir dann

$$\sigma_{xy}(x, y, z) = \sigma(x, z) \frac{db(x)}{dx} \frac{y}{b(x)}.$$

3.4.4. Einige ergänzende Bemerkungen

Wir können die für Rechteckquerschnitte veränderlicher Höhe bzw. Breite durchgeführten Betrachtungen auf die schiefe Biegung erweitern. Ferner lassen

sich die Betrachtungen verhältnismäßig leicht auf solche Probleme ausdehnen, bei denen die Querschnittsform (die die jeweils erforderlichen Symmetrie-Eigenschaften aufweisen muß) längs der Stabachse geometrisch ähnlich bleibt und nur die Größe des Querschnitts variiert.
Auf dünnwandige Querschnitte können wir unsere Überlegungen nicht unmittelbar übertragen, weil wir bei solchen Querschnitten von anderen Annahmen über die Spannungsverteilung auszugehen haben. In einigen Sonderfällen kann man sich mit Hilfe spezieller Annahmen etwas weiter helfen; doch wollen wir darauf hier nicht weiter eingehen.

3.5. Verbund-Werkstoffe

3.5.1. Allgemeines

Wir lassen jetzt die Voraussetzung fallen, daß der Stab aus einem homogenen Werkstoff bestehe (Punkt 2 unserer allgemeinen Voraussetzungen in Abschnitt 3.1). Wir beschränken uns aber auf solche *Verbund-Werkstoffe*, bei denen die einzelnen Werkstoff-Komponenten isotrop sind und bei denen sich die Werkstoff-Aufteilung über den Querschnitt längs der Stabachse nicht ändert, die einzelnen *Längsfasern bzw. -fasernschichten* also *homogen* und *isotrop* sind (Beispiele s. Abb. 3.18). Ferner setzen wir zur Vereinfachung zunächst *querkraftfreie Biegung* voraus.

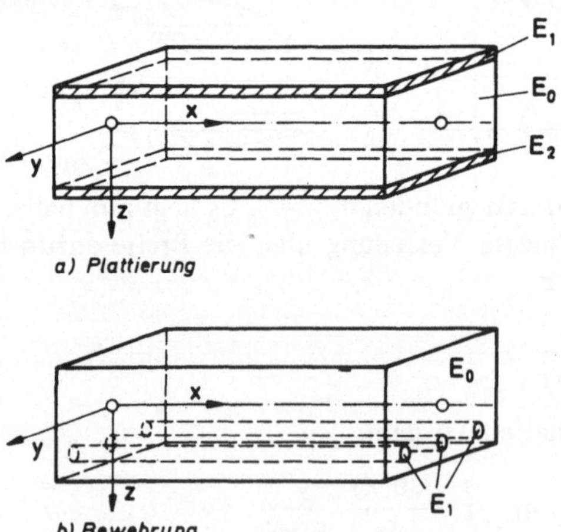

Abb. 3.18

Die Werkstoff-Aufteilung können wir beschreiben, indem wir angeben, welchen Zahlenwert der Elastizitätsmodul in jedem Punkt des Querschnittes annimmt:

$$E = E(y, z)$$

Für praktische Zwecke ist es meist vorteilhafter, den örtlichen E-Modul in Beziehung zum E-Modul E_0 des Grundwerkstoffes zu setzen, also E(y, z) in der Form

$$E(y, z) = n(y, z)\, E_0$$

anzugeben. Dabei steht es uns natürlich frei, welchen Werkstoff-Teil wir als Grundwerkstoff bezeichnen wollen. Im allgemeinen wird es der Werkstoff sein, dessen Anteil überwiegt. Den Zahlenfaktor n(y, z), der das Verhältnis $E(y, z) / E_0$ beschreibt, nennen wir die *Wertigkeit* des Werkstoff-Anteiles. Er gibt an, mit welchem *Wert* ein Flächenelement des Querschnittes in unsere Rechnungen eingeht:

n(y, z) dA: *gewertetes Flächenelement.*

Mathematisch betrachtet hat n(y, z) die Bedeutung eines sogenannten *Gewichtsfaktors.* Man kann deshalb n(y, z) dA auch als *gewogenes Flächenelement* bezeichnen.
Mit diesen gewerteten bzw. gewogenen Flächenelementen können wir in genau gleicher Weise Flächenmomente n-ten Grades bilden, wie wir es für die gewöhnlichen Flächenelemente getan haben (vgl. Band I, Kapitel 7). Wir bezeichnen diese (gewerteten bzw. gewogenen) Flächenmomente als *ideelle Flächenmomente.* Für sie gilt

---

Definition 3.1: *Ideelles Flächenmoment 0. Grades*

$$\int_A n(y, z)\, dA = A_i:$$ *ideelle Fläche*

Ideelle Flächenmomente 1. Grades

$$\int_A n(y, z)\, z\, dA = S_{i_y}$$ *ideelles statisches Moment* der Fläche in bezug auf die y-Achse

$$\int_A n(y, z)\, y\, dA = S_{i_z}$$ *ideelles statisches Moment* der Fläche in bezug auf die z-Achse

Ideelle Flächenmomente 2. Grades

$$\int_A z^2\, n(y, z)\, dA = J_{i_{yy}}$$ *ideelles Flächenträgheitsmoment* in bezug auf die y-Achse

usw.

Unter Benutzung dieser Begriffe können wir auch eine *ideelle Stabachse* definieren.

Definition 3.2: Die ideelle Stabachse ist die Linie, die jeweils durch den ideellen Mittelpunkt aller Stabquerschnitte (senkrecht zur ideellen Stabachse) geht.

Für ein Koordinatensystem y, z, dessen Ursprung mit dem ideellen Flächen-Mittelpunkt zusammenfällt, ist

$$S_{i_y} = 0, \qquad S_{i_z} = 0.$$

Für die Transformation der Flächenmomente bei Drehung des Koordinatensystems usw. gelten die gleichen Beziehungen wie für gewöhnliche Flächenmomente. Wir können deshalb z.B. auch *ideelle Hauptachsen* angeben, für die $J_{i_{yz}} = 0$ ist und für die $J_{i_{yy}}$ bzw. $J_{i_{zz}}$ Extremwerte annehmen.

3.5.2. Spannungsverteilung und Formänderung bei der querkraftfreien Biegung mit Normalkraft

Wir stellen zunächst noch einmal die Voraussetzungen zusammen, die von den allgemeinen Voraussetzungen in Abschnitt 3.1 abweichen bzw. über sie hinausgehen:

1. Gerade ideelle Stabachse
2. Querschnitt und Aufteilung der isotropen Werkstoff-Komponenten über den Querschnitt unabhängig von x:

$$E = n(y, z)\, E_0$$

3. y- und z-Achse sind ideelle Hauptachsen der Querschnittsfläche.
4. Schnittgrößen: $N = \text{konst.}, \; M_T = 0$
   $Q_y = Q_z = 0$
   $M_y = \text{konst.}, \; M_z = \text{konst.}$
5. Temperatur: $T = T_0$

Wir treffen dieselben *Annahmen* wie bei der Biegung (mit Normalkraft) eines Stabes aus homogenem, isotropen Werkstoff:

(a) Die ideelle Stabachse geht in einen Kreisbogen über; die Querschnitte bleiben eben und senkrecht zur ideellen Stabachse.

(b) Die Schnittflächen parallel zur Stabachse sind spannungsfrei, d.h.

$$\sigma_{yy} = \sigma_{zz} = \sigma_{yz} = 0.$$

Aus (a) folgt sodann zunächst

$$\epsilon_{xy} = \epsilon_{xz} = 0$$

und damit auch

$$\sigma_{xy} = \sigma_{xz} = 0.$$

Ferner ergibt sich aus Annahme (a) für die Verteilung der Längsdehnung (vgl. Band I, Abschnitt 12.3)

$$\epsilon_{xx}(y, z) = \epsilon_0 + \frac{z}{R_z} - \frac{y}{R_y},$$

wobei R_y, R_z die Krümmungsradien der ideellen Stabachse in der xy- bzw. xz-Ebene bezeichnen. In Verbindung mit Annahme (b) erhalten wir mithin für die Verteilung der Normalspannung über den Stabquerschnitt

$$\sigma_{xx} = \sigma(y, z) = n(y, z)\, E_0 \left\{ \epsilon_0 + \frac{z}{R_z} - \frac{y}{R_y} \right\}.$$

Nun muß

$$N = \int_A \sigma \, dA = E_0 \Big\{ \epsilon_0 \underbrace{\int_A n(y, z)\, dA}_{A_i} + \frac{1}{R_z} \underbrace{\int_A z\, n(y, z)\, dA}_{0} - \frac{1}{R_y} \underbrace{\int_A y\, n(y, z)\, dA}_{0} \Big\} \tag{1}$$

$$M_y = \int_A z\, \sigma \, dA = E_0 \Big\{ \epsilon_0 \underbrace{\int_A z\, n(y, z)\, dA}_{0} + \frac{1}{R_z} \underbrace{\int_A z^2\, n(y, z)\, dA}_{J_{i_{yy}}} - \frac{1}{R_y} \underbrace{\int_A yz\, n(y, z)\, dA}_{0} \Big\} \tag{2}$$

$$M_z = -\int_A y\, \sigma \, dA = -E_0 \Big\{ \epsilon_0 \underbrace{\int_A y\, n(y, z)\, dA}_{0} + \frac{1}{R_z} \underbrace{\int_A yz\, n(yz)\, dA}_{0} - \frac{1}{R_y} \int_A y^2\, n(y, z)\, dA \Big\} \tag{3}$$

sein. Daraus folgt

$$\epsilon_0 = \frac{N}{E_0 A_i}$$

$$\frac{1}{R_z} = \frac{M_y}{E_0 J_{i_{yy}}}$$

$$\frac{1}{R_y} = \frac{M_z}{E_0 J_{i_{zz}}}.$$

Für die Verteilung der Normalspannung erhalten wir mithin

$$\sigma_{xx} = \sigma(y, z) = n(y, z) \left\{ \frac{N}{A_i} + \frac{M_y}{J_{i_{yy}}} z - \frac{M_z}{J_{i_{zz}}} y \right\}.$$

Die Spannung ändert sich *unstetig,* wo die Wertigkeit n(y, z) unstetig ist (vgl. Abb. 3.19). Die Dehnung ist hingegen linear über den Querschnitt verteilt

$$\epsilon_{xx} = \epsilon(y, z) = \frac{N}{E_0 A_i} + \frac{M_y}{E_0 J_{i_{yy}}} z - \frac{M_z}{E_0 J_{i_{zz}}} y.$$

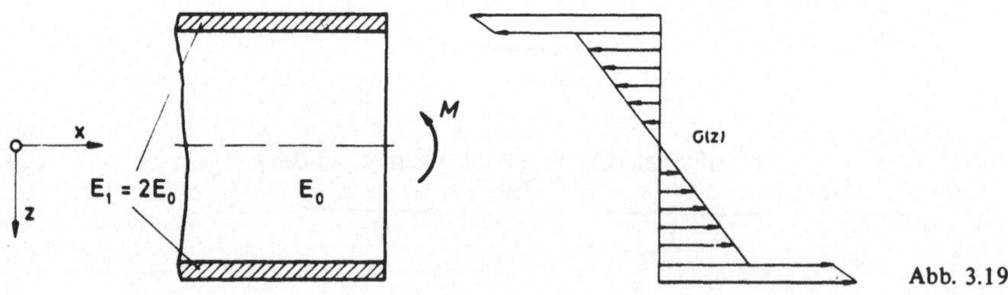

Abb. 3.19

Diese vorstehenden Beziehungen sind analog aufgebaut wie die entsprechenden Ausdrücke bei der Biegung eines homogenen Stabes. Es sind lediglich die gewöhnlichen Flächenmomente durch die ideellen zu ersetzen und bei der Spannungsverteilung der Faktor n(y, z) hinzuzufügen. Dementsprechend sind z.B. auch die Aussagen über die Lage der neutralen Faser analog übertragbar. Das gleiche gilt für die Differentialgleichungen der Längsverschiebungen und der Biegelinie. Wir erhalten (bei $T = T_0$)

$$u'_x = \frac{N}{E_0 A_i} \qquad u''_y = \frac{M_z}{E_0 J_{i_{zz}}} \qquad u''_z = -\frac{M_y}{E_0 J_{i_{yy}}}$$

Unberücksichtigt sind in unseren Betrachtungen die Auswirkungen etwa vorhandener unterschiedlicher Querkontraktionen geblieben. Sie können zu Zusatzspannungen führen. Ferner lassen sich die Überlegungen zur Ermittlung der Schubspannungsverteilung bei der Biegung mit Längs- und Querkraft im allgemeinen nicht einfach von homogenen Stäben auf Verbundwerkstoffe übertragen. Nur gewisse Sonderfälle sind den Ansätzen der elementaren Theorie zugänglich, so z.B. die gerade Biegung von Stäben aus solchen Verbundwerkstoffen, bei denen die Werkstoff-Aufteilung nur von z abhängt.
Temperaturänderungen führen im allgemeinen wegen der unterschiedlichen Wärmeausdehnung der verschiedenen Werkstoffe zu Eigenspannungen und damit zu zusätzlichen Deformationen. Ein interessantes Beispiel dieser Art ist die Biegung eines sogenannten Bi-Metall-Streifens bei Temperaturänderungen.

Anmerkung:

Die Torsion von prismatischen Stäben aus Verbund-Werkstoff läßt sich unter gewissen Voraussetzungen analog zu den vorstehenden Betrachtungen behandeln (vgl. Abschnitt 4.2.2).

3.6. Spannungs-Trajektorien

Bei gerader Biegung ($M_z = 0$) eines Stabes mit Rechteckquerschnitt haben wir einen *ebenen Spannungszustand* in der xz-Ebene ($\sigma_{yx} = \sigma_{yy} = \sigma_{yz} = 0$). Das gleiche gilt beispielsweise für den Steg eines T- oder I-Profils bei gerader Biegung.
Die Lage der Hauptachsen des Spannungszustandes können wir für jeden Punkt der xz-Ebene (bzw. der dazu parallelen Ebenen) aus der Beziehung (vgl. Abschnitt 1.2)

$$\tan 2\varphi(x, z) = \frac{2\,\sigma_{xz}(x, z)}{\sigma_{zz}(xz) - \sigma_{xx}(x, z)}$$

bestimmen. Die Winkel φ sind hierbei von der z-Achse aus zu zählen. Wir erhalten dabei jeweils zwei Lösungen. Welcher Winkel zur Hauptachse 1 bzw. 2 gehört, ist gesondert zu ermitteln (vgl. Anmerkung zu Satz 1.4).
Die Richtungen der Hauptachsen liefern zwei Richtungsfelder, die orthogonal zueinander sind, entsprechend der Orthogonalität der Hauptachsen (s. Abb.

3.20). Die Linien, die sich in diese Richtungsfelder einfügen, nennen wir *Haupt-Normalspannungs-Trajektorien.* Wir können sie in der Form $z = z(x)$ beschreiben.

Die Haupt-Normalspannungs-Trajektorien werden durch eine gewöhnliche Differentialgleichung 1. Ordnung bestimmt. Die Richtung eines Linienelementes einer solchen Trajektorie ist nämlich mit den Richtungen der Hauptachsen durch die Beziehung

$$\frac{dz(x)}{dx} = \cot\varphi = \frac{1}{\tan\varphi}$$

verknüpft. Drücken wir in dieser Gleichung $\tan\varphi$ durch $\tan 2\varphi$ aus, entsprechend der Beziehung

$$\cot\varphi = \frac{1}{\tan\varphi} = \frac{1}{\tan 2\varphi}\,\{1 \pm \sqrt{1+\tan^2 2\varphi}\,\}$$

und setzen wir noch ein, was für $\tan 2\varphi$ gilt, so erhalten wir die *Differentialgleichung für die Haupt-Normalspannungs-Trajektorien*

$$\boxed{\frac{dz(x)}{dx} = \frac{\sigma_{zz}-\sigma_{xx}}{2\,\sigma_{xz}}\left\{1 \pm \sqrt{1+\left(\frac{2\,\sigma_{xz}}{\sigma_{zz}-\sigma_{xx}}\right)^2}\right\}.}$$

Die Lösungen $z(x)$ dieser Differentialgleichung sind die gesuchten Trajektorien.

Beispiel (s. Abb. 3.20)

Schnittgrößen: $N = 0$

$Q = -F$

$M = -Fx$

Spannungen: $\sigma_{xx} = \sigma(x, z) = \frac{M(x)}{J}\,z = -12\,\frac{F}{b\,h^3}\,xz$

$$\sigma_{xz} = \tau(z) = \frac{Q\,S(z)}{b\,J} = -\frac{3}{2}\,\frac{F}{bh}\left\{1-\left(\frac{2z}{h}\right)^2\right\}$$

$$\sigma_{zz} = 0$$

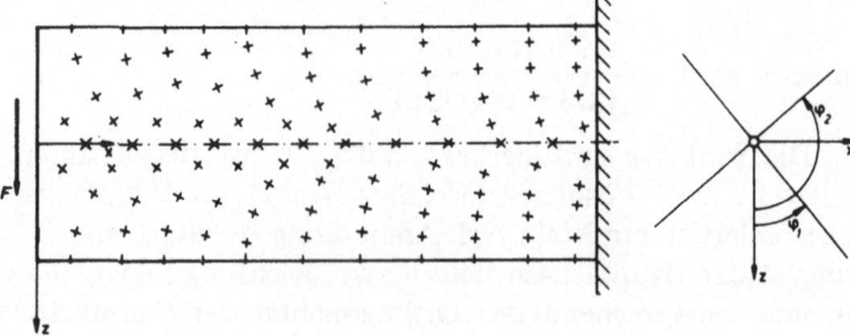

Abb. 3.20

Hauptachsenbezeichnung:

Im Bereich $z < 0$ ist $\sigma_{xx} > \sigma_{zz} = 0$; deshalb gehört in diesem Bereich das Minus-Zeichen zur 1-Richtung. Im Bereich $z > 0$ ist $\sigma_{xx} < \sigma_{zz} = 0$; deshalb gehört in diesem Bereich das Plus-Zeichen zur 1-Richtung. Die 2-Richtung ist jeweils orthogonal dazu.

Die Differentialgleichung ist nicht geschlossen zu integrieren. Wir können jedoch die Trajektorien durch numerische Integration gewinnen oder auch genähert aus dem punktweise ermittelten Richtungsfeld konstruieren. Das Ergebnis zeigt Abb. 3.21.

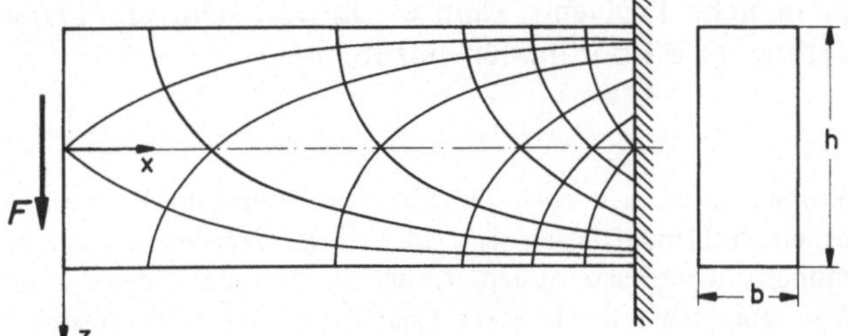

Abb. 3.21

Wir können dieses Ergebnis durch Spiegelung an der Einspannstelle (Symmetrie-Ebene) ausdehnen auf den mittig belasteten Träger auf zwei Stützen, wie es in Abb. 3.22 qualitativ angedeutet ist.

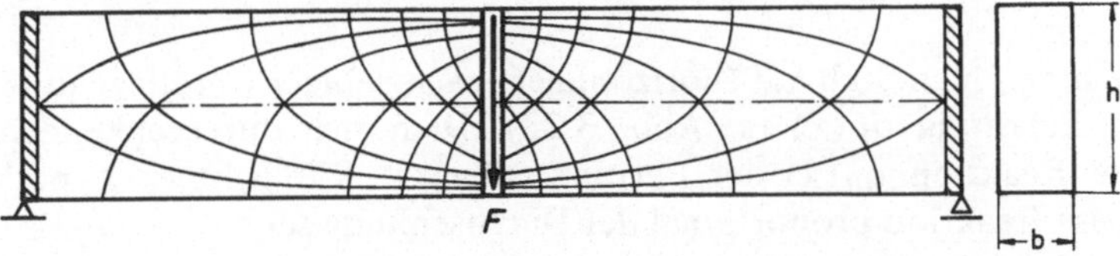

Abb. 3.22

Allgemein ist dazu noch zu bemerken, daß im Nahfeld der Krafteinleitung (Belastung und Auflager-Reaktionen) die von uns angenommene Spannungsverteilung nicht mehr stimmt und daß deshalb in diesem Bereich auch die Trajektorien anders verlaufen. Das gilt sowohl für das Beispiel in Abb. 3.21 wie für das in Abb. 3.22. In einiger Entfernung von den Krafteinleitstellen dürfen wir aber doch den ermittelten Verlauf als angenähert zutreffend ansehen.
Der Verlauf der Haupt-Normalspannungs-Trajektorien hat besondere Bedeutung für solche Werkstoffe, bei denen von Einlagen aus einem Werkstoff höherer Zugfestigkeit insbesondere die Zugspannungen aufgenommen werden sollen, also z.B. bei Stahlbeton oder bei faserverstärkten Kunststoffen. Diese Einlagen (die *Bewehrung*) wirken optimal, wenn sie in Richtung der Haupt-Normalspannungs-Trajektorien verlegt sind. In der Praxis läßt sich das aus konstruktiven und fertigungstechnischen Gründen nicht immer ganz verwirklichen. Doch versucht man im allgemeinen, das Optimum gut anzunähern. Besondere Probleme ergeben sich dabei im Nahfeld der Krafteinleitstellen; darauf wurde schon hingewiesen. Der Verlauf der Haupt-Normalspannungs-Trajektorien hat ferner

Bedeutung für die *Dehnungs-Meßtechnik.* Bei isotropen Werkstoffen fallen die Hauptachsen des Spannungstensors mit denen des Verzerrungstensors zusammen. Die Kenntnis der Haupt-Normalspannungs-Trajektorien erlaubt es deshalb, die *Haupt-Dehnungen* unmittelbar zu messen.
Man kann Trajektorien auch für die Schubspannungen definieren, und zwar in der Weise, daß das Linienelement einer solchen Trajektorie jeweils mit der Schnittrichtung übereinstimmt, für die der Betrag der *Schub*spannungen extremal wird. Solche *Schubspannungs-Trajektorien* haben beispielsweise bei gewissen Problemen der Plastizitätstheorie oder der Bruchmechanik eine besondere Bedeutung. Für manche Probleme kann es sinnvoll sein, die Trajektorien als krummlinige, orthogonale Koordinaten einzuführen.

Anmerkung:

Spannungs-Trajektorien lassen sich auch für allgemeine räumliche Probleme angeben. Im Gegensatz zu ebenen Problemen lassen sich jedoch diese Trajektorien nur in Ausnahmefällen als krummliniges Koordinatensystem einführen. Es müssen gewisse Integrabilitätsbedingungen erfüllt sein, damit die Existenz einer dreifachen, orthogonalen Flächenschar (deren Schnittlinien die Koordinatenlinien darstellen) gesichert ist.

3.7. Stab auf nachgiebiger Unterlage

Wir betrachten einen Stab auf (horizontaler) nachgiebiger Unterlage unter einer vertikalen Belastung $q_L(x)$ (s. Abb. 3.23). Dem sich durchsenkenden Stab wirkt eine Reaktion $q_B(x)$ der Bettung entgegen. Wir nehmen hypothetisch an, daß diese Reaktion proportional der Durchsenkung sei:

$$q_B = -\beta\, w(x)$$

β = *Bettungs-Koeffizient* $[KL^{-2}] = [ML^{-1}Z^{-2}]$

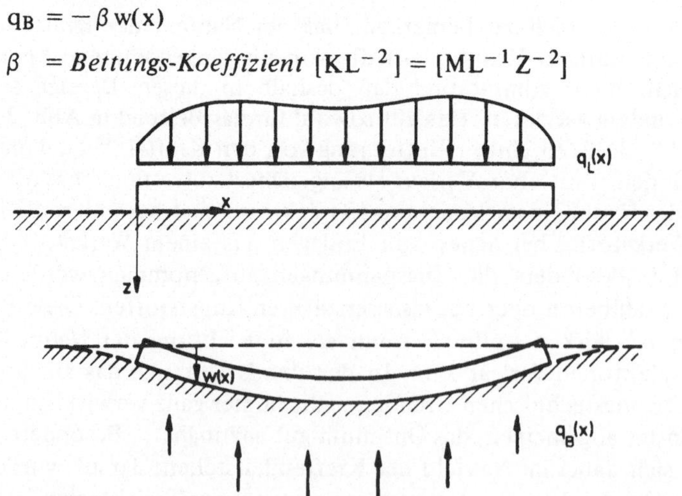

Abb. 3.23

Diese Annahme trifft für Böden usw. nur sehr angenähert zu. Hingegen gilt sie z.B. für Stäbe, die federnd gelagert sind (Abb. 3.24a) bzw. für Stäbe, die auf dem Wasser schwimmen (Abb. 3.24b) recht gut.

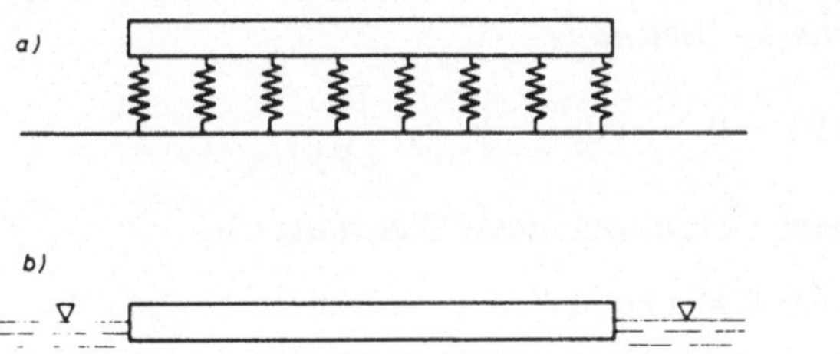

Abb. 3.24

Unter den allgemeinen Voraussetzungen, die wir in Abschnitt 3.1 festgelegt haben, erhalten wir die folgende Differentialgleichung für das vorliegende ebene Problem:

$$[EJ(x)\,w''(x)]'' = q_L(x) + q_B(x) = q_L(x) - \beta\,w(x)$$

bzw.

$$\boxed{[EJ(x)w''(x)]'' + \beta w(x) = q_L(x).}$$

Bei EJ = konst. vereinfacht sich das Problem zu

$$\boxed{EJ\,w''''(x) + \beta\,w(x) = q_L(x).}$$

Zu diesen Differentialgleichungen gehören dann noch die entsprechenden Randbedingungen. Die Lösung setzt sich zusammen aus

a) der *allgemeinen Lösung der homogenen Differentialgleichung*

$$[EJ(x)\,w''(x)]'' + \beta\,w(x) = 0,$$

die vier freie Parameter enthält,

b) einer *speziellen Lösung der inhomogenen Differentialgleichung*

$$[EJ(x)\,w''(x)]'' + \beta\,w(x) = q_L(x).$$

Die freien Parameter der vollständigen Lösung sind jeweils aus den Randbedingungen zu bestimmen.
Wir wollen uns hier auf das einfachere Problem mit EJ = konst. beschränken. Zur Ermittlung der allgemeinen Lösung der *homogenen Differentialgleichung*

$$w''''(x) + \frac{\beta}{EJ}\,w(x) = 0$$

machen wir den üblichen *Lösungsansatz*

$$w(x) = c\, e^{\lambda x}.$$

Setzen wir diesen Ansatz in die Differentialgleichung ein, so erhalten wir für λ die *charakteristische Gleichung*

$$\lambda^4 + 4k^4 = 0 \qquad \text{mit} \qquad k^4 = \frac{\beta}{4EJ}.$$

Die vier komplexen Lösungen dieser Gleichung sind

$$\lambda = k\sqrt[4]{-4} = \pm k(1 \pm i).$$

Die allgemeine Lösung der homogenen Differentialgleichung lautet deshalb zunächst

$$w(x) = c_1^* e^{k(1+i)x} + c_2^* e^{k(1-i)x} + c_3^* e^{-k(1+i)x} + c_4^* e^{-k(1-i)x}.$$

Die Konstanten c_1^* usw. sind hierbei komplexe Größen. Da für unser Problem nur reelle Lösungen für $w(x)$ in Betracht kommen, überführen wir die obige Lösung mit Hilfe der *Euler*schen Formeln

$$e^{i\lambda x} = \cos \lambda x + i \sin \lambda x$$

in die Form

$$w(x) = e^{kx}\{c_1 \cos kx + c_2 \sin kx\} + e^{-kx}\{c_3 \cos kx + c_4 \sin kx\}$$

mit reellen Konstanten c_i.
Als Beispiel betrachten wir einen sehr langen Stab, der in seiner Mitte ($x = 0$) durch eine Einzelkraft F belastet ist (vgl. Abb. 3.25). Für $x \neq 0$ ist $q_L = 0$. Die

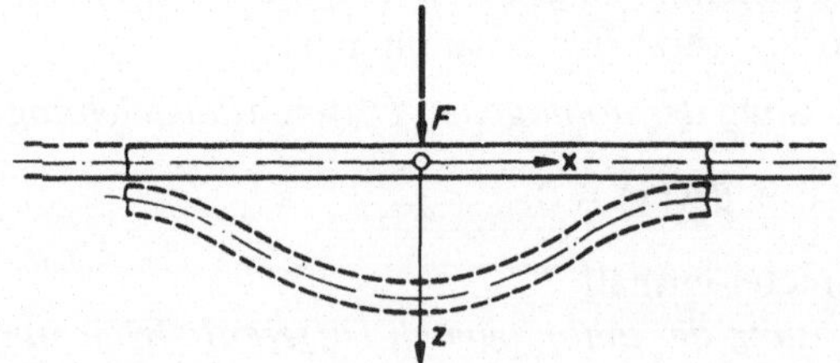

Abb. 3.25

Belastung geht nur in die Randbedingungen ein. Wegen der Symmetrie des Problems genügt es, eine Hälfte des Stabes, etwa den Bereich $x \geqslant 0$, zu betrachten. Für große Werte von x (theoretisch: $x \to \infty$) muß $w(x)$ verschwinden; deshalb muß

$$\text{im Bereich } x \geqslant 0: \quad c_1 = c_2 = 0$$

sein. Aus Symmetriegründen muß ferner an der Stelle $x = 0$

$$w'(0) = 0$$

sein. Daraus folgt

$$c_3 = c_4 = c$$

Die Lösung nimmt deshalb mit diesen Ergebnissen die Form an

$$x \geqslant 0: \quad w(x) = c\, e^{-kx} \{\cos kx + \sin kx\}.$$

Die noch freie Konstante c können wir aus der Bedingung bestimmen, daß aus Symmetriegründen für $x \to 0$ die Querkraft Q gegen $-\frac{F}{2}$ gehen muß:

$$Q(x \to 0) = -EJ\, w'''(x \to 0) = -\frac{F}{2}.$$

Daraus folgt

$$c = \frac{F}{8k^3 EJ} = \frac{F}{2\sqrt[4]{4EJ\beta^3}}.$$

Für die Durchsenkung w(x) erhalten wir somit schließlich

$$x \geqslant 0: \quad w(x) = \frac{F e^{-kx}}{8k^3 EJ} \{\cos kx + \sin kx\}$$
$$\text{mit } k = \sqrt[4]{\frac{\beta}{4EJ}}$$

$$x \leqslant 0: \quad w(x) = w(-x).$$

Der Verlauf der Durchsenkung sowie die Zustandslinien für M(x) und Q(x) sind in Abb. 3.26 dargestellt. Die Nullstellen von w(x) liegen dort, wo $\tan kx = -1$

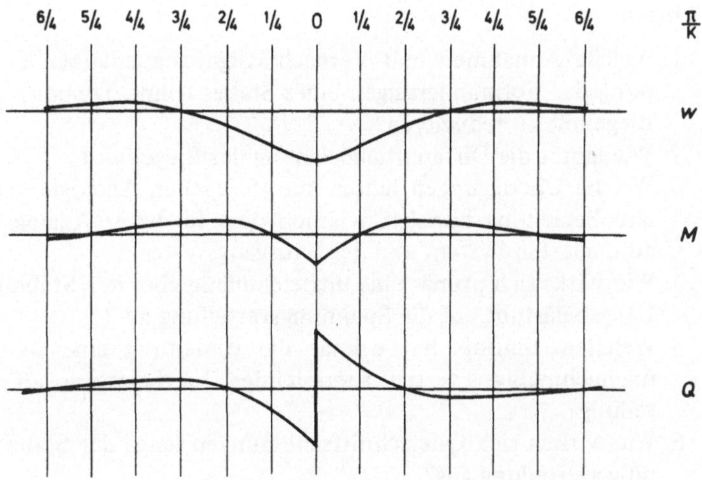

Abb. 3.26

wird, also bei

$$x_n = \frac{4n-1}{4k}\pi . \qquad n = 1, 2, \ldots .$$

Zwischen der ersten und der zweiten Nullstelle, d.h. für

$$\frac{3}{4}\frac{\pi}{k} < |x| < \frac{7\pi}{4k},$$

wird $w(x) < 0$. Ist der Stab nicht fest mit der Bettung verbunden, so hebt er sich dort also ab. Damit ist dann aber die Annahme verletzt, daß $q_B(x) = -\beta w(x)$ sein soll und die Rechnung muß entsprechend korrigiert werden. Dasselbe gilt für den Bereich zwischen 3. und 4. Nullstelle usw.
Für Stäbe, die wir nicht mehr als unendlich lang betrachten können, müssen wir die Randbedingungen entsprechend anders wählen. Haben wir eine gleichmäßig verteilte Querbelastung, die unabhängig von x ist, d.h. q_L = konst. (vgl. Abb. 3.27), so erhalten wir

$$w(x) = \frac{q_L}{\beta} .$$

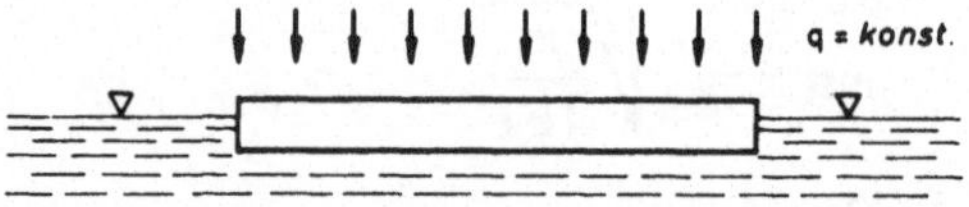

q = konst.

Abb. 3.27

In diesem Falle senkt sich also der Stab gleichmäßig durch; er wird nicht auf Biegung beansprucht. Als Beispiel für einen solchen Fall möge etwa eine auf dem Wasser schwimmende Eisscholle konstanter Dicke dienen.

Fragen:

1. Welche Annahmen und Vernachlässigungen erlauben es uns, die Beschreibung der Formänderungen eines Stabes (ohne Torsion) auf die Angabe der Biegelinie zu reduzieren?
2. Wie lautet die Differentialgleichung der Biegelinie?
3. Welche Überlegungen führen zur *Mohr*schen Analogie der Biegelinie? Welche Beziehung besteht zwischen dem in dieser Analogie zu benutzenden adjungierten System und dem Ausgangssystem?
4. Wie wirkt sich primär eine ungleichmäßig über den Stabquerschnitt verteilte Längsbelastung auf die Spannungsverteilung aus?
5. Welchen Einfluß hat primär die Einleitung einer – gleichmäßig oder ungleichmäßig – verteilt angreifenden Querbelastung auf die Spannungsverteilung?
6. Wie wirken sich Querschnittsänderungen längs der Stabachse auf die Spannungsverteilung aus?

7. Was sind ideelle Flächenmomente?
8. Bleiben bei Verbund-Werkstoffen die Längsdehnung und die Normalspannung stetig über den Querschnitt verteilt?
9. Welche geometrische Bedeutung haben die Haupt-Normalspannungs-Trajektorien bzw. die Schubspannungs-Trajektorien?
10. Welche Hypothese liegt der vorstehend entwickelten Theorie für den Biegestab auf nachgiebiger Unterlage zugrunde? Welche Kritik ist hier anzubringen?

4. Torsion prismatischer Stäbe

4.1. Allgemeines

In Band I, Abschnitt 12.6 haben wir die *Torsion von Stäben mit kreisförmigem Querschnitt* betrachtet. Wir sind dort von den *Annahmen* ausgegangen:

(a) Die Stabachse bleibt gerade; die Querschnitte bleiben eben und senkrecht zur Stabachse; sie verdrehen sich unverformt um die Stabachse;

(b) $\sigma_{yy} = \sigma_{zz} = 0$.

Mit diesen Annahmen fanden wir (vgl. Abb. 4.1)

$$\sigma_{x\varphi} = \tau(r) = \frac{M_T}{J_0}\, r$$

$$|\tau|_{max} = \frac{M_T}{W_T} = \frac{M_T}{J_0}\, R$$

$$\text{d.h.} \quad W_T = \frac{J_0}{R}$$

$$\epsilon_{x\varphi} = \frac{1}{2}\,\gamma(r) = \frac{M_T}{2GJ_0}\, r$$

$$\vartheta = \frac{d\varphi(x)}{dx} = \frac{M_T}{GJ_0}$$

(Ergebnisse gelten auch für Kreisring-Querschnitte)

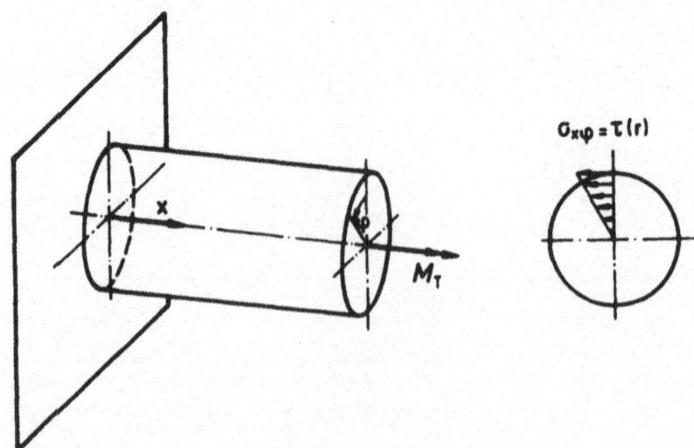

Abb. 4.1

Anmerkung:

Für die Verdrehung der Querschnitte um die Stabachse (= Drillachse) und für die Koordinate in azimutaler Richtung ist hierbei dieselbe Bezeichnung, nämlich φ, benutzt. Mißverständnisse sind jedoch kaum zu befürchten.

Die Schubspannungen $\tau(r)$ und die Verdrehung $\varphi(x)$ der Querschnitte um die Stabachse überlagern sich bei allgemeinen Beanspruchungen eines Stabes (mit Kreisquerschnitt) den übrigen Spannungen und Formänderungen, da wir im Rahmen unserer elementaren Elasto-Statik die Stäbe als linear-elastische Körper betrachten und damit die Superpositionsmöglichkeit verschiedener Spannungs- und Verzerrungszustände voraussetzen. Wir können deshalb in die Überlegungen, die wir in Kapitel 3 angestellt haben, eine zusätzliche Beanspruchung durch ein Torsionsmoment mit einbeziehen, soweit es sich um Kreis- bzw. Kreisring-Querschnitte handelt.
Ist der *Stabquerschnitt nicht mehr kreisförmig*, so läßt sich der zweite Teil von Annahme (a) nicht mehr aufrechterhalten: Die Querschnitte bleiben bei einer Torsion des Stabes nicht mehr eben; es treten Verschiebungen in Richtung der Stabachse auf, die zu einer *Verwölbung des Querschnittes* führen. Wird diese Verwölbung behindert, z.B. durch eine starre Einspannung am Stabende, so hat das zusätzliche Spannungen σ_{xx} in Achsrichtung zur Folge. Wir sprechen dann von einer *Torsion mit behinderter Querschnittsverwölbung* oder – kürzer – von einer *Torsion mit Wölbbehinderung.*
Wir wollen uns im folgenden auf die Torsion prismatischer Stäbe, d.h. auf Stäbe mit unveränderlichem Querschnitt beschränken und dabei konstantes Torsionsmoment längs der Stabachse voraussetzen. Dabei gehen wir davon aus, daß wir den Stab jeweils als *linear-elastischen Körper* im mechanischen und thermodynamischen Gleichgewicht betrachten können. Ferner setzen wir hier voraus, daß der Werkstoff homogen und isotrop sei. Wir haben somit als *allgemeine Voraussetzungen:*

1. linear-elastischer, stabförmiger Körper,
2. homogener, isotroper Werkstoff,
3. gerade Stabachse,
4. unveränderlicher Querschnitt,
5. Schnittgrößen: M_T = konst.,
   alle übrigen verschwinden.
6. Temperatur: $T = T_0$.

Wir wollen jedoch in unsere Betrachtungen sowohl Vollquerschnitte wie dünnwandige (offene und geschlossene) Querschnitte einbeziehen und dabei auch auf die Torsion mit Wölbbehinderung eingehen. In diesem Zusammenhang werden wir auch untersuchen, unter welchen Bedingungen Torsion und Biegung (mit Querkraft) so miteinander gekoppelt sind, daß eine Querbelastung zugleich Biegung *und* Torsion bzw. ein Torsionsmoment zugleich Torsion *und* Biegung erzeugt.

4.2. Torsion prismatischer Stäbe ohne Wölbbehinderung

4.2.1. Allgemeines

Die Theorie der Torsion prismatischer Stäbe mit allgemeinen Querschnittsformen ohne Wölbbehinderung geht auf *de St. Venant* (1797–1886) zurück. Zwar haben schon andere vor ihm, so z.B. *Coulomb* (1736–1806), versucht, dieses Problem zu lösen. Da sie jedoch von der Annahme ausgingen, daß die Querschnitte in jedem Fall eben bleiben, kamen sie zu falschen Ergebnissen.
Unter den hier geltenden Voraussetzungen (Spannungen und Verzerrungen unabhängig von x, reine Torsion usw.) läßt sich *ohne weitere Annahmen* – den Beweis lassen wir hier fort – ableiten, daß die *allgemeine Lösung für die Verschiebungen* von folgender Form sein muß:

Satz 4.1: Bei der Torsion prismatischer Stäbe ohne Wölbbehinderung lautet die allgemeine Lösung für den Verschiebungszustand

$$\left.\begin{aligned} u_y &= -\vartheta x z \\ u_z &= \vartheta x y \end{aligned}\right\} \text{ bzw. } u_\varphi = \vartheta x r$$

$$u_x = \vartheta \psi(y, z),$$

sofern die Stabachse zugleich Drillachse ist und der Querschnitt x = 0 unverdreht bleibt.

Dieser Satz gilt sowohl für Vollquerschnitte wie für dünnwandige Querschnitte. Wir entnehmen daraus, daß jede Linie, die vor der Torsion eine radiale Gerade in einem Querschnitt darstellt, bei der Torsion in der Projektion auf die y, z-Ebene (und im allgemeinen nur in der Projektion!) eine Gerade bleibt (verdreht um den Winkel ϑx). Es überlagern sich jedoch Verschiebungen in x-Richtung, die eine *Verwölbung* des Querschnittes bei der Torsion hervorrufen. Die auf die Drillung ϑ bezogene Verwölbung

$$\psi(y, z) = \frac{1}{\vartheta}\, u_x(y, z)$$

wird auch als *Einheits-Verwölbung* oder auch als *Wölbfunktion* bezeichnet. Sie hängt nur noch von der Querschnittsform und nicht mehr vom Zahlenwert des Torsionsmomentes ab.

Anmerkung:

Ist eine andere achsparallele Gerade Drillachse oder ist der Querschnitt x = 0 nicht unverdrehbar gelagert, so kommen Glieder hinzu, die einer Starrkörper-Rotation entsprechen, auf die Spannungsverteilung also ohne Einfluß sind. Wir lassen solche Verallgemeinerungen hier außer Betracht, da sie physikalisch nichts Neues ergeben.

Aus der allgemeinen Lösung für den Verschiebungszustand bei der Torsion prismatischer Stäbe ohne Wölbbehinderung leiten wir ab:

$$\epsilon_{yz} = \frac{1}{2}\left\{\frac{\partial u_z}{\partial y} + \frac{\partial u_y}{\partial z}\right\} = \frac{1}{2}(\vartheta x - \vartheta x) = 0,$$

$$\epsilon_{xx} = \frac{\partial u_x}{\partial x} = 0,$$

$$\epsilon_{yy} = \frac{\partial u_y}{\partial y} = 0,$$

$$\epsilon_{zz} = \frac{\partial u_z}{\partial z} = 0.$$

Mithin werden auch

$$\sigma_{yz} = \sigma_{xx} = \sigma_{yy} = \sigma_{zz} = 0.$$

Als nicht-verschwindende Spannungen bleiben also nur σ_{xy} und σ_{xz} übrig bzw. eine aus diesen beiden Komponenten resultierende Schubspannung τ (s. Abb. 4.2). Ein anschauliches Bild von der Richtung der Schubspannungen vermitteln die *Schubspannungs-Trajektorien* (oft auch kurz als *Schubspannungslinien* bezeichnet), deren Richtung in jedem Punkt des Querschnittes mit der Richtung der resultierenden Schubspannung τ übereinstimmt (vgl. Abschnitt 3.6). Der Querschnittsrand selbst ist stets identisch mit einer solchen Schubspannungs-Trajektorie, da für alle Randpunkte die Schubspannung τ randparallel gerichtet sein muß; denn die Mantelfläche ist spannungsfrei, deshalb darf – nach dem Satz von der Gleichheit einander zugeordneter Schubspannungen – am Rand die Schubspannung τ keine Komponente senkrecht zum Rand haben.

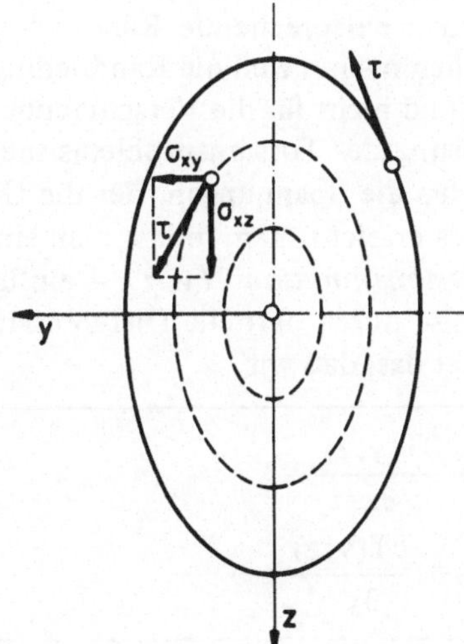

Abb. 4.2

4.2.2. Vollquerschnitte

Von den aus dem Grundgesetz der Mechanik abgeleiteten Gleichgewichtsbedingungen (vgl. Abschnitt 1.4) bleibt unter unseren Voraussetzungen (alle Spannungen unabhängig von x, $\sigma_{xx} = \sigma_{yy} = \sigma_{zz} = \sigma_{yz} = 0$) nur die Bedingung

$$\boxed{\frac{\partial \sigma_{yx}}{\partial y} + \frac{\partial \sigma_{zx}}{\partial z} = 0}$$ (Gleichung A für die Schubspannungsverteilung)

übrig. Drücken wir die Spannungen mittels des verallgemeinerten *Hooke*schen Gesetzes durch die Verzerrungen und diese wiederum durch die Verschiebungen aus, so erhalten wir zunächst

$$\sigma_{xy} = 2G\epsilon_{xy} = 2G\,\frac{1}{2}\left\{\frac{\partial u_y}{\partial x} + \frac{\partial u_x}{\partial y}\right\} = G\vartheta\left\{-z + \frac{\partial \psi(y,z)}{\partial y}\right\}$$

$$\sigma_{xz} = 2G\epsilon_{xz} = 2G\,\frac{1}{2}\left\{\frac{\partial u_z}{\partial x} + \frac{\partial u_x}{\partial z}\right\} = G\vartheta\left\{y + \frac{\partial \psi(y,z)}{\partial z}\right\}.$$

Setzen wir das in die obige Gleichgewichtsbedingung ein, so folgt

$$\frac{\partial^2 \psi}{\partial y^2} + \frac{\partial^2 \psi}{\partial z^2} = \Delta\psi(y,z) = 0\,.$$

$$\Delta = \frac{\partial^2}{\partial y^2} + \frac{\partial^2}{\partial z^2} : \textit{Laplace}\text{-Operator}$$

Die *Wölbfunktion* $\psi(y,z)$ gehorcht also der sogenannten *Laplace*schen Differentialgleichung (Laplace: 1749–1827). Zu dieser partiellen Differentialgleichung 2. Ordnung gehören dann noch entsprechende Randbedingungen, die jedoch etwas umständlich zu formulieren sind, weil die Randbedingungen zunächst für die Spannungen σ_{xy} und σ_{xz} (und nicht für die Verschiebungen u_x) gegeben sind. Darum geht man bei der Lösung des Torsionsproblems meist anders vor. Man macht einen Lösungsansatz für die Spannungen, der die Gleichgewichtsbedingung identisch befriedigt. Dies erreicht man, indem man eine sogenannte *Spannungsfunktion* – hier die *Torsionsfunktion T(y, z)* – einführt, aus der sich die Spannungen in geeigneter Weise durch partielle Differentiation ableiten lassen. Im vorliegenden Falle bedeutet das, daß wir

---

Definition 4.1: $\sigma_{xy} = 2G\vartheta\,\dfrac{\partial T(y,z)}{\partial z}$

$$\sigma_{xz} = -2G\vartheta\,\frac{\partial T(y,z)}{\partial y}$$

---

zu setzen haben, damit

$$\frac{\partial \sigma_{xy}}{\partial y} + \frac{\partial \sigma_{xz}}{\partial z} = 0$$

wird.

Anmerkung:

Auf den Faktor $2G\vartheta$ kommt es dabei nicht an; er dient nur der Normierung, wie wir noch sehen werden. Ebenso können wir die beiden Vorzeichen vertauschen, ohne Wesentliches zu ändern.

Die Torsionsfunktion T(y, z) ist zunächst noch völlig beliebig. Eine Bestimmungsgleichung dafür ergibt sich jedoch aus folgender Überlegung. Es muß

$$\frac{\partial \epsilon_{xy}}{\partial z} - \frac{\partial \epsilon_{xz}}{\partial y} = -\vartheta$$

sein, wie man leicht bestätigt findet, wenn man die Verzerrungen durch die Verschiebungen ausdrückt. Diese Beziehung stellt eine Sonderform der allgemeinen *Verträglichkeitsbedingungen* dar (vgl. Abschnitt 1.3), weil wir hier nur eine spezielle Problemklasse unter entsprechenden Voraussetzungen betrachten. Drücken wir in der Verträglichkeitsbedingung die Verzerrungen durch die Spannungen aus, so erhalten wir zunächst die Bedingung

$$\boxed{\frac{\partial \sigma_{xy}}{\partial z} - \frac{\partial \sigma_{xz}}{\partial y} = -2G\vartheta}$$

(Gleichung B für die Spannungsverteilung)

und daraus nach Einführung der Torsionsfunktion T(y, z) schließlich

$$\boxed{\frac{\partial^2 T}{\partial y^2} + \frac{\partial^2 T}{\partial z^2} = \Delta T(y, z) = -1.}$$

(Gleichung für die *Torsionsfunktion*)

Die Torsionsfunktion gehorcht also einer sogenannten *Poisson*schen Differentialgleichung (*Poisson:* 1781–1840), die wir auch als inhomogene *Laplace*sche Differentialgleichung bezeichnen können.
Die zugehörigen Randbedingungen finden wir aufgrund folgender Überlegungen. Auf dem *Querschnittsrand,* den wir in Parameterform durch

$$y = y(s)$$
$$z = z(s)$$

beschreiben können (vgl. Abb. 4.3), muß

$$\frac{\sigma_{xy}(s)}{\sigma_{xz}(s)} = \frac{\frac{dy(s)}{ds}}{\frac{dz(s)}{ds}}$$

sein oder – anders geschrieben –

$$\sigma_{xy} \frac{dz}{ds} ds - \sigma_{xz} \frac{dy}{ds} ds = 0.$$

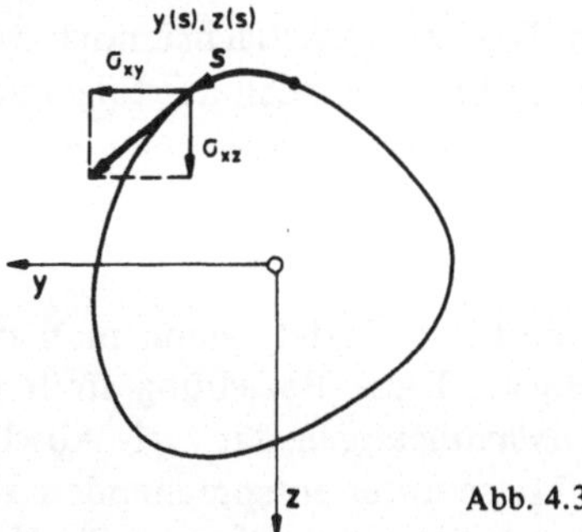

Abb. 4.3

Für die Torsionsfunktion folgt daraus die Bedingung, daß auf dem *Querschnittsrand*

$$\frac{\partial T}{\partial z} \frac{dz}{ds} ds + \frac{\partial T}{\partial y} \frac{dy}{ds} ds = dT = 0$$

d.h.

$$T = \text{konst.}$$

sein muß. Auf den Zahlenwert der Konstanten kommt es dabei nicht an; wir können deshalb festsetzen, daß auf dem *Querschnittsrand*

$$\boxed{T(y(s), z(s)) = T(s) = 0}$$

sein soll.

Anmerkung:

Bei mehrfach zusammenhängenden Querschnitten können wir nur auf *einem* Rand T = 0 setzen. Auf den andern Rändern ist zwar auch jeweils T = konst. Die Zahlenwerte von T auf diesen Rändern sind jedoch nicht unabhängig voneinander vorgebbar. Sie sind aus zusätzlichen Überlegungen, die wir hier übergehen, zu ermitteln.

Aus der *Poisson*schen Differentialgleichung $\Delta T = -1$ und der zugehörigen Randbedingung $T(s) = 0$ ist die Torsionsfunktion bei gegebener Querschnittsform eindeutig zu bestimmen. Wir fügen noch an, daß wir bei bekannter Torsionsfunktion auch leicht den Zusammenhang zwischen Torsionsmoment M_T und der Drillung ϑ sowie die zugehörige Wölbfunktion ψ ermitteln können. Es ist (den Beweis unterdrücken wir hier)

Satz 4.2:
$$M_T = \int_A \{\sigma_{xz} y - \sigma_{xy} z\} \, dA = 4 G \vartheta \int_A T(y,z) \, dA$$
$$\psi(y(\bar{s}), z(\bar{s})) = \psi(y(0), z(0)) + \int_{\bar{s}=0}^{\bar{s}} \left\{ \left[2 \frac{\partial T}{\partial z} + z \right] \frac{dy}{d\bar{s}} - \left[2 \frac{\partial T}{\partial y} + y \right] \frac{dz}{d\bar{s}} \right\} d\bar{s}.$$

Der Integrationsweg für die Bestimmung von ψ, den wir wiederum durch einen Parameter s beschreiben, können wir dabei beliebig wählen (vgl. Abb. 4.4).
In Analogie zur Torsion von Stäben mit Kreisquerschnitt (und auch zur Biegung) setzt man im allgemeinen

$$\vartheta = \frac{M_T}{G J_T}$$
$$|\tau|_{max} = \frac{|M_T|}{W_T}.$$

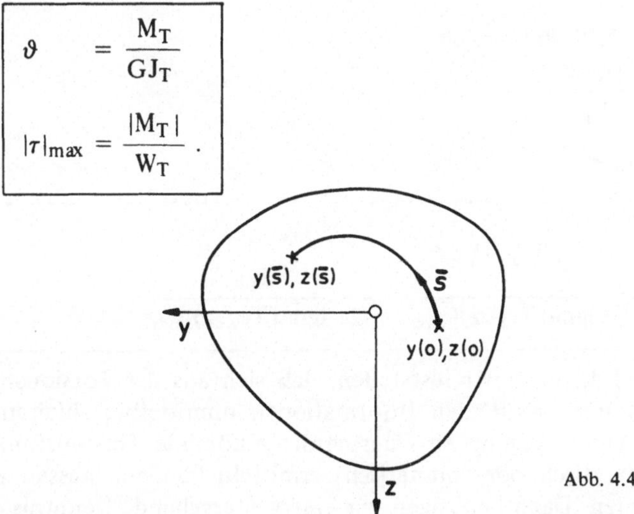

Abb. 4.4

$J_T\,[L^4]$ und $W_T\,[L^3]$ sind Größen, die nur von der Querschnittsform abhängen. Vielfach wird J_T als *Flächen-Trägheitsmoment bei Torsion* bezeichnet und W_T als *Widerstandsmoment bei Torsion.* Zu beachten ist, daß J_T nur bei Kreis- und Kreisring-Querschnitten mit dem polaren Flächen-Trägheitsmoment J_0 übereinstimmt und W_T nicht gleich $J_T/e_{max.}$ zu setzen ist ($e_{max.}$ = maximaler Randabstand). Das Produkt GJ_T nennen wir die *Torsionssteifigkeit* des Stabes.

J_T und W_T lassen sich aus der Torsionsfunktion ermitteln. Den Zusammenhang zwischen J_T und T liefert uns ein Vergleich der beiden Beziehungen, die zwischen M_T und ϑ gelten

$$M_T = 4G\vartheta \int_A T(y,z)\, dA,$$

$$M_T = GJ_T\,\vartheta.$$

Daraus folgt unmittelbar

Satz 4.3: $$J_T = 4 \int_A T(y,z)\, dA$$

Den Zusammenhang zwischen W_T und T finden wir hingegen aus einem Vergleich der beiden Beziehungen, die für die maximale Schubspannung gelten

$$|\tau|_{max} = \left|\sqrt{\sigma_{xy}^2 + \sigma_{xz}^2}\,\right|_{max}$$

$$= 2G|\vartheta|\left|\sqrt{\left(\frac{\partial T}{\partial z}\right)^2 + \left(\frac{\partial T}{\partial y}\right)^2}\,\right|_{max}$$

$$= 2G|\vartheta|\;|\text{grad}\,T|_{max},$$

$$|\tau|_{max} = \frac{|M_T|}{W_T}.$$

Der Vergleich ergibt

Satz 4.4: $$W_T = \frac{2\int_A T(y,z)\, dA}{|\text{grad}\,T(y,z)|_{max}} = \frac{1}{2}\,\frac{J_T}{|\text{grad}\,T(y,z)|_{max}}.$$

Zusammenfassend können wir feststellen, daß sich aus der Torsionsfunktion T(y, z) alle uns interessierenden Informationen unmittelbar ableiten lassen. Wie wir die zu einem gegebenen Querschnitt gehörende Torsionsfunktion T systematisch (analytisch oder numerisch) ermitteln können, müssen wir hier allerdings übergehen. Dazu benötigen wir eine weitergehende Kenntnis der entsprechenden mathematischen Methoden. Wir begnügen uns mit zwei Beispielen.

1. Beispiel: Elliptischer Querschnitt (s. Abb. 4.5)

Der Querschnittsrand wird durch die Beziehung

$$f(y,z) = \left(\frac{y}{a}\right)^2 + \left(\frac{z}{b}\right)^2 - 1 = 0$$

beschrieben. Betrachten wir f(y, z) als eine Funktion, die nicht nur auf dem Rande,sondern auch im Querschnittsinnern definiert ist, indem wir f(y, z) beliebige Werte ($\leqslant 0$) annehmen lassen, so können wir Δf bilden und erhalten

$$\Delta f(y,z) = \frac{\partial^2 f}{\partial y^2} + \frac{\partial^2 f}{\partial z^2} = 2\left\{\frac{1}{a^2} + \frac{1}{b^2}\right\} = \text{konst.}$$

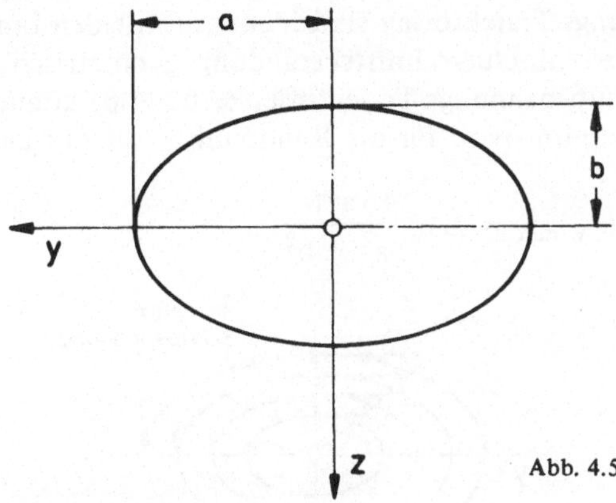

Abb. 4.5

In solchen Fällen, d.h. bei

$\Delta f = \text{konst.}$ im Innern des Querschnitts

und $f = 0$ auf dem Randes des Querschnitts

erhalten wir für die Torsionsfunktion

$$T(y,z) = c\, f(y,z)$$

Wegen der Normierung

$$\Delta T = -1$$

ist

$$c = -\frac{1}{\Delta f}$$

zu setzen, also

$$\boxed{T = -\frac{f}{\Delta f}\,.}$$

Für den elliptischen Querschnitt erhalten wir somit als Torsionsfunktion

$$T(y,z) = -\frac{1}{2}\,\frac{a^2 b^2}{a^2 + b^2}\left\{\left(\frac{y}{a}\right)^2 + \left(\frac{z}{b}\right)^2 - 1\right\}.$$

Daraus errechnen wir für die Spannungen

$$\sigma_{xy} = 2G\vartheta \frac{\partial T}{\partial z} = -2G\vartheta \frac{a^2}{a^2+b^2} z$$

$$\sigma_{xz} = -2G\vartheta \frac{\partial T}{\partial y} = 2G\vartheta \frac{b^2}{a^2+b^2} y\,.$$

Die Schubspannungs-Trajektorien sind identisch mit den Linien T = konst., sie sind Ellipsen, die zur Querschnittsberandung geometrisch ähnlich sind. Aus dem Bild der Schubspannungs-Trajektorien (Abb. 4.6) können wir ablesen, daß grad T zum Maximum wird für die Randpunkte auf der kleinen Halbachse b. Dort wird

$$|\tau|_{max} = |\sigma_{xy}|_{max} = 2G\vartheta \frac{a^2 b}{a^2+b^2}\,.$$

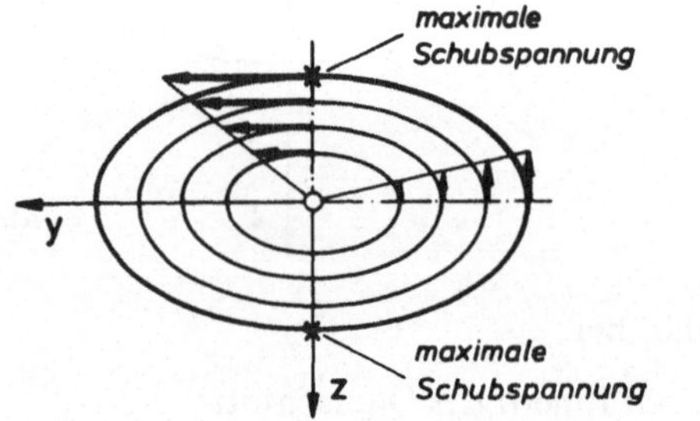

Abb. 4.6

Für J_T erhalten wir

$$J_T = 4 \int_A T(y,z)\, dA = \frac{a^3 b^3}{a^2+b^2}\,\pi.$$

Es wird also

$$\vartheta = \frac{M_T}{G} \frac{a^2+b^2}{a^3 b^3 \pi}$$

und damit

$$W_T = \frac{\pi}{2}\, a\, b^2.$$

Schließlich erhalten wir für die Wölbfunktion

$$\psi(y,z) = -\frac{a^2-b^2}{a^2+b^2}\, yz.$$

Die Höhen-Schichtlinien der Verwölbung sind in Abb. 4.7 für ein positives Torsionsmoment eingezeichnet. Kehrt sich die Richtung von M_T um, so ändern sich auch die Vorzeichen der Verwölbung in den einzelnen Quadranten des Querschnittes.

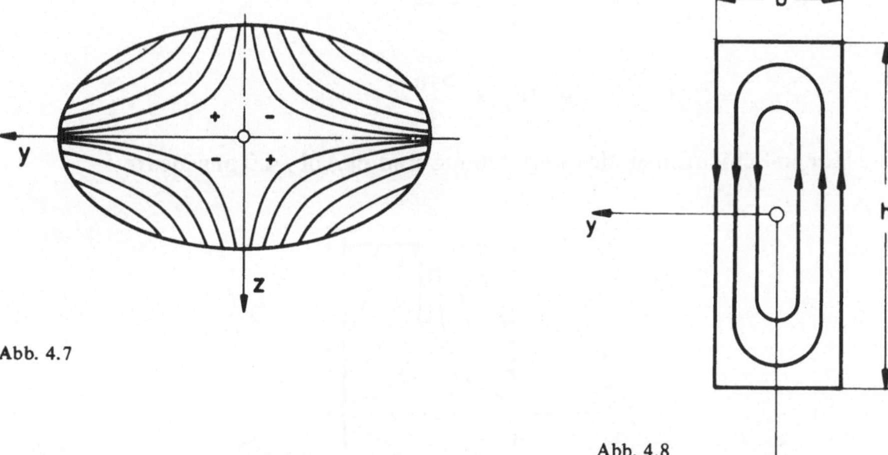

Abb. 4.7

Abb. 4.8

2. *Beispiel:* Schmaler Rechteckquerschnitt (s. Abb. 4.8)

Eine geschlossene Lösung ist für Rechteckquerschnitte nicht möglich. Deshalb wollen wir versuchen, mit Näherungsbetrachtungen etwas weiterzukommen. Den Verlauf der Schubspannungs-Trajektorien können wir qualitativ etwa so annehmen, wie es in Abb. 4.8 angegeben ist. Für $z = 0$ muß aus Symmetriegründen

$$\sigma_{xy} = 0, \qquad \sigma_{xz} = \tau(y)$$

sein. Wir können auch annehmen, daß im ganzen Mittelteil die Komponente σ_{xz} vorherrschend ist; nur in der Nähe des oberen und des unteren Randes tritt die Komponente σ_{xy} stärker in Erscheinung. Es läßt sich ferner mit analytischen Methoden zeigen, daß im Mittelteil σ_{xz} etwa linear über die Querschnittsdicke verteilt sein muß:

$$\sigma_{xz} \approx \tau(y) = 2G\vartheta y.$$

Da andrerseits

$$\sigma_{xz} = -\,2G\vartheta\,\frac{\partial T}{\partial y}$$

ist, erhalten wir näherungsweise unter Beachtung, daß für $y = \pm\,\dfrac{b}{2}$ die Torsionsfunktion T verschwinden muß,

$$T(y,z) \approx \frac{b^2}{8}\left\{1 - \left(\frac{2y}{b}\right)^2\right\} = T(y).$$

Aus T leiten wir sodann weiter ab:

$$\vartheta = \frac{M_T}{Gb^3h}\,3 \quad \rightarrow \quad J_T = \frac{b^3h}{3}$$

$$|\tau|_{max} = G\vartheta b \quad \rightarrow \quad W_T = \frac{b^2h}{3}\,.$$

Die Höhen-Schichtlinien der Verwölbung sind in Abb. 4.9 angedeutet.

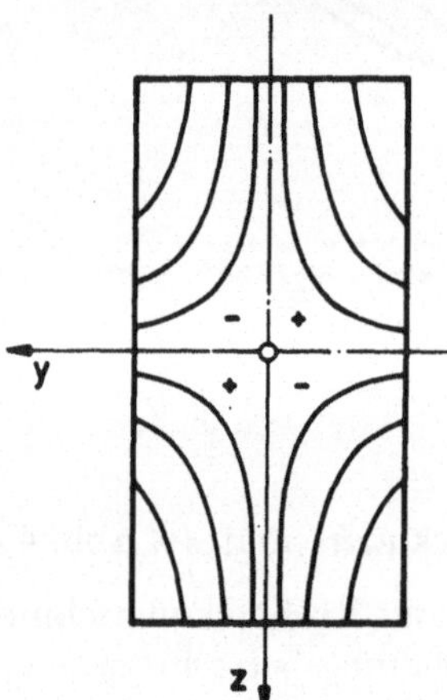

Abb. 4.9

Anmerkung:

Würden wir den Zusammenhang zwischen M_T und ϑ aus der Beziehung

$$M_T = \int_A \{\sigma_{xz}y - \sigma_{xy}z\}dA$$

bestimmen wollen, so erhielten wir einen großen Fehler, weil die vernachlässigten Spannungen σ_{xy} wegen ihres großen Hebelarmes $\left(|z| \rightarrow \frac{h}{2}\right)$ doch einen beträchtlichen Beitrag zu M_T liefern. Dagegen liefert die Beziehung

$$M_T = 4G\vartheta \int_A T\,dA$$

ein angenähert richtiges Ergebnis, weil bei ihrer Herleitung davon ausgegangen wird, daß die Spannungen alle Randbedingungen erfüllen. Die in Abschnitt 4.2.6 noch zu erörternden mechanischen Analogien zum Torsionsproblem machen diesen Sachverhalt auch anschaulich erkennbar.

Für Rechteckquerschnitte, bei denen h/b nicht *sehr* groß ist, sind Korrekturen erforderlich. Wir begnügen uns hier damit, die Korrekturen anzugeben, die bei den Zahlenwerten von J_T bzw. W_T vorzunehmen sind. Wir setzen dazu

$$J_T = \beta \frac{1}{3} b^3 h$$

$$W_T = \alpha \frac{1}{3} b^2 h$$

bringen also Korrekturfaktoren α bzw. β an, die vom Seitenverhältnis h/b abhängen, wie die nachstehende Tabelle zeigt

h/b	1	2	4	8	∞
α	0,63	0,74	0,85	0,92	1
β	0,42	0,69	0,84	0,92	1

Wir können unsere Betrachtungen in einfacher Weise auf *Verbund-Werkstoffe* ausdehnen. Voraussetzung dazu ist allerdings, daß die – längs der Stabachse unveränderliche – Querschnittsaufteilung in die verschiedenen Werkstoffbereiche so erfolgt, daß die Werkstoffbereichsgrenzen jeweils mit einer Schubspannungs-Trajektorie zusammenfallen. Dann bleibt Satz 4.1 für die Verschiebungen gültig. Bei der Ableitung der Spannungen aus der Torsionsfunktion ist dann nur zu beachten, daß (vgl. Definition 4.1) nun

$$\sigma_{xy} = n(y,z)\, 2G_0 \vartheta \frac{\partial T(y,z)}{\partial z}$$

$$\sigma_{xz} = -\, n(y,z)\, 2G_0 \vartheta \frac{\partial T(y,z)}{\partial y}$$

$$\text{mit } G(y,z) = n(y,z)\, G_0$$

wird. Ferner sind analog zur Biegung die Flächen-Kenngrößen (J_T usw.) wie bei der Biegung von Stäben aus Verbund-Werkstoffen (vgl. Abschnitt 3.5), durch die entsprechenden *ideellen* Größen zu ersetzen. Es ist also statt J_T nach Satz 4.3 nun

$$J_{i_T} = 4 \int_A T(y,z)\, n(y,z)\, dA$$

und statt W_T nach Satz 4.4 jetzt

$$W_{i_T} = \frac{J_{i_T}}{2\, |n(y,z) \operatorname{grad} T(y,z)|_{max}}$$

einzuführen.

Für *Kreisquerschnitte* erhalten wir mit n = n(r)

$$J_{i_T} = J_{i_0} = \int_A r^2\, n(r)\, dA = 2\pi \int_0^R n(r)\, r^3\, dr$$

$$W_{i_T} = \frac{J_{i_0}}{|n(r)\, r|_{max}}\,.$$

4.2.3. Dünnwandige Querschnitte

4.2.3.1. Allgemeines

Bei dünnwandigen Querschnitten beschreiben wir die Querschnittsform (vgl. Abb. 4.10) durch die Angabe von

Profil-Mittellinie $y(\zeta)$, $z(\zeta)$ und
Profildicke $\delta(\zeta)$,

wobei ζ eine längs der Profil-Mittellinie laufende Koordinate ist. Die Koordinate senkrecht zu ζ wollen wir mit η bezeichnen.
Wir unterscheiden (vgl. Abb. 4.11)

a) geschlossene (einzellige bzw. mehrzellige Profile),
b) offene (unverzweigte oder verzweigte Profile),
c) gemischte Profilformen.

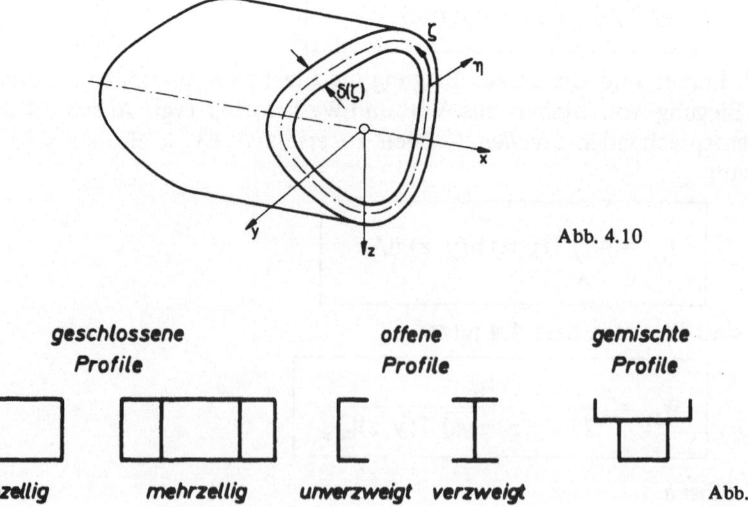

Abb. 4.10

Abb. 4.11

Bei mehrzelligen oder verzweigten Profilen ist die Koordinate ζ der Profilform entsprechend zu verzweigen.
Die *allgemeine Lösung für den Verschiebungszustand*

$$u_y = -\vartheta xz, \quad u_z = \vartheta xy, \quad u_x = \vartheta\psi(y, z)$$

und die daraus folgende Feststellung

$$\sigma_{xx} = \sigma_{yy} = \sigma_{zz} = \sigma_{yz} = 0$$

gilt auch für dünnwandige Querschnitte. Ebenso können wir die für Vollquerschnitte entwickelten Lösungsmethoden auf dünnwandige Querschnitte übertragen, da sie ja an keine einschränkenden Voraussetzungen für die Querschnittsform gebunden sind. Es lassen sich jedoch die Lösungsmethoden für dünnwandige Querschnitte dadurch vereinfachen, daß wir einige naheliegende zusätzliche Annahmen treffen. Wir erhalten dann zwar nur Näherungslösungen, die aber im allgemeinen recht genau sind.

4.2.3.2. Dünnwandige geschlossene Querschnitte

Wir beschränken uns hier vorerst auf einzellige (d.h. 2-fach zusammenhängende) Querschnitte. Der Innen- und der Außenrand des Querschnitts stellen zugleich jeweils eine Schubspannungs-Trajektorie dar. Es läßt sich aus der allgemeinen Theorie der Torsion prismatischer Stäbe folgern, daß – von scharfkantigen Profilecken abgesehen – die Schubspannungen auf dem Innen- und auf dem Außenrand annähernd gleich groß sein müssen. Ferner können wir sagen, daß die Schubspannungs-Komponenten senkrecht zur Profil-Mittellinie nur klein sein können, sofern wir sprunghafte Dickenänderungen ausschließen. Darum liegen folgende *Annahmen* nahe (vgl. Abb. 4.12):

(a) $\sigma_{x\zeta} = \tau(\zeta)$, d.h. unabhängig von η,

(b) $\sigma_{x\eta} = 0$.

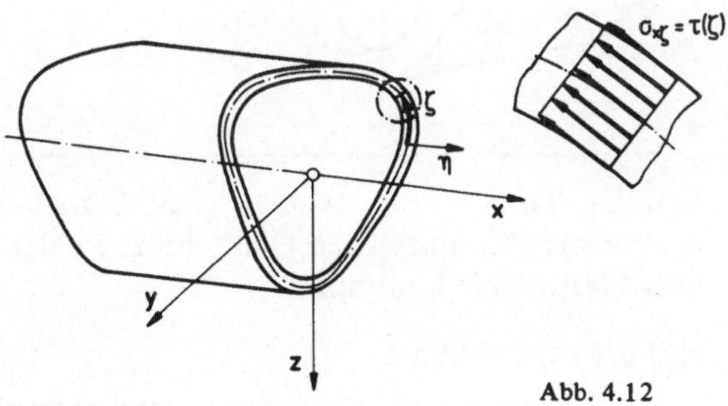

Abb. 4.12

Außerdem können wir annehmen, daß die Verschiebungen sich über die Profildicke nur wenig ändern, d.h.

(c) $\quad u = u(x, \zeta)$.

Als *Schubfluß* $t(\zeta)$ definieren wir:

Definition 4.2: Der Schubfluß $t(\zeta)$ in einem dünnwandigen Querschnitt ist

$$t(\zeta) = \int_{-\frac{\delta}{2}}^{+\frac{\delta}{2}} \sigma_{x\zeta} \, d\eta \qquad [MZ^{-2}] = [KL^{-1}] .$$

Anmerkung:

Der Begriff Schubfluß wird auch allgemeiner für den Fluß der Schubspannungen zwischen zwei beliebigen Schubspannungs-Trajektorien gebraucht. Er lehnt sich an analoge Begriffsbildungen im Bereich der Strömungsmechanik an.

Für *dünnwandige geschlossene Querschnitte* können wir, da $\sigma_{x\zeta}$ unabhängig von η ist, auch schreiben

$$\boxed{t(\zeta) = \tau(\zeta)\, \delta(\zeta).}$$

Schneiden wir aus dem Stab ein Element heraus, wie es Abb. 4.13 zeigt, so ergibt eine Gleichgewichtsbetrachtung in x-Richtung wegen $\sigma_{xx} = 0$ (vgl. Abb. 4.13)

$$\frac{d}{d\zeta} \{\tau(\zeta)\, \delta(\zeta)\} = \frac{dt(\zeta)}{d\zeta} = 0.$$

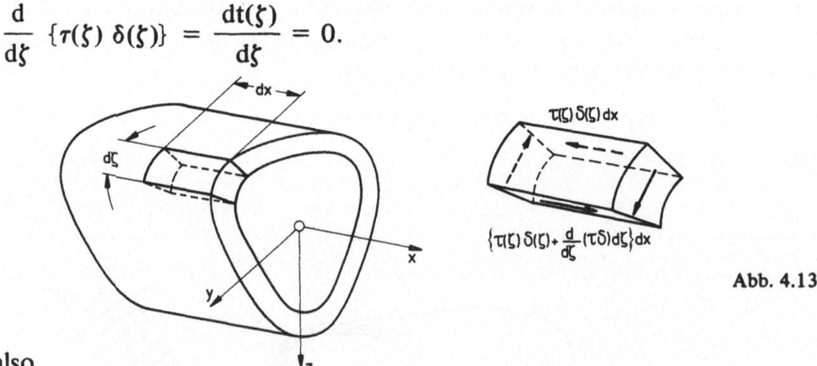

Abb. 4.13

Es gilt also

Satz 4.5: **Bei der Torsion von prismatischen Stäben mit dünnwandigem, geschlossenem, einzelligen Querschnitt ist der Schubfluß längs der Profil-Mittellinie konstant:**

$$\boldsymbol{\tau(\zeta)\, \delta(\zeta) = t = \text{konst.}}$$

Anmerkung:

Der Schubfluß $t(\zeta)$, der von einer Querkraft-Beanspruchung herrührt, ist nicht konstant, weil dort $\sigma_{xx} = \sigma(x,\zeta) \neq 0$ ist.

Für den Zusammenhang zwischen Torsionsmoment M_T und dem zugehörigen Schubfluß t lesen wir aus Abb. 4.14 ab:

$$M_T = \oint a(\zeta)\,\tau(\zeta)\,\delta(\zeta)\,d\zeta = t\oint a(\zeta)\,d\zeta.$$

$a(\zeta)$ ist hierbei der Hebelarm der aus den Schubspannungen $\tau(\zeta)$ resultierenden Kraft, die dem Flächenelement $dA = \delta(\zeta)\,d\zeta$ zugeordnet ist. Dabei ist $a(\zeta)$ linksherum drehend positiv, rechtsherum drehend negativ zu nehmen. Das Zeichen $\oint$ bedeutet, daß das Integral über einen vollen Umlauf längs der Profil-Mittellinie zu erstrecken ist.
Nun ist $a(\zeta)\,d\zeta$ gleich dem doppelten Flächeninhalt des in Abb. 4.14 schraffiert eingezeichneten Dreiecks. Deshalb wird

$$\oint a(\zeta)\,d\zeta = 2A_m$$

wobei A_m die von der Profil-Mittellinie umschlossene Fläche ist. Wir erhalten darum

---

Satz 4.6: $$M_T = 2A_m t$$

$$\text{bzw.} \quad t = \tau(\zeta)\,\delta(\zeta) = \frac{M_T}{2A_m}\,.$$

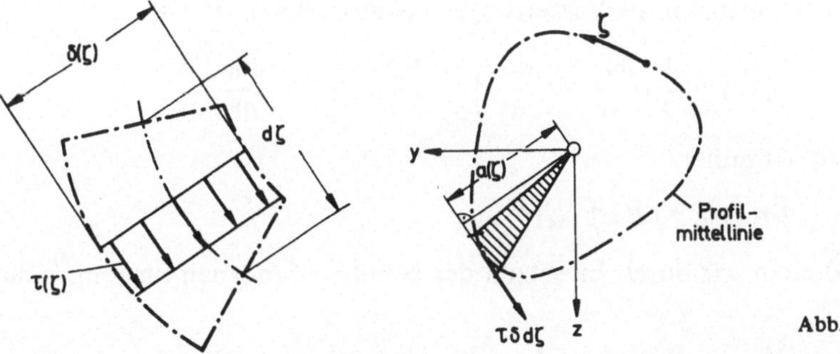

Abb. 4.14

Für die maximale Schubspannung folgt daraus

Satz 4.7: *1. Bredt*sche Formel (1896)

$$|\tau(\zeta)|_{max} = \frac{|M_T|}{W_T} = \frac{|M_T|}{\delta(\zeta)_{min}\,2A_m}$$

d.h. $W_T = 2A_m\,\delta(\zeta)_{min}$.

Das ist die sogenannte 1. *Bredt*sche Formel (von *Bredt* 1896 veröffentlicht). Sie bringt das Widerstandsmoment bei Torsion in einen einfachen Zusammenhang mit den geometrischen Größen A_m und $\delta(\zeta)$ des Stabprofiles.
Den Zusammenhang zwischen Drillung ϑ und Torsionsmoment M_T finden wir in folgender Weise. Ausgehend von der allgemeinen Lösung für den Verschiebungszustand (Satz 4.1) und von der *Annahme* (c), daß wir die Verschiebung als unabhängig von η betrachten dürfen, erhalten wir die folgenden Verschiebungen in x- und in ζ-Richtung (vgl. Abb. 4.15)

$$u_x(\zeta) = \vartheta\psi(\zeta)$$
$$u_\zeta(x, \zeta) = \vartheta a(\zeta)\, x.$$

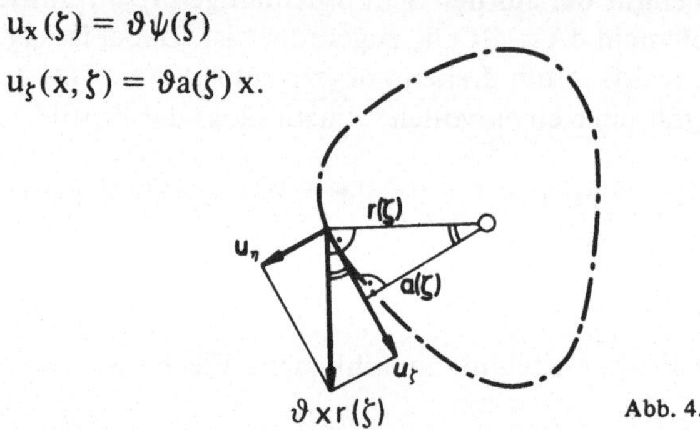

Abb. 4.15

Anmerkung:

Die Verschiebungen $u_\eta(x,\zeta)$ interessieren hier nicht; sie lassen sich aber ebenfalls leicht ermitteln.

Damit können wir die Verzerrungen $\epsilon_{x\zeta}$ ausrechnen. Es ist

$$\epsilon_{x\zeta}(\zeta) = \frac{1}{2}\left\{\frac{\partial u_\zeta}{\partial x} + \frac{du_x}{d\zeta}\right\} = \frac{1}{2}\left\{\vartheta a(\zeta) + \frac{du_x}{d\zeta}\right\} .$$

Bilden wir nun

$$\oint \tau(\zeta)\, d\zeta = 2G \oint \epsilon_{x\zeta}(\zeta)\, d\zeta,$$

so erhalten wir durch Einsetzen der bereits gefundenen Ergebnisse für $\tau(\zeta)$ und $\epsilon_{x\zeta}(\zeta)$

$$\frac{M_T}{2A_m} \oint \frac{d\zeta}{\delta(\zeta)} = 2G\, \frac{1}{2}\left\{\oint \frac{du_x}{d\zeta}\, d\zeta + \vartheta \oint a(\zeta)\, d\zeta\right\}.$$

Nun ist

$$\oint \frac{du_x}{d\zeta}\, d\zeta = \oint du_x = 0$$

weil die Werte von u_x am Anfang und am Ende eines Umlaufes gleich groß sein müssen, da ja Anfangs- und Endpunkt des Integrationsweges zusammenfallen. Ferner haben wir bereits ermittelt, daß

$$\oint a(\zeta)\, d\zeta = 2A_m$$

ist. Deshalb wird

Satz 4.8: 2. *Bredt*sche Formel (1896)

$$\vartheta = \frac{M_T}{GJ_T} = \frac{M_T}{4GA_m^2} \oint \frac{d\zeta}{\delta(\zeta)}$$

$$\text{d.h. } J_T = \frac{4A_m^2}{\oint \frac{d\zeta}{\delta(\zeta)}} \,.$$

Erstrecken wir in den vorstehenden Betrachtungen die Integrale nicht über einen vollen Umlauf, so finden wir mit

$$\int_0^{\zeta} \frac{du_x}{d\zeta}\, d\zeta = u_x(\zeta) - u_x(0) = \vartheta\{\psi(\zeta) - \psi(0)\}$$

Beachten wir noch, daß

$$\frac{M_T}{2G\vartheta} = \frac{2A_m^2}{\oint \frac{d\zeta}{\delta(\zeta)}}$$

ist, so erhalten wir schließlich

Satz 4.9: *Wölbfunktion bei dünnwandigem, geschlossenem Querschnitt*

$$\psi(\zeta) = \psi(0) + 2A_m \frac{\int_0^{\zeta} \frac{d\zeta}{\delta(\zeta)}}{\oint \frac{d\zeta}{\delta(\zeta)}} - \int_0^{\zeta} a(\zeta)\, d\zeta \,.$$

Die Ergebnisse für $\tau(\zeta)$ und ϑ gelten auch für die Torsion um andere achsparallele Geraden, sofern sie nicht zu weit außerhalb des Querschnittes liegen, da sonst nicht mehr geometrische Linearität vorausgesetzt werden kann. Bei den Verschiebungen kommen bei einer Parallelverschiebung der Drillachse Zusatzterme hinzu, die einer Starrkörper-Rotation entsprechen. Bei der Wölbfunktion ψ bleibt schließlich noch eine freie Konstante offen, deren Zahlenwert davon abhängt, welcher Punkt des Querschnittes als unverschieblich in x-Richtung anzunehmen ist.

Beispiel (s. Abb. 4.16)

Es wird

$$A_m = b\,h$$

$$\oint \frac{d\zeta}{\delta} = 2\,\frac{h+b}{\delta}\;;\quad \int_0^b \frac{d\zeta}{\delta} = \frac{b}{\delta}\;;\quad \int_0^{b+h} \frac{d\zeta}{\delta} = \frac{b+h}{\delta}$$

$$\int_0^b a(\zeta)\,d\zeta = \frac{h\,b}{2}\;;\quad \int_0^{b+h} a(\zeta)\,d\zeta = h\,b.$$

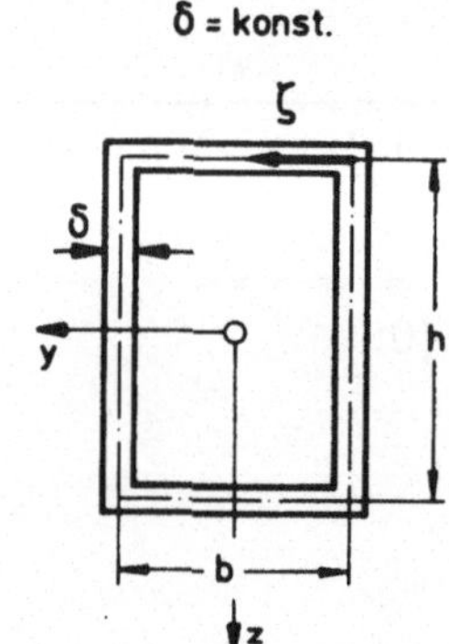

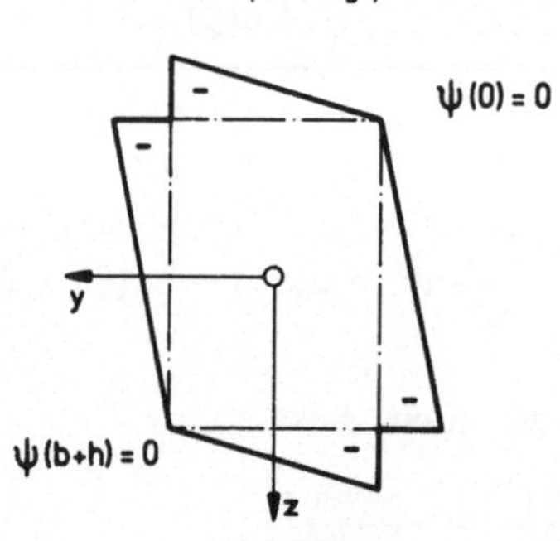

Abb. 4.16

Damit erhalten wir

$$\vartheta = \frac{M_T}{2Gb^2h^2} \cdot \frac{b+h}{\delta}$$

$$\tau = \frac{M_T}{2bh\delta} = \text{konst}$$

$$\psi(b) = \psi(0) - \frac{bh}{2}\left\{1 - \frac{2b}{h+b}\right\} = \psi^{(2b+h)}$$

$$\psi(b+h) = \psi(0).$$

$\psi(0)$ können wir noch beliebig festsetzen je nachdem, für welchen Punkt des Querschnittes $\psi(\zeta) = 0$ werden soll. In der schematischen Darstellung in Abb. 4.16 haben wir $\psi(0) = 0$ gesetzt.

Bei mehrzelligen geschlossenen Querschnitten ergibt sich, daß der Schubfluß um jede Zelle herum als konstant zu betrachten ist. In den Stegen, die zwei Zellen gemeinsam sind, überlagern sich dann jeweils die beiden Schubflüsse der be-

nachbarten Zellen. Auf diesen Überlegungen aufbauend läßt sich auch eine einfache Näherungstheorie für die Torsion mehrzelliger, geschlossener Querschnitte entwickeln. Wir gehen hier darauf nicht weiter ein.

4.2.3.3. Dünnwandige offene Querschnitte

Wir betrachten als Beispiel einen dünnwandigen Stab, dessen offener Querschnitt aus einer Reihe von schmalen Rechtecken zusammengesetzt ist (vgl. Abb. 4.17). Aus der allgemeinen Theorie der Torsion prismatischer Stäbe können wir entnehmen, daß der Verlauf der Schubspannungs-Trajektorien etwa so aussehen muß, wie es in Abb. 4.17 qualitativ angedeutet ist und daß ferner alle Teilquerschnitte dieselbe Drillung ϑ erfahren müssen. Die gemeinsame Drillachse (z.B. Stabachse) liegt allerdings im allgemeinen außerhalb aller Teilquerschnitte.

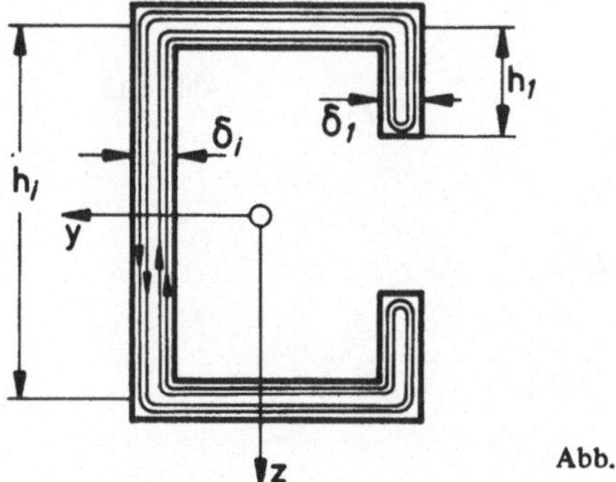

Abb. 4.17

Aufgrund dieser Feststellungen treffen wir die *Annahmen*

(a) $\sigma_{x\eta} = 0,$

(b) $u = u(x, \zeta),$

die aus der Dünnwandigkeit des Querschnittes resultieren, und ferner die *Annahmen*

(c) Schubfluß $t(\zeta) = 0$

(d) $$J_T = \beta \sum_i \underbrace{\frac{1}{3}\,\delta_i^3 h_i}_{J_{T_i}} = \beta \int_L \underbrace{\frac{1}{3}\,\delta^3(\zeta)\,d\zeta}_{dJ_T},$$

die sich auf das Gesamtverhalten des Querschnittes beziehen. Das rechts stehende Integral in (d) können wir als Verallgemeinerung für solche dünnwandigen offenen Profile ansehen, die nicht mehr als eine endliche Summe von Rechtecken angesehen werden können, sondern eine kontinuierlich gekrümmte Mittellinie haben, wie sie Abb. 4.18 zeigt. β ist ein Korrekturfaktor, der die gegenseitige Behinderung der Teilquerschnitte bei der Torsion kennzeichnet und darum im allgemeinen größer als 1 ist. Eine Übersicht über den Zahlenwert dieses Korrekturfaktors gibt die nachstehende Tabelle.

Profilform	∟	⊥	[	I
β	1	1,12	1,12	1,3

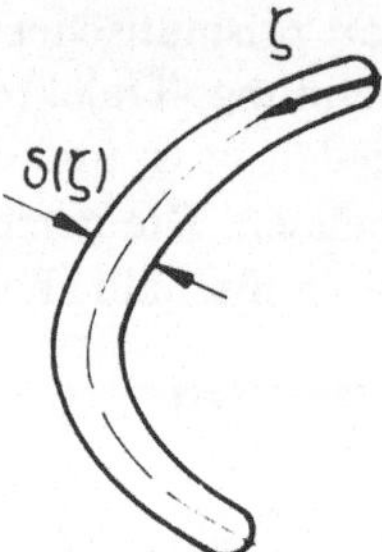

Abb. 4.18

Mit

$$J_T = \beta \sum_i \frac{1}{3}\, \delta_i^3 h_i$$

bzw. $$J_T = \beta \int_L \frac{1}{3}\, \delta^3(\zeta)\, d\zeta$$

folgt

Satz 4.10: $$\vartheta = \frac{M_T}{GJ_T} = \frac{M_T}{G\beta \sum_i \frac{1}{3}\, \delta_i^3\, h_i} = \frac{M_T}{G\beta \int_L \frac{1}{3}\, \delta^3(\zeta)\, d\zeta}.$$

Anmerkung:

Dieses Ergebnis können wir auch gewinnen, indem wir uns den Querschnitt in einzelne dünnwandige *Schubspannungsröhren* aufgelöst denken (aber alle mit gleicher Drillung ϑ) und über ihren Beitrag zum Torsionsmoment summieren (vgl. Abb. 4.19).

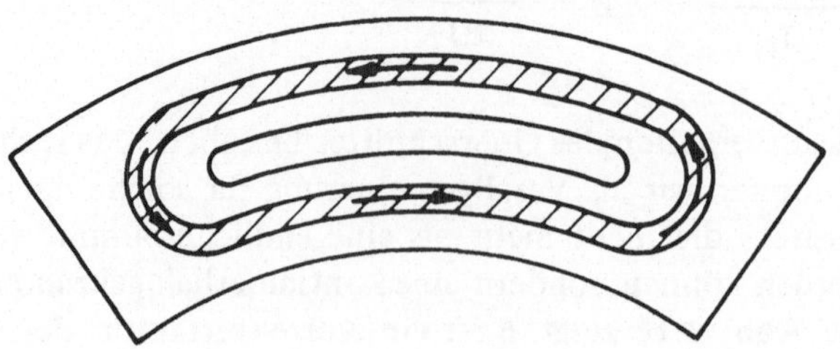

Abb. 4.19

Da alle Teilquerschnitte dieselbe Drillung ϑ erfahren, gilt für die auf einen Teilquerschnitt entfallenden Anteile M_{T_i} bzw. dM_T des Torsionsmomentes (wenn wir $\beta \approx 1$ setzen)

$$\frac{M_{T_i}}{J_{T_i}} = \frac{dM_T}{dJ_T} = \frac{M_T}{J_T} = G\vartheta.$$

Die maximale Schubspannung eines beliebigen Teilquerschnittes ist nach den für dünne Rechteckquerschnitte geltenden Beziehungen

$$|\tau_i|_{max} = \frac{|M_{T_i}|}{W_{T_i}} = \frac{|M_{T_i}|}{J_{T_i}}\,\delta_i$$

bzw. für das örtliche Maximum, wenn $\delta(\zeta)$ kontinuierlich veränderlich ist

$$|\tau(\zeta)|_{max} = \frac{|dM|}{dW_T} = \frac{|dM|}{dJ_T}\,\delta(\zeta).$$

Beachten wir, daß wir

$$\left.\begin{matrix} \dfrac{M_{T_i}}{J_{T_i}} \\ \text{bzw.} \\ \dfrac{dM_T}{dJ_T} \end{matrix}\right\} = \frac{M_T}{J_T} = G\vartheta$$

setzen können, so erhalten wir also als allgemeinen Ausdruck für das globale Maximum der Schubspannung

---

Satz 4.11: $$|\tau|_{max} = \frac{|M_T|}{W_T} = \frac{|M_T|}{J_T}\,\delta_{max}$$

$$\text{d.h. } W_T = \frac{J_T}{\delta_{max}}\ .$$

Für die Wölbfunktion $\psi(\zeta)$ der Profil-Mittellinie, die wir mit dem Mittelwert der Verwölbung über die Profildicke gleichsetzen können, erhalten wir schließlich

---

Satz 4.12: *Wölbfunktion bei dünnwandigem, offenem Querschnitt*

$$\psi(\zeta) = \psi(0) - \int_0^{\zeta} a(\zeta)\,d\zeta$$

Anmerkung:

Wir können diese Beziehung aus dem Ergebnis für die Wölbfunktion ψ (ζ) bei geschlossenen dünnwandigen Querschnitten formal ableiten, indem wir dort $A_m = 0$ setzen. Wir finden diese Beziehung aber auch direkt, wenn wir beachten, daß bei offenen Querschnitten der über die Profildicke resultierende Schubfluß verschwindet.

4.2.3.4. Vergleich zwischen geschlossenen und offenen dünnwandigen Querschnitten

Wir wollen den Vergleich zwischen geschlossenem und offenem dünnwandigen Querschnitt an einem konkreten Beispiel vornehmen und ein geschlossenes und ein längs geschlitztes Rohr gegenüberstellen (vgl. Abb. 4.20). Wir erkennen sogleich den qualitativ völlig verschiedenen Verlauf der Schubspannungs-Trajektorien, der zur Folge hat, daß das geschlitzte Rohr wesentlich torsionsweicher ist und außerdem bei gleichem Torsionsmoment einer bedeutend höheren Beanspruchung unterliegt. Der Vergleich ergibt im einzelnen:

	dünnwandiges Rohr		Verhältnis geschlossen zu geschlitzt (bei $\delta/R = 0{,}1$)
	geschlossen	geschlitzt	
J_T	$\dfrac{4A_m^2}{\oint \frac{d\zeta}{\delta}} = 2\pi R^3 \delta$	$\dfrac{1}{3}\int_0^{2\pi R} \delta^3 d\zeta = \dfrac{2}{3}\pi R \delta^3$	300
W_T	$2A_m\delta = 2R^2\pi\delta$	$\dfrac{J_T}{\delta} = \dfrac{2}{3}\pi R\delta^2$	30
$\lvert\tau\rvert_{max}$	$\dfrac{\lvert M_T\rvert}{W_T}$	$\dfrac{\lvert M_T\rvert}{W_T}$	$\dfrac{1}{30}$
Verwölbung	$\psi(\zeta) \equiv 0$	$\psi(\zeta) = \psi(0) - R\zeta$	–

Das geschlossene Rohr ist also in unserem Zahlenbeispiel 300 mal steifer, hat aber bei gleichem M_T zugleich nur 1/30 der Beanspruchung, die durch $|\tau|_{max}$ gekennzeichnet ist, aufzunehmen. Ferner verschieben sich bei dem geschlitzten Rohr die beiden Schnittufer in Längsrichtung gegeneinander um den Betrag

$$|u_x(2\pi R) - u_x(0)| = |\vartheta| \cdot |\psi(2\pi R) - \psi(0)| = |\vartheta|\, 2\pi R^2 .$$

Beim geschlossenen Rohr bleibt hingegen der Querschnitt unverwölbt.

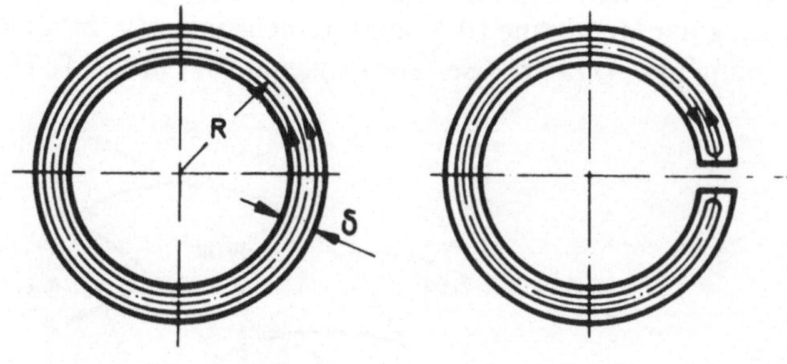

a) geschlossenes Rohr *b) längs geschlitztes Rohr* Abb. 4.20

Ähnliche Ergebnisse finden wir bei dem Vergleich anderer offener und geschlossener Profilformen. Als *Konstruktionsregel* können wir daraus ableiten:

> Ist ein Stab mit dünnwandigem Querschnitt auf Torsion beansprucht, so ist im Hinblick auf Steifigkeit und Beanspruchung ein Querschnitt mit geschlossenem Profil zu wählen.

4.2.4. Analogien zum Torsionsproblem

Eine dünne Flüssigkeitshaut (beispielsweise einer *Seifenlösung*), die wir als *Membrane* bezeichnen, überträgt in einem gedachten Schnitt pro Längeneinheit eine Kraft S $[KL^{-1}]$, die wir als eine *Materialkonstante* betrachten können. Sie ist das 2-fache der sog. *Oberflächenspannung*. Steht die Membrane einseitig unter einem Überdruck p, so lautet die Differentialgleichung für die Fläche u(y, z), in die sich die Membrane einstellt

$$\Delta u = \frac{\partial^2 u}{\partial y^2} + \frac{\partial^2 u}{\partial z^2} = -\frac{p}{S},$$

wie wir aus Abb. 4.21 durch Gleichgewichtsbetrachtungen in x-Richtung leicht ableiten können. Diese Gleichung ist analog zur Gleichung für die Torsionsfunktion mit der Entsprechung

$$u(y, z)\,\frac{S}{p} \mathrel{\widehat{=}} T(y, z).$$

Wir können deshalb eine solche Membrane als eine *mechanische Analogie* zum Torsionsproblem betrachten, sofern wir auch auf die Analogie der Randbedingungen beider Probleme achten. Dies erreichen wir etwa, indem wir die Membrane in der Ebene x = 0 in eine Öffnung einspannen, die dem Querschnitt des tordierten Stabes gleicht, da ja auf dem Rande des Querschnittes T(y, z) = 0 sein muß (vgl. Abb. 4.22). Es entsprechen dann die Höhenschichtlinien der Membrane u(y, z) = konst. den Schubspannungs-Trajektorien des Torsionsproblems, die Neigung der Membrane (d.h. der Gradient von u(y, z)) dem Betrag $|\tau|$ der Schubspannung usw. (*Prandtl*s Seifenhautgleichnis; *Prandtl* 1875–1953).

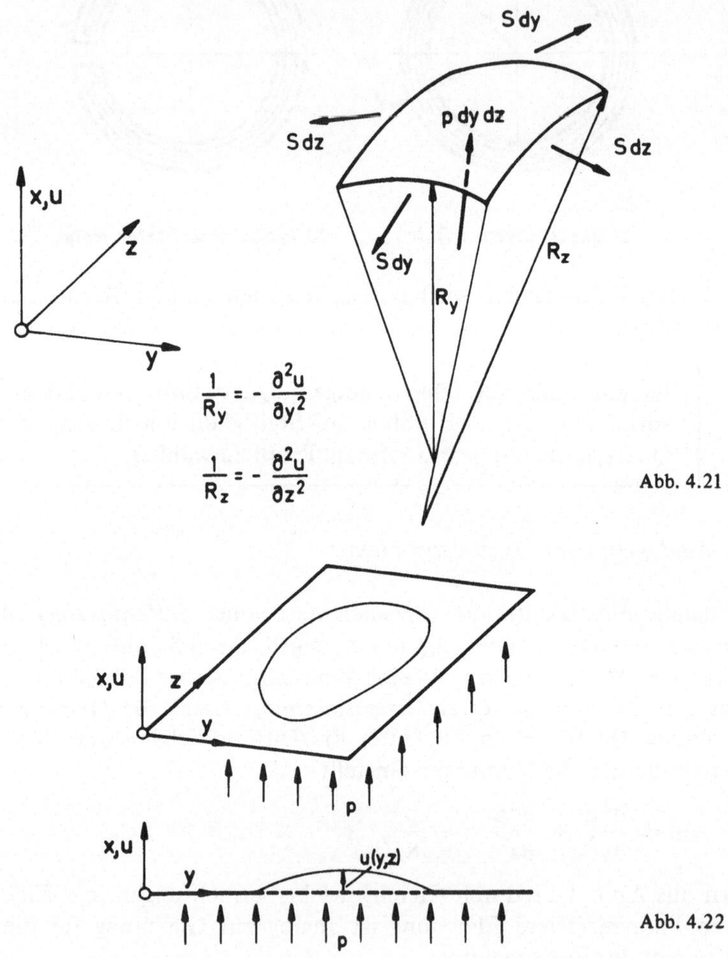

Abb. 4.21

Abb. 4.22

Anmerkung:

Bei mehrfach zusammenhängenden Querschnitten müssen die verschiedenen, jeweils in sich geschlossenen Ränder in Ebenen unterschiedlicher Höhe angeordnet werden. Die Festlegung der Höhenunterschiede erfordert besondere Überlegungen.

Früher hat man diese Analogie gelegentlich zur experimentellen Ermittlung der Torsionsfunktion T(y, z) und der daraus ableitbaren Größen (Betrag und Richtung von τ usw.) eingesetzt. Das tut man heute kaum noch. Dennoch kann uns diese Analogie dazu verhelfen, eine Anschauung von der Spannungsverteilung in einem tordierten Stab zu gewinnen. Wir kennen auch noch andere mechanische Analogien, so z.B. eine Analogie zwischen der ebenen, reibungsfreien Strömung einer Flüssigkeit mit konstanter Rotation (*Thomsons* Strömungsgleichnis; *Thomson* 1824–1907). Je nach der Vertrautheit mit dem entsprechenden Problem können auch diese analogen mechanischen Probleme dazu dienen, uns die Spannungsverteilung in einem tordierten Stab zu veranschaulichen. Eine andere Bedeutung kommt ihnen heute kaum noch zu, deshalb gehen wir hier auch nicht weiter darauf ein.

Größere praktische Bedeutung haben heute solche Analogien, die sich zu gewissen Problemen der Elektrotechnik ziehen lassen (elektrolytischer Trog usw.). Die entsprechenden physikalischen Größen (Spannungspotential, Strom usw.) sind meßtechnisch einfacher zu erfassen und weiterzuverarbeiten. Auf das weite Feld dieser elektrischen Analogien können wir jedoch hier ebenfalls nicht näher eingehen.

4.3. Ein elementares Beispiel für die Torsion mit Wölbbehinderung

Wir betrachten die Torsion (M_T = konst.) eines Stabes mit I-Profil, der an einem Ende so eingespannt sei, daß dort die *Verwölbung des Querschnittes behindert* ist (vgl. Abb. 4.23). Wir erkennen bei der Betrachtung der auftretenden Formänderungen, daß infolge der Einspannung am linken Ende eine Verdrehung der Stabquerschnitte um die Stabachse stets zugleich mit einer Biegung des Ober- und des Untergurtes verknüpft ist (vgl. Abb. 4.24). Bei kleinen Form-

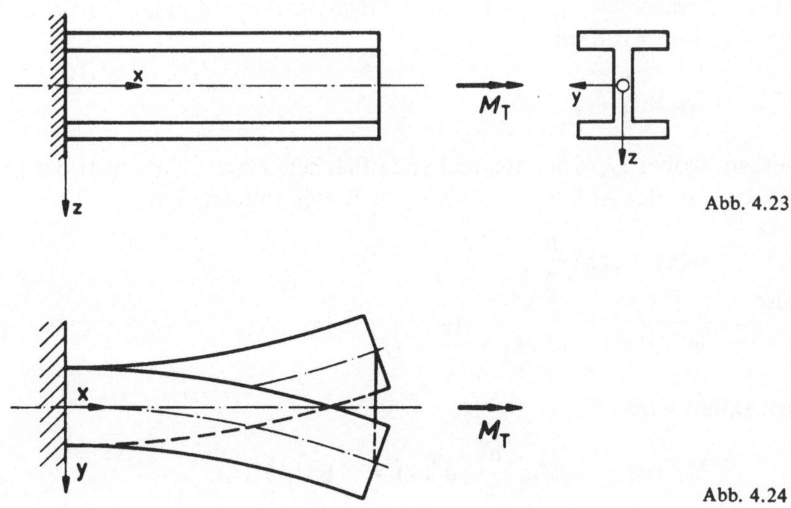

Abb. 4.23

Abb. 4.24

änderungen, wie wir sie hier stets voraussetzen, können wir die Torsion und die damit verbundene Biegung der Gurte (Flansche) getrennt betrachten und überlagern (superponieren). Dementsprechend teilen wir das Torsionsmoment M_T auf

a) in einen *reinen Torsions-Anteil* M_T^* (sog. *de St. Venant*scher Anteil) und
b) in einen *Anteil* M_T^{**} zur Überwindung der *Wölbbehinderung.*

Die Aufteilung ändert sich längs der Stabachse. Darum ist

$$M_T = M_T^*(x) + M_T^{**}(x).$$

Für den Torsions-Anteil M_T^* gilt

$$M_T^*(x) = GJ_T\,\vartheta(x)$$

mit

$$J_T = \beta\,\frac{1}{3}\sum_i \delta_i^3\,h_i$$

entsprechend Abschnitt 4.2.3.3. Bei der Ermittlung des Anteiles M_T^{**} gehen wir davon aus, daß wir die *Biegung des Ober- und des Untergurtes* jeweils als *ebenes Problem* (gerade Biegung) betrachten können. Zur Vereinfachung führen wir für beide Gurte neben der Laufrichtung x jeweils eine gestrichelte Zone so ein, daß das Vorzeichen für die in den Gurten wirkende Querkraft Q(x) in beiden Gurten übereinstimmt (z.B. gestrichelte Zone jeweils auf der Druckseite; vgl. die miteinander korrespondierenden Abb. 4.24 und 4.25). Wir erhalten dann zunächst

$$M_T^{**}(x) = Q(x)\,h = \underbrace{-\,EJ_G\,w'''(x)}_{Q(x)}\,h.$$

Hierin bezeichnet J_G das Flächen-Trägheitsmoment *eines* Gurtes in bezug auf die z-Achse. Wir können

$$J_G = \frac{1}{2}\,J_{zz}$$

setzen, wobei J_{zz} das entsprechende Flächen-Trägheitsmoment des ganzen Profils ist. Aus der Abb. 4.25 können wir ferner ablesen, daß

$$w(x) = \varphi(x)\,\frac{h}{2},$$

also

$$w'''(x) = \frac{h}{2}\,\varphi'''(x) = \frac{h}{2}\,\vartheta''(x)$$

ist. Damit wird

$$M_T^{**}(x) = -\,EJ_{zz}\,\frac{h^2}{4}\,\vartheta''(x) = -\,E\,C_T\,\vartheta''(x).$$

Die Größe

$$E\,C_T = E J_{zz}\,\frac{h^2}{4}$$

wird auch als *Wölbwiderstand* bezeichnet ($C_T\,[L^6]$). Aus der Überlagerung der beiden Anteile des Torsionsmomentes folgt sodann

$$\boxed{\begin{aligned} M_T &= M_T^*(x) + M_T^{**}(x) \\ &= GJ_T\,\vartheta(x) - EC_T\,\vartheta''(x). \end{aligned}}$$

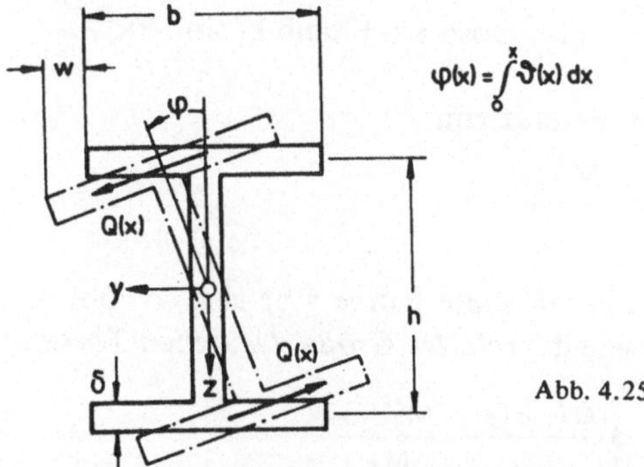

Abb. 4.25

Das ist eine inhomogene, lineare Differentialgleichung 2. Ordnung mit konstanten Koeffizienten. Die zugehörigen *Randbedingungen* sind in unserem Beispiel

$$x = 0: \quad w'(0) = \frac{h}{2}\,\vartheta(0) = 0 \qquad \rightarrow \quad \vartheta(0) = 0$$

$$x = l: \quad -EJ_G\,w''(l) = 0 \qquad \rightarrow \quad \vartheta'(l) = 0.$$

Die Lösung der Differentialgleichung erfolgt in bekannter Weise (vgl. z.B. Abschnitt 3.6):

allgemeine Lösung der homogenen Differentialgleichung

$$\bar{\vartheta}(x) = A_1 \sinh\,kx + A_2 \cosh\,kx$$

$$\text{mit} \quad k = \sqrt{\frac{GJ_T}{EC_T}},$$

spezielle Lösung der inhomogenen Gleichung

$$\tilde{\vartheta}(x) = \frac{M_T}{GJ_T} = \text{konst.},$$

vollständige Lösung

$$\vartheta(x) = \bar{\vartheta}(x) + \tilde{\vartheta}(x) = A_1 \sinh kx + A_2 \cosh kx + \frac{M_T}{GJ_T}\,.$$

Aus der Randbedingung $\vartheta(0) = 0$ folgt

$$A_2 = -\frac{M_T}{GJ_T}.$$

Die Randbedingung $\vartheta'(l) = 0$ führt zu

$$A_1 = -A_2 \tanh kl = \frac{M_T}{GJ_T} \tanh kl.$$

Damit erhalten wir schließlich als endgültige *Lösung*

$$\vartheta(x) = \frac{M_T}{GJ_T} \{1 - \cosh kx + \tanh kl \sinh kx\}.$$

In Abb. 4.26 ist der Verlauf von

$$\frac{GJ_T \vartheta(x)}{M_T} = \frac{M_T^*(x)}{M_T}$$

aufgetragen. Die eingezeichnete Kurve gibt also sowohl die auf M_T/GJ_T *bezogene Drillung* $\vartheta(x)$ wie die *relative Größe des reinen Torsionsanteiles* $M_T^*(x)/M_T$ an.

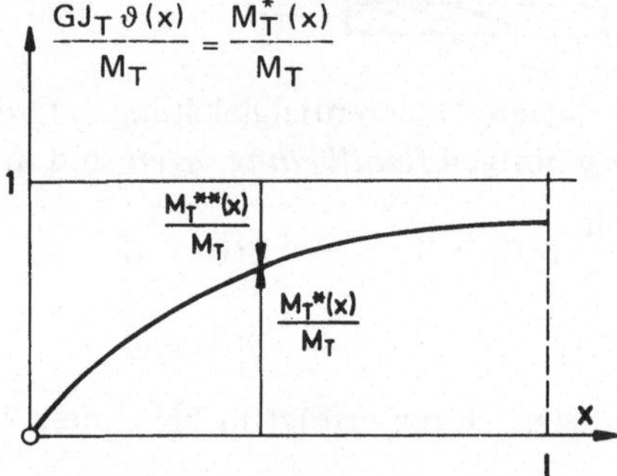

Abb. 4.26

Die in dem Querschnitt auftretenden Spannungen setzen sich zusammen aus

1. *Schubspannungen aus der reinen Torsion* mit dem Torsionsmoment

$$M_T^*(x) = GJ_T \vartheta(x).$$

2. *Normalspannungen aus Wölbbehinderung* (Gurtbiegung)

$$\sigma_{xx} = \sigma(x, y) = \frac{-EJ_G w''(x)}{J_G} y = -E \frac{h}{2} \vartheta'(x) y$$

(Vorzeichen gilt für Obergurt; im Untergurt kehrt sich Vorzeichen um)

3. *Schubspannungen aus Wölbbehinderung* (Gurtbiegung)

$$\tau(x, y) = \frac{Q(x) S(y)}{\delta J_G} = -\frac{3}{2} \frac{EJ_{zz}}{4A_G} h\vartheta''(x) \left\{1 - \left(\frac{2y}{b}\right)^2\right\}.$$

(Der Index G bezieht sich jeweils auf die zu *einem* Gurt gehörenden Größen. Die positive Richtung der Schubspannungen stimmt jeweils mit der Richtung von Q in Abbildung 4.25 überein)

Erzwingen wir bei Wölbbehinderung durch eine entsprechende Lagerung eine andere Lage der Drillachse, so ergibt sich ein anderes Bild für die Formänderungen des Stabes. Liegt beispielsweise die Drillachse dort, wo Steg und Untergurt zusammenstoßen, so erfährt der Untergurt bei einer Querschnittsverdrehung um die (erzwungene) Drillachse keine Biegung; hingegen sind jetzt der Steg und besonders der Obergurt von der Biegung betroffen. Die für diese Biegung erforderlichen Querkräfte ergeben in diesem Falle nicht mehr ein Kräftepaar, das wir als einen Anteil des aufgebrachten Torsionsmomentes M_T betrachten können ($M_T^{**}(x)$ in unserem Beispiel); wir benötigen jetzt zusätzliche Kräfte, um die außermittige Lage der Drillachse zu erzwingen. Eine kräftefreie Torsion ist also bei dem betrachteten (doppelt symmetrischen) I-Profil nur möglich, wenn die Torsion um die Stabachse erfolgen kann (*freie Drillachse*).
Nur in besonderen Fällen, wie z.B. bei doppelt symmetrischen Profilen, fällt die freie Drillachse mit der Stabachse zusammen. Wir können uns beispielsweise durch ähnliche Überlegungen, wie wir sie zuvor angestellt haben, leicht klar machen, daß schon beim [-Profil die freie Drillachse nicht mehr mit der Stabachse zusammenfallen kann.
Wie wir in diesem Falle und für andere Profile die freie Drillachse bzw. den sog. *Drill-Ruhepunkt*, d.h. den Durchstoßpunkt der freien Drillachse durch die Querschnittsebene, ermitteln können, werden wir später untersuchen. Wir wollen im folgenden Abschnitt zunächst eine andere Frage aufwerfen, nämlich: *In welchem Punkt muß bei einem Stab mit dünnwandigem offenen Profil eine Querkraft angreifen, wenn die durch diese Kraft verursachte Biegung torsionsfrei bleiben soll?* Wir werden bei der allgemeinen Untersuchung dieses Problems für offene und geschlossene Profile finden, daß diese Frage in einem unmittelbaren Zusammenhang mit der Frage nach dem Drill-Ruhepunkt, d.h. nach der freien Lage der Drillachse bei einer wölbbehinderten Torsion steht. Diese Untersuchungen wollen wir in Abschnitt 4.5 führen.

4.4. Der Schubmittelpunkt bei dünnwandigen, offenen Querschnitten

Wir betrachten die Biegung mit Normal- und Querkraft bei einem Stab mit dünnwandigem, offenem Querschnitt unter folgenden Voraussetzungen (vgl allgemeine Voraussetzungen in Abschnitt 4.1):

1. linear-elastischer Körper,
2. homogener isotroper Werkstoff,
3. gerade Stabachse,

4. a) unveränderlicher, dünnwandiger, offener Querschnitt,
   b) y- und z-Achse sind Hauptachsen,
5. Schnittgrößen: $N = \text{konst.}$ $M_T = 0$
   $Q_y = \text{konst.}$ $Q_z = \text{konst.}$
   $M_y = M_y(x)$ $M_z = M_z(x)$,
6. Temperatur: $T = T_0$.

Die bisher für solche Biegeprobleme getroffene Voraussetzung, daß die Querschnitte symmetrisch zur Biegeebene (bei schiefer Biegung also doppelt-symmetrisch) sein müssen, lassen wir jetzt fallen.
Wir halten jedoch an der *Annahme* fest, daß für die Verteilung der Normalspannungen im Querschnitt weiterhin

(a) $$\sigma_{xx} = \sigma(x, \zeta) = \frac{N}{A} + \frac{M_y(x)}{J_{yy}} z(\zeta) - \frac{M_z(x)}{J_{zz}} y(\zeta)$$

gelte (vgl. Band I, Abschnitt 12.5.2 bzw. Abschnitt 3.1 dieses Bandes). Daraus leiten wir unter den zusätzlichen *Annahmen*

(b) $\sigma_{x\zeta} = \tau(\zeta)$

$\sigma_{x\eta} = 0$ (vgl. Band I, 12.5.2)

und

(c) Querschnitte bleiben bei der Biegung unverdreht

für die *Verteilung der Schubspannungen* in bekannter Weise ab (vgl. Abb. 4.27):

$$\sigma_{x\zeta} = \tau(\zeta) = \frac{Q_z\, S_y(\zeta)}{J_{yy}\, \delta(\zeta)} + \frac{Q_y\, S_z(\zeta)}{J_{zz}\, \delta(\zeta)}$$

$$\text{mit } S_y(\zeta) = \int_\zeta^L z(\zeta) \underbrace{\delta(\zeta)\, d\zeta}_{dA}$$

$$S_z(\zeta) = \int_\zeta^L y(\zeta) \underbrace{\delta(\zeta)\, d\zeta}_{dA}.$$

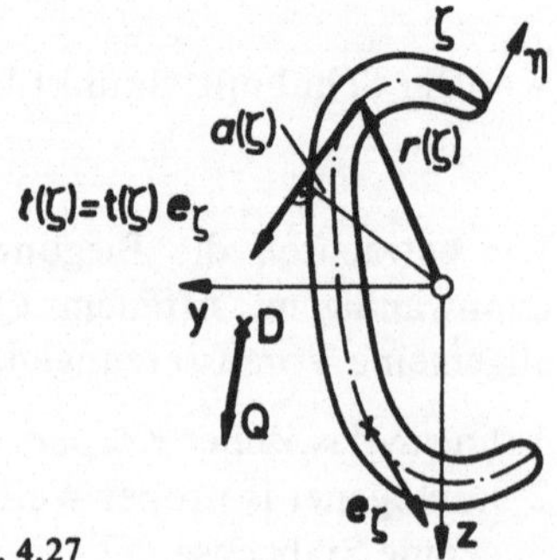

Abb. 4.27

Führen wir statt der Schubspannungen den *Schubfluß* $t(\zeta)$ ein, so gilt für diesen unter den Annahmen (a) bis (c)

$$\boxed{t(\zeta) = \tau(\zeta)\,\delta(\zeta) = Q_z \frac{S_y(\zeta)}{J_{yy}} + Q_y \frac{S_z(\zeta)}{J_{zz}}\,.}$$

Wir können formal zeigen, daß die unter unseren Voraussetzungen und Annahmen errechnete Schubspannungsverteilung tatsächlich eine resultierende Querkraft mit den Komponenten Q_y und Q_z liefert, d.h. daß

$$\int_0^L \mathbf{t}(\zeta)\,d\zeta = \mathbf{Q} = Q_y \mathbf{e}_y + Q_z \mathbf{e}_z$$

$$\text{mit } \mathbf{t}(\zeta) = t(\zeta)\,\mathbf{e}_\zeta = \tau(\zeta)\,\delta(\zeta)\,\mathbf{e}_\zeta$$

ergibt. Wir brauchen dazu nur das obige Ergebnis für $t(\zeta)$ einzusetzen und die Integrale auszuwerten. Die dazu notwendigen Einzelschritte übergehen wir hier. Offen ist jedoch noch die Frage, welchen Angriffspunkt wir der resultierenden Querkraft zuzuordnen haben. Wir finden diesen Punkt D, indem wir das Moment der resultierenden Querkraft in bezug auf die x-Achse (oder eine andere dazu parallele Achse) mit dem resultierenden Moment der Schubspannungen (bzw. des Schubflusses) in bezug auf die gleiche Achse vergleichen, da ja diese beiden Momente äquivalent sein müssen (vgl. Abb. 4.27):

$$M_x = Q_z y_D - Q_y z_D = \int_0^L a(\zeta)\,t(\zeta)\,d\zeta.$$

Für feste Werte von Q_y, Q_z erhalten wir als Lösung für y_D, z_D die Gleichung einer Geraden. Sie gibt an, welche Wirkungslinie die Querkraft haben muß, wenn die von uns errechnete, zu einer torsionsfreien Biegung gehörende Schubspannungsverteilung gültig sein soll. Fassen wir beliebige Zahlenwerte von Q_y und Q_z ins Auge, so zerfällt die obige Gleichung in zwei voneinander unabhängige Gleichungen für y_D und z_D. Sie definiert dann einen Punkt, den sog. *Schubmittelpunkt*. Seine Bedeutung halten wir fest in

---

Satz 4.13: Die Wirkungslinie der resultierenden Querkraft (Q_y, Q_z) muß jeweils durch den *Schubmittelpunkt* D gehen, wenn die von der Querkraft verursachte Biegung torsionsfrei bleiben soll.

Für die Ermittlung des Schubmittelpunktes gilt der aus der Äquivalenzbedingung für die Momente unmittelbar ableitbare

Satz 4.14: Der *Schubmittelpunkt* eines dünnwandigen, offenen Querschnittes ist bestimmt durch die Beziehungen

$$y_D = \frac{1}{J_{yy}} \int_0^L a(\zeta)\, S_y(\zeta)\, d\zeta$$

$$z_D = -\frac{1}{J_{zz}} \int_0^L a(\zeta)\, S_z(\zeta)\, d\zeta .$$

Anmerkung:

Wir finden dieses Ergebnis auch, wenn wir *nacheinander* die gerade Biegung in der xz- und in der xy-Ebene betrachten und jeweils untersuchen, welche Wirkungslinie Q_z bzw. Q_y haben muß, damit die Biegung torsionsfrei bleibt. Der Schubmittelpunkt ist dann der Schnittpunkt dieser beiden zur y- bzw. zur z-Achse parallelen Wirkungslinien.

Greift die Querkraft nicht im Schubmittelpunkt an, so entsteht gleichzeitig eine Torsionsbeanspruchung. Das entsprechende Torsionsmoment M_T finden wir, indem wir die gegebene Querkraft Q ersetzen durch ein äquivalentes Kräftesystem, bestehend aus einer parallel verschobenen Querkraft $\hat{Q}^* = Q$, deren Wirkungslinie durch den Schubmittelpunkt D geht, und aus einem Torsionsmoment M_T, das dem Versetzungsmoment entspricht (vgl. Abb. 4.28). Die Schubbeanspruchung setzt sich dementsprechend zusammen aus den Schubspannungen, die zur Querkraft $\hat{Q}^*$ gehören, und aus den Schubspannungen, die das Torsionsmoment M_T hervorruft (vgl. Abschnitt 4.2.3.3).

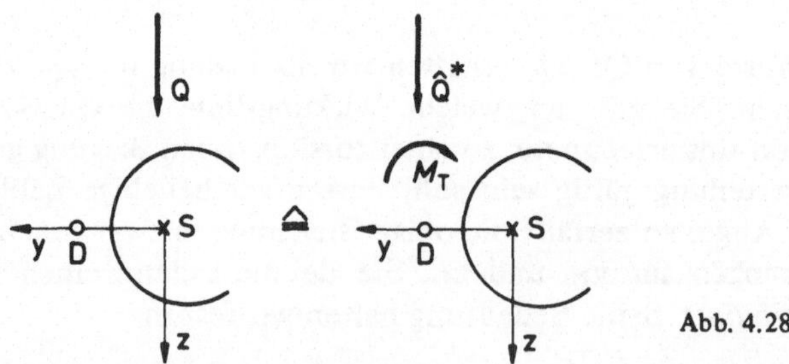

Abb. 4.28

Als Beispiel betrachten wir ein ⊏-Profil konstanter Dicke δ (vgl. Abb. 4.29). Da der Querschnitt symmetrisch zur y-Achse ist, muß der Schubmittelpunkt auf dieser Achse liegen. Wir brauchen deshalb nur noch eine Biegung in der xz-Ebene zu betrachten, für die wir $Q_z = Q$, $J_{yy} = J$, $S_y(\zeta) = S(\zeta)$ setzen. Zur Vereinfachung der Rechnung wählen wir als Momenten-Bezugspunkt hier den Schnittpunkt der y-Achse mit der Mittellinie des Steges, d.h. wir ersetzen y durch $\bar{y} = y - e$.

Diese Wahl hat den Vorzug, daß dann die Schubspannungen des Steges keinen Beitrag zum resultierenden Moment liefern und wir nur noch die Flansche zu betrachten haben.

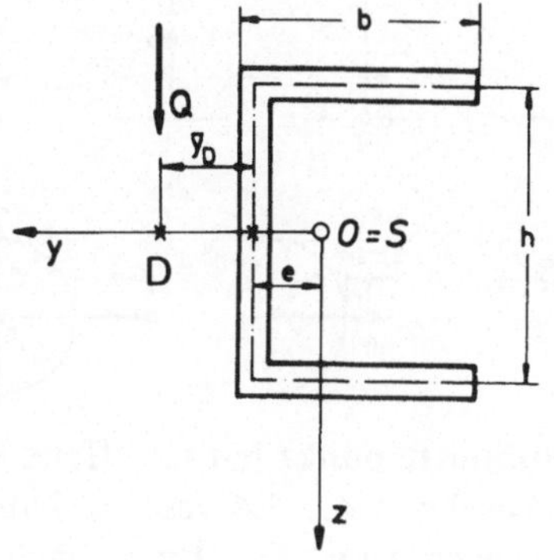

Abb. 4.29

Es ist (mit L = 2b + h)

im oberen Flansch: $a(\zeta) = \frac{h}{2}$
$(0 \leqslant \zeta \leqslant b)$

$$S(\zeta) = \frac{h}{2}\,\delta\zeta\,,$$

im unteren Flansch: $a(\zeta) = \frac{h}{2}$
$(L - b \leqslant \zeta \leqslant L)$

$$S(\zeta) = \frac{h}{2}\,\delta(L - \zeta).$$

Ferner ist

$$J \approx 2b\delta\,\frac{h^2}{4} + \delta\,\frac{h^3}{12} = \frac{\delta h^3}{12}\left\{1 + \frac{6b}{h}\right\}.$$

Da der untere Flansch den gleichen Beitrag zum Moment ergibt, wie aus den obigen Werten abzulesen ist, wird

$$\bar{y}_D = \frac{1}{J}\int_0^L a(\zeta)\,S(\zeta)\,d\zeta$$

$$= 2\,\frac{1}{J}\int_0^b a(\zeta)\,S(\zeta) = \frac{2}{J}\int_0^b \frac{h^2}{4}\,\delta\zeta\,d\zeta$$

$$= \frac{b}{2}\,\frac{1}{1 + \frac{1}{6}\frac{h}{b}}\,,\ \text{d.h. } 0 < y_D < \frac{b}{2}\,.$$

Für einige weitere Profile zeigt die Abb. 4.30 (teils nur qualitativ) die Lage des Schubmittelpunktes.

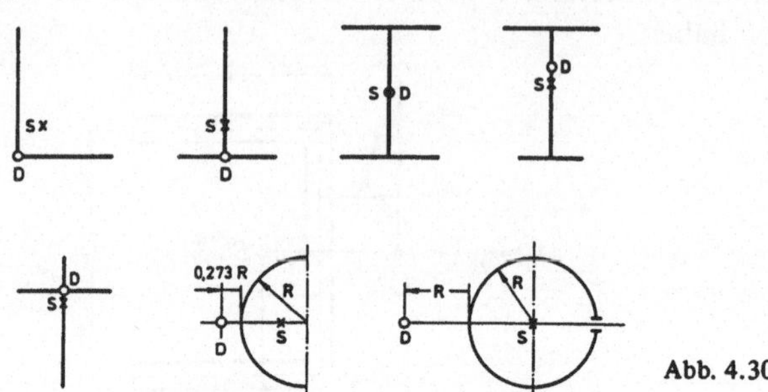

Abb. 4.30

Die Frage nach dem Schubmittelpunkt hat für offene Profile besondere Bedeutung, weil – wie wir in Abschnitt 4.2.3.4 gesehen haben – Stäbe mit offenem Profil besonders torsionsweich sind. Die Frage nach dem Schubmittelpunkt stellt sich aber auch bei Vollquerschnitten und bei dünnwandigen geschlossenen Querschnitten. Die allgemeine Untersuchung dieses Problems zeigt, daß der *Schubmittelpunkt* identisch mit dem *Drill-Ruhepunkt* ist, um den sich die Querschnitte bei der *Torsion mit Wölbbehinderung* verdrehen, sofern nicht durch Querkräfte eine andere Lage der Drillachse erzwungen wird. Für dünnwandige Querschnitte wollen wir diese allgemeine Untersuchung im folgenden Abschnitt vornehmen.

4.5. Allgemeine Näherungstheorie der Torsion mit Wölbbehinderung und der Ermittlung des Schubmittelpunktes bei dünnwandigen Querschnitten

Wir haben in Abschnitt 4.3 ein elementares Beispiel für die Torsion eines Stabes mit dünnwandigem offenen Profil bei Wölbbehinderung betrachtet. Ferner haben wir in Abschnitt 4.4 für Stäbe mit dünnwandigem offenen Querschnitt untersucht, durch welchen Punkt des Querschnittes jeweils die Wirkungslinie der Querkraft gehen muß, damit die Biegung torsionsfrei bleibt. Diese Betrachtungen wollen wir nun verallgemeinern und dabei auch dünnwandige, geschlossene Profile in unsere Überlegungen einbeziehen.

Wir gehen vom *Torsionsproblem* aus und machen dabei die gleichen *allgemeinen Voraussetzungen*, die wir in Abschnitt 4.1 formuliert haben, wollen uns aber auf *dünnwandige Profile* beschränken. Die für die Torsion ohne Wölbbehinderung mit konstantem Torsionsmoment M_T (und darum auch konstanter Drillung ϑ) geltenden Aussagen über die Verschiebungen (vgl. Satz 4.1)

$$u_y = -\vartheta x z \qquad \text{bzw.} \qquad u_\varphi = \vartheta x r$$

$$u_z = \vartheta x y \qquad\qquad\qquad u_\zeta = \vartheta x\, a(\zeta)$$

$$u_x = \vartheta \psi(y, z)$$

übernehmen wir nun – mit der notwendigen Modifikation – als *Annahme* (a) (vgl. Abb. 4.31)

$$\frac{\partial u_y}{\partial x} = -\,\vartheta(x)\,z(\zeta) \qquad \text{bzw.} \qquad \frac{\partial u_\varphi}{\partial x} = \vartheta(x)\,r(\zeta)$$

$$\frac{\partial u_z}{\partial x} = \vartheta(x)\,y(\zeta) \qquad\qquad \frac{\partial u_\zeta}{\partial x} = \vartheta(x)\,a(\zeta)$$

$$\frac{\partial u_x}{\partial x} = \frac{d\vartheta(x)}{dx}\,\psi_D(\zeta) = \vartheta'(x)\,\psi_D(\zeta),$$

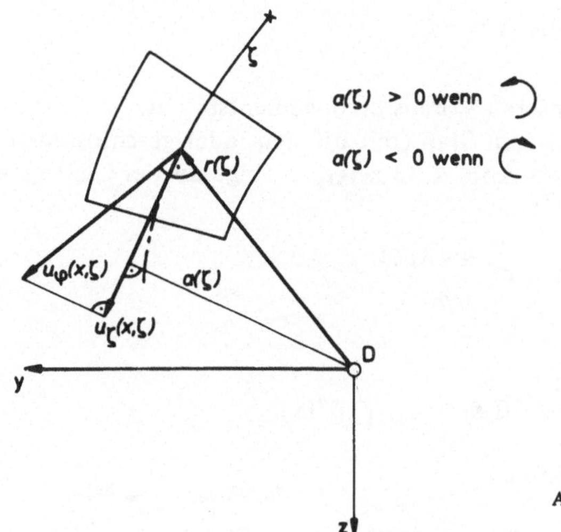

Abb. 4.31

wobei $\psi_D(y, z)$ die ***Wölbfunktion*** für eine *Torsion ohne Wölbbehinderung* um die *freie Drillachse* (*Drill-Ruhepunkt* D) ist, deren freie Konstante $\psi_D(0)$ so bestimmt sein soll, daß

für *offene Profile* $\int_0^L \psi_D(\zeta)\,\delta(\zeta)\,d\zeta = 0$

für *geschlossene Profile* $\oint \psi_D(\zeta)\,\delta(\zeta)\,d\zeta = 0,$

d.h. *allgemein* $\int_A \psi_D(\zeta)\,dA = 0$

wird. Hierzu kommt die für *dünnwandige Querschnitte* übliche

Annahme (b) $\qquad \sigma_{x\eta} = 0.$

Ferner nehmen wir, wie für Stäbe allgemein üblich, an:

$$\sigma_{yy} = \sigma_{zz} = \sigma_{yz} = \sigma_{\eta\zeta} = 0.$$

Für die durch Wölbbehinderung hervorgerufenen Normalspannungen gilt mithin

$$\sigma_{xx} = \sigma(x, \zeta) = E \frac{\partial u_x}{\partial x} = E\vartheta'(x)\, \psi_D(\zeta).$$

Unsere in der Annahme (a) enthaltene Forderung, daß

$$\int_A \psi_D(\zeta)\, dA = 0$$

sein solle, ist deshalb gleichbedeutend mit der Forderung, daß

$$\int_A \sigma(x, \zeta)\, dA = N = 0$$

sein soll, wie es unseren Voraussetzungen entspricht.
Schneiden wir aus dem Stab (mit offenem oder geschlossenem Profil) ein Element heraus, wie es Abb. 4.32 zeigt, so folgt aus der Gleichgewichtsbedingung in x-Richtung

$$\frac{\partial t(x, \zeta)}{\partial \zeta} + \delta(\zeta) \frac{\partial \sigma(x, \zeta)}{\partial x} = 0$$

bzw. $$\frac{\partial t(x, \zeta)}{\partial \zeta} = - E\, \delta(\zeta)\, \psi_D(\zeta)\, \vartheta''(x).$$

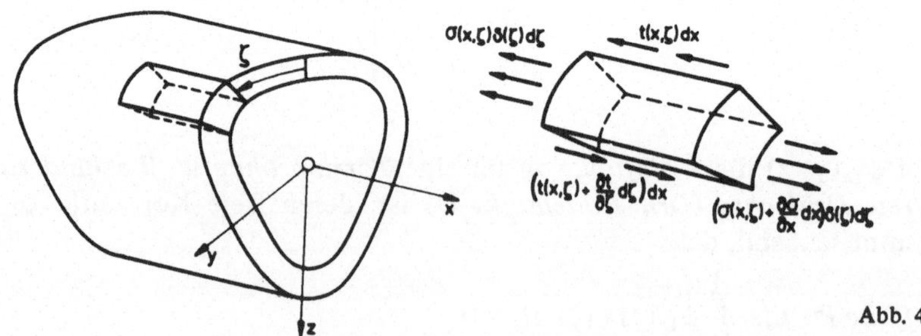

Abb. 4.32

Die vorstehenden Betrachtungen gelten noch allgemein für offene und für geschlossene Querschnitte. Die weiteren Untersuchungen müssen wir jedoch getrennt durchführen.
Wir wenden uns zunächst den *offenen Querschnitten* zu. Wie bei dem elementaren Beispiel des Abschnittes 4.3 teilen wir das Torsionsmoment M_T auf in

a) einen Anteil M_T^* der reinen Torsion mit dem zugehörigen Schubfluß $t^* = 0$ und

b) einen Anteil M_T^{**} zur Überwindung der Wölbbehinderung mit dem zugehörigen Schubfluß $t^{**} = t(x, \zeta)$.

Für den Anteil $M_T^*(x)$ gilt (vgl. Abschnitte 4.3 und 4.2.3.3)

$$M_T^*(x) = GJ_T\,\vartheta(x)$$

$$\text{mit } J_T = \beta\,\frac{1}{3}\sum_i \delta_i^3 h_i = \beta\,\frac{1}{3}\int_0^L \delta^3(\zeta)\,d\zeta.$$

Für den Anteil $M_T^{**}(x)$ erhalten wir

$$M_T^{**}(x) = \int_0^L a_D(\zeta)\,t(x,\zeta)\,d\zeta.$$

wobei der Hebelarm $a_D(\zeta)$ vom Drill-Ruhepunkt D aus zu messen ist. Zwischen der zur Torsion um D gehörenden Wölbfunktion $\psi_D(\zeta)$ und dem Hebelarm $a_D(\zeta)$ besteht bei offenen Profilen (vgl. Abschnitt 4.2.3.3) die Beziehung

$$\psi_D(\zeta) = \psi_D(0) - \int_0^\zeta a_D(\zeta)\,d\zeta$$

bzw.

$$a_D(\zeta) = -\,\frac{d\psi_D(\zeta)}{d\zeta}.$$

Deshalb können wir für $M_T^{**}(x)$ auch schreiben

$$M_T^{**}(x) = -\int_0^L \frac{d\psi_D(\zeta)}{d\zeta}\,t(x,\zeta)\,d\zeta.$$

Daraus folgt durch partielle Integration

$$M_T^{**}(x) = -\,[\psi_D(\zeta)\,t(x,\zeta)]_0^L + \int_0^L \psi_D(\zeta)\,\frac{\partial t}{\partial \zeta}\,d\zeta.$$

Der erste Ausdruck verschwindet, weil für $\zeta = 0$ und $\zeta = L$ jeweils $t(x, \zeta)$ verschwinden muß entsprechend der Gleichheit der einander zugeordneten Schubspannungen. Für den zweiten Ausdruck erhalten wir nach Einsetzen dessen, was wir vorstehend aus Gleichgewichtsbetrachtungen für $\frac{\partial t}{\partial \zeta}$ gefunden haben,

$$M_T^{**}(x) = \int_0^L \psi_D(\zeta)\,\frac{\partial t(x,\zeta)}{\partial \zeta}\,d\zeta = -\,E\vartheta''(x)\int_0^L \psi_D^2(\zeta)\,\underbrace{\delta(\zeta)d\zeta}_{dA}.$$

Zusammenfassend ergibt sich also

Satz 4.15: *Torsion eines prismatischen Stabes mit dünnwandigem offenen Querschnitt bei Wölbbehinderung:*

$$M_T = M_T^*(x) + M_T^{**}(x)$$

$$= GJ_T\,\vartheta(x) - EC_T\,\vartheta''(x)$$

mit

$$J_T = \beta\,\frac{1}{3}\int_0^L \delta^3(\zeta)\,d\zeta$$

und

$$C_T = \int_0^L \psi_D^2(\zeta)\,\delta(\zeta)\,d\zeta.$$

Aus dem vorstehenden Gleichungssystem ist unter Beachtung der zugehörigen Randbedingungen $\vartheta(x)$ zu bestimmen. Die Wölbfunktion $\psi_D(\zeta)$ können wir dabei als bekannt voraussetzen. Sie ist durch

$$\psi_D(\zeta) = \psi_D(0) - \int_0^\zeta a_D(\zeta)\,d\zeta$$

und

$$\int_0^L \psi_D(\zeta)\,\delta(\zeta)\,d\zeta = 0$$

bestimmt. Damit können wir auch die zugehörigen Spannungen ermitteln. Dies sind

a) die Schubspannungen aus der reinen Torsion mit dem Torsionsmoment

$$M_T^*(x) = GJ_T\,\vartheta(x),$$

b) die Schubspannungen aus der Wölbbehinderung, die aus der für den Schubfluß geltenden Beziehung

$$\frac{\partial t(x,\zeta)}{\partial \zeta} = -E\,\delta(\zeta)\,\psi_D(\zeta)\,\vartheta''(x)$$

bzw.

$$t(x,\zeta) = t(x,0) - E\vartheta''(x)\int_0^\zeta \psi_D(\zeta)\,\delta(\zeta)\,d\zeta$$

zu ermitteln sind, wobei für offene Querschnitte $t(x, 0) = 0$ zu setzen ist.

c) die Normalspannungen aus der Wölbbehinderung, für die $\sigma(x,\zeta) = E\vartheta'(x)\,\psi_D(\zeta)$ gilt.

Für *geschlossene Querschnitte* können wir den Schubfluß t ebenfalls aufteilen in

a) einen Schubfluß t^* = konst., der der Torsion ohne Wölbbehinderung entspricht und
b) einen Schubfluß $t^{**}(x, \zeta)$, der auf die Wölbbehinderung zurückgeht, so daß

$$t(x, \zeta) = t^* + t^{**}(x, \zeta)$$

ist.

Eine solche explizite Aufteilung ist jedoch für die folgenden Betrachtungen nicht erforderlich.
Das resultierende Torsionsmoment ist

$$M_T = \oint a_D(\zeta)\, t(x, \zeta)\, d\zeta.$$

In Abschnitt 4.2.3.2 haben wir für die Wölbfunktion bei dünnwandigen geschlossenen Querschnitten die folgende Beziehung abgeleitet, die für beliebige Lage der Drillachse, also auch für die Torsion um den Drill-Ruhepunkt D gilt:

$$\psi_D(\zeta) = \psi_D(0) + 2A_m \frac{\int_0^{\zeta} \frac{d\zeta}{\delta(\zeta)}}{\oint \frac{d\zeta}{\delta(\zeta)}} - \int_0^{\zeta} a_D(\zeta)\, d\zeta.$$

Daraus folgt durch Differentiation nach ζ

$$a_D(\zeta) = -\frac{d\psi_D(\zeta)}{d\zeta} + \frac{2A_m}{\delta(\zeta) \oint \frac{d\zeta}{\delta(\zeta)}}.$$

Setzen wir das in die obige Beziehung für M_T ein, so folgt zunächst

$$M_T = -\oint \frac{d\psi_D(\zeta)}{d\zeta} \cdot t(x, \zeta)\, d\zeta + \frac{2A_m}{\oint \frac{d\zeta}{\delta(\zeta)}} \oint \frac{t(x, \zeta)}{\delta(\zeta)}\, d\zeta.$$

Für das erste Integral finden wir in gleicher Weise wie bei offenen Querschnitten durch partielle Integration

$$-\oint \frac{d\psi_D(\zeta)}{d\zeta}\, t(x, \zeta)\, d\zeta = -E\vartheta''(x) \oint \psi_D(\zeta)\, \delta(\zeta)\, d\zeta.$$

Das zweite Integral ergibt, wenn wir beachten, daß

$$\frac{t(x, \zeta)}{\delta(\zeta)} = \tau(x, \zeta) = 2G\epsilon_{x\zeta} = 2G\,\frac{1}{2}\left\{\frac{\partial u_\zeta}{\partial x} + \frac{\partial u_x}{\partial \zeta}\right\}$$

ist (vgl. Abschnitt 4.2.3.2)

$$\oint \frac{t(x,\zeta)}{\delta(\zeta)}\, d\zeta = G\left\{\vartheta(x)\oint a_D(\zeta)\, d\zeta + \underbrace{\oint \frac{\partial u_x}{\partial \zeta}\, d\zeta}_{0}\right\}$$

$$= G\vartheta(x)\, 2A_m\,.$$

Wir erhalten also nach Einsetzen als Ergebnis

Satz 4.16: *Torsion eines prismatischen Stabes mit dünnwandigem geschlossenem Querschnitt bei Wölbbehinderung:*

$$M_T = M_T^*(x) + M_T^{**}(x)$$
$$= GJ_T\,\vartheta(x) - EC_T\,\vartheta''(x)$$

mit

$$J_T = \frac{4\,A_m^2}{\oint \frac{d\zeta}{\delta(\zeta)}}$$

und

$$C_T = \oint \psi_D^2(\zeta)\,\delta(\zeta)\,d\zeta.$$

Der Ausdruck für J_T ist identisch mit dem Ausdruck, den wir für J_T bei der Torsion von Stäben mit geschlossenem Querschnitt ohne Wölbbehinderung erhalten. Ferner ist der Ausdruck für C_T bei geschlossenen und offenen Querschnitten formal gleich. Das Endergebnis stimmt also für offene und geschlossene Querschnitte formal überein, wobei freilich die unterschiedlichen Beziehungen für J_T und für $\psi_D(\zeta)$ zu beachten sind.
Auch die Ermittlung der zugehörigen Spannungen verläuft bei geschlossenen Querschnitten formal im wesentlichen analog zu dem Vorgehen bei offenen Querschnitten. Zu beachten ist lediglich, daß wir bei der Ermittlung der Schubspannungen aus der Wölbbehinderung die Integrationskonstante t(x, 0) für den Schubfluß nicht gleich Null setzen können. Diese Integrationskonstante ist vielmehr aus der Bedingung

$$\oint \frac{t(x,\zeta)}{\delta(\zeta)}\, d\zeta = G\vartheta(x)\, 2A_m$$

zu bestimmen.
Offen ist noch die Frage, wie wir die Lage des Drill-Ruhepunktes D finden. Dazu überlegen wir folgendes: Bei einer Torsion um die *freie Drillachse* muß nicht nur

$$N = \int_A \sigma_{xx}\,dA = E\vartheta'(x) \int_A \psi_D(\zeta)\,dA = 0,$$

sondern auch

$$M_y = \int_A \bar{z}\,\sigma\,dA = E\vartheta'(x) \int_A \bar{z}(\zeta)\,\psi_D(\zeta)\,dA = 0$$

und

$$M_z = -\int_A \bar{y}\,\sigma\,dA = -E\vartheta'(x) \int_A \bar{y}(\zeta)\,\psi_D(\zeta)\,dA = 0$$

sein, wobei $\bar{y}(\zeta)$ und $\bar{z}(\zeta)$ vom *Drill-Ruhepunkt* aus zu zählen sind (vgl. Abb. 4.33). Die erste Forderung (N = 0) haben wir bereits dadurch befriedigt, daß wir $\psi_D(0)$ entsprechend festgesetzt haben. Es bleiben also nur noch die beiden Forderungen

$$\int_A \bar{z}(\zeta)\,\psi_D(\zeta)\,dA = 0$$

$$\int_A \bar{y}(\zeta)\,\psi_D(\zeta)\,dA = 0$$

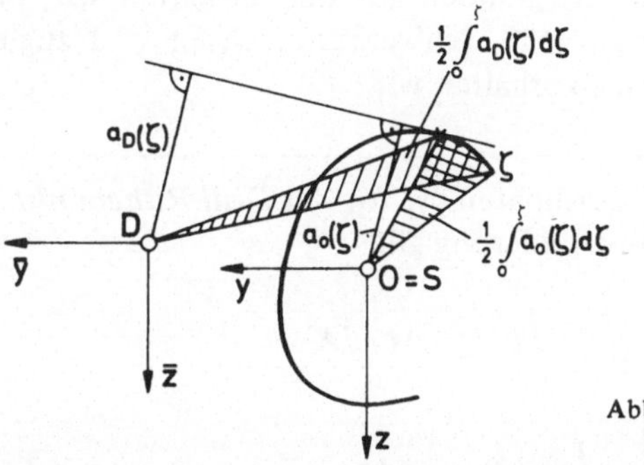

Abb. 4.33

zu erfüllen. Aus ihnen ergibt sich die Lage des Drill-Ruhepunktes, die wir in einem Schwerpunktsystem mit y- und z-Achse als Hauptachsen durch Angabe der Koordinaten y_D, z_D beschreiben können.

Im folgenden beschränken wir uns vorerst wiederum auf offene Querschnitte. Für sie gilt bei Torsion um den Drill-Ruhepunkt

$$\psi_D(\zeta) = \psi_D(0) - \int_0^\zeta a_D(\zeta)\,d\zeta$$

bzw. bei Torsion um die Stabachse (0 = S)

$$\psi_0(\zeta) = \psi_0(0) - \int_0^\zeta a_0(\zeta)\,d\zeta).$$

Dabei wollen wir uns $\psi_0(0)$ in Analogie zu der Forderung für $\psi_D(0)$ so festgesetzt denken, daß

$$\int_A \psi_0(\zeta)\, dA = 0$$

werde. Unter dieser Voraussetzung läßt sich aus rein geometrischen Betrachtungen ableiten, daß

$$\psi_D(\zeta) = \psi_0(\zeta) + y_D\, z(\zeta) - z_D\, y(\zeta)$$

ist. Die Bedingungen für das Verschwinden von M_y und M_z führen deshalb auf folgende Bestimmungsgleichungen für y_D und z_D

$$\int_A \bar{z}(\zeta)\, \psi_D(\zeta)\, dA = \int_A [z(\zeta) - z_D]\, \{\psi_0(\zeta) + y_D\, z(\zeta) - z_D\, y(\zeta)\}\, dA = 0$$

$$\int_A \bar{y}(\zeta)\, \psi_D(\zeta)\, dA = \int_A [y(\zeta) - y_D]\, \{\psi_0(\zeta) + y_D\, z(\zeta) - z_D\, y(\zeta)\}\, dA = 0$$

Multiplizieren wir die Integranden aus und beachten wir, daß die y- und die z-Achse voraussetzungsgemäß Schwerpunktachsen und zugleich Hauptachsen des Querschnittes sind, so erhalten wir

---

Satz 4.17: Für die Koordinaten y_D, z_D des *Drill-Ruhepunktes* D einer Torsion mit Wölbbehinderung gilt

$$y_D = -\frac{1}{J_{yy}} \int_A \psi_0(\zeta)\, z(\zeta)\, dA$$

$$z_D = \frac{1}{J_{zz}} \int_A \psi_0(\zeta)\, y(\zeta)\, dA,$$

wobei $\psi_0(\zeta)$ die Wölbfunktion für eine unbehinderte Torsion um die Stabachse ist, deren freie Konstante $\psi_0(0)$ so festgesetzt ist, daß

$$\int_A \psi_0(\zeta)\, dA = 0$$

wird.

Der vorstehende Satz gilt sowohl für offene, wie für geschlossene Querschnitte, wie sich allgemein zeigen läßt. Ferner gilt allgemein

Satz 4.18: Der Drill-Ruhepunkt einer Torsion mit Wölbbehinderung (ohne Biegung) ist identisch mit dem Schubmittelpunkt, durch den jeweils die Wirkungslinie der Querkraft gehen muß, wenn die Biegung torsionsfrei sein soll.

Den Beweis dafür erhalten wir durch eine formale Umformung der Integrale, die den Drill-Ruhepunkt D bestimmen, mittels partieller Integration. Für offene Querschnitte erhalten wir z.B. mit

$$S_y(\zeta) = \int_{\zeta}^{L} z(\zeta)\,\delta(\zeta)\,d\zeta = -\int_{0}^{\zeta} z(\zeta)\,\delta(\zeta)\,d\zeta$$

durch partielle Integration zunächst

$$\int_0^L \psi_0(\zeta)\,z(\zeta)\,\delta(\zeta)\,d\zeta = -\underbrace{[\psi_0(\zeta)\,S_y(\zeta)]_0^L}_{0} + \int_0^L \frac{d\psi_0(\zeta)}{d\zeta}\,S_y(\zeta)\,d\zeta.$$

Nun ist für offene Querschnitte

$$\frac{d\psi_0(\zeta)}{d\zeta} = -\,a_0(\zeta).$$

Deshalb wird

$$\begin{aligned} y_D &= -\frac{1}{J_{yy}}\int_0^L \psi_0(\zeta)\,z(\zeta)\,\delta(\zeta)\,d\zeta \\ &= +\frac{1}{J_{yy}}\int_0^L a_0(\zeta)\,S_y(\zeta)\,d\zeta. \end{aligned}$$

Das aber ist gerade der Ausdruck, den wir in Satz 4.14 für die Koordinate y_D des Schubmittelpunktes erhalten haben. Analog verläuft der Beweis für z_D bei offenen Querschnitten sowie für die Koordinaten y_D, z_D bei geschlossenen Querschnitten.

Anmerkung:

Einen wesentlich einfacheren Beweis für Satz 4.18 erhalten wir mit Hilfe von Energiebetrachtungen (vgl. Abschnitt 6.2.1).

Fragen:

1. Wie ist bei der Torsion prismatischer Stäbe ohne Wölbbehinderung der Verschiebungszustand allgemein zu charakterisieren?
2. Wie ist die Wölbfunktion definiert?

3. Welche beiden Lösungswege können wir bei der Torsion prismatischer Stäbe mit Vollquerschnitten einschlagen?
4. Welche Gleichung wird durch die Einführung der Torsionsfunktion T identisch erfüllt? Welche Gleichung dient als Bestimmungsgleichung für T? Wie lautet die Randbedingung für T?
5. Was geschieht mit der Wölbfunktion bei einer Richtungsumkehr des Torsionsmomentes? Was geschieht mit den axialen Verschiebungen u_x dabei?
6. Wie ist bei dünnwandigen Querschnitten der Schubfluß definiert?
7. Wie ist der Verlauf des Schubflusses bei der Torsion von prismatischen Stäben mit dünnwandigem, geschlossenem, einzelligem Querschnitt längs der Profil-Mittellinie?
8. Welche Aussagen liefern die beiden *Bredt*schen Formeln?
9. Wie finden wir die Wölbfunktion bei dünnwandigen, geschlossenen, einzelligen Querschnitten?
10. Welche Annahmen treffen wir bei der Torsion prismatischer Stäbe mit dünnwandigem, offenem Querschnitt?
11. Wie finden wir die Wölbfunktion bei dünnwandigen, offenen Querschnitten?
12. Was zeigt sich bei einem Vergleich der Torsion von Stäben mit dünnwandigen, geschlossenen bzw. offenen Querschnitten?
13. Wie wirkt sich eine Wölbbehinderung auf die Torsion aus?
14. Welche Bedeutung hat die freie Drillachse (Drill-Ruhepunkt)?
15. Welche Bedeutung hat der Schubmittelpunkt?
16. In welcher Beziehung stehen Drill-Ruhepunkt und Schubmittelpunkt zueinander?

5. Eben gekrümmte Stäbe (Bogen)

5.1. Allgemeines

Wir beschränken uns hier auf *eben gekrümmte Stäbe,* die *in ihrer Ebene belastet* sind und deren *Querschnitt symmetrisch* zu dieser Ebene ist, so daß ein *ebenes Problem* vorliegt. In der Baustatik bezeichnet man solche Stäbe meist als *Bogenträger* oder auch kurz als *Bogen* (vgl. Abb. 5.1). Die Form des gekrümmten Stabes können wir durch die Angabe

$$x = x(s), \qquad z = z(s)$$

beschreiben, wobei die längs der Stabachse laufende Koordinate s als Parameter dient. Zur Festlegung der Vorzeichen für die Schnittgrößen führen wir eine gestrichelte Zone ein (vgl. Band I, Abschnitt 9.2). Der Krümmungsradius R(s) der Stabachse erhält ein positives Vorzeichen, wenn die gestrichelte Zone auf der Außenseite des Bogens liegt.

Abb. 5.1

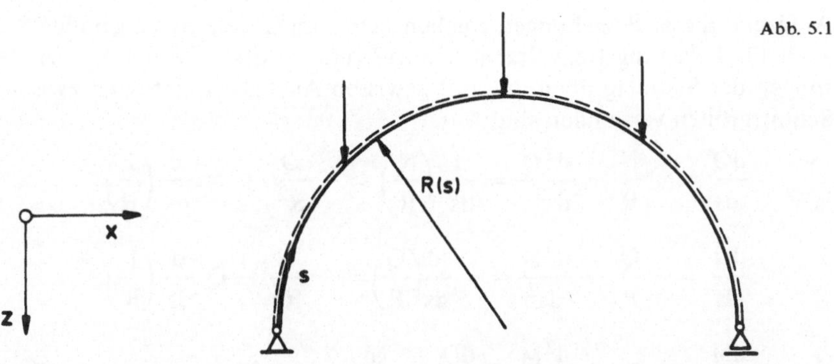

Bei einem geraden Stab lassen sich die von Längs- und Querbelastungen herrührenden Beanspruchungen voneinander trennen. Die Längsbelastung ruft nur Normalkräfte, die Querbelastung nur Querkräfte und Biegemomente hervor. Bei gekrümmten Stäben sind jedoch alle drei Schnittgrößen untereinander (und mit der Belastung) durch die folgenden Gleichgewichtsbedingungen gekoppelt (vgl. Abb. 5.2 sowie Band I, Abschnitt 9.4.2., Satz 9.6):

$$\frac{dN(s)}{ds} = -\frac{Q(s)}{R(s)} - n(s)$$

$$\frac{dQ(s)}{ds} = \frac{N(s)}{R(s)} - q(s)$$

$$\frac{dM(s)}{ds} = Q(s) - m(s).$$

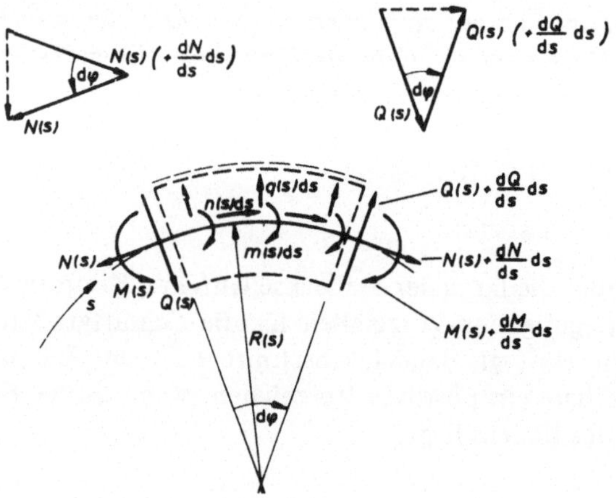

Abb. 5.2

Aufgrund dieser Beziehungen ergeben sich – im Gegensatz zu geraden Stäben – auch für belastungsfreie Stababschnitte (n(s) = q(s) = 0; m(s) = 0) Veränderungen der Schnittgrößen, die mit gewissen Austauschrelationen zwischen den Schnittgrößen verbunden sind:

$$\frac{dQ}{ds} = \frac{N}{R} \rightarrow \frac{d^2Q}{ds^2} = \frac{d}{ds}\left(\frac{N}{R}\right) = -\frac{Q}{R^2} + N\frac{d}{ds}\left(\frac{1}{R}\right)$$

$$\frac{dN}{ds} = -\frac{Q}{R} \rightarrow \frac{d^2N}{ds^2} = -\frac{d}{ds}\left(\frac{Q}{R}\right) = -\frac{N}{R^2} - Q\frac{d}{ds}\left(\frac{1}{R}\right)$$

$$\frac{dM}{ds} = Q \rightarrow \frac{d^2M}{ds^2} = \frac{dQ}{ds} = \frac{N}{R}.$$

Aus diesen Beziehungen ist u.a. zu entnehmen, daß wir durch die Wahl der Bogenform, d.h. durch die Wahl von R(s), die Schnittgrößenverteilung längs des Stabes wesentlich beeinflussen können. Diese Möglichkeit läßt sich konstruktiv nutzen, wie der folgende Abschnitt zeigt.

5.2. Die Stützlinie

Wir betrachten einen Dreigelenkbogen, der durch eine Kraft **F** belastet ist (vgl. Abb. 5.3). Die Wirkungslinie der Auflagerkraft **A** muß, wenn der unbelastete Bogen 1 im Gleichgewicht sein soll, durch die Gelenke a und g gehen, da nur dann die Auflagerkraft **A** und die im Gelenk g am Bogen 1 angreifende Gelenkkraft ein Gleichgewichtssystem bilden können. Ferner müssen sich die Wirkungslinien von **F**, **A** und **B** in einem Punkt schneiden, wenn der Dreigelenkbogen als Ganzes im Gleichgewicht sein soll. Aus diesen beiden Bedingungen sind die Auflager-Reaktionen **A** und **B** leicht zu bestimmen, wie Abb. 5.3 zeigt. Aus der Abb. 5.3 können wir ferner die Größe des Biegemomentes M(s) entnehmen. Für den Bogen 1 ist beispielsweise

$$M(s) = A\, h(s),$$

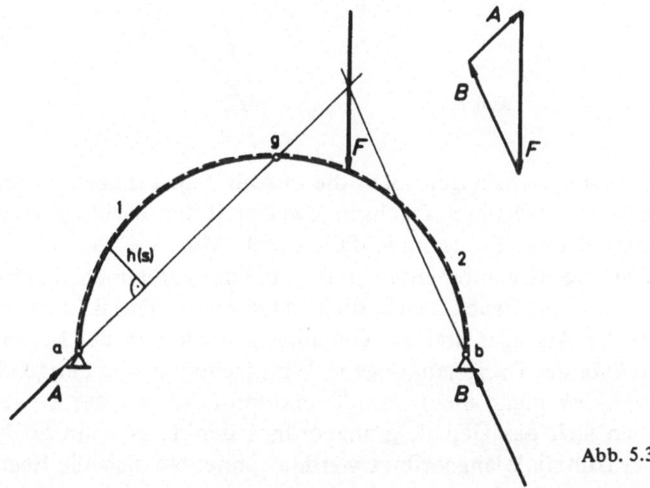

Abb. 5.3

wobei h(s) der Abstand der Schnittstelle von der Wirkungslinie von A ist. Diese Beziehung gilt auch noch für den Abschnitt des Bogens 2, der zwischen dem Gelenk g und der Angriffsstelle von **F** liegt; doch ist hier h(s) negativ zu zählen, wie leicht einzusehen ist. Für den restlichen Teil des Bogens 2 (zwischen Auflager b und Angriffsstelle von **F**) gilt hingegen

$$M(s) = B\, h(s)$$

mit entsprechender Vorzeichenfestsetzung von h(s).

Anmerkung:

Greifen wir A bzw. B und h(s) aus der zeichnerischen Darstellung ab (Darstellende Größen: $\overline{A}$, $\overline{B}$, $\overline{h}$; Darstellungsmaßstäbe: β_K, β_L), so gilt

$$M(s) = A\, h(s) = \frac{\overline{A}\,\overline{h}(s)}{\beta_K\, \beta_L}$$

bzw.

$$M(s) = B\, h(s) = \frac{\overline{B}\,\overline{h}(s)}{\beta_K\, \beta_L}\,.$$

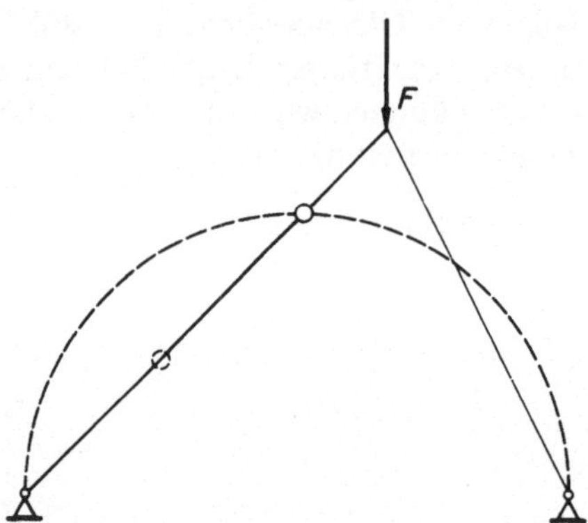

Abb. 5.4

Hätte der Dreigelenkbogen nicht die in Abb. 5.3 skizzierte Form, sondern wäre er so gestaltet, daß die Stabachsen jeweils mit den Wirkungslinien der Auflagerreaktionen A bzw. B zusammenfallen (vgl. Abb. 5.4), so wäre der Dreigelenkbogen frei von Biegemomenten und – bei der gegebenen Wirkungsrichtung der Kraft **F** – nur auf Druck beansprucht. Man nennt diesen Linienzug, der nur von der Lage der Auflager und des Gelenkes g sowie von der Belastung **F** abhängt, die *Stützlinie* des Dreigelenkbogens. Wir machen uns im übrigen leicht klar, daß es *nachträglich* nicht mehr darauf ankommt, an welcher Stelle dieses Linienzuges man sich das Gelenk g angeordnet denkt; es kann an jeder beliebigen Stelle der Stützlinie angeordnet werden, ohne daß sich die Beanspruchung des Dreigelenkbogens ändert.

Diese Überlegungen lassen sich auf beliebige Belastungen des Dreigelenkbogens (und auf andere statisch bestimmte Bogentragwerke) ausdehnen. Sie laufen auf folgendes hinaus:

Satz 5.1: Die *Stützlinie* eines Dreigelenkbogens (oder eines anderen statisch bestimmten Bogentragwerkes) ist der Linienzug, den man erhält, wenn man für alle Schnitte jeweils die Wirkungslinie der Resultierenden aller äußeren, rechts oder links davon angreifenden Kräfte zeichnet.

Hat man die Stützlinie gefunden, so können wir auch leicht das Biegemoment ermitteln, das in einem von der Stützlinie abweichenden Tragwerk auftritt. Es gilt

---

Satz 5.2: Das *Biegemoment* M(s) in einem Dreigelenkbogen ist

$$M(s) = \pm F_s(s)\, h(s) = \pm \frac{\overline{F}_s(s)\, \overline{h}(s)}{\beta_K\, \beta_L},$$

wobei $F_s(s)$ der Betrag der resultierenden Schnittkraft und h(s) der Abstand der Schnittstelle von der Stützlinie ist. Ist $F_s(s)$ eine Druck-Kraft und liegt die Stützlinie entgegengesetzt zur gestrichelten Zone, so gilt das +-Zeichen; bei Umkehr der Wirkungsrichtung bzw. der Lage der Stützlinie kehrt sich das Vorzeichen jeweils um.

Die zeichnerische Ermittlung der Stützlinie eines Dreigelenkbogens, bei dem beide Bogen belastet sind, geschieht in folgender Weise (vgl. Abb. 5.5):

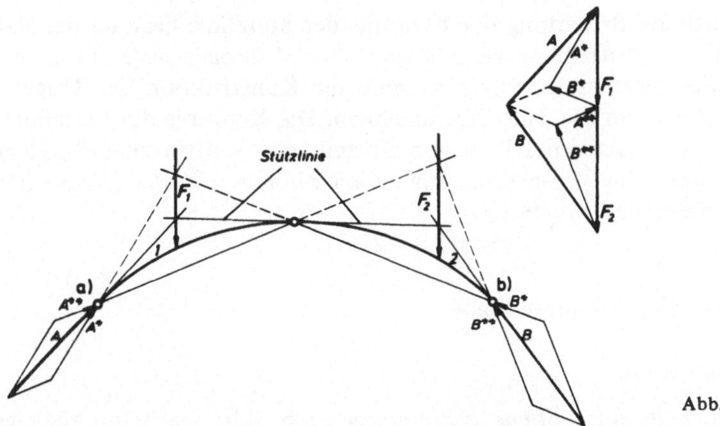

Abb. 5.5

1. Aus Belastung des Bogens 1 Auflager-Anteile $\mathbf{A}^*$ und $\mathbf{B}^*$ ermitteln.
2. Aus Belastung des Bogens 2 Auflager-Anteile $\mathbf{A}^{**}$ und $\mathbf{B}^{**}$ ermitteln.
3. Resultierendes Krafteck mit $\mathbf{A} = \mathbf{A}^* + \mathbf{A}^{**}$ und $\mathbf{B} = \mathbf{B}^* + \mathbf{B}^{**}$ zeichnen (Reihenfolge $\mathbf{F}_i$, **B**, **A**)
4. Im Lageplan das Seileck zeichnen, das sich ergibt, wenn man den zwischen **B** und **A** liegenden Eckpunkt des Kraftecks zum Pol des Seileck-Verfahrens wählt.

Dieses so konstruierte Seileck ist die Stützlinie des Systems. Sie verläuft am Auflager a beginnend – durch das Gelenk g, das nachträglich beliebig längs der Stützlinie verschoben werden kann, zum Auflager b und erfährt jeweils nur dort eine Richtungsänderung, wo sie die Wirkungslinie einer Kraft schneidet, die das

Tragwerk belastet. Bei verteilter Belastung ist die Stützlinie stetig gekrümmt. Für eine vertikale Belastung beispielsweise, die in horizontaler Richtung gleichmäßig verteilt ist (vgl. Abb. 5.6), ist die Stützlinie eine Parabel. Den allgemeinen Beweis dafür werden wir in Kapitel 8 (Abschnitt 8.4) in einem etwas anderen Zusammenhang finden.

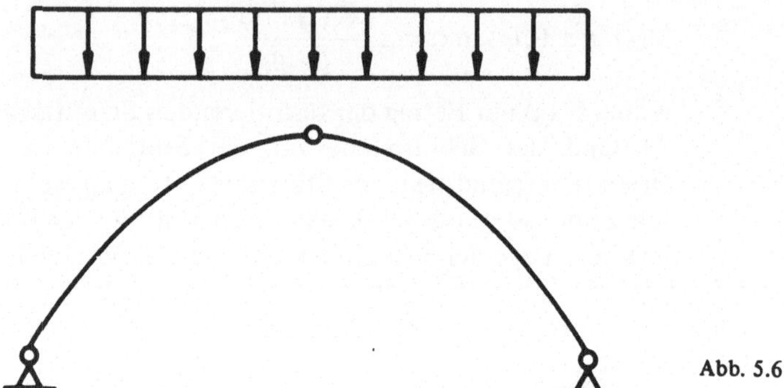

Abb. 5.6

Die praktische Bedeutung der Kenntnis der Stützlinie liegt auf der Hand. Kann z.B. ein Werkstoff nur geringe Zugkräfte und deshalb auch nur geringe Biegebeanspruchungen aufnehmen, so muß die Konstruktion des Tragwerkes sich möglichst eng an die Stützlinie anlehnen. Die Kenntnis der Stützlinie kann jedoch auch in anderen Fällen von Vorteil sein, weil in aller Regel eine reine Druck- (bzw. Zug-)Beanspruchung zu einer höheren Werkstoffauswertung führt als eine Biegebeanspruchung.

5.3. Schwach gekrümmte Stäbe

Wir setzen voraus

1. *Schwach in einer Ebene gekrümmter Stab,* d.h. Stabachse eben gekrümmt und Querschnittsabmessungen sehr klein im Vergleich zum Krümmungsradius $R(s)$.
2. Querschnitte symmetrisch zur Ebene des Stabes.
3. Belastung nur in der Ebene des Stabes;
   Schnittgrößen $N = N(s)$
   $Q = Q(s)$
   $M = M(s)$
4. Temperatur $T = T_0$

Für solche schwach gekrümmten Stäbe können wir annehmen, daß die Spannungsverteilung über den Querschnitt der Verteilung bei geraden Stäben entspricht. Das gilt auch für schwach veränderliche Querschnitte (vgl. Band I, Abschnitt 12.7).

Zur Beschreibung der Spannungsverteilung über den Querschnitt führen wir eine Koordinate senkrecht zur Stabachse (in der Ebene des Stabes) ein. Wir wählen dafür die Bezeichnung ζ (vgl. Abb. 5.7). Auf die explizite Einführung einer Koordinate senkrecht zur Stabebene können wir bei den im folgenden durchzuführenden Betrachtungen verzichten.

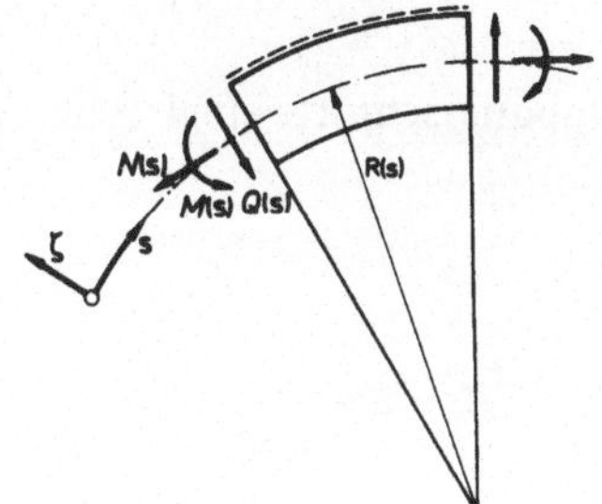

Abb. 5.7

Anmerkung:

Die Bezeichnung ζ ist in Analogie zur Koordinate z beim geraden Stab gewählt. Eine Verwechslung mit der Koordinate ζ, die bei dünnwandigen Querschnitten längs der Profilmittellinie läuft, kann hier wohl ausgeschlossen werden.

Unter Benutzung dieser und der sonst üblichen Bezeichnungen können wir unsere *Annahmen für die Spannungsverteilung* wie folgt formulieren:

(a) Verteilung der Normalspannungen über den Querschnitt

$$\sigma_{ss} = \sigma(s, \zeta) = \frac{N(s)}{A(s)} + \frac{M(s)}{J(s)}\,\zeta,$$

(b) Verteilung der Schubspannungen über den Querschnitt entsprechend Tabelle 3.1, z.B. für Rechteckquerschnitt (mit ζ statt z)

$$\sigma_{s\zeta} = \tau(s, \zeta) = \frac{Q(s)\,S(\zeta)}{b(s)\,J(s)}\,,$$

(c) alle übrigen Spannungen Null.

Im Hinblick auf die groben Vereinfachungen, die diesen Annahmen für die Spannungsverteilung zugrundeliegen, erscheinen Verfeinerungen der Betrachtungsweise, wir wir sie z.B. in Kapitel 3 angestellt haben, wenig sinnvoll. Offen ist aber noch die Frage, welcher Zusammenhang zwischen den Formänderungen des Stabes und den Schnittgrößen besteht. Dabei wollen wir die von der Querkraft hervorgerufenen Schubverformungen hier generell vernachlässigen, gehen also davon aus, daß die Stabquerschnitte jeweils eben und senkrecht zur Stabachse bleiben. Dann lassen sich die Formänderungen des Stabes – wie beim geraden Stab (vgl. Abschnitt 3.2.1) – auf die Verschiebungen der Punkte der Stabachse zurückführen.

Bezeichnen wir die tangentialen Verschiebungen der Punkte der Stabachse mit u(s) und die dazu senkrechten Verschiebungen mit w(s) (vgl. Abb. 5.8a), so erhalten wir für die Längenänderung Δds eines Elementes der Stabachse (vgl. Abb. 5.8b)

$$\Delta ds = \frac{du}{ds}\,ds + \frac{w}{R}\,ds,$$

bzw. für die Verdrehung ψ eines Stabquerschnittes (vgl. Abb. 5.9)

$$\psi = -\frac{dw}{ds} + \frac{u}{R}\,.$$

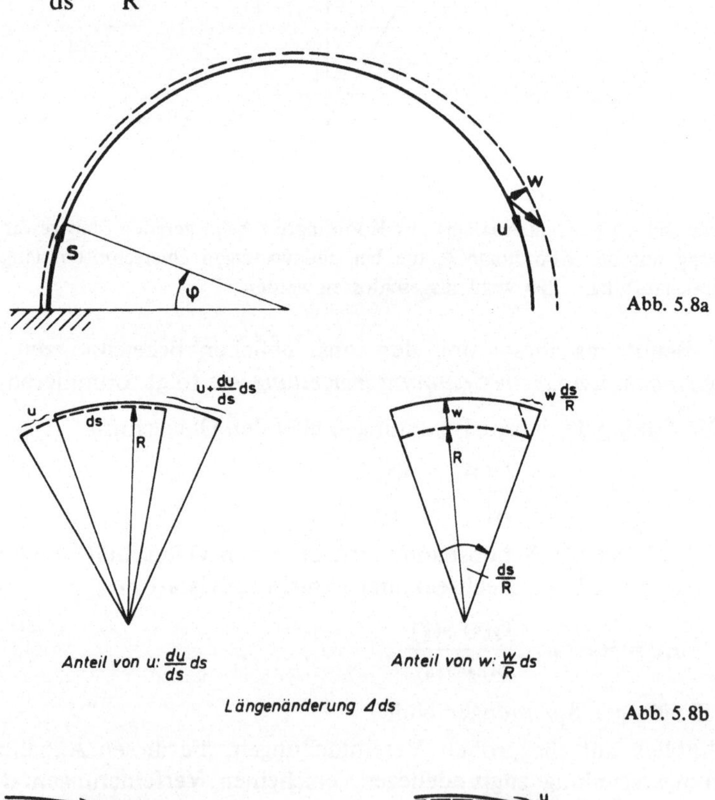

Abb. 5.8a

Abb. 5.8b

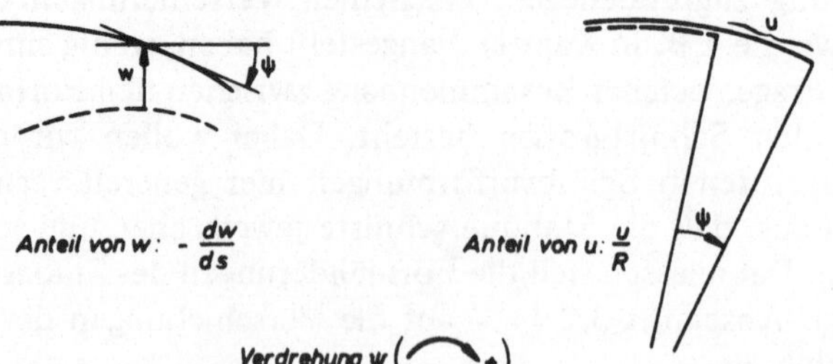

Abb. 5.9

Um die Dehnung der Stabachse zu ermitteln, haben wir Δds auf ds zu beziehen. Das ergibt

$$\epsilon_0(s) = \frac{\Delta ds}{ds} = \frac{du(s)}{ds} + \frac{w(s)}{R(s)} .$$

In ähnlicher Weise können wir eine auf die Länge des Stabelementes bezogene Winkeländerung $\delta(s)$ definieren, die die gegenseitige Verdrehung der beiden Querschnitte beschreibt, die ein Stabelement begrenzen. Für sie gilt

$$\delta(s) = \frac{d\psi}{ds} = -\frac{d^2 w(s)}{ds^2} + \frac{d}{ds}\left(\frac{u(s)}{R(s)}\right) .$$

Die nächste Aufgabe besteht nun darin, die Größen $\epsilon_0(s)$ und $\delta(s)$, die die Deformationen der Stabachse beschreiben, mit den Schnittgrößen N und M in Verbindung zu bringen. Dabei wollen wir im Auge behalten, daß wir hier nur schwach gekrümmte Stäbe betrachten, für die wir ohnehin bereits gewisse Näherungs-Annahmen gemacht haben. Wir werden uns deshalb auch im folgenden mit gewissen Näherungen begnügen. Dafür wollen wir zwei verschiedene Ansätze mit unterschiedlichem Näherungsgrad machen.

Näherung (I):
Bei dieser oft benutzten Näherung werden die Dehnungen der Stabachse vollständig vernachlässigt. Wir setzen also

$$\epsilon_0(s) = \frac{du(s)}{ds} + \frac{w(s)}{R(s)} = 0$$

d.h. $$\boxed{\frac{du(s)}{ds} = -\frac{w(s)}{R(s)} .}$$

Die bezogene Winkeländerung $\delta(s)$ wird in diesem Falle identisch mit der Krümmungsänderung der Stabachse, wie sich leicht zeigen läßt. Deshalb ergibt sich im Rahmen dieser Näherung (bei Vernachlässigung von Größen, die von höherer Ordnung klein sind):

$$\delta(s) = \frac{d\psi(s)}{ds} = \frac{M(s)}{EJ(s)} .$$

Drücken wir $\delta(s)$ hierin durch die Verschiebungen u(s) und w(s) aus und beachten wir, was für $\frac{du}{ds}$ bei $\epsilon_0(s) = 0$ gilt, so erhalten wir

$$\boxed{\frac{d^2 w(s)}{ds^2} + \frac{w(s)}{R^2(s)} - u(s)\,\frac{d}{ds}\left(\frac{1}{R(s)}\right) = -\frac{M(s)}{EJ(s)}}$$

und speziell für R(s) = konst.

$$\boxed{\frac{d^2 w(s)}{ds^2} + \frac{w(s)}{R^2} = -\frac{M(s)}{EJ(s)} \qquad (R = \text{konst.})}$$

Als Beispiel betrachten wir den in Abb. 5.10 dargestellten, durch eine Einzellast F beanspruchten Halbkreisbogen. Wir erhalten zunächst (mit $\varphi = \frac{s}{R}$ als unabhängiger Variabler):

$$M(\varphi) = -FR \sin \varphi.$$

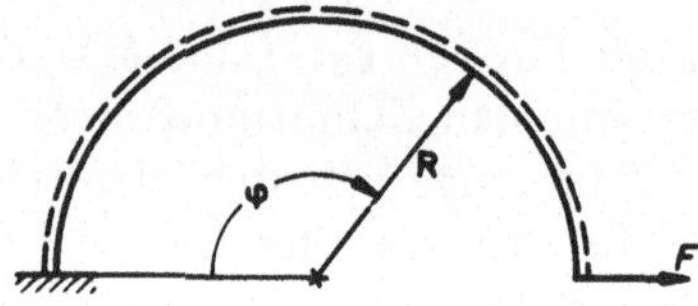

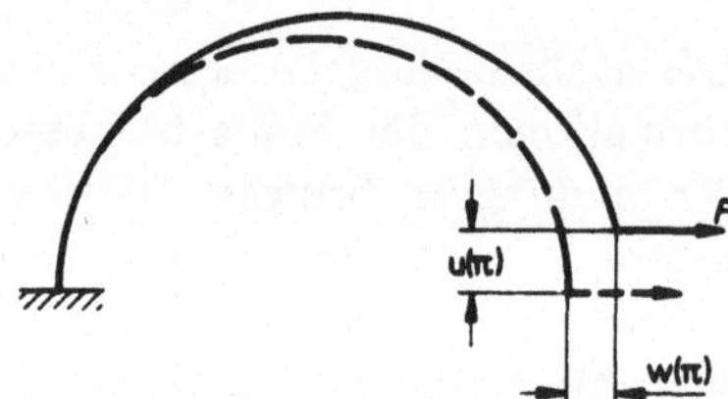

Abb. 5.10

Damit folgt als Differentialgleichung für $w(\varphi)$

$$\frac{d^2 w(\varphi)}{d\varphi^2} + w(\varphi) = \frac{FR^3}{EJ} \sin \varphi.$$

Die zugehörigen Randbedingungen sind

$$w(0) = 0, \quad w'(0) = 0.$$

Die allgemeine Lösung der homogenen Differentialgleichung ist

$$\bar{w}(\varphi) = c_1 \cos \varphi + c_2 \sin \varphi.$$

Als spezielle Lösung der inhomogenen Differentialgleichung erhalten wir

$$\tilde{w}(\varphi) = -\frac{FR^3}{2EJ} \varphi \cos \varphi.$$

Die vollständige Lösung lautet also

$$w(\varphi) = \bar{w}(\varphi) + \tilde{w}(\varphi) = c_1 \cos \varphi + c_2 \sin \varphi - \frac{FR^3}{2EJ} \varphi \cos \varphi.$$

Aus den Randbedingungen leiten wir ab

$$c_1 = 0$$

$$c_2 = \frac{FR^3}{2EJ}.$$

Setzen wir das ein, so folgt schließlich

$$w(\varphi) = \frac{FR^3}{2EJ} \{\sin \varphi - \varphi \cos \varphi\}.$$

Für $u(\varphi)$ ergibt sich daraus die Differentialgleichung

$$\frac{du(\varphi)}{d\varphi} = -\frac{FR^3}{2EJ}\{\sin\varphi - \varphi\cos\varphi\}$$

mit der Randbedingung $u(0) = 0$.
Ihre Lösung ist

$$u(\varphi) = \frac{FR^3}{2EJ}\{\varphi\sin\varphi - 2(1 - \cos\varphi)\}.$$

Speziell erhalten wir für $\varphi = \pi$

$$u(\pi) = -\frac{2FR^3}{EJ}$$

$$w(\pi) = \frac{\pi}{2}\frac{FR^3}{EJ}.$$

Für manche Fälle kann die Näherung (I) zu grob sein. Ferner können wir bei der Näherung (I) Temperaturänderungen nicht berücksichtigen, weil wir $\epsilon_0(s) = 0$ gesetzt haben. Deshalb kann es auch bei schwach gekrümmten Stäben notwendig werden, auf eine bessere Näherung zurückzugreifen, die wir im folgenden entwickeln wollen.

Näherung (II):
Wir gehen aus von der Überlegung, daß die Länge eines Elementes der Stabachse im verformten Zustand einmal mit Hilfe der Dehnung $\epsilon_0(s)$, zum andern durch die Änderung des Krümmungsradius und die bezogene Winkeländerung $\delta(s)$ beschrieben werden kann. Das führt auf die Beziehung (vgl. Abb. 5.11)

$$ds(1 + \epsilon_0(s)) = ds\left\{\frac{R + \Delta R}{R} + (R + \Delta R)\,\delta(s)\right\}.$$

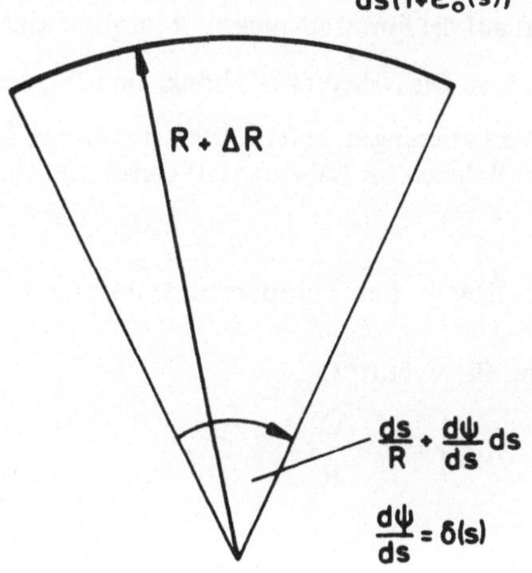

Abb. 5.11

Daraus leiten wir für die Krümmungsänderung κ ab

$$\kappa(s) = \frac{1}{R + \Delta R} - \frac{1}{R} = \frac{1}{1 + \epsilon_0(s)} \left\{ \delta(s) - \frac{\epsilon_0(s)}{R} \right\} \approx \delta(s) - \frac{\epsilon_0(s)}{R}$$

Die Krümmungsänderung κ wird zum einen durch das Biegemoment, zum andern durch Temperaturänderungen (die den Krümmungsradius verändern) bewirkt. Im Rahmen unserer Näherung erhalten wir dafür

$$\kappa(s) = \frac{M(s)}{EJ(s)} - \alpha \frac{\Delta T(s)}{R(s)}$$

Analog ergibt sich für die Längenänderung des gekrümmten Stabelementes

$$\epsilon_0(s) = \frac{N(s)}{EA(s)} + \alpha\, \Delta T(s).$$

Drücken wir die Krümmungsänderung $\kappa(s)$ und die Dehnung $\epsilon_0(s)$ der Stabachse durch die Verschiebungen u(s) und w(s) aus, so erhalten wir schließlich nach kurzer Zwischenrechnung das Gleichungssystem

$$\frac{d^2 w(s)}{ds^2} + \frac{w(s)}{R^2(s)} - u(s) \frac{d}{ds}\left(\frac{1}{R(s)}\right) = -\frac{M(s)}{EJ(s)} + \alpha \frac{\Delta T(s)}{R(s)}$$

$$\frac{du(s)}{ds} + \frac{w(s)}{R(s)} = \frac{N(s)}{EA(s)} + \alpha\, \Delta T(s).$$

Ist R = konst., so entfällt in der ersten Gleichung das letzte Glied der linken Seite. Die erste Gleichung stellt dann bei bekannten Schnittgrößen eine inhomogene, gewöhnliche Differentialgleichung zweiter Ordnung mit konstanten Koeffizienten für w(s) dar. Ist sie gelöst, so läßt sich dann auch u(s) aus der zweiten Gleichung ermitteln.

Anmerkung:

Der Einfluß der Normalkraft auf die Formänderungen ist im allgemeinen gering und wird nur dort bedeutsam, wo $\left(\frac{M}{NR}\right) \ll 1$ ist. Die Näherung (II) bringt deshalb gegenüber der Näherung (I) meist keine wesentlichen Verbesserungen, sofern nicht gleichzeitig Temperaturänderungen im Spiel sind, die wir nur im Rahmen der Näherung (II) berücksichtigen können.

Beispiel:

Einseitig eingespannter Bogen bei Temperaturänderung R = konst.; M = 0, N = 0; $T - T_0 = \Delta T$.
Die Differentialgleichung für w lautet:

$$\frac{1}{R^2} \left\{ \frac{d^2 w(\varphi)}{d\varphi^2} + w(\varphi) \right\} = \alpha \frac{\Delta T}{R}.$$

Ihre allgemeine Lösung ist

$$w = R\{c_1 \cos\varphi + c_2 \sin\varphi + \alpha\,\Delta T\}.$$

Aus den Randbedingungen

$$w(0) = 0 \quad \text{und} \quad w'(0) = 0$$

folgt

$$c_1 = -\alpha\,\Delta T$$

$$c_2 = 0.$$

Als Lösung für w erhalten wir somit

$$w(\varphi) = R\,\alpha\,\Delta T(1 - \cos\varphi).$$

Damit ergibt sich für $u(\varphi)$ die Differentialgleichung

$$\frac{1}{R}\,\frac{du(\varphi)}{d\varphi} = -\,\alpha\,\Delta T(1 - \cos\varphi) + \alpha\,\Delta T = \alpha\,\Delta T\cos\varphi.$$

Unter Berücksichtigung der Randbedingung $u(0) = 0$ folgt daraus schließlich

$$u(\varphi) = R\,\alpha\,\Delta T \sin\varphi.$$

5.4. Stark gekrümmte Stäbe

Wir lassen jetzt die Voraussetzung fallen, daß der Stab schwach gekrümmt sei, behalten aber die übrigen *Voraussetzungen* bei:

1. Eben gekrümmter Stab,
2. Querschnitte symmetrisch zur Ebene des Stabes,
3. Belastung nur in der Ebene des Stabes;
   Schnittgrößen: $N = N(s)$
   $Q = Q(s)$
   $M = M(s)$
4. Temperatur: $T = T_0$

Für die Ermittlung der Spannungsverteilung vernachlässigen wir die Schubverformungen und die senkrecht zur Stabachse wirkenden Spannungen, treffen also die folgenden *Annahmen:*

(a) Stabachse bleibt eben gekrümmt; Querschnitte bleiben eben und senkrecht zur Stabachse,

(b) $\sigma_{yy} = \sigma_{\zeta\zeta} = \sigma_{y\zeta} = 0.$

Anmerkung:

Die in (b) enthaltene Annahme $\sigma_{\zeta\zeta} = 0$ ist offensichtlich widersprüchlich. Betrachten wir nämlich eine einzelne unter Längsspannungen stehende Faser, so kann diese, wie aus Abb. 5.12 zu entnehmen ist, nur im Gleichgewicht sein, wenn auch radiale Spannungen $\sigma_{\zeta\zeta}$ (und in deren Gefolge auch Querspannungen σ_{yy} usw.) auftreten. Die mit den vorstehenden Annahmen zu entwickelnde Theorie kann deshalb nur eine Näherungstheorie sein. Auf die exakte Theorie kommen wir in Abschnitt 10. zurück.

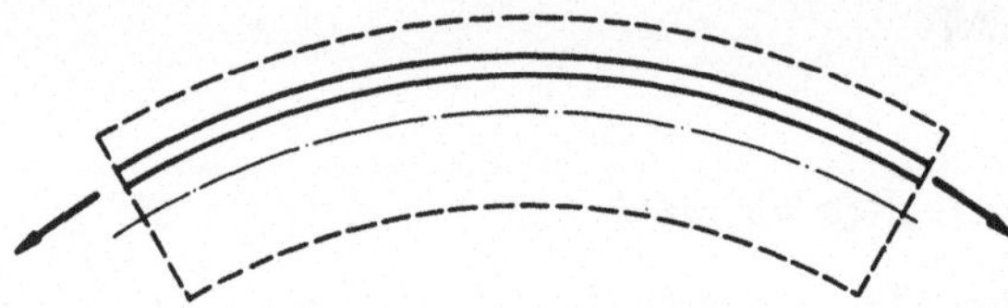

Abb. 5.12

Im unverformten Zustand (vgl. Abb. 5.13a) ist die von ζ abhängige Länge der einzelnen Fasern

$$\mathrm{dl}(s, ds, \zeta) = \{R(s) + \zeta\}\, d\varphi = ds + \zeta\, d\varphi.$$

Im verformten Zustand (vgl. Abb. 5.13b) ergibt sich für die Faserlänge

$$\begin{aligned} \mathrm{dl}(s, ds, \zeta) + \Delta \mathrm{dl}(s, ds, \zeta) &= \{R(s) + \Delta R(s) + \zeta\}\,\{d\varphi + \Delta d\varphi\} \\ &= ds\{1 + \epsilon_0(s)\} + \zeta\{d\varphi + \Delta d\varphi\} \\ &= \mathrm{dl}(s, ds, \zeta) + ds\, \epsilon_0(s) + \zeta\, \Delta\, d\varphi. \end{aligned}$$

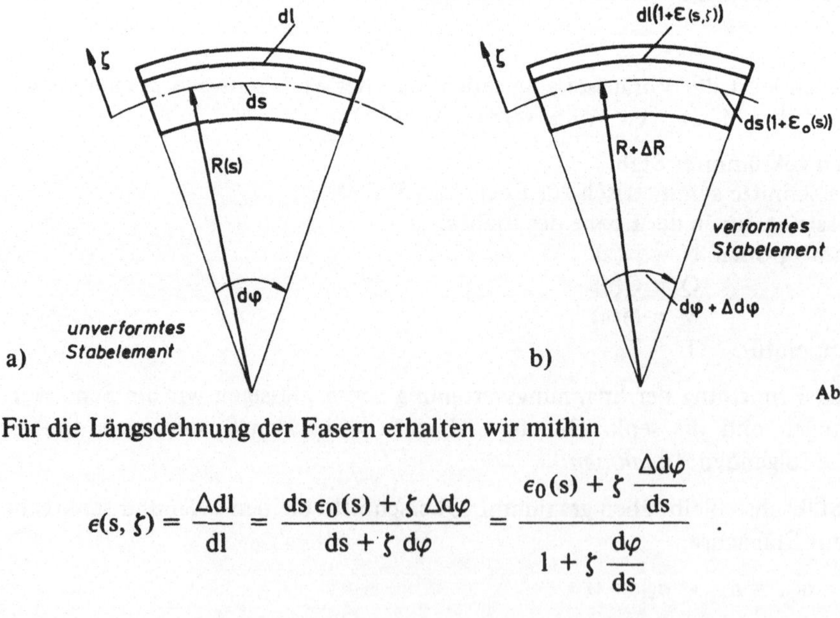

a) unverformtes Stabelement

b) verformtes Stabelement

Abb. 5.13

Für die Längsdehnung der Fasern erhalten wir mithin

$$\epsilon(s, \zeta) = \frac{\Delta \mathrm{dl}}{\mathrm{dl}} = \frac{ds\, \epsilon_0(s) + \zeta\, \Delta d\varphi}{ds + \zeta\, d\varphi} = \frac{\epsilon_0(s) + \zeta \dfrac{\Delta d\varphi}{ds}}{1 + \zeta \dfrac{d\varphi}{ds}} .$$

Nun ist

$$\frac{d\varphi}{ds} = \frac{1}{R(s)} .$$

Ferner setzen wir analog zu dem Vorgehen in Abschnitt 5.3

$$\frac{\Delta d\varphi}{ds} = \frac{d\psi}{ds} = \delta(s)$$

und erhalten damit

$$\epsilon(s, \zeta) = \frac{\epsilon_0(s) + \zeta\,\delta(s)}{1 + \dfrac{\zeta}{R(s)}} = \epsilon_0(s) + \{-\epsilon_0(s) + \delta(s)\,R(s)\}\,\frac{\zeta}{R(s) + \zeta} .$$

Daraus ergibt sich für die Normalspannungsverteilung über den Querschnitt

$$\sigma(s, \zeta) = E\epsilon(s, \zeta) = E\left\{\epsilon_0(s) + \kappa(s)\,\frac{\zeta}{1 + \dfrac{\zeta}{R(s)}}\right\}$$

mit

$$\kappa(s) = \delta(s) - \frac{\epsilon_0(s)}{R(s)} .$$

Anmerkung:

Die Größe $\kappa(s)$ kennzeichnet die Krümmungsänderung der Stabachse, wie die Überlegungen in Abschnitt 5.3 gezeigt haben.

Die noch freien Parameter $\epsilon_0(s)$ und $\kappa(s)$ ermitteln wir aus den Beziehungen

$$N(s) = \int_A \sigma\,dA = E\left\{\epsilon_0(s)\int_A dA + \kappa(s)\int_A \frac{\zeta}{1 + \dfrac{\zeta}{R(s)}}\,dA\right\} \qquad (1)$$

$$M(s) = \int_A \zeta\sigma\,dA = E\left\{\epsilon_0(s)\int_A \zeta\,dA + \kappa(s)\int_A \frac{\zeta^2}{1 + \dfrac{\zeta}{R(s)}}\,dA\right\}. \qquad (2)$$

Bei der Auswertung dieser Gleichungen haben wir zunächst zu beachten, daß

$$\int_A dA = A(s) \quad \text{und} \quad \int_A \zeta\,dA = 0$$

ist. Zur Abkürzung setzen wir ferner das von der Querschnittsform abhängige Integral

$$-\int_A \frac{\zeta}{1 + \dfrac{\zeta}{R(s)}}\,dA = \frac{J^*(s)}{R(s)} .$$

Damit können wir auch das letzte Integral auswerten; denn es ist

$$-\int_A \frac{\zeta^2}{1+\frac{\zeta}{R(s)}}\,dA = -R(s)\underbrace{\int_A \frac{\zeta\left(1+\frac{\zeta}{R(s)}\right)}{1+\frac{\zeta}{R(s)}}\,dA}_{0} + R(s)\int_A \frac{\zeta}{1+\frac{\zeta}{R(s)}}\,dA = -J^*(s).$$

Setzen wir diese Werte in unser Gleichungssystem ein, so erhalten wir

$$N(s) = E\left\{\epsilon_0(s)\,A(s) - \kappa(s)\frac{J^*(s)}{R(s)}\right\} \tag{1}$$

$$M(s) = \kappa(s)\,EJ^*(s)\,, \tag{2}$$

und daraus folgt für die noch offenen Parameter:

$$\epsilon_0(s) = \frac{N(s)}{EA(s)} + \frac{M(s)}{EA(s)\,R(s)}$$

$$\kappa(s) = \frac{M(s)}{EJ^*(s)}\,.$$

Für die *Spannungsverteilung* erhalten wir somit schließlich

$$\boxed{\sigma(s,\zeta) = \frac{N(s)}{A(s)} + \frac{M(s)}{J^*(s)}\left\{\frac{J^*(s)}{A(s)\,R(s)} + \frac{\zeta}{1+\frac{\zeta}{R(s)}}\right\}.}$$

Die Spannungsverteilung ist *nicht-linear*, wobei die Nicht-Linearität von der Verteilung der Biegespannungen herrührt. Sie hat auch zur Folge, daß sich die Lage der neutralen Faser im Vergleich zur Biegung eines geraden Stabes verschiebt. Die neutrale Faser geht deshalb bei reiner Biegung (N = 0) nicht mehr durch den Schwerpunkt des Querschnittes, sondern ist zur Innenseite des gekrümmten Stabes verschoben, und zwar um das Maß (vgl. Abb. 5.14)

$$\boxed{\zeta_0 = -R(s)\,\frac{J^*(s)}{J^*(s) + A(s)\,R^2(s)}\,.}$$

Das Integral J^* können wir in vielen Fällen angenähert dem Flächen-Trägheitsmoment J gleichsetzen, wie sich aufgrund der folgenden allgemeinen Betrachtung ergibt. Ausgehend von der Definition und der bereits benutzten Umwandlung

$$J^* = -R \int_A \frac{\zeta}{1+\frac{\zeta}{R}}\, dA = \int_A \frac{\zeta^2}{1+\frac{\zeta}{R}}\, dA$$

erhalten wir nämlich unter der Voraussetzung, daß $\left|\frac{\zeta}{R}\right| < 1$ ist (was in allen im Rahmen dieser Näherungstheorie sinnvoll zu behandelnden Problemen sicher erfüllt ist), durch Reihenentwicklung

$$J^* = \int_A \zeta^2\, dA - \frac{1}{R}\int_A \zeta^3\, dA + \frac{1}{R^2}\int_A \zeta^4\, dA - \ldots .$$

In der rechts stehenden Reihe bleiben nun die Integrale mit ungeraden Potenzen von ζ – wegen des Vorzeichenwechsels von ζ innerhalb des Querschnittes – im allgemeinen klein gegen das erste Integral oder verschwinden auch ganz (z.B. bei doppelt symmetrischen Querschnitten). Ferner ist leicht nachzuweisen, daß

$$\frac{1}{R^2}\int_A \zeta^4\, dA = \int_A \left(\frac{\zeta}{R}\right)^2 \zeta^2\, dA < \int_A \zeta^2\, dA$$

sein muß, weil wir $\left|\frac{\zeta}{R}\right| < 1$ vorausgesetzt haben. Deshalb können wir in vielen Fällen

$$J^* = \int_A \frac{\zeta^2}{1+\frac{\zeta}{R}}\, dA \approx \int_A \zeta^2\, dA = J$$

setzen. Für sehr stark gekrümmte Stäbe (s. nachfolgendes Beispiel) gilt das jedoch nicht mehr allgemein.

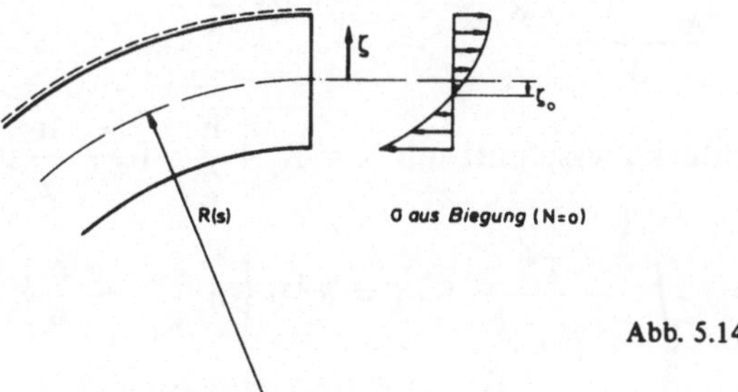

Abb. 5.14

Anmerkung:

Ist die Verteilung der Normalspannungen über den Querschnitt bekannt, so können wir auch die zugehörige Verteilung der Schubspannungen in üblicher Weise ermitteln, indem wir durch einen Schnitt ζ = konst. ein Teil des Stabelementes abtrennen und für dieses Teil die Gleichgewichtsbedingungen in Längsrichtung betrachten. Für Rechteckquerschnitte erhalten wir

$$\tau(s,\zeta) = \frac{Q(s)\,S(\zeta)}{b\,J^*}\left(\frac{1}{1+\frac{\zeta}{R(s)}}\right)^2$$

Stellen wir für dieses abgeschnittene Teil des Stabelementes auch die Gleichgewichtsbedingung in radialer Richtung auf, so können wir daraus näherungsweise die bis dahin vernachlässigten Spannungen $\sigma_{\zeta\zeta}$ ermitteln. Auf die Durchführung dieser Überlegungen verzichten wir jedoch hier.

Beispiel:

Wir betrachten einen Kranhaken, der vergleichshalber einmal mit rechteckigem Querschnitt (Abb. 5.15a), das andere Mal mit dreieckigem Querschnitt (Abb. 5.15b) ausgeführt sein soll. Die Abmessungen R_i, b, h sollen in beiden Fällen im gefährdeten Querschnitt jeweils gleich sein. Im gefährdeten Querschnitt ist

a) beim Rechteckquerschnitt: $N = F$

$$M = -F\left(R_i + \frac{h}{2}\right)$$

b) beim Dreieckquerschnitt: $N = F$

$$M = -F\left(R_i + \frac{h}{3}\right)$$

Für das Integral

$$J^* = -R\int_A \frac{\zeta}{1+\frac{\zeta}{R}}\,dA = \int_A \frac{\zeta^2}{1+\frac{\zeta}{R}}\,dA$$

$$= \underbrace{\int_A \zeta^2\,dA}_{J} - \frac{1}{R}\int_A \zeta^3\,dA + \frac{1}{R^2}\int_A \zeta^4\,dA - \ldots$$

gilt

a) beim Rechteckquerschnitt mit $R = R_i + \frac{h}{2} = R_a - \frac{h}{2}$ und $dA = b\,d\zeta$

$$J^* = \int_{-\frac{h}{2}}^{+\frac{h}{2}} \frac{\zeta^2}{1+\frac{\zeta}{R}}\,b\,d\zeta = R^3 b\left\{\ln\frac{R_a}{R_i} - \frac{h}{R}\right\}$$

$$= \underbrace{\frac{b\,h^3}{12}}_{J}\left\{1 + \frac{3}{20}\left(\frac{h}{R}\right)^2 + \frac{3}{112}\left(\frac{h}{R}\right)^4 + \ldots\right\},$$

b) beim Dreieckquerschnitt mit $R = R_i + \frac{h}{3} = R_a - \frac{2}{3} h$ und

$$dA = \frac{2}{3}\left\{1 - \frac{3}{2}\frac{\zeta}{h}\right\} b\, d\zeta$$

$$J^* = \frac{2}{3}\int_{-\frac{h}{3}}^{\frac{2}{3}h} \frac{\left\{1 - \frac{3}{2}\frac{\zeta}{h}\right\}\zeta^2}{1 + \frac{\zeta}{R}}\, b\, d\zeta = R^4 \frac{b}{h}\left\{\left(1 + \frac{2}{3}\frac{h}{R}\right)\ln\frac{R_a}{R_i} - \frac{h}{R} - \frac{1}{2}\left(\frac{h}{R}\right)^2\right\}$$

$$= \underbrace{\frac{b h^3}{36}}_{J}\left\{1 - \frac{2}{15}\frac{h}{R} + \frac{2}{15}\left(\frac{h}{R}\right)^2 - \frac{8}{189}\left(\frac{h}{R}\right)^3 + \frac{31}{1134}\left(\frac{h}{R}\right)^4 - \dots\right\}.$$

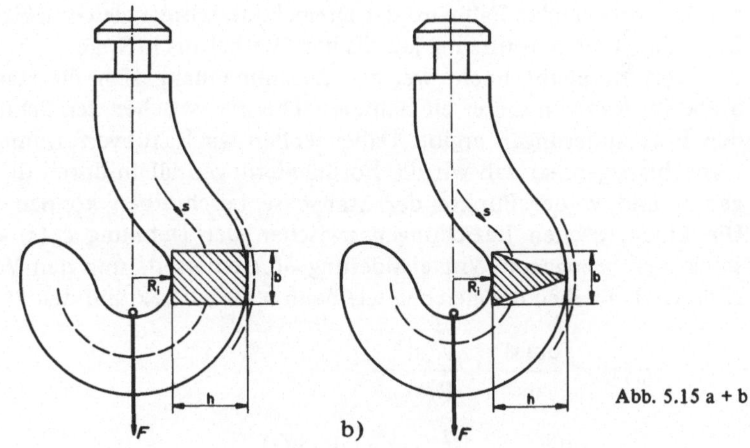

Abb. 5.15 a + b

Anmerkung:

Die Reihenentwicklung ist – wenn man die Zahl der berücksichtigten Glieder in erträglichen Grenzen halten will – nur sinnvoll, solange etwa $\frac{h}{R} < \frac{1}{2}$ bleibt. In diesem Bereich ist auch $J^* \approx J$. Wird $\frac{h}{R}$ größer, so benutzen wir besser die exakten Integrale.

In unserm Beispiel nehmen wir in Anlehnung an genormte Ausführungen $h = 2 R_i$ an. Damit können wir alle Größen, die wir für die Spannungsermittlung benötigen, berechnen. Für J^* gehen wir hierbei vom exakten Integral aus. Setzen wir die berechneten Größen in die für die Spannungsverteilung geltende Beziehung

$$\sigma = \frac{N}{A} + \frac{M}{J^*}\left\{\frac{J^*}{AR} + \frac{\zeta}{1 + \frac{\zeta}{R}}\right\}$$

ein, so erhalten wir

a) beim Rechteckquerschnitt ($J^* = 1{,}18\ J$)

$$\sigma = \frac{F}{A} \cdot \begin{cases} 10{,}14 & \text{innen} \quad (7) \\ -3{,}38 & \text{außen} \quad (-5) \end{cases}$$

b) beim Dreieckquerschnitt ($J^* = 0{,}998\ J$)

$$\sigma = \frac{F}{A} \cdot \begin{cases} 8{,}35 & \text{innen} \quad (6) \\ -7{,}15 & \text{außen} \quad (-9) \end{cases}$$

In Klammern sind jeweils die Zahlenwerte angegeben, die wir finden würden, wenn wir den Lasthaken als schwach gekrümmten Stab rechnen würden. Wir sehen, die Abweichungen sind beträchtlich. Wir erkennen ferner, daß die Querschnittsgestaltung einen wesentlichen Einfluß auf die Materialausnutzung hat. Im vorliegenden Fall wird der Dreieckquerschnitt gleichmäßiger ausgenutzt. Doch hängt die Ausnutzung jeweils vom Verhältnis h/R_i ab.

Zu erörtern bleibt noch, welcher Zusammenhang sich für stark gekrümmte Stäbe im Rahmen dieser elementaren Theorie zwischen den Schnittgrößen und den Formänderungen ergibt. Dabei wollen wir Schubverformungen wiederum vernachlässigen, so daß wir die Formänderungen allein durch die Verschiebungen u und w der Punkte der Stabachse beschreiben können.

Die kinematischen Beziehungen zwischen der Dehnung $\epsilon_0(s)$ der Stabachse sowie der bezogenen Winkeländerung $\delta(s)$ einerseits und den Verschiebungen andrerseits bleiben die gleichen wie beim schwach gekrümmten Stab:

$$\epsilon_0(s) = \frac{du(s)}{ds} + \frac{w(s)}{R(s)}$$

$$\delta(s) = \frac{d\psi}{ds} = -\frac{d^2 w(s)}{ds^2} + \frac{d}{ds}\left(\frac{u(s)}{R(s)}\right).$$

Aus den Annahmen (a) und (b), aus denen wir die elementare Theorie der stark gekrümmten Stäbe entwickelt haben, ergab sich auf der anderen Seite für die Beziehungen zwischen $\epsilon_0(s)$ sowie $\delta(s)$ und den Schnittgrößen

$$\epsilon_0(s) = \frac{1}{EA(s)}\left\{N(s) + \frac{M(s)}{R(s)}\right\}$$

$$\kappa(s) = \delta(s) - \frac{\epsilon_0(s)}{R(s)} = \frac{M(s)}{EJ^*(s)}.$$

Durch Einsetzen in die obigen kinematischen Beziehungen erhalten wir den gesuchten Zusammenhang zwischen Verschiebungen und Schnittgrößen (für $T = T_0$)

$$\frac{d^2 w(s)}{ds^2} + \frac{w(s)}{R^2(s)} - u(s)\,\frac{d}{ds}\left(\frac{1}{R(s)}\right) = -\,\frac{M(s)}{EJ^*(s)}$$

$$\frac{du(s)}{ds} + \frac{w(s)}{R(s)} = \frac{1}{EA(s)}\left\{N(s) + \frac{M(s)}{R(s)}\right\}\;.$$

Ist $T \neq T_0$, so sind die entsprechenden *Wärmedehnungen* zu berücksichtigen. Dies führt auf

$$\frac{d^2 w(s)}{ds^2} + \frac{w(s)}{R^2(s)} - u(s)\,\frac{d}{ds}\left(\frac{1}{R(s)}\right) = -\,\frac{M(s)}{EJ^*(s)} + \alpha\,\frac{\Delta T(s)}{R(s)}$$

$$\frac{du(s)}{ds} + \frac{w(s)}{R(s)} = \frac{1}{EA(s)}\left\{N(s) + \frac{M(s)}{R(s)}\right\} + \alpha\Delta T(s)\,.$$

Der Vergleich mit der Näherung (II) aus Abschnitt 5.3. zeigt, daß insbesondere die 2. Gleichung ein Korrekturglied auf der rechten Seite enthält, das für die Ermittlung der tangentialen Verschiebungen u bedeutsam werden kann.

Fragen:

1. Welche Bedeutung hat die Stützlinie für statisch bestimmte Bogentragwerke?
2. Wie finden wir die Stützlinie eines Dreigelenkbogens?
3. Von welchen System-Merkmalen hängt die Stützlinie allein ab?
4. Welche Annahmen treffen wir für die Spannungsverteilung in einem schwach gekrümmten Stab?
5. Welche Näherungsannahme wird im allgemeinen bei der Berechnung der Formänderungen eines schwach gekrümmten Stabes gemacht?
6. Von welchen Annahmen geht die elementare Theorie stark gekrümmter Stäbe aus? Welche Spannungen werden dabei vernachlässigt?
7. Wie sind bei stark gekrümmten Stäben die (reinen) Biegespannungen über den Querschnitt verteilt? Wo liegt die neutrale Faser?

6. Energiebetrachtungen in der linearen Elasto-Statik

6.1. Allgemeines

Wir betrachten *quasistatische Formänderungsvorgänge linear-elastischer Körper* und setzen voraus, daß diese Vorgänge *isotherm* verlaufen. Das Gesamtproblem zerfällt dann, wie wir in Abschnitt 2.6. festgestellt haben, in ein mechanisches und in ein davon unabhängiges kalorisches Teilproblem. Wir beschränken uns hier auf das mechanische Teilproblem.

Der *Energiesatz der Mechanik* (Satz 1.21) vereinfacht sich bei quasistatischen Formänderungsvorgängen, da wir Änderungen der kinetischen Energie vernachlässigen, also

$$\mathrm{DE} = 0$$

setzen können, zu der Aussage

$$\boxed{\mathrm{DA}^{(a)} + \mathrm{DA}_V^{(i)} = \mathrm{DW}.}$$

bzw. bei Integration über einen ganzen Formänderungsvorgang zu

$$\boxed{\mathrm{A}^{(a)} + \mathrm{A}_V^{(i)} = \mathrm{W}.}$$

Die Arbeit aller äußeren Kräfte und die der volumenhaft verteilten inneren Kräfte können wir dabei stets zusammenfassen. Wir werden sie daher im folgenden nicht mehr unterscheiden, setzen

$$\mathrm{A}^{(a)} + \mathrm{A}_V^{(i)} = \mathrm{A}$$

und bezeichnen A kurzerhand als die Arbeit aller (eingeprägten) Kräfte. Wir können so den Energiesatz der Mechanik für quasistatische Vorgänge zusammenfassen zu dem

---

Satz 6.1: Bei quasistatischen Formänderungsvorgängen ist die Arbeit aller (eingeprägten) Kräfte gleich der Formänderungsarbeit, d.h.

$$\mathrm{A} = \mathrm{W}$$

Die Beschränkung auf *linear-elastische Körper* bedeutet, daß wir

a) *geometrische Linearität*,
b) *physikalische Linearität*

voraussetzen. Damit meinen wir, daß

a) die Verschiebungen der Körperpunkte sowie die Drehungen und Verzerrungen der Körperelemente so klein bleiben sollen, daß
   1. die Beziehungen zwischen den Verschiebungen und den Verzerrungen bzw. Drehungen als linear angenommen werden können und
   2. alle Kräfte am unverformten Körper angesetzt werden dürfen,
b) das Formänderungsgesetz (die thermische Zustandsgleichung) nur lineare Beziehungen zwischen den Spannungen, den Verzerrungen und der Temperatur enthält.

Für quasistatische Formänderungsvorgänge eines linear-elastischen Körpers gilt

---

Satz 6.2: Quasistatische Formänderungsvorgänge eines linear-elastischen Körpers lassen sich in beliebiger Weise in Teilvorgänge zerlegen, deren zeitliche Reihenfolge beliebig geändert werden kann.

Es sind also Teilvorgänge in beliebiger zeitlicher Reihenfolge superponierbar; das Endergebnis bleibt dabei stets gleich. Das gilt nicht nur für isotrope, linear-elastische Körper, sondern auch für anisotrope. In den Anwendungen werden wir uns später jedoch auf isotrope Werkstoffe beschränken.

Die Sätze 6.1 und 6.2 gelten im übrigen auch für nicht-isotherme Vorgänge (vgl. Abschnitt 2.4). Wir wollen hier jedoch, wie schon erwähnt, nur isotherme Vorgänge ins Auge fassen. Es hängen dann die Verschiebungen – und damit auch die Verzerrungen und Drehungen – nur von der Belastung ab, und zwar unter unseren Voraussetzungen linear. Das heißt also beispielsweise (vgl. Abb. 6.1): Rufen zwei Kräfte $\mathbf{F}_1$, $\mathbf{F}_2$ jeweils für sich allein Verschiebung $\mathbf{u}_{01}$ bzw. $\mathbf{u}_{02}$ des Punktes 0 hervor, so ergibt sich bei *gleichzeitiger* Belastung durch die Kräfte

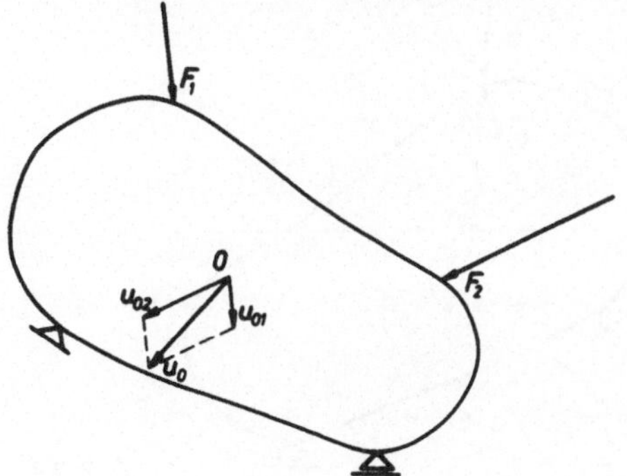

Abb. 6.1

$\mathbf{F}_1$ und $\mathbf{F}_2$ die Verschiebung

$$\mathbf{u}_0 = \mathbf{u}_{01} + \mathbf{u}_{02}.$$

Dabei kommt es auf die Reihenfolge der Belastung nicht an.
Die soeben benutzte Kennzeichnung der Verschiebungen wollen wir auch im folgenden beibehalten. Es soll also bei der Bezeichnung $\mathbf{u}_{ik}$ der erste Zähl-Index jeweils den Punkt bezeichnen, dessen Verschiebung wir betrachten, der zweite Zähl-Index hingegen die Belastung, zu der diese Verschiebung gehört. Tritt nur ein Index auf, so kennzeichnet das die Gesamt-Verschiebung des betreffenden Punktes. Wir werden im übrigen diese Bezeichnungsweise nicht nur auf die Verschiebungen anwenden, sondern auch auf die mit ihnen verbundenen Arbeiten usw.

6.2. Arbeitssätze für linear-elastische Körper

6.2.1. Die Sätze von Betti und Maxwell

Wir betrachten die Arbeit, die ein aus zwei Kräften ($\mathbf{F}_i$, $\mathbf{F}_k$) bestehendes Kräftesystem an einem *linear-elastischen Körper bei quasistatischer, isothermer Belastung* leistet. Dabei kommt es nicht darauf an, ob der Körper *statisch bestimmt oder unbestimmt* gelagert ist. Wir denken uns die beiden Kräfte nacheinander aufgebracht, und zwar das eine Mal in der Reihenfolge $\mathbf{F}_i$, $\mathbf{F}_k$, das andere Mal in der Reihenfolge $\mathbf{F}_k$, $\mathbf{F}_i$. Nach Satz 6.2 darf die Reihenfolge der Belastung das Ergebnis nicht beeinflussen. Wir könnten uns deshalb auch die beiden Kräfte gleichzeitig aufgebracht denken. Wie die Belastung in Wirklichkeit erfolgt, braucht uns unter unseren Voraussetzungen nicht zu interessieren.

Fall 1: Belastungsreihenfolge $\mathbf{F}_i$, $\mathbf{F}_k$

1. Schritt: Belastung durch $\mathbf{F}_i$ (Abb. 6.2)

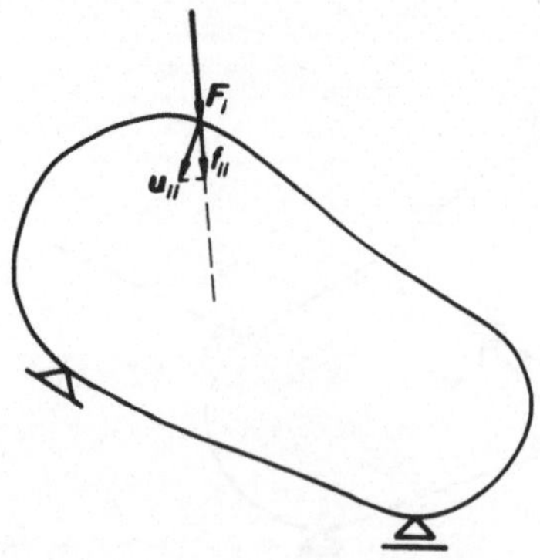

Abb. 6.2

Die Verschiebung des Kraftangriffspunktes i bei der Belastung durch $\mathbf{F}_i$ ist $\mathbf{u}_{ii}$. Die bei der Belastung geleistete Arbeit ist

$$A_{ii} = \int_0^{\mathbf{u}_{ii}} \mathbf{F}_i \cdot D\mathbf{u}_{ii} = \int_0^{f_{ii}} F_i \, Df_{ii},$$

wobei f_{ii} die skalare Größe der Projektion von $\mathbf{u}_{ii}$ auf die Wirkungsrichtung von $\mathbf{F}_i$ ist bzw. die in die Richtung von $\mathbf{F}_i$ fallende Komponente von $\mathbf{u}_{ii}$ (bei Aufspaltung in eine Komponente in Richtung von $\mathbf{F}_i$ und eine senkrecht dazu). Zur Auswertung des Integrals nehmen wir an, daß die Kraft $\mathbf{F}_i$ so aufgebracht wird, daß ihr Angriffspunkt und ihre Richtung stets gleichbleiben und nur der Betrag sich ändert. Wie die Belastung im zeitlichen Ablauf in Wirklichkeit erfolgt, ist dabei wiederum unwesentlich. Unter unserer Annahme können wir setzen

$$Df_{ii} = \delta_{ii} \, DF_i \qquad (\delta_{ii} \geqslant 0)$$

Die Größe δ_{ii} (Größenart: $[LK^{-1}] = [M^{-1} Z^{-3}]$) ist eine sogenannte *Einflußgröße.* Sie gibt in unserem Falle die auf die skalare Größe der Kraft $\mathbf{F}_i$ bezogene Verschiebung in Richtung der Kraft $\mathbf{F}_i$ an.

$$\delta_{ii} = \frac{Df_{ii}}{DF_i} = \frac{f_{ii}}{F_i} \, .$$

Die Einflußgröße δ_{ii} hängt nur vom Angriffspunkt der Kraft und von der Wirkungsrichtung der Kraft $\mathbf{F}_i$ ab, jedoch nicht von der Größe der Kraft. Sie bezeichnet die zu einer Kraft von der Größe „1“ gehörende Verschiebung in Richtung der Kraft.

Unter Benutzung der Einflußgröße δ_{ii}, die wir als bekannt voraussetzen, können wir die von der Kraft $\mathbf{F}_i$ in diesem ersten Belastungsschritt geleistete Arbeit ermitteln. Es ist

$$A_{ii} = \int_0^{F_i} F_i \delta_{ii} DF_i = \delta_{ii} \int_0^{F_i} F_i DF_i$$

$$= \frac{1}{2} \delta_{ii} F_i^2 = \frac{1}{2} F_i f_{ii} = \frac{1}{2} \frac{f_{ii}^2}{\delta_{ii}} \, .$$

Wir bezeichnen A_{ii} als die *Eigenarbeit* oder auch als die *aktive Arbeit* der Kraft $\mathbf{F}_i$, weil sie allein auf die Belastung durch $\mathbf{F}_i$ zurückgeht. Sie wird in Abb. 6.3 repräsentiert durch die Fläche unter der sogenannten *Arbeits-Kennlinie*, deren Steigung durch δ_{ii} festgelegt ist. Die Eigenarbeit kann niemals negativ werden, darum ist auch δ_{ii} stets positiv (genauer: nicht-negativ; δ_{ii} verschwindet jedoch nur, wenn die Kraft $\mathbf{F}_i$ unmittelbar an einem Auflager angreift). $\mathbf{f}_{ii}$ fällt darum stets in die (positive) Wirkungsrichtung der Kraft $\mathbf{F}_i$. Deshalb genügt es, zur Ermittlung von δ_{ii} die *Wirkungslinie* und den Kraftangriffspunkt von $\mathbf{F}_i$ zu kennen. Auf die Wirkungsrichtung kommt es nicht an.

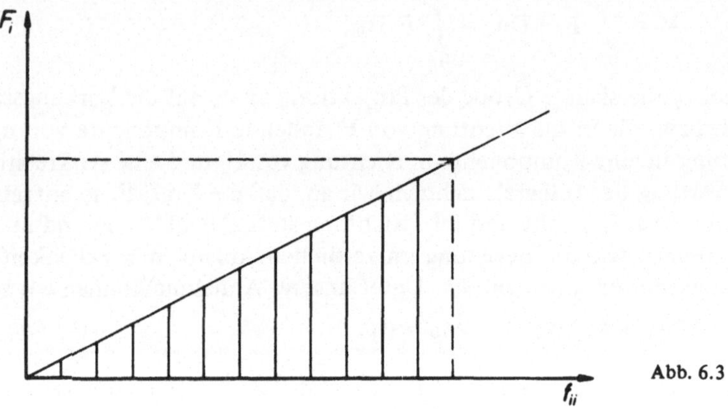

Abb. 6.3

2. Schritt: Nachfolgende Belastung durch $\mathbf{F}_k$ (vgl. Abb. 6.4)

Bei der nachfolgenden Belastung durch $\mathbf{F}_k$ erfährt der Angriffspunkt von $\mathbf{F}_i$ eine Verschiebung $\mathbf{u}_{ik}$. Ihre Projektion auf die Wirkungsrichtung von $\mathbf{F}_i$ ist f_{ik}. Wir können wiederum

$$f_{ik} = \delta_{ik} F_k \qquad (\delta_{ik} \lesseqgtr 0)$$

setzen. Die Einflußgröße δ_{ik} hängt von der Lage der Kraftangriffspunkte i und k sowie von der Wirkungsrichtung der Kräfte $\mathbf{F}_i$ und $\mathbf{F}_k$ ab, jedoch nicht von deren Betrag. δ_{ik} kann positiv oder negativ sein, da die Projektion der Verschiebung $\mathbf{u}_{ik}$ auf die (positive) Wirkungsrichtung von $\mathbf{F}_i$ positiv oder negativ sein kann. Deshalb muß zur Ermittlung der Einflußgrößen δ_{ik} die positive Wirkungsrichtung der Kräfte $\mathbf{F}_i$ und $\mathbf{F}_k$ vorgegeben sein. Die Angabe der Wirkungslinien genügt nicht.

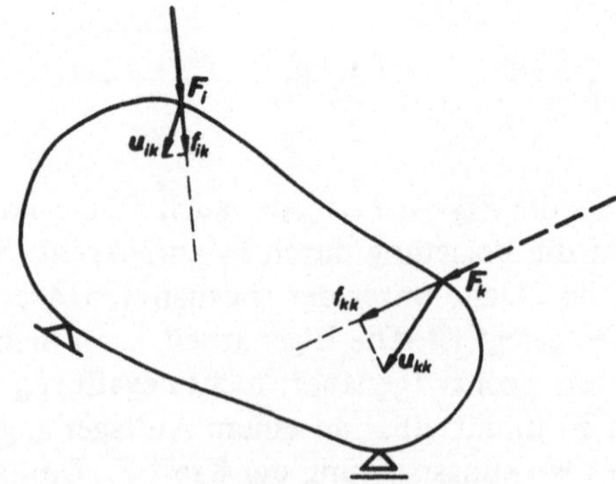

Abb. 6.4

Für die von der Kraft F_i bei der nachfolgenden Belastung durch F_k geleistete Arbeit erhalten wir (vgl. Abb. 6.5)

$$A_{ik} = \int_0^{f_{ik}} F_i Df_{ik} = F_i \delta_{ik} \int_0^{F_k} DF_k$$
$$= F_i \delta_{ik} F_k = F_i f_{ik}.$$

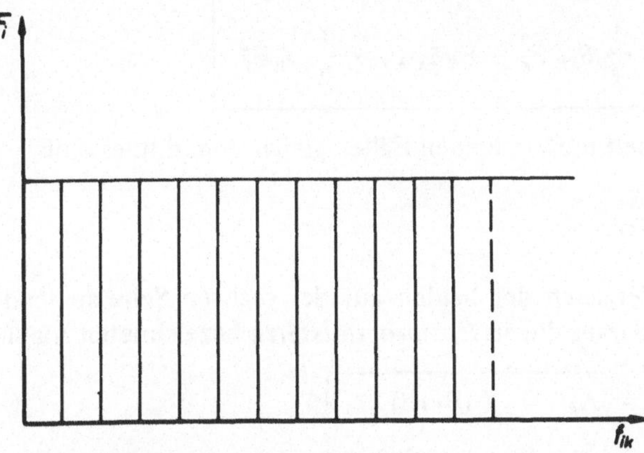

Abb. 6.5

Wir nennen A_{ik} die *Verschiebungsarbeit* oder auch *passive Arbeit* der Kraft F_i infolge der Belastung durch F_k.
F_k selbst leistet im 2. Schritt die *Eigenarbeit*

$$A_{kk} = \frac{1}{2} \delta_{kk} F_k^2 = \frac{1}{2} F_k f_{kk} = \frac{1}{2} \frac{f_{kk}^2}{\delta_{kk}}.$$

Die *Gesamtarbeit* im Fall 1 (Belastungsreihenfolge F_i, F_k) ist mithin

$$\boxed{\begin{aligned} \underset{(1)}{A} &= A_{ii} + A_{ik} + A_{kk} \\ &= \frac{1}{2} \delta_{ii} F_i^2 + F_i \delta_{ik} F_k + \frac{1}{2} \delta_{kk} F_k^2. \end{aligned}}$$

Fall 2: Belastungsreihenfolge F_k, F_i

1. Schritt: Belastung durch F_k
Eigen*arbeit* der Kraft F_k

$$A_{kk} = \frac{1}{2} \delta_{kk} F_k^2 = \frac{1}{2} F_k f_{kk} = \frac{1}{2} \frac{f_{kk}^2}{\delta_{kk}}.$$

2. Schritt: Nachfolgende Belastung durch F_i
Verschiebungsarbeit der Kraft F_k

$$A_{ki} = F_k \delta_{ki} F_i = F_k f_{ki}.$$

Eigenarbeit der Kraft $\mathbf{F}_i$

$$A_{ii} = \frac{1}{2}\,\delta_{ii}F_i^2 = \frac{1}{2}\,F_i f_{ii} = \frac{1}{2}\,\frac{f_{ii}^2}{\delta_{ii}}\,.$$

Für die *Gesamtarbeit* ergibt sich somit im Fall 2 (Belastungsreihenfolge $\mathbf{F}_k$, $\mathbf{F}_i$)

$$\underset{(2)}{A} = A_{kk} + A_{ki} + A_{ii} = \frac{1}{2}\,\delta_{kk}F_k^2 + F_k\delta_{ki}F_i + \frac{1}{2}\,\delta_{ii}F_i^2$$

Die Gesamtarbeit muß in beiden Fällen gleich sein, d.h. es muß

$$\underset{(1)}{A} = \underset{(2)}{A}$$

sein. Durch Vergleich der beiden auf der rechten Seite stehenden Ausdrücke gewinnen wir daraus die als *Reziprozitätssätze* bezeichneten Aussagen, daß

$$A_{ik} = A_{ki} \qquad (\textit{Betti})$$
$$\delta_{ik} = \delta_{ki} \qquad (\textit{Maxwell})$$

sein muß.
Wir können in unsere Betrachtungen auch singuläre Kräftepaare (Momente) einbeziehen. Die zugehörige kinematische Größe ist dann die Projektion des Drehvektors $\boldsymbol{\varphi}$ des Angriffspunktes des Kräftepaares auf die Drehrichtung des Momentes, d.h. der in die Ebene des Kräftepaares fallende Drehwinkel (vgl. Abb. 6.6, die ein ebenes Problem darstellt). Die Einflußgrößen ändern dabei allerdings ihre Größenart. Wir erhalten dann

$$\varphi_{kk} = \delta_{kk}M_k$$

$$A_{kk} = \frac{1}{2}\,\delta_{kk}M_k^2 = \frac{1}{2}\,M_k\varphi_{kk} = \frac{1}{2}\,\frac{\varphi_{kk}^2}{\delta_{kk}}$$

$$\text{mit } \delta_{kk}\,[L^{-1}K^{-1}] = [L^{-2}M^{-1}Z^2]$$

$$f_{ik} = \delta_{ik}M_k\,, \quad \varphi_{ki} = \delta_{ki}F_i$$

$$A_{ik} = F_i\delta_{ik}M_k = M_k\,\delta_{ki}F_i = A_{ki}$$

$$\text{mit } \delta_{ik} = \delta_{ki}\,[K^{-1}] = [L^{-1}M^{-1}Z^2]\,.$$

Die Aussage $A_{ik} = A_{ki}$ können wir ferner in der Weise verallgemeinern, daß $\mathbf{F}_i$ und $\mathbf{F}_k$ nicht nur eine einzelne Kraft (bzw. ein einzelnes Moment) bezeichnen, sondern jeweils ein Kräftesystem ($\mathbf{F}_i$, $i = 1\ldots m$; $\mathbf{F}_k$, $k = 1\ldots n$), das auch singuläre Kräftepaare enthalten mag. Wir können also formulieren:

Satz 6.3: Satz von *Betti* (1823–1892)

Bei einem *linear-elastischen Körper* ist bei quasistatischen, isothermen Formänderungen die Verschiebungsarbeit, die ein Kräftesystem $\mathbf{F}_i$ bei der nachfolgenden Belastung durch ein Kräftesystem $\mathbf{F}_k$ leistet, gleich der Verschiebungsarbeit, die das Kräftesystem $\mathbf{F}_k$ bei der nachfolgenden Belastung durch das Kräftesystem $\mathbf{F}_i$ leistet:

$$A_{ik} = A_{ki}$$

Satz 6.4: Satz von *Maxwell* (1831–1879) (vgl. Abb. 6.7)

Bei einem *linear-elastischen Körper* ist bei quasistatischen, isothermen Formänderungen die Verschiebung eines Körperpunktes i in Richtung $\mathbf{e}_i$ infolge einer in k in Richtung $\mathbf{e}_k$ angreifenden Kraft von der Größe „1" gleich der Verschiebung des Körperpunktes k in Richtung $\mathbf{e}_k$ infolge einer in i in Richtung $\mathbf{e}_i$ angreifenden Kraft von der Größe „1", d.h.

$$\delta_{ik} = \delta_{ki}.$$

Ersetzen wir eine Kraft (oder beide Kräfte) durch ein singuläres Kräftepaar von der Größe „1", dessen Drehrichtung durch $\mathbf{e}_i$ (bzw. $\mathbf{e}_k$) gekennzeichnet ist, so tritt an die Stelle der Verschiebung in Richtung $\mathbf{e}_i$ (bzw. $\mathbf{e}_k$) die Projektion der Drehung des betreffenden Körperpunktes auf die Richtung $\mathbf{e}_i$ (bzw. $\mathbf{e}_k$), d.h. die Drehung um die durch $\mathbf{e}_i$ (bzw. $\mathbf{e}_k$) gekennzeichnete Achse.

Aus diesen beiden Sätzen lassen sich unmittelbar viele interessante Folgerungen ableiten. Wir beschränken uns hier auf drei Beispiele.

Abb. 6.6

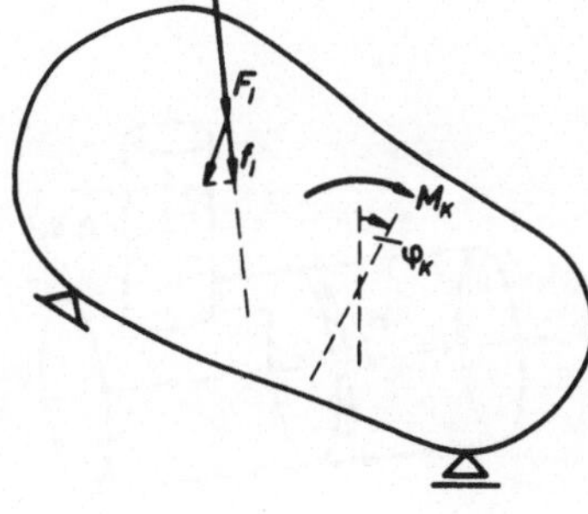

Abb. 6.7

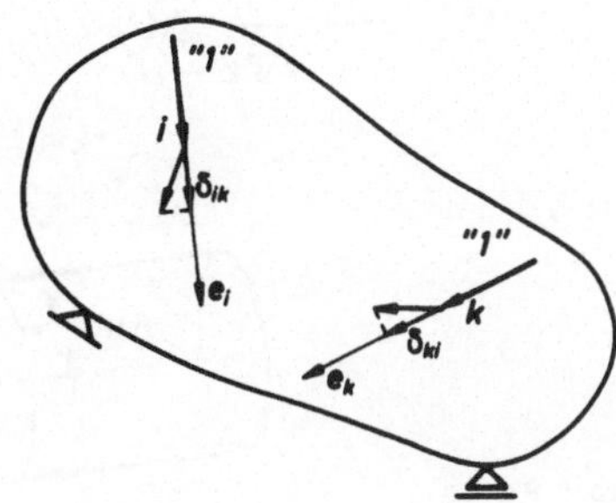

1. Beispiel (vgl. Abb. 6.8)

Wir kennen die Verschiebung f_{21} infolge F_1 (Abb. 6.8a). Wir suchen die Verschiebung f_{12} infolge F_2. Aus der Beziehung

$$F_2 f_{21} = A_{21} = A_{12} = F_1 f_{12}$$

folgt

$$f_{12} = \frac{F_2}{F_1} f_{21},$$

speziell für

$$F_1 = F_2 \quad \text{also} \quad f_{12} = f_{21}.$$

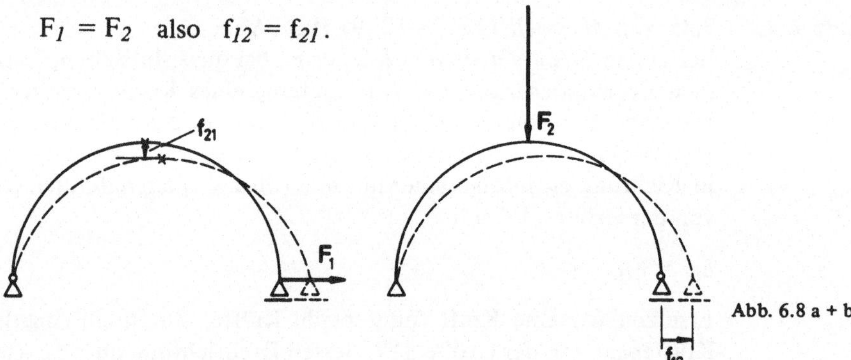

Abb. 6.8 a + b

2. Beispiel (vgl. Abb. 6.9)

Wir kennen aus einem Druckversuch, um welches Maß ΔU_{ik} sich der Umfang eines Kessels bei einer Druckerhöhung Δp_k (Kräftesystem *k*) vergrößert. Wir suchen die Volumenänderung ΔV_{ki} des Kessels, wenn an der Umfangsmeßstelle eine Bandage um den Kessel gelegt und mit der Umfangskraft F_i (Kräftesystem *i*) gespannt wird. Aus

$$F_i \Delta U_{ik} = A_{ik} = A_{ki} = -\Delta p_k \Delta V_{ki}$$

ergibt sich unmittelbar

$$\Delta V_{ki} = -\frac{F_i}{\Delta p_k} \Delta U_{ik}.$$

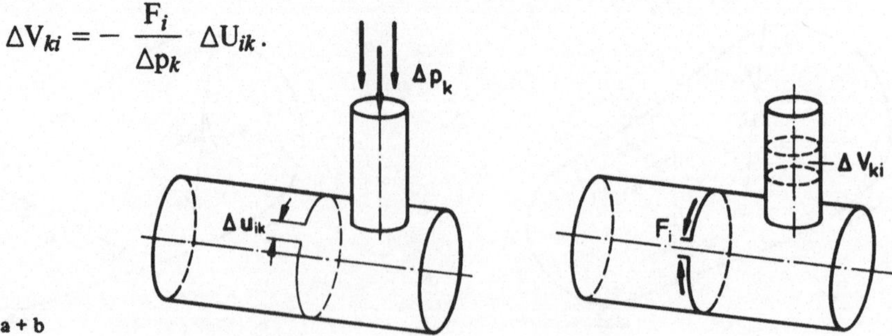

Abb. 6.9 a + b

3. Beispiel (vgl. Abb. 6.10)

Ein einseitig eingespannter Stab wird durch eine Querkraft Q_i und ein Torsionsmoment M_{T_k} belastet. Wir denken uns zuerst M_{T_k} aufgebracht und dann Q_i, wobei Q_i im Schubmittelpunkt D angreifen möge. Da die Biegung in diesem Falle torsionsfrei ist, leistet M_{T_k} dabei keine Arbeit: $A_{ki} = 0$. Ändern wir die Reihenfolge der Belastung, so muß $A_{ik} = 0$ sein, d.h. der Schubmittelpunkt D darf bei der nachfolgenden Torsion infolge M_{T_k} keine Verschiebung erfahren. Das ist nur möglich, wenn der Schubmittelpunkt zugleich Drill-Ruhepunkt (Durchstoßpunkt der freien Drillachse) ist. In Abschnitt 4.5. konnten wir diesen Sachverhalt nur mit sehr viel größerem Aufwand beweisen.

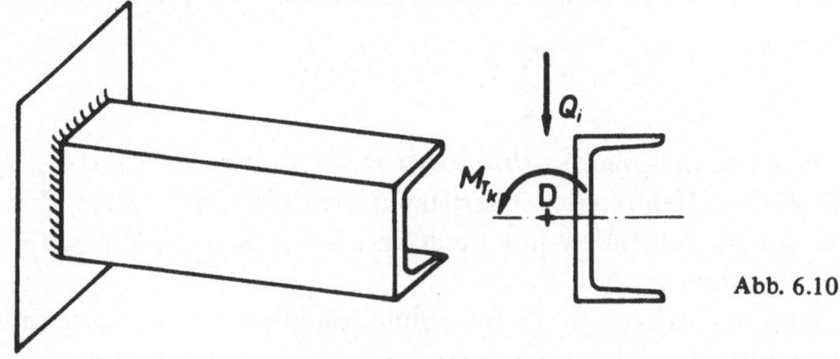

Abb. 6.10

6.2.2. Die Sätze von Castigliano, Engesser und Menabrea

Ein linear-elastischer Körper sei durch ein Kräftesystem F_i ($i = 1 \ldots k \ldots n$) belastet. Die Angriffspunkte und Wirkungsrichtungen der Kräfte seien gegeben (vgl. Abb. 6.11). Damit liegen auch die Einflußgrößen δ_{ik} fest. Die skalaren Größen F_i betrachten wir als variabel. Die Gesamtarbeit, die das Kräftesystem bei quasistatischer, isothermer Belastung leistet, läßt sich als *quadratische Form* schreiben:

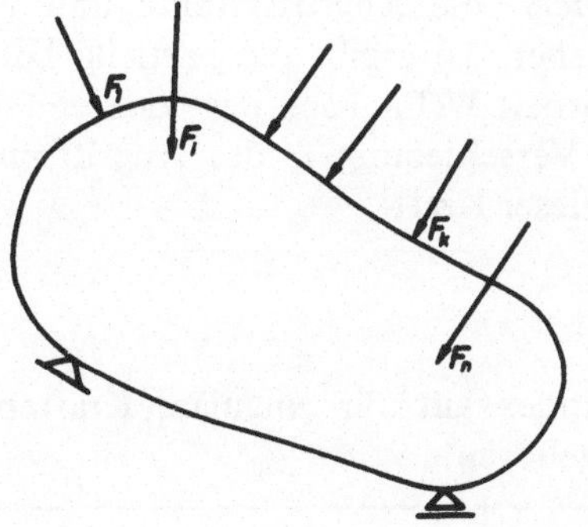

Abb. 6.11

Satz 6.5: Für einen *linear-elastischen Körper* ist bei quasistatischer, isothermer Belastung die Gesamtarbeit aller Kräfte bzw. Momente

$$A = \frac{1}{2}\sum_i \sum_k F_i\,\delta_{ik}\,F_k = A(F_i)$$

$$(i, k = 1, 2 \ldots n).$$

Die Angriffspunkte und Wirkungsrichtungen der Kräfte bzw. Momente sind dabei als gegeben vorausgesetzt.

Leiten wir A partiell nach einer der Kräfte ab, so erhalten wir

$$\frac{\partial A}{\partial F_i} = \sum_k \delta_{ik}\,F_k = \sum_k f_{ik} = f_i,$$

also die Verschiebung des Punktes i in Richtung der Kraft $\mathbf{F}_i$. Entsprechendes gilt für die Verdrehung des Angriffspunktes eines Momentes. Zur Vereinfachung wollen wir im folgenden nur noch von Kräften sprechen, schließen aber dabei Momente immer mit ein.
Nach Satz 6.1 ist A = W. Es muß sich deshalb auch die Formänderungsarbeit W als Funktion der skalaren Größen F_i ausdrücken lassen, d.h.

$$W = W(F_i),$$

und es muß auch für die partielle Ableitung der Formänderungsarbeit

$$\frac{\partial W}{\partial F_i} = \frac{\partial A}{\partial F_i} = f_i$$

gelten. Das ist der erste Satz von *Castigliano* (1847–1884):

Satz 6.6: *Erster Satz von Castigliano*

Sind bei quasistatischer, isothermer Belastung eines *linear-elastischen Körpers* die Angriffspunkte und Wirkungsrichtungen der Kräfte gegeben, so ergibt die partielle Differentiation der Formänderungsarbeit $W(F_i)$ nach der skalaren Größe F_i einer beliebigen Kraft die Verschiebung f_i des Angriffspunktes dieser Kraft in Richtung dieser Kraft:

$$\frac{\partial W(F_i)}{\partial F_i} = f_i\,.$$

Entsprechendes gilt für singuläre Kräftepaare, die zum Kräftesystem $\mathbf{F}_i$ gehören.

Der zweite Satz von *Castigliano* geht von der Voraussetzung aus, daß sich die Formänderungsarbeit W, wenn Angriffspunkt und Wirkungsrichtung aller angreifenden Kräfte gegeben sind, als eindeutige Funktion der Verschiebungen f_i in Richtung der Kräfte angeben lasse:

$$W = W(f_i).$$

Dann folgt aus dem Vergleich der beiden Aussagen

$$DW = \sum_i F_i Df_i$$

$$DW = \sum_i \frac{\partial W}{\partial f_i} Df_i$$

Satz 6.7: *Zweiter Satz von Castigliano*

Sind bei einem elastischen Körper die Angriffspunkte und die Wirkungsrichtungen aller Kräfte gegeben und ist bei quasistatischer, isothermer Belastung die Formänderungsarbeit W eine eindeutige Funktion der Verschiebungen f_i der Kraftangriffspunkte in Richtung der Kräfte $\mathbf{F}_i$, so ergibt die partielle Ableitung der Formänderungsarbeit nach einer der Verschiebungen f_i die skalare Größe F_i der betreffenden Kraft:

$$\frac{\partial W(f_i)}{\partial f_i} = F_i.$$

Entsprechendes gilt für singuläre Kräftepaare, die zum Kräftesystem $\mathbf{F}_i$ gehören.

Im Gegensatz zum ersten Satz von *Castigliano*, der nur für linear-elastische Körper gilt, ist der zweite Satz nicht darauf beschränkt. Es läßt sich jedoch zeigen, daß man einen dem ersten Satz von *Castigliano* entsprechenden Satz formulieren kann, der auch für nicht-lineare elastische Körper gültig bleibt. Aus Abb. 6.12, die für eine einzelne Kraft gilt, entnehmen wir, daß wir das Differential des Produktes $F \cdot f$ aufteilen können entsprechend der Beziehung

$$\begin{aligned} D(F\,f) &= F\,Df + f\,DF \\ &= DA + DA^*. \end{aligned}$$

A^*, definiert durch

$$DA^* = f\,DF \quad \text{bzw.} \quad DA^* = \sum_i f_i DF_i \quad \text{(bei mehreren Kräften)}$$

ist die sogenannte *Ergänzungsarbeit*. Entsprechend können wir auch eine

Ergänzungs-Formänderungsarbeit W^* definieren. Können wir nun voraussetzen, daß W^* eine eindeutige Funktion der skalaren Größen F_i ist,

$$W^* = W^*(F_i)$$

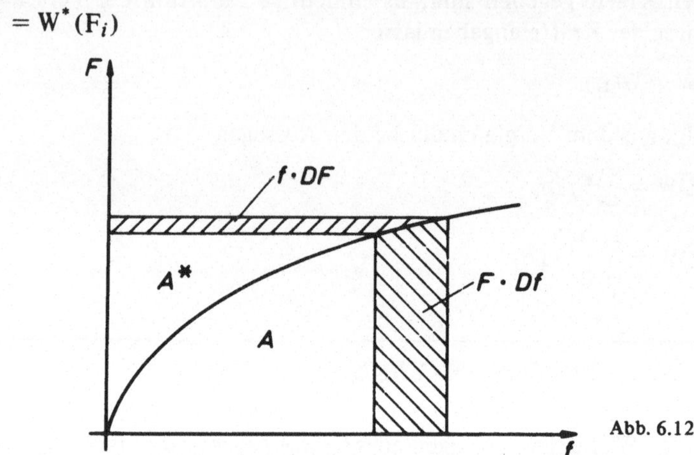

Abb. 6.12

so gilt

$$DW^* = \sum_i \frac{\partial W^*(F_i)}{\partial F_i} DF_i.$$

Andrerseits ist aber per definitionem

$$DW^* = \sum_i f_i DF_i .$$

Der Vergleich dieser beiden Beziehungen ergibt den

Satz 6.8: *Satz von Engesser* (1848–1931)

Sind bei einem elastischen Körper die Angriffspunkte und Wirkungsrichtungen aller Kräfte F_i gegeben und ist bei quasistatischer, isothermer Belastung die Ergänzungs-Formänderungsarbeit W^* eine eindeutige Funktion der skalaren Größen F_i, so ergibt die partielle Ableitung von W^* nach einer der Größen F_i die Verschiebung f_i des Angriffspunktes dieser Kraft in Richtung der Kraft:

$$f_i = \frac{\partial W^*(F_i)}{\partial F_i} .$$

Entsprechendes gilt für singuläre Kräftepaare, die zum Kräftesystem F_i gehören.

Für linear-elastische Körper fallen der erste Satz von *Castigliano* und der Satz von *Engesser* zusammen, da für diese Körper $W = W^*$ ist. Da wir hier nur linear-

elastische Körper betrachten wollen, kommen wir deshalb mit dem ersten Satz von *Castigliano* aus.
Bei einem statisch unbestimmten System können wir aus der Gesamtheit der Auflager-Reaktionen einen vollständigen und voneinander unabhängigen Satz von Auflager-Reaktionen auswählen, der das System kinematisch und statisch bestimmt macht, wobei die Auswahl natürlich einer gewissen Willkür unterliegt. Wir nennen dieses Teilsystem das *statisch (und kinematisch) bestimmte Hauptsystem.* Die restlichen Auflager-Reaktionen betrachten wir als unbekannte Belastungen X_k (vgl. Abb. 6.13). Die Formänderungsarbeit wird dann zu einer Funktion der eingeprägten Kräfte F_i und der statisch unbestimmten (d.h. aus stereo-statischen Gleichgewichtsbedingungen nicht bestimmbaren) Auflager-Reaktionen X_k:

$$W = W(F_i, X_k)$$

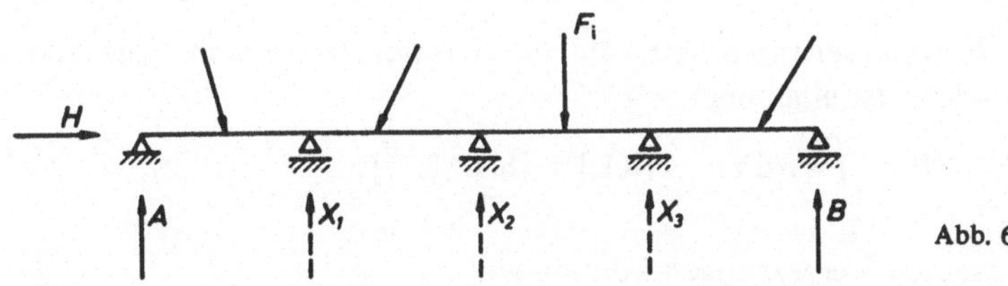

Abb. 6.13

Der erste Satz von *Castigliano* liefert uns sodann – wegen $f_k = 0$ – die Bedingungen

$$\boxed{\frac{\partial W}{\partial X_k} = 0.}$$

Wir können dieses Ergebnis wie folgt interpretieren:

Satz 6.9: *Satz von Menabrea* (1809–1896)
Satz vom Minimum der Formänderungsarbeit

Bei der quasistatischen, isothermen Belastung eines linear-elastischen Körpers stellen sich die statisch unbestimmten Reaktionen X_k so ein, daß die Formänderungsarbeit $W(F_i, X_k)$ im Vergleich mit benachbarten Zuständen zu einem Minimum wird:

$$\frac{\partial W(F_i, X_k)}{\partial X_k} = 0.$$

Als benachbarte Zustände sind dabei solche Zustände zu betrachten, die wir durch eine Variation der Reaktionen X_k erhalten. Daß die sich einstellenden Reaktionen X_k zu einem Minimum der Formänderungsarbeit W und nicht zu einem Maximum führen, ist im übrigen leicht dadurch nachzuweisen, daß wir die zweiten Ableitungen bilden. Wir erhalten

$$\frac{\partial^2 W}{\partial X_k^2} = \delta_{kk} > 0$$

und sehen, daß alle diese zweiten Ableitungen positiv sind.
Wir können diese Extremal-Aussage auch auf innere Reaktionen ausdehnen und erhalten dann ein Variations-Prinzip von sehr großer Tragweite. Darauf wollen wir aber erst in Band IV eingehen.

6.3. Die Berechnung der Formänderungsarbeit für Stäbe

Die Formänderungsarbeit, die ein Körper bei einem Formänderungsvorgang aufnimmt, ist allgemein

$$W = \int_V w \rho \, dV. \qquad [KL] = [ML^2 Z^{-2}]$$

Bei kleinen Verzerrungen können wir

$$\rho \approx \overset{\circ}{\rho},$$

d.h. gleich der Dichte im Ausgangszustand und deshalb

$$w \approx \frac{1}{\overset{\circ}{\rho}} \int_0^{\epsilon_{ik}} \sum_i \sum_k \sigma_{ik} \, D\epsilon_{ik}$$

setzen, erhalten also (vgl. Abschnitt 2.3.)

$$\rho w \approx \overset{\circ}{\rho} w \approx \int_0^{\epsilon_{ik}} \sum_i \sum_k \sigma_{ik} \, D\epsilon_{ik}. \qquad [KL^{-2}] = [ML^{-1} Z^{-2}]$$

Die allgemeine Auswertung dieses Integrals ist für linear-elastische Körper und isotherme Formänderungsvorgänge in Abschnitt 2.3. angegeben.
In der *elementaren Elasto-Statik der Stäbe* gehen wir im allgemeinen von der *Annahme*

$$\sigma_{yy} = \sigma_{zz} = \sigma_{yz} = 0$$

aus, von wenigen Fällen abgesehen. Es sind dann nur die in den Stabquerschnitten wirkenden *Normalspannungen*

$$\sigma_{xx} = \begin{cases} \sigma(x, y, z) & \text{(Vollquerschnitte)} \\ \sigma(x, \zeta) & \text{(dünnwandige Querschnitte)} \end{cases}$$

und die *Schubspannungen*

$$\sqrt{\sigma_{xy}^2 + \sigma_{xz}^2} = \tau(x, y, z) \qquad \text{(Vollquerschnitte)}$$

bzw.

$$\sigma_{x\zeta} = \tau(x, \zeta) \qquad \text{(dünnwandige Querschnitte)}$$

von Null verschieden. Wir erhalten darum im Rahmen der linearen Theorie für die *spezifische Formänderungsarbeit bei Stäben*

$$\rho w = \frac{\sigma^2}{2E} + \frac{\tau^2}{2G}$$

und durch Integration über das ganze Stabvolumen

$$W = \int_A \int_l \left\{\frac{\sigma^2}{2E} + \frac{\tau^2}{2G}\right\} \underbrace{dl\ dA}_{dV} \ .$$

Bei *geraden* Stäben sind die Fasern eines Stabelementes gleich lang, und wir können

$$dl = dx$$

setzen. Dies gilt näherungsweise auch für schwach gekrümmte Stäbe, bei denen lediglich an die Stelle von dx das Differential ds tritt. Bei stark gekrümmten Stäben haben wir jedoch die unterschiedliche Faserlänge über dem Querschnitt zu berücksichtigen. Wir kommen später darauf zurück. Vorerst beschränken wir uns auf *gerade Stäbe.*

Bei diesen können wir die Auswertung des obigen Integrals für die Formänderungsarbeit W wesentlich vereinfachen. Sehen wir von den durch die Querkräfte hervorgerufenen Schubdeformationen zunächst einmal ab, so können wir im Rahmen der Annahmen der elementaren Elasto-Statik die Formänderungen eines Stabelementes zurückführen

a) auf eine *Längenänderung*, bei der nur die aus den Normalspannungen σ resultierende Normalkraft N Arbeit leistet,

b) auf *Krümmungsänderungen*, bei denen nur die aus den Normalspannungen σ resultierenden Biegemomente M_y und M_z Arbeit leisten, und

c) auf eine *Drillungsänderung*, bei der nur das aus den Schubspannungen τ resultierende Torsionsmoment M_T Arbeit leistet, sofern die Verwölbung der Querschnitte nicht behindert ist.

Hierzu kommen dann noch

d) die von den Querkräften hervorgerufenen Schubverformungen, die wir besonders betrachten müssen.

Für diese Arbeitsanteile, die wir im Rahmen der linearen Theorie superponieren können, erhalten wir im einzelnen:

a) *Längenänderung* (vgl. Abb. 6.14)

Die Längenänderung eines Stabelementes ist

$$D\{dx[1+\epsilon_0]\} = dx\, D\epsilon_0$$

Da

$$\epsilon_0 = \frac{N}{EA}$$

ist, folgt

$$D\epsilon_0(x) = \frac{DN}{EA}\,.$$

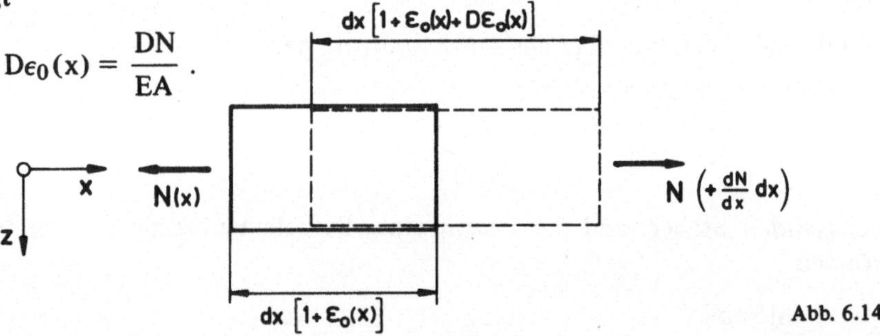

Abb. 6.14

Bezeichnen wir die Formänderungsarbeit, die einem Stabelement von der Länge dx zugeordnet ist, mit dW, so erhalten wir für ihr substantielles Differential bei einer solchen Längenänderung des Stabelementes

$$D(dW) = N D\epsilon_0\, dx = \frac{N\, DN}{EA}\, dx = \frac{1}{EA}\, D\left(\frac{N^2}{2}\right)\, dx.$$

Die Integration über den ganzen Belastungsvorgang ergibt dann

$$dW = \frac{1}{2}\,\frac{N^2}{EA}\, dx.$$

Anmerkung:

Dieses Ergebnis erhalten wir auch, wenn N und A von x abhängen. Die differentiellen Änderungen von N beim Fortschreiten um dx liefern nur Beiträge, die von höherer Ordnung klein sind.

b) *Krümmungsänderung* (vgl. Abb. 6.15)

Aus der Abb. 6.15, in der nur die ebene Biegung dargestellt ist, lesen wir ab

$$D(d\alpha) = D\left(\frac{dx}{R}\right) = D\left(\frac{1}{R}\right) dx.$$

Nun ist

$$\frac{1}{R} = \frac{M}{EJ}.$$

Deshalb wird

$$D\left(\frac{1}{R}\right) = \frac{DM}{EJ}$$

und

$$D(dW) = M\,D(d\alpha) = \frac{M\,DM}{EJ}\,dx = \frac{1}{EJ}\,D\left(\frac{M^2}{2}\right)dx\,.$$

Integrieren wir wieder über den gesamten Belastungsvorgang, so erhalten wir für die Formänderungsarbeit des Biegemomentes für ein Stabelement von der Länge dx:

$$dW = \frac{1}{2}\,\frac{M^2}{EJ}\,dx.$$

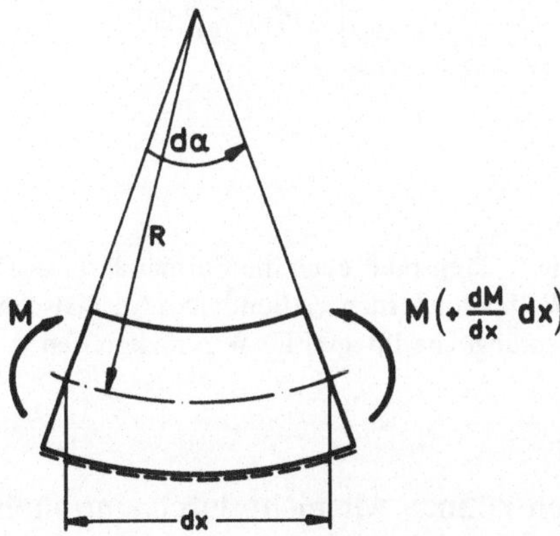

Abb. 6.15

c) *Drillungsänderung* (vgl. Abb. 6.16)

Das Differential der gegenseitigen Verdrehung der beiden Querschnitte, die ein Stabelement von der Länge dx begrenzen, ist

$$D(d\varphi) = D(\vartheta\,dx) = D\vartheta\,dx\,,$$

wobei ϑ die Drillung bezeichnet. Da

$$\vartheta = \frac{M_T}{GJ_T}$$

ist, wird

$$D\vartheta = \frac{D\,M_T}{GJ_T}\ .$$

Für das von der Drillungsänderung herrührende Differential der Formänderungsarbeit erhalten wir also

$$D(dW) = M_T D(d\varphi) = \frac{M_T D M_T}{GJ_T}\,dx = \frac{1}{GJ_T}\,D\left(\frac{M_T^2}{2}\right) dx.$$

Die Integration über den gesamten Belastungsvorgang ergibt somit

$$dW = \frac{1}{2}\,\frac{M_T^2}{GJ_T}\,dx.$$

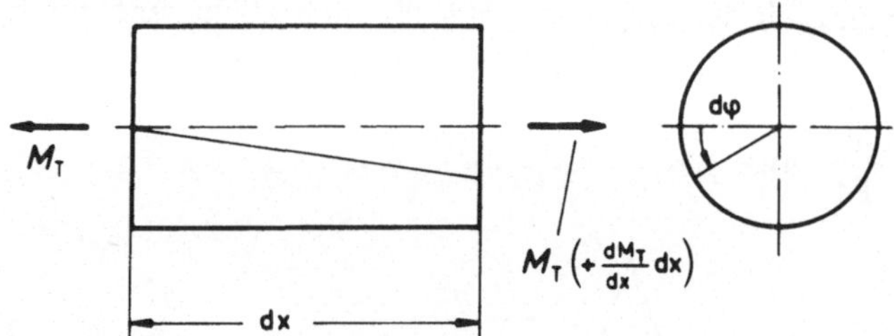

Abb. 6.16

Anmerkung:

Ist die Torsion wölbbehindert, dann muß auch die Formänderungsarbeit berücksichtigt werden, die von den mit der Wölbbehinderung verbundenen Normalspannungen ausgelöst wird. Dazu müssen wir auf das ursprüngliche Integral für W zurückgreifen.

d) *Schubdeformationen*

Die Schubdeformationen können wir nicht durch eine ähnlich einfache Annahme erfassen, wie es für die von den andern Schnittgrößen verursachten Formänderungen eines Stabelementes gilt. Wir müssen deshalb zur Berechnung dieses Anteiles der Formänderungsarbeit auf das ursprüngliche Integral zurückgreifen. Das führt (mit $\sigma = 0$) auf

$$dW = \frac{1}{2G}\int_A \tau^2\,dA\,dx.$$

Für den *Rechteckquerschnitt* ist bei *gerader Biegung* (vgl. Abb. 6.17 sowie Abschnitt 3.1.)

$$\tau = \frac{3}{2}\,\frac{Q}{A}\left\{1 - \left(\frac{2z}{h}\right)^2\right\}.$$

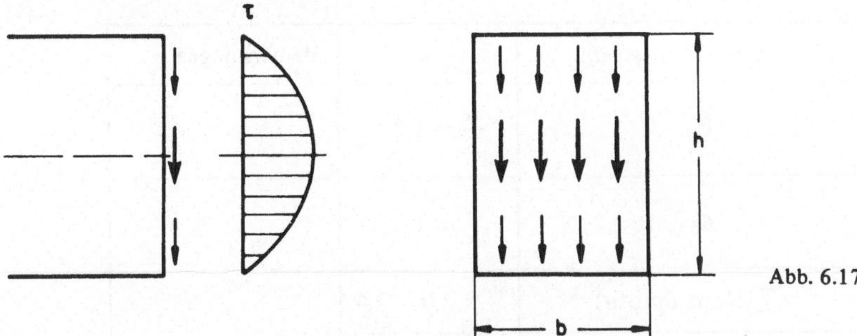

Abb. 6.17

Setzen wir das in das obige Integral ein, so erhalten wir

$$dW = \frac{1}{2G}\frac{9}{4}\left(\frac{Q}{A}\right)^2 \int_{-\frac{h}{2}}^{\frac{h}{2}} \left\{1 - \left(\frac{2z}{h}\right)^2\right\}^2 b\,dz\,dx$$

$$= \frac{6}{5}\frac{1}{2}\frac{Q^2}{GA}\,dx.$$

Allgemein können wir für die mit der Schubverformung verbundene Formänderungsarbeit

$$dW = \kappa\,\frac{1}{2}\,\frac{Q^2}{GA}\,dx$$

setzen, wobei κ jeweils von der Querschnittsform abhängt. Für dünnwandige offene Querschnitte läßt sich die Berechnung von κ in allgemeiner Form angeben. Mit

$$\tau(x, \zeta) = \frac{Q(x)\,S(\zeta)}{\delta(\zeta)\,J} \qquad \text{(vgl. Tabelle 3.1)}$$

wird

$$dW = \frac{1}{2G}\int_A \tau^2\,dA\,dx = \frac{Q^2}{2GJ^2}\int_L \frac{S^2(\zeta)}{\delta^2(\zeta)}\underbrace{\delta(\zeta)\,d\zeta}_{dA}\,dx.$$

Vergleichen wir das mit dem Ausdruck

$$dW = \kappa\,\frac{1}{2}\,\frac{Q^2}{GA}\,dx,$$

so finden wir

$$\kappa = \frac{A}{J^2}\int_L \frac{S^2(\zeta)}{\delta(\zeta)}\,d\zeta.$$

Anhaltspunkte für die Größe von κ gibt für einige Profilformen die nachstehende Tabelle 6.1.

Querschnittsform	κ	Bemerkungen
▨	$\frac{6}{5} = 1{,}2$	
◍	$\frac{4}{3} = 1{,}33$	
I (Normalprofil)	$\approx 2{,}0 - 2{,}4$	$\kappa \approx \frac{A}{A_{Steg}}$
I (Breitflansch)	$\approx 3 - 5$	
T	$\approx 3 - 4$	
[	$\approx 2 - 2{,}4$	
⊔	$\approx 2 - 2{,}4$	

1. Anmerkung:

Wir können

$$\kappa \frac{Q}{GA} = \bar{\gamma}$$

als *mittlere* Scherung deuten und dann

$$dW = \frac{1}{2} Q\bar{\gamma}$$

setzen (vgl. Abb. 6.18). Das hat jedoch nur formale Bedeutung.

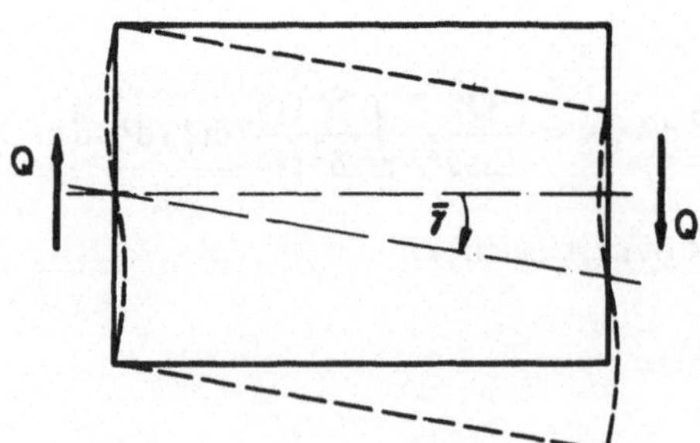

Abb. 6.18

2. Anmerkung:

Geht die Querkraft nicht durch den Schubmittelpunkt, so muß zusätzlich die Formänderungsarbeit aus der Torsion berücksichtigt werden, die in diesem Fall mit der Querkraft-Belastung verbunden ist.

Addieren wir alle Anteile der Formänderungsarbeit, wobei wir auch schiefe Biegung mit einschließen wollen, und integrieren wir über den ganzen Stab, so erhalten wir schließlich für *gerade Stäbe*

$$W = \frac{1}{2} \int_0^l \left\{ \frac{N^2}{EA} + \frac{M_y^2}{EJ_{yy}} + \frac{M_z^2}{EJ_{zz}} + \frac{M_T^2}{GJ_T} + \kappa_z \frac{Q_z^2}{GA} + \kappa_y \frac{Q_y^2}{GA} \right\} dx.$$

Die Schnittgrößen N, M_y usw. wie die Steifigkeiten EA, EJ_{yy} usw. können dabei auch Funktionen von x sein, soweit dies im Rahmen der elementaren Elasto-Statik der Stäbe zulässig ist (vgl. hierzu Band I, Abschnitt 12.7. sowie Kapitel 3. dieses Bandes).
Wir können die vorstehende Beziehung für die Formänderungsarbeit auch auf *schwach gekrümmte Stäbe* anwenden. Wir haben dabei nur dx durch ds zu ersetzen. Für *stark gekrümmte Stäbe* müssen wir hingegen wieder auf den ursprünglichen Ausdruck für W zurückgreifen, der bei *Vernachlässigung der Schubdeformation*

$$W = \frac{1}{2E} \int_A \int_l \sigma^2 \, dl \, dA$$

lautet. Setzen wir hierin die für *ebene Biegung* geltende Normalspannungsverteilung (vgl. Abschnitt 5.4)

$$\sigma = \frac{N}{A} + \frac{M}{J^*} \left\{ \frac{J^*}{AR} + \frac{\zeta}{1 + \frac{\zeta}{R}} \right\}$$

ein und berücksichtigen wir die von ζ abhängige unterschiedliche Faserlänge

$$dl = \left(1 + \frac{\zeta}{R}\right) ds,$$

so erhalten wir nach Ausführung der Integration für die *Formänderungsarbeit bei der ebenen Biegung stark gekrümmter Stäbe* (unter Vernachlässigung der Schubdeformationen):

$$W = \frac{1}{2} \int_0^{l_0} \left\{ \frac{N^2}{EA} + 2 \frac{MN}{EAR} + \frac{M^2}{EJ^*} \left[\frac{J^*}{AR^2} + 1 \right] \right\} ds.$$

6.4. Anwendungen der Arbeitssätze auf Stäbe und Stabwerke

6.4.1. Allgemeines

Wir betrachten die Stäbe durchweg als linear-elastische Körper und setzen quasistatische, isotherme Belastung voraus.
Wollen wir die Verschiebung eines Kraftangriffspunktes i in Richtung der betreffenden Kraft $\mathbf{F}_i$ ermitteln (vgl. Abb. 6.19), so können wir den ersten Satz von *Castigliano* anwenden und erhalten unmittelbar

$$f_i = \frac{\partial W}{\partial F_i}.$$

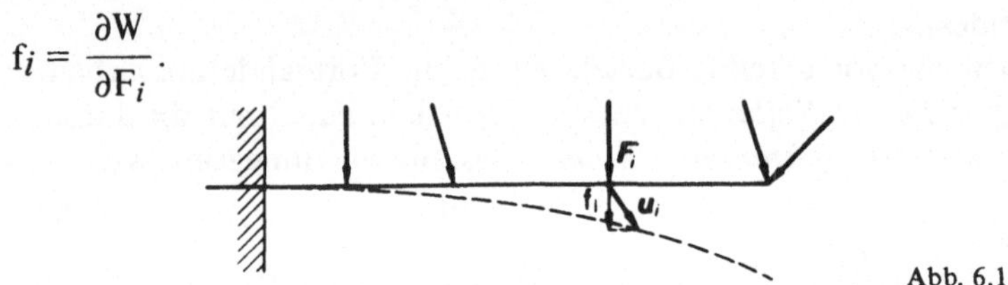

Abb. 6.19

Dieses Vorgehen versagt, wenn die Projektion der Verschiebung auf eine andere als die Wirkungsrichtung der Kraft oder überhaupt die Verschiebung eines Punktes gesucht wird, der nicht Angriffspunkt einer Einzelkraft ist. Es bieten sich in solchen Fällen zwei Auswege an:

1. Wir führen zusätzlich zu dem gegebenen Kräftesystem $\mathbf{F}_i$ eine *gedachte Kraft* $\mathbf{F}_k$ ein (vgl. Abb. 6.20a), deren Wirkungsrichtung mit der Richtung übereinstimmt, für die wir die Verschiebung (mit f_k bezeichnet) suchen. Wir ermitteln dann zunächst:

   $$W = W(F_i, F_k)$$

   Wir erhalten dann f_k mit Hilfe des ersten Satzes von *Castigliano*, indem wir nachträglich $F_k \to 0$ gehen lassen:

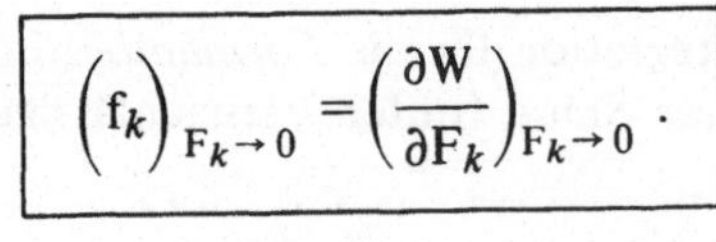

$$\left(f_k\right)_{F_k \to 0} = \left(\frac{\partial W}{\partial F_k}\right)_{F_k \to 0}.$$

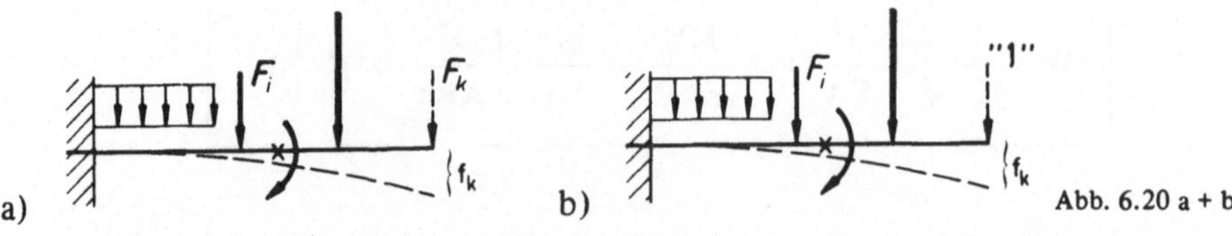

Abb. 6.20 a + b

2. Wir führen eine *virtuelle (gedachte) Kraft* „1" in Richtung der gesuchten Verschiebung f_k ein (Abb. 9.20b), die wir uns *vor* der eigentlichen Belastung

durch das Kräftesystem $\mathbf{F}_i$ aufgebracht denken (Kräftesystem $\mathbf{F}_k$). Bei der nachfolgenden Belastung durch $\mathbf{F}_i$ leistet „1" die *virtuelle Verschiebungsarbeit*

$$A_{ki} = „1" \, f_k = W_{ki}.$$

Für die *virtuelle Formänderungsarbeit* W_{ki} erhalten wir bei einem ebenen System, auf das wir uns bei diesen allgemeinen Überlegungen beschränken wollen, folgendes:

Es seien

N, M, Q die zu der wirklichen Belastung durch die Kräfte $\mathbf{F}_i$ gehörenden Schnittgrößen,

$\overline{N}, \overline{M}, \overline{Q}$ die zu der virtuellen Belastung durch die Kraft „1" gehörenden Schnittgrößen.

Dann ist (bei einem ebenen System)

$$W = \frac{1}{2} \int_0^l \left\{ \frac{(N + \overline{N})^2}{EA} + \frac{(M + \overline{M})^2}{EJ} + \kappa \frac{(Q + \overline{Q})^2}{GA} \right\} dx$$

$$= \underbrace{\frac{1}{2} \int_0^l \left\{ \frac{N^2}{EA} + \frac{M^2}{EJ} + \kappa \frac{Q^2}{GA} \right\} dx}_{W_{ii}} +$$

$$+ \underbrace{\int_0^l \left\{ \frac{N\overline{N}}{EA} + \frac{M\overline{M}}{EJ} + \kappa \frac{Q\overline{Q}}{GA} \right\} dx}_{W_{ik}}$$

$$+ \underbrace{\frac{1}{2} \int_0^l \left\{ \frac{\overline{N}^2}{EA} + \frac{\overline{M}^2}{EJ} + \kappa \frac{\overline{Q}^2}{GA} \right\} dx.}_{W_{kk}}$$

Wir erhalten somit

$$\boxed{„1" \, f_k = \int_0^l \left\{ \frac{N\overline{N}}{EA} + \frac{M\overline{M}}{EJ} + \kappa \frac{Q\overline{Q}}{GA} \right\} dx}$$

und können daraus die gesuchte Verschiebung f_k unmittelbar entnehmen.

Bei beiden Vorgehensweisen entstehen keinerlei Schwierigkeiten, wenn das gegebene Kräftesystem $\mathbf{F}_i$ auch verteilte Belastungen und singuläre Kräftepaare (Momente) enthält, wie es in den Abb. 6.20 a) und b) bereits angedeutet ist. Ferner können wir auch die Verdrehung irgendeines Stabquerschnittes mit beiden Methoden ermitteln, indem wir an der betreffenden Stelle uns ein entsprechendes Moment angebracht denken.
Der erste Satz von *Castigliano* gibt uns ferner die Möglichkeit, bei statisch unbestimmten Systemen die statisch unbestimmten Auflager-Reaktionen zu ermitteln. Der Satz vom Minimum der Formänderungsarbeit, der auf dem ersten Satz von *Castigliano* basiert (Satz von *Menabrea*; Satz 6.9), liefert uns gerade soviel zusätzliche Gleichungen wie wir benötigen. Wir werden aber auch noch andere Wege zur Berechnung statisch unbestimmter Systeme finden.

6.4.2. Beispiele

Wir werden bei den folgenden Beispielen z.T. verschiedene Berechnungsmethoden gegenüberstellen, um Vergleiche anstellen zu können.

1. Beispiel (vgl. Abb. 6.21)

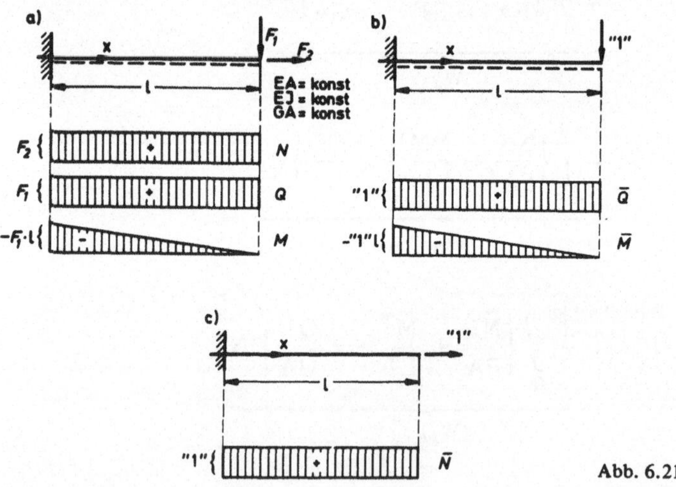

Abb. 6.21

Gesucht sind die Verschiebungen u(l) und w(l) an der Angriffsstelle von $\mathbf{F}_1$ bzw. $\mathbf{F}_2$. Für die Schnittgrößen erhalten wir

$$N = F_2$$
$$Q = F_1$$
$$M = -F_1(l - x).$$

a) Erster Satz von Castigliano

Es ist

$$W = \frac{1}{2} \int_0^l \left\{ \frac{N^2}{EA} + \frac{M^2}{EJ} + \kappa \frac{Q^2}{GA} \right\} dx$$

$$= \frac{1}{2} \int_0^l \left\{ \frac{F_2^2}{EA} + \frac{F_l^2 (l-x)^2}{EJ} + \kappa \frac{F_l^2}{GA} \right\} dx$$

$$= \frac{1}{2} \frac{F_2^2 l}{EA} + \frac{1}{6} \frac{F_l^2 l^3}{EJ} + \kappa \frac{1}{2} \frac{F_l^2 l}{GA}.$$

Damit wird

$$u(l) = f_2 = \frac{\partial W}{\partial F_2} = \frac{F_2 l}{EA}$$

$$w(l) = f_l = \frac{\partial W}{\partial F_l} = \frac{1}{3} \frac{F_l l^3}{EJ} + \kappa \frac{F_l l}{GA} = \frac{1}{3} \frac{F_l l^3}{EJ} \left\{ 1 + 3\kappa \frac{J}{Al^2} \frac{E}{G} \right\}$$

Im allgemeinen ist

$$3\kappa \frac{J}{Al^2} \frac{E}{G} \ll 1,$$

d.h. wir können die Schubverformung bei der Berechnung der Durchbiegung meist vernachlässigen.

b) Methode der virtuellen Verschiebungsarbeit

Zur Berechnung der Durchsenkung w(l) setzen wir die virtuelle Belastung so an, wie es Abb. 6.21b zeigt. Die zugehörigen Schnittgrößen sind

$$\bar{N} = 0$$
$$\bar{Q} = „1“$$
$$\bar{M} = - „1“ (l-x).$$

Damit wird

$$„1“ f_l = \int_0^l \left\{ \frac{M\bar{M}}{EJ} + \kappa \frac{Q\bar{Q}}{GA} \right\} dx$$

$$= \int_0^l \left\{ \frac{F_l (l-x) „1“ (l-x)}{EJ} + \kappa \frac{F_l „1“}{GA} \right\} dx$$

$$= „1“ \left\{ \frac{1}{3} \frac{F_l l^3}{EJ} + \kappa \frac{F_l l}{GA} \right\}$$

d.h.

$$w(l) = f_1 = \frac{1}{3}\,\frac{F_1 l^3}{EJ}\left\{1 + 3\kappa\,\frac{J}{Al^2}\,\frac{E}{G}\right\}.$$

Wollen wir u(l) ermitteln, so setzen wir die Kraft „1“ entsprechend Abb. 6.21c an. Dann wird

$$\bar{N} = „1“$$
$$\bar{Q} = 0$$
$$\bar{M} = 0$$

und

$$„1“\, f_2 = \int_0^l \frac{N\bar{N}}{EA}\,dx = \int_0^l \frac{F_2\,„1“}{EA}\,dx = „1“\,\frac{F_2 l}{EA},$$

d.h.

$$u(l) = f_2 = \frac{F_2 l}{EA}.$$

1. Anmerkung:

Es vereinfacht im Falle b) die Betrachtung, wenn wir jeweils $\bar{N}$, $\bar{Q}$, $\bar{M}$ auf die Kraftgröße „1“ beziehen. Wir können dann von Anfang an „1“ auf beiden Seiten *kürzen*. Wir müssen dabei nur beachten, daß in diesem Falle die (virtuellen) Schnittgrößen $\bar{N}$, $\bar{Q}$, $\bar{M}$ ihre Größenart ändern. Es wird dann

$$\bar{N}, \bar{Q} : [1]$$
$$\bar{M} \quad : [L].$$

2. Anmerkung:

Für die numerische Rechnung ist es häufig von Vorteil, die sich aus den Arbeitssätzen ergebenden Beziehungen beispielsweise in folgender Form zu schreiben (vgl. Abschnitt 3.2.2):

$$EJ_c f = \int_0^l \left\{M\bar{M}\,\frac{J_c}{J(x)} + \kappa\,Q\bar{Q}\,\frac{EJ_c}{GA(x)}\right\}dx.$$

Das wollen wir im folgenden stets tun.

3. Anmerkung:

Im vorliegenden Fall können wir die Arbeitssätze auch direkt anwenden, weil wir jeweils nur *eine* Längs- bzw. Querbelastung haben. Wir erhalten dann

$$A_{11} = \frac{1}{2}\,F_1 f_1 = \frac{1}{2}\int_0^l \left\{\frac{M^2}{EJ} + \kappa\,\frac{Q^2}{GA}\right\}dx = W_{11}$$

$$A_{22} = \frac{1}{2}\,F_2 f_2 = \frac{1}{2}\int_0^l \frac{N^2}{EA}\,dx = W_{22}.$$

Daraus sind f_1 und f_2 zu berechnen.

2. Beispiel (vgl. Abb. 6.22)

Gesucht sind die Durchbiegung an der Stelle $x = l_1$ und die Verdrehung des Querschnittes an dieser Stelle. Wir vernachlässigen die Arbeit der Querkräfte und benötigen deshalb nur die Kenntnis des Biegemomentes

$$M(x) = \frac{1}{2} qx(l - x) = \frac{ql^2}{2}\frac{x}{l}\left(1 - \frac{x}{l}\right).$$

a) Methode der virtuellen Verschiebungsarbeit

Zur Ermittlung der Durchsenkung f_1 an der Stelle $x = l_1$ setzen wir dort eine virtuelle Kraft „1" in vertikaler Richtung an (vgl. Abb. 6.22b). Das zugehörige, auf „1" bezogene Biegemoment ist

$$\left.\begin{aligned} 0 \leqslant x \leqslant l_1 &: \bar{M} = l\left(1 - \frac{l_1}{l}\right)\frac{x}{l} \\ l_1 \leqslant x \leqslant l &: \bar{M} = l\frac{l_1}{l}\left(1 - \frac{x}{l}\right) \end{aligned}\right\} \quad [L].$$

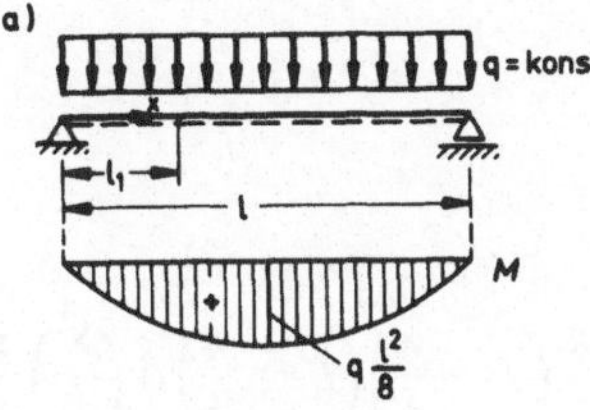

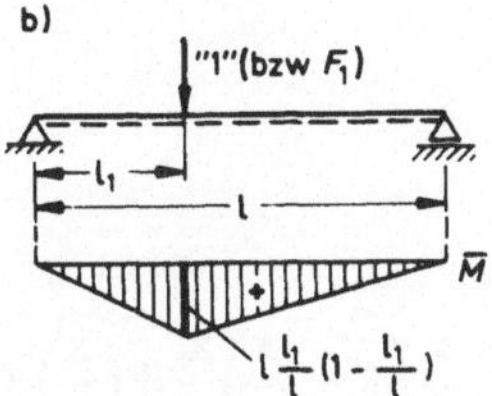

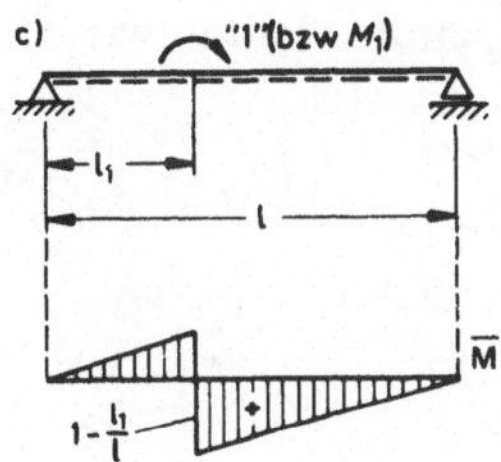

Abb. 6.22

Damit wird

$$EJ f_1 = \int_0^l M\bar{M}\,dx = \frac{ql^4}{2}\left\{ \int_0^{\frac{l_1}{l}} \frac{x}{l}\left(1 - \frac{x}{l}\right)\left(1 - \frac{l_1}{l}\right)\frac{x}{l}\, d\left(\frac{x}{l}\right) \right.$$

$$\left. + \int_{\frac{l_1}{l}}^{1} \frac{x}{l}\left(1 - \frac{x}{l}\right)\frac{l_1}{l}\left(1 - \frac{x}{l}\right) d\left(\frac{x}{l}\right)\right\}$$

$$= \frac{ql^4}{24}\left\{\frac{l_1}{l} - 2\left(\frac{l_1}{l}\right)^3 + \left(\frac{l_1}{l}\right)^4\right\}.$$

l_1 ist beliebig wählbar. Wir können also l_1 als Variable betrachten und nachträglich etwa $l_1 = x$ setzen. Dann erhalten wir

$$f(x) = w(x) = \frac{ql^4}{24EJ}\left\{\frac{x}{l} - 2\left(\frac{x}{l}\right)^3 + \left(\frac{x}{l}\right)^4\right\}.$$

d.h. die Gleichung der *Biegelinie*. Speziell wird für

$$x = \frac{l}{2}: \quad w\left(\frac{l}{2}\right) = \frac{5}{384}\,\frac{ql^4}{EJ}.$$

Die Verdrehung des Querschnittes an der Stelle $x = l_1$ können wir mit w'_1 bezeichnen. Zur Ermittlung von w'_1 setzen wir an dieser Stelle ein Moment von der Größe „*1*" an, dessen Drehrichtung wir so wählen, daß sie mit der zu positiven Werten von w' gehörenden Querschnitts-Drehung übereinstimmt. Das auf das Moment „*1*" bezogene Biegemoment ist (vgl. Abb. 6.22c)

$$\left.\begin{aligned} 0 \leq x < l_1 &: \overline{M} = -\frac{x}{l} \\ l_1 < x \leq l &: \overline{M} = 1 - \frac{x}{l} \end{aligned}\right\} \quad [1].$$

Damit erhalten wir

$$\begin{aligned} EJ\,w'_1 &= \int_0^l M\overline{M}\,dx \\ &= \frac{ql^3}{2}\left\{-\int_0^{l_1/l} \frac{x}{l}\left(1 - \frac{x}{l}\right)\frac{x}{l}\,d\left(\frac{x}{l}\right) + \int_{l_1/l}^{1} \frac{x}{l}\left(1 - \frac{x}{l}\right)\left(1 - \frac{x}{l}\right)d\left(\frac{x}{l}\right)\right\} \\ &= \frac{ql^3}{24}\left\{1 - 6\left(\frac{l_1}{l}\right)^2 + 4\left(\frac{l_1}{l}\right)^3\right\}. \end{aligned}$$

Lassen wir wiederum l_1 variabel sein und setzen wir $l_1 = x$, so erhalten wir $w'(x)$.

b) Erster Satz von Castigliano

Zur Ermittlung der Durchsenkung an der Stelle $x = l_1$ setzen wir eine Kraft F_1 an (vgl. Abb. 6.22b). Das aus der Belastung mit q und mit F_1 resultierende Biegemoment ist:

$$0 \leq x \leq l_1: M(x; q, F_1) = \frac{ql^2}{2}\frac{x}{l}\left(1 - \frac{x}{l}\right) + F_1 l\left(1 - \frac{l_1}{l}\right)\frac{x}{l}$$

$$l_1 \leq x \leq l: M(x; q, F_1) = \frac{ql^2}{2}\frac{x}{l}\left(1 - \frac{x}{l}\right) + F_1 l\frac{l_1}{l}\left(1 - \frac{x}{l}\right).$$

Die zugehörige Formänderungsarbeit ist

$$W = W(q, F_l) = \frac{1}{2} \int_0^l \frac{M^2(x; q, F_l)}{EJ}\, dx.$$

Nach dem ersten Satz von *Castigliano* erhalten wir die Durchsenkung f_l, indem wir W partiell nach F_l ableiten. Dabei haben wir nachträglich $F_l \to 0$ gehen zu lassen, da wir ja nur die zu der Belastung q gehörende Durchsenkung suchen. Unter Vertauschung der Reihenfolge von Differentiation und Integration erhalten wir

$$EJ(f_l)_{F_l \to 0} = \left(\frac{\partial}{\partial F_l} \frac{1}{2} \int_0^l M^2\, dx\right)_{F_l \to 0} = \int_0^l \left(M \frac{\partial M}{\partial F_l}\right)_{F_l \to 0} dx.$$

Nun ist

$$0 \leqslant x \leqslant l_l:\ (M)_{F_l \to 0} = \frac{ql^2}{2} \frac{x}{l}\left(1 - \frac{x}{l}\right);\ \left(\frac{\partial M}{\partial F_l}\right)_{F_l \to 0} = 1\left(1 - \frac{l_l}{l}\right)\frac{x}{l}$$

$$l_l \leqslant x \leqslant l:\ (M)_{F_l \to 0} = \frac{ql^2}{2} \frac{x}{l}\left(1 - \frac{x}{l}\right);\ \left(\frac{\partial M}{\partial F_l}\right)_{F_l \to 0} = 1\frac{l_l}{l}\left(1 - \frac{x}{l}\right).$$

Setzen wir das ein, so erhalten wir die gleichen Integrale wie bei der Methode der virtuellen Verschiebungsarbeit.

Für die Ermittlung der Querschnittsverdrehung an der Stelle $x = l_l$ läuft das Verfahren analog. Wir haben dabei zunächst das zusätzliche Moment $\mathbf{M}_l$ einzuführen (vgl. Abb. 6.22c), ermitteln dann $M = M(x;\ q, M_l)$, bilden damit $W = W(q, M_l)$ und erhalten schließlich

$$EJ(w'_l)_{M_l \to 0} = \int_0^l \left(M \frac{\partial M}{\partial M_l}\right)_{M_l \to 0} dx.$$

Es ergeben sich dabei wiederum die gleichen Integrale wie bei der Methode der virtuellen Verschiebungsarbeit.

Aus dem Vergleich der beiden Verfahren ergibt sich, daß bei solchen statisch bestimmten Systemen für die Berechnung der Formänderungen die Methode der virtuellen Verschiebungsarbeit im allgemeinen den (gedanklich) einfacheren Weg darstellt. Bei andern Aufgabenstellungen kann das jedoch anders sein.

3. Beispiel (vgl. Abb. 6.23)

Wir wollen bei einem einfach statisch unbestimmten System die unbekannte Auflager-Reaktion ermitteln, damit wir die Zustandslinien des Systems angeben und seine Beanspruchung ermitteln können. Dazu müssen wir uns zunächst entscheiden, welche der Auflager-Reaktionen wir als überzählig ansehen wollen.

Voneinander abhängig sind die Auflager-Reaktionen A, B und M_E. Eine davon ist überzählig. Wir entscheiden uns für B. Das *statisch bestimmte Hauptsystem* (vgl. Abb. 6.23b) umfaßt also nur die Auflager-Reaktionen A, H, M_E. Die über-

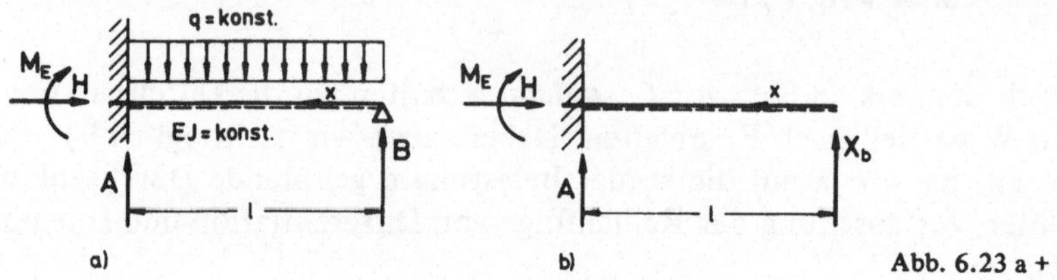

Abb. 6.23 a + b

zählige Auflager-Reaktion führen wir als äußere unbekannte Kraft X_b ein. Es stehen uns nun für das weitere Vorgehen verschiedene Wege offen. Wir wollen hier nur zwei davon erörtern. Die Schubdeformationen vernachlässigen wir wiederum.

a) Erster Satz von Castigliano (vgl. Abb. 6.24)

Der Grundgedanke des Verfahrens ist:

1. Formänderungsarbeit W für das statisch bestimmte Hauptsystem als Funktion der gegebenen Belastung und der statisch unbestimmten Auflager-Reaktion X_b ermitteln:

$$W = W(q, X_b).$$

2. Kinematische Bedingung für die Auflager-Reaktion X_b:

$$\frac{\partial W(q, X_b)}{\partial X_b} = f_b = 0.$$

Für die Durchführung des Verfahrens benötigen wir zunächst (vgl. Abb. 6.24a)

$$M(x; q, X_b) = M(x; q) + M(x; X_b)$$

$$= -q\frac{x^2}{2} + X_b x.$$

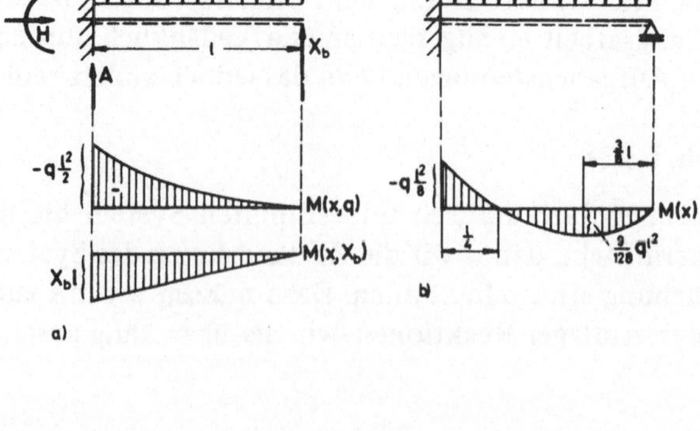

Abb. 6.24

Damit können wir

$$W = W(q, X_b) = \frac{1}{2} \int_0^l \frac{M^2(x; q, X_b)}{EJ} dx$$

berechnen. Das brauchen wir jedoch nicht explizit zu tun, da wir die kinematische Bedingung unter Vertauschung von Integration und Differentiation auch in der Form

$$EJ \frac{\partial W}{\partial X_b} = \int_0^l M \frac{\partial M}{\partial X_b} dx = 0$$

schreiben können. Mit

$$\frac{\partial M}{\partial X_b} = x$$

führt das auf die Bedingung

$$\int_0^l \left\{ -q \frac{x^2}{2} + X_b x \right\} x \, dx = 0.$$

Die Ausführung der Integration ergibt

$$-q \frac{l^4}{8} + X_b \frac{l^3}{3} = 0 \rightarrow X_b = \frac{3}{8} q l .$$

Damit erhalten wir endgültig für den Momentenverlauf (vgl. Abb. 6.24b)

$$M(x) = \frac{ql^2}{2} \left\{ \frac{3}{4} \frac{x}{l} - \left(\frac{x}{l} \right)^2 \right\} .$$

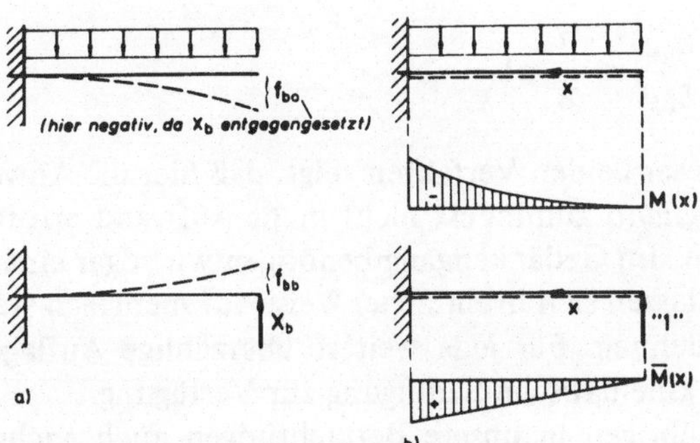

Abb. 6.25

b) Kraftgrößen-Verfahren (vgl. Abb. 6.25)

Der Grundgedanke des Verfahrens ist:

1. Für das statisch bestimmte Hauptsystem Verschiebung des Angriffspunktes der überzähligen Reaktion infolge der gegebenen Belastung q (Kräftesystem 0) berechnen:

$$f_{b0}.$$

2. Für das statisch bestimmte Hauptsystem die Verschiebung dieses Punktes infolge der unbekannten Auflager-Reaktion X_b ermitteln:

$$f_{bb} = \delta_{bb} X_b.$$

3. Kinematische Bedingung

$$f_b = f_{b0} + f_{bb} = f_{b0} + X_b \delta_{bb} = 0 \rightarrow \boxed{X_b = -\frac{f_{b0}}{\delta_{bb}}.}$$

Zur Durchführung des Verfahrens bedienen wir uns der Methode der virtuellen Verschiebungsarbeit. Mit

$$M(x; q) = M_0(x) = -q\,\frac{x^2}{2}$$

$$\overline{M}(x; „1“) = \overline{M}_b(x) = x$$

folgt

1. $$EJ\,f_{b0} = \int_0^l M_0 \overline{M}_b\,dx = -\int_0^l \frac{qx^2}{2}\,x\,dx = -\frac{ql^4}{8}.$$

2. $$EJ\,\delta_{bb} = \int_0^l \overline{M}_b \overline{M}_b\,dx = \int_0^l x^2\,dx = \frac{l^3}{3}$$

3. $$X_b = -\frac{f_{b0}}{\delta_{bb}} = \frac{3}{8}\,ql.$$

Der Vergleich dieser beiden Verfahren zeigt, daß hier die Anwendung des ersten Satzes von *Castigliano* zumindest nicht mehr Aufwand erfordert als das Kraftgrößen-Verfahren. Im Gedankengang benötigen wir sogar einen Schritt weniger. Beide Verfahren lassen sich in einfacher Weise auf mehrfach statisch unbestimmte Systeme ausdehnen. Für jede weitere überzählige Auflager-Reaktion steht uns eine weitere kinematische Bedingung zur Verfügung.

Wir können im übrigen in unsere Betrachtungen auch nachgiebige, elastische Auflager einbeziehen (vgl. Abb. 6.26a). Die elastischen Eigenschaften eines solchen Auflagers können wir durch die sogenannte *Federkonstante* c kennzeichnen, die das Verhältnis von Belastung zu Federauslenkung angibt (vgl. Abb. 6.26b)

$$c = \frac{F_i}{f_i}, \qquad F_i = c\, f_i\,.$$

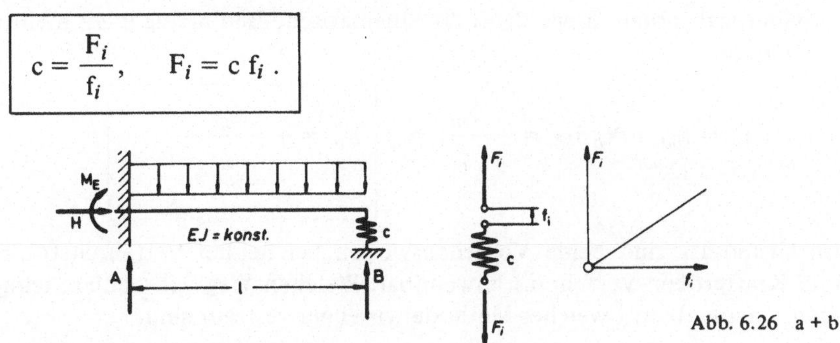

Abb. 6.26 a + b

Die Federkonstante bestimmt die *Arbeits-Kennlinie* der Feder. Die Federkonstante c ist der Kehrwert der entsprechenden Einflußgröße δ_{ii}:

$$f_i = \delta_{ii} F_i \rightarrow \boxed{\delta_{ii} = \frac{1}{c}, \qquad c = \frac{1}{\delta_{ii}}\,.}$$

Bei der Behandlung elastischer Auflager ergeben sich zwei Möglichkeiten:

a) Wir beziehen sie in das System ein (vgl. Abb. 6.27a). Dieses Vorgehen ist besonders einfach bei der Anwendung des ersten Satzes von *Castigliano*. Wir haben dann lediglich zu der Formänderungsarbeit des Stabes noch die an der Feder geleistete Arbeit zu addieren

$$W = \frac{1}{2} \int_0^l \frac{M^2}{EJ}\, dx + \frac{1}{2}\, \frac{X_b^2}{c}$$

mit $M = M(x; q, X_b)$.

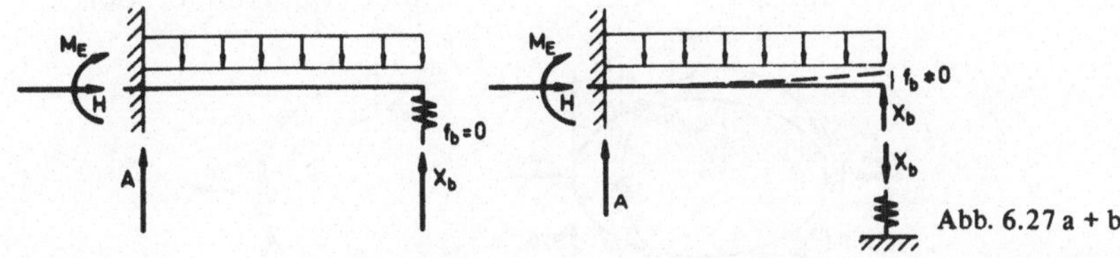

Abb. 6.27 a + b

Die kinematische Bedingung lautet in diesem Falle weiterhin

$$\boxed{\frac{\partial W}{\partial X_b} = 0.}$$

b) Wir betrachten das nachgiebige Auflager gesondert (vgl. Abb. 6.27b). Bei der Anwendung des *Kraftgrößen-Verfahrens*, bei dem dieses Vorgehen vielleicht näherliegt, erhalten wir dann als kinematische Bedingung nicht mehr $f_b = 0$, sondern

$$f_b = f_{b0} + X_b \delta_{bb} = -\frac{X_b}{c} \quad \rightarrow \quad \boxed{X_b = -\frac{f_{b0}}{\delta_{bb} + \frac{1}{c}}} \; .$$

Im Grundsatz sind beide Vorgehensweisen bei beiden Verfahren (*Castigliano* und Kraftgrößen-Verfahren) anwendbar. Welchen Weg wir wählen, hängt wohl mehr davon ab, mit welcher Methode wir enger vertraut sind.

4. Beispiel (vgl. Abb. 6.28)

Wir suchen die axiale Verlängerung f eines Ringes, der durch zwei diametral entgegengesetzt angreifende Kräfte beansprucht wird. Das System ist – bei statisch bestimmter Lagerung – dreifach (innerlich) statisch unbestimmt. Bei einem Schnitt, der den Ring in zwei Teile zerteilt, erhalten wir – da der Ring ein zweifach zusammenhängendes Gebilde ist – sechs Schnittgrößen, aber nur drei zusätzliche Gleichgewichtsbedingungen. Mit Hilfe von Symmetriebetrachtungen läßt sich jedoch der Grad der statischen Unbestimmtheit um 2, d.h. auf 1 verringern (vgl. Abb. 6.28b). Aus Symmetriegründen muß nämlich

$$N_0 = N_I = \frac{F}{2}$$
$$Q_0 = Q_I = 0$$
$$M_0 = M_I$$

sein. Als einzige statisch unbestimmte Größe bleibt also M_0 übrig. Wir führen M_0 als unbekanntes äußeres Moment ein. Zu diesem Zweck denken wir uns die entsprechenden kinematischen Bindungen gelöst (Befreiungsprinzip), d.h. an den Stellen $\varphi = 0$ und $\varphi = \pi$ Gelenke angeordnet (vgl. Abb. 6.28c).

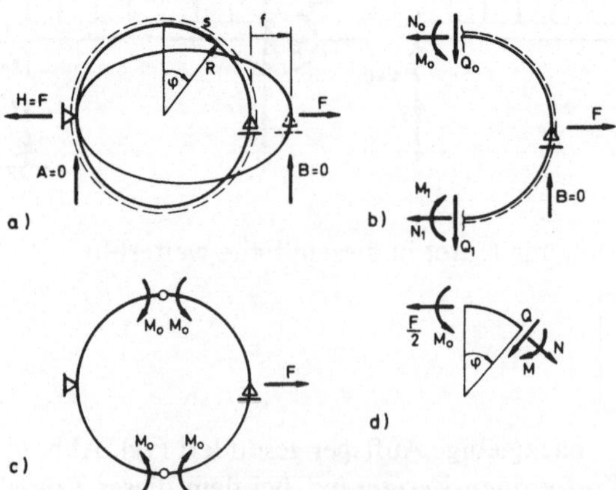

Abb. 6.28

Bei den weiteren Betrachtungen können wir uns nun auf einen Quadranten des Ringes beschränken (vgl. Abb. 6.28d). Für die Schnittgrößen erhalten wir

$$0 \leqslant \varphi < \frac{\pi}{2}: \quad N(\varphi) = \frac{F}{2} \cos \varphi$$

$$Q(\varphi) = \frac{F}{2} \sin \varphi$$

$$M(\varphi) = M_0 + \frac{1}{2} FR(1 - \cos \varphi).$$

Zur Berechnung der statisch unbestimmten (inneren) Reaktion M_0 wollen wir den ersten Satz von *Castigliano* heranziehen. Deshalb müssen wir zunächst die Formänderungsarbeit in Abhängigkeit von F und der unbestimmten Reaktion M_0 berechnen. Dabei wollen wir voraussetzen, daß wir den Ring als *schwach gekrümmten Stab* annehmen dürfen. Wir erhalten so

$$W = W(F, M_0) = 4 \cdot \frac{1}{2} \int_0^{\frac{\pi}{2}} \left\{ \frac{M^2}{EJ} + \frac{N^2}{EA} + \kappa \frac{Q^2}{GA} \right\} R \, d\varphi.$$

Da aus Symmetriegründen der Querschnitt $\varphi = 0$ unverdreht bleiben muß, können wir folgern, daß nach dem ersten Satz von *Castigliano*

$$EJ \frac{\partial W}{\partial M_0} = 4 \int_0^{\frac{\pi}{2}} M \frac{\partial M}{\partial M_0} R \, d\varphi = 0$$

sein muß. Mit

$$M = M_0 + \frac{1}{2} FR(1 - \cos \varphi)$$

$$\frac{\partial M}{\partial M_0} = 1$$

erhalten wir also für M_0 die Beziehung

$$0 = \int_0^{\frac{\pi}{2}} \left\{ M_0 + \frac{1}{2} FR(1 - \cos \varphi) \right\} R \, d\varphi = M_0 R \frac{\pi}{2} + \frac{1}{2} FR^2 \left(\frac{\pi}{2} - 1 \right)$$

d.h.

$$M_0 = -\frac{1}{2} FR \left(1 - \frac{2}{\pi} \right)$$

und damit schließlich

$$M(\varphi) = -\frac{1}{2} FR \left(\cos \varphi - \frac{2}{\pi} \right).$$

Für die andern Schnittgrößen fanden wir bereits

$$N(\varphi) = \frac{F}{2} \cos\varphi$$

$$Q(\varphi) = \frac{F}{2} \sin\varphi.$$

Damit können wir jetzt endgültig W = W(F) berechnen und daraus wiederum nach dem ersten Satz von *Castigliano* die gesuchte Verschiebung f ermitteln. Es wird

$$EJ\,f = EJ\,\frac{\partial W(F)}{\partial F} = 4 \int_0^{\frac{\pi}{2}} \left\{ M \frac{\partial M}{\partial F} + \frac{J}{A}\,N \frac{\partial N}{\partial F} + \kappa \frac{EJ}{GA}\,Q \frac{\partial Q}{\partial F} \right\} R\,d\varphi$$

$$= 4F \int_0^{\frac{\pi}{2}} \left\{ \frac{R^2}{4}\left(\cos\varphi - \frac{2}{\pi}\right)^2 + \frac{J}{A}\,\frac{1}{4}\cos^2\varphi + \kappa \frac{EJ}{GA}\,\frac{1}{4}\sin^2\varphi \right\} R\,d\varphi$$

$$= \frac{\pi}{4}\,FR^3 \left\{ 1 - \frac{8}{\pi^2} + \frac{J}{AR^2}\left[1 + \kappa\frac{E}{G}\right]\right\}.$$

Der letzte Term in der Klammer enthält den Einfluß von Längs- und Querkraft. Dieser Einfluß ist nicht immer zu vernachlässigen, auch wenn der Ring als schwach gekrümmter Stab zu betrachten ist.

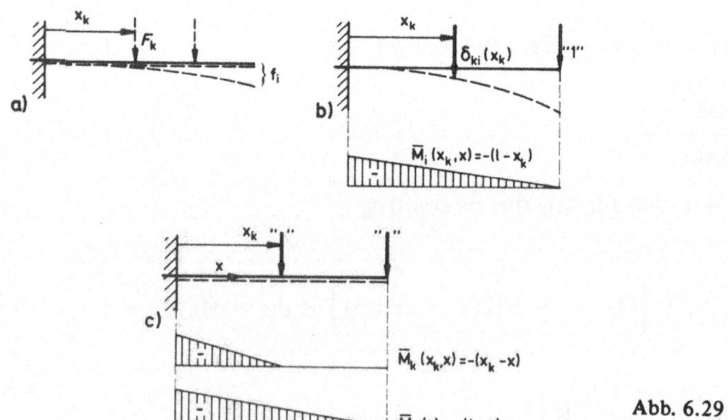

Abb. 6.29

5. *Beispiel* (vgl. Abb. 6.29)

Wir wollen den Einfluß der Lage der Angriffsstelle einer Belastung auf die Durchsenkung f_i am freien Ende eines Kragträgers untersuchen. Wir betrachten also die Koordinate x_k des Lastangriffspunktes als variabel. Da f_i der Größe F_k proportional ist, genügt es, die ***Einflußgröße*** δ_{ik} in Abhängigkeit von x_k bei gegebener Wirkungsrichtung der Kraft (hier: $\mathbf{e}_k \perp \mathbf{e}_x$) und für einen festen Punkt x_i und eine feste Verschiebungsrichtung (hier: $\mathbf{e}_i \perp \mathbf{e}_x$) zu ermitteln, d.h.

$$\delta_{ik} = \delta_{ik}(x_k).$$

Die Darstellung der Funktion $\delta_{ik}(x_k)$ ist eine sogenannte *Einflußlinie*, hier für die Größe f_i. Wir können Einflußlinien auch für andere Größen definieren, z.B. eine Einflußlinie für die Größe des Einspannmomentes oder für die Neigung $w_i' = w'(l)$ des Stabendes.

Statt $\delta_{ik}(x_k)$ zu ermitteln, ist es nach dem Satz von *Maxwell* einfacher

$$\delta_{ki}(x_k) = \delta_{ik}(x_k)$$

zu berechnen, d.h. also hier die Durchsenkung an der Stelle x_k infolge einer Last „1" am Stabende ($x = x_i = l$). Diese Durchsenkung können wir aus der Differentialgleichung der Biegelinie (für $\delta_{ki}(x_k)$ statt für $w(x)$), d.h. aus

$$EJ\,\delta_{ki}''(x_k) = -\bar{M}_i(x_k) = l - x_k$$

mit den Randbedingungen

$$\delta_{ki}(0) = 0, \qquad \delta_{ki}'(0) = 0$$

berechnen (vgl. Abb. 6.29b). Einfacher ist es jedoch, dafür die Methode der virtuellen Verschiebungsarbeit heranzuziehen. Sie führt auf (vgl. Abb. 6.29b und c)

$$\begin{aligned} EJ\delta_{ki}(x_k) = EJ\,\delta_{ik}(x_k) &= \int_0^{x_k} \bar{M}_i(x)\,\bar{M}_k(x_k)\,dx \\ &= \int_0^{x_k} (l-x)\,(x_k - x)\,dx \\ &= \frac{l x_k^2}{2}\left\{1 - \frac{x_k}{3l}\right\}. \end{aligned}$$

Anmerkung:

Nachträglich können wir auch wiederum x_k durch x ersetzen, sofern klar ist, welche Einflußgröße $\delta_{ki} = \delta_{ik}$ gemeint ist.

6.4.3. Einige ergänzende Bemerkungen

Sowohl bei der Anwendung der Methode der virtuellen Verschiebungsarbeit wie des ersten Satzes von *Castigliano* tauchen immer wieder Integrale der Form

$$\int_0^l M\overline{M}\,dx \quad \text{bzw.} \quad \int_0^l M\frac{\partial M}{\partial F_i}\,dx \quad \text{oder} \quad \int_0^l N\overline{N}\,dx \quad \text{bzw.} \quad \int_0^l N\frac{\partial N}{\partial F_i}\,dx$$

usw. auf. Diese Integrale werden in der Baustatik häufig als *Überlagerungen zweier Zustandslinien* bezeichnet. Die Größen M, $\overline{M}$ usw. sind dabei meist einfache rationale (z.B. lineare oder quadratische) Funktionen. Zumindest lassen sie sich im allgemeinen wenigstens abschnittsweise als solche annehmen. Dann können wir für diese Integrale Tabellen entwickeln, aus denen das jeweilige Integrationsergebnis unmittelbar ablesbar ist. Ein Beispiel dafür stellt die Tabelle 6.2 dar.

Tabelle 6.2:
Vollständigere Tabellen finden sich jeweils im Betonkalender. Verlag: Wilhelm Ernst & Sohn

	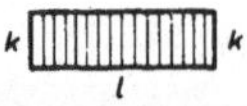 k k, l	 k, l	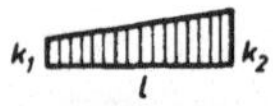 k_1 k_2, l
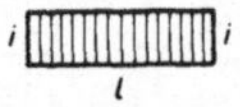 i i, l	lik	$\frac{1}{2}lik$	$\frac{1}{2}li(k_1+k_2)$
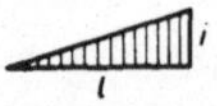 i, l	$\frac{1}{2}lik$	$\frac{1}{3}lik$	$\frac{1}{6}li(k_1+2k_2)$
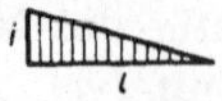 i, l	$\frac{1}{2}lik$	$\frac{1}{6}lik$	$\frac{1}{6}li(2k_1+k_2)$
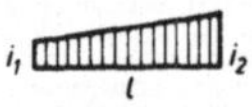 i_1 i_2, l	$\frac{1}{2}l(i_1+i_2)k$	$\frac{1}{6}l(i_1+2i_2)k$	$\frac{1}{6}l(2i_1k_1+i_1k_2$ $+i_2k_1+2i_2k_2)$
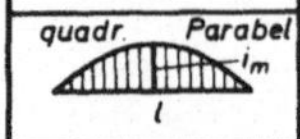 quadr. Parabel, i_m, l	$\frac{2}{3}li_mk$	$\frac{1}{3}li_mk$	$\frac{1}{3}li_m(k_1+k_2)$
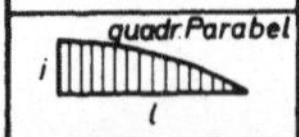 quadr. Parabel, i, l	$\frac{2}{3}lik$	$\frac{1}{4}lik$	$\frac{1}{12}li(5k_1+3k_2)$
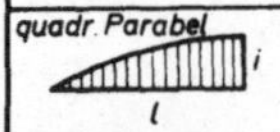 quadr. Parabel, i, l	$\frac{2}{3}lik$	$\frac{5}{12}lik$	$\frac{1}{12}li(3k_1+5k_2)$
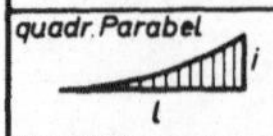 quadr. Parabel, i, l	$\frac{1}{3}lik$	$\frac{1}{4}lik$	$\frac{1}{12}li(k_1+3k_2)$
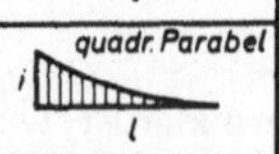 quadr. Parabel, i, l	$\frac{1}{3}lik$	$\frac{1}{12}lik$	$\frac{1}{12}li(3k_1+k_2)$
 i, $\alpha\cdot l$, $\beta\cdot l$, l	$\frac{1}{2}lik$	$\frac{1}{6}l(1+\alpha)ik$	$\frac{1}{6}li\{(1+\beta)k_1$ $+(1+\alpha)k_2\}$

Bei hochgradig statisch unbestimmten Problemen können die hier angegebenen Methoden mühsam werden. Im Rahmen der Baustatik sind dafür besondere numerische Methoden entwickelt worden, die den Rechnungsgang vereinfachen.

Diese Methoden sind teilweise auf bestimmte Strukturen der Tragwerke abgestimmt. Deshalb gibt es eine große Vielfalt solcher Methoden. Teils handelt es sich um *Kraftgrößen-Verfahren*, bei denen die statisch unbestimmten Auflager-Reaktionen als unbekannte Kräfte eingeführt werden (vgl. 3. Beispiel in Abschnitt 6.4.2.), teils um sogenannte *Weggrößen-Verfahren*, bei denen die Verschiebungen und Verdrehungen bestimmter Punkte als zunächst unbekannte Größen in die Rechnung eingehen. Teils wendet man auch kombinierte Verfahren an. Darauf können wir jedoch in diesem Rahmen nicht näher eingehen.

Fragen:

1. Welche Beziehung besteht bei quasistatischen Formänderungsvorgängen zwischen der Formänderungsarbeit und der Arbeit aller (eingeprägten) Kräfte?
2. In welcher Weise können wir quasistatische Formänderungsvorgänge eines linear-elastischen Körpers in Teilvorgänge zerlegen bzw. Teilvorgänge superponieren?
3. Wie sind die sogenannten Einflußgrößen definiert und wie werden sie bezeichnet?
4. Was besagen die Reziprozitätssätze von *Betti* und *Maxwell*?
5. In welcher mathematischen Form können wir die Gesamtarbeit aller Kräfte bei quasistatischer, isothermer Belastung darstellen? Welche Voraussetzung gilt dabei für die Angriffspunkte und die Wirkungsrichtungen der Kräfte?
6. Was besagen die beiden Sätze von *Castigliano*? An welche Voraussetzungen sind die einzelnen Sätze gebunden?
7. In welcher Beziehung stehen Arbeit und Ergänzungsarbeit zueinander?
8. In welcher Beziehung stehen der erste Satz von *Castigliano* und der Satz von *Engesser* zueinander?
9. Welche physikalische Bedeutung hat der Satz vom Minimum der Formänderungsarbeit (Satz von *Menabrea*)?
10. Welcher Ausdruck ergibt sich für die Formänderungsarbeit von Stäben?
11. Wie haben wir den ersten Satz von *Castigliano* in der Anwendung zu modifizieren, wenn wir die Verschiebung eines Punktes bestimmen wollen, der nicht Kraftangriffspunkt ist?
12. Auf welchen Grundgedanken basiert die Methode der virtuellen Verschiebungsarbeit?
13. Wie behandeln wir statisch unbestimmte Systeme mit Hilfe des ersten Satzes von *Castigliano*?
14. Welche Überlegungen liegen dem Kraftgrößen-Verfahren zur Berechnung statisch unbestimmter Systeme zugrunde?
15. Welche Wege bieten sich an, um elastische Auflager bei statisch unbestimmten Systemen in die Betrachtung einzubeziehen?

7. Stabilitätsprobleme der Elasto-Statik

7.1. Allgemeines

Aus dem vollständigen Gleichungssystem der Statik linear-elastischer Körper läßt sich folgern:

Satz 7.1: *Eindeutigkeitssatz der linearen Elasto-Statik* von *Kirchhoff* (1824–1887)

Sind bei einem linear-elastischen Körper, der sich im Ausgangszustand in einem natürlichen Zustand befindet und kinematisch bestimmt gelagert ist,

a) für jeden Punkt der Oberfläche entweder der Spannungsvektor **p** oder die (stetig verteilte) Verschiebung **u** (bzw. Kombinationen von **p** und **u**, welche allerdings gewissen Bedingungen genügen müssen),

b) für jeden Punkt im Innern des Körpers die spezifische Massenkraft **f** und die (stetig verteilte) Temperatur T

in der Weise gegeben, daß sich die Beträge aller dieser Größen proportional zu *einem* Parameter λ (Belastungs-Parameter) quasistatisch ändern (sogenannte proportionale Belastung, beginnend mit $\lambda = 0$), so sind für hinreichend kleine Zahlenwerte von λ die sich ergebenden Spannungs-, Verzerrungs- und Verschiebungs-Felder stets eindeutig.

Anmerkung:

Der Proportionalitätsfaktor zwischen λ und einer (oder mehreren, dagegen nicht allen) der obengenannten Größen kann auch Null sein. Das gilt z.B. für solche Bereiche der Oberfläche, die spannungsfrei sind oder für Bereiche der Oberfläche, in denen der Körper unverschiebbar gelagert ist usw.

Der *Kirchhoff*sche Eindeutigkeitssatz besagt, daß wir bei der mit λ wachsenden Belastung eines linear-elastischen Körpers (unter den genannten Voraussetzungen) zunächst stets eine eindeutige Lösung erhalten. Er gilt in voller Allgemeinheit allerdings streng nur für $\lambda \to 0$. Im konkreten Einzelfall können wir aber jeweils eine gewisse – vom Problem abhängige – Grenze für λ angeben, bis zu der die Eindeutigkeit des Ergebnisses gewahrt bleibt.

In manchen Fällen wird allerdings bereits zuvor eine Grenze erreicht, an der das linear-elastische Verhalten etwa dadurch verlorengeht, daß die geometrische Linearisierung nicht mehr zulässig ist oder daß der Gültigkeitsbereich des linearen Formänderungsgesetzes (z.B. durch Erreichung der Fließgrenze) überschritten wird. Ein einfaches Beispiel für eine Begrenzung der geometrischen Linearität zeigt Abb. 7.1. Bereits bei einer recht kleinen Durchsenkung f des Bogenscheitels ändert sich die Geometrie des Bogens so, daß eine Proportionalität zwischen der Belastung F und der Durchsenkung f nicht mehr gegeben ist. Die Verzerrungen und Spannungen können dabei durchaus in dem Proportionalitätsbereich des Formänderungsgesetzes bleiben. Nur wenn $\frac{f}{a} \ll 1$ ist, dürfen wir noch eine lineare Beziehungen zwischen F und f erwarten.

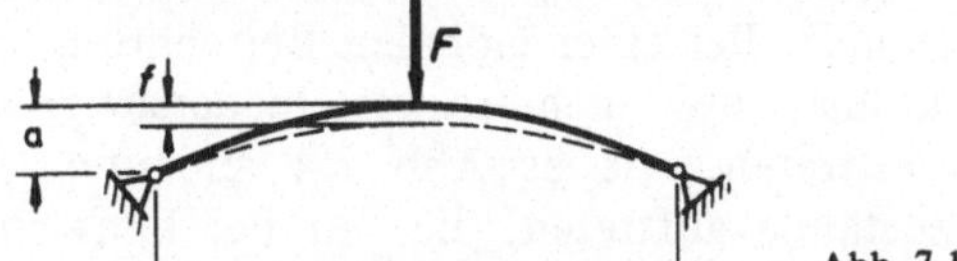

Abb. 7.1

Wird die Grenze der Eindeutigkeit erreicht, so bedeutet das, daß bei der betreffenden – durch einen bestimmten Zahlenwert λ_k gekennzeichneten – Belastung verschiedene Gleichgewichtszustände möglich sind. Diese Gleichgewichtszustände können *benachbart* sein, dann sprechen wir von *Verzweigungsproblemen*. Im andern Fall haben wir sogenannte *Durchschlagprobleme*. Beide Problemgruppen fassen wir unter der Bezeichnung *Stabilitätsprobleme* zusammen. Ein Beispiel für ein Verzweigungsproblem ist das Knicken eines Stabes unter Druckbelastung (vgl. Abb. 7.2). Ein Durchschlagproblem ergibt sich bei dem Bogenträger nach Abb. 7.1. Der Bogenträger schlägt nach unten durch, wenn F eine bestimmte Grenze F_k erreicht.

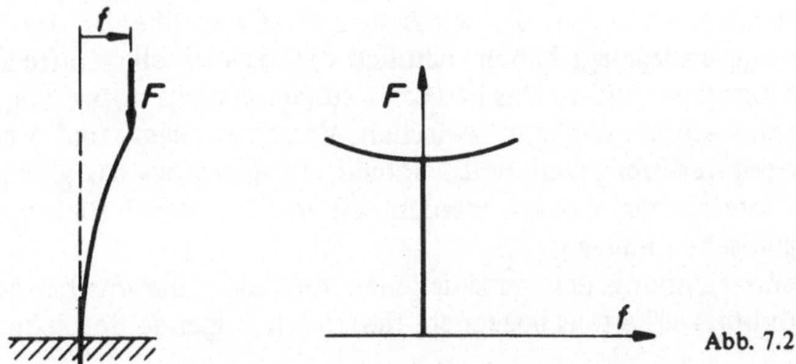

Abb. 7.2

Bei den verschiedenen Gleichgewichtszuständen, die bei einem Stabilitätsproblem auftreten können, unterscheiden wir

a) ***stabile,***
b) ***indifferente,***
c) ***labile***

Gleichgewichtszustände. Wir können uns die Bedeutung dieser Unterscheidung anhand der Abb. 7.3 veranschaulichen, die die Gleichgewichtszustände einer auf einer Unterlage ruhenden Kugel darstellt. In einem *stabilen* Gleichgewichts-

Abb. 7.3

zustand kehrt die Kugel nach einer Störung wieder in die alte Gleichgewichtslage zurück. Bei *Indifferenz* sind auch die benachbarten Lagen Gleichgewichtszustände. Bei einem *labilen* Gleichgewichtszustand führt hingegen jede (wenn auch noch so kleine) Störung dazu, daß eine Rückkehr in den alten Gleichgewichtszustand nicht mehr möglich ist. Die Abb. 7.3 zeigt nur das Verhalten in der Nachbarschaft. Bei einer globalen Betrachtung des Stabilitätsverhaltens eines Körpers können nun mehrere verschiedenartige Gleichgewichtszustände nebeneinander auftreten, wie es Abb. 7.4 andeutet. Es können dabei auch Gleichgewichtszustände auftreten, die nur bei hinreichend kleinen Störungen stabil sind.

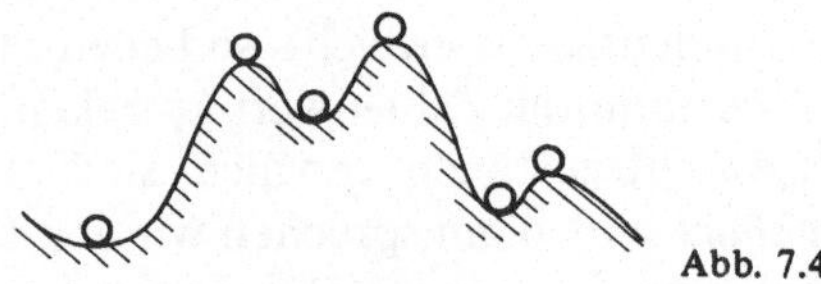
Abb. 7.4

Aus den vorstehenden Überlegungen können wir allgemein folgern, daß wir uns bei Untersuchungen des Stabilitätsverhaltens nicht damit begnügen können, nur *einen möglichen Gleichgewichtszustand* zu ermitteln. Wir müssen nach der *Gesamtheit der möglichen Gleichgewichtszustände* fragen.

Das hat in der Elastostatik zur Folge, daß wir zumindest eine der Voraussetzungen fallenlassen müssen, die wir bisher stets der Theorie der linear-elastischen Körper zugrundegelegt haben, nämlich die, daß wir alle Kräfte am *unverformten* System ansetzen dürfen. Das bedeutet zunächst nicht notwendig, daß damit auch der lineare Zusammenhang zwischen Verschiebungen und Verzerrungen bzw. Drehungen verlorengehen muß. Sobald wir allerdings das globale Stabilitätsverhalten untersuchen wollen, werden wir in aller Regel auch von dieser Voraussetzung absehen müssen.

Zur Kennzeichnung der verschiedenen Zustände, die uns bei der Untersuchung des Stabilitätsverhaltens begegnen, führen wir folgende Bezeichnungen ein:

1. *Ausgangszustand* ist der unbelastete Zustand des Körpers. Wir setzen hier voraus, daß der Ausgangszustand zugleich ein *natürlicher Zustand* des Körpers (vgl. Band I, Definition 12.1) ist.
2. *Grundzustände* sind jene Gleichgewichtszustände, die der Körper annimmt, wenn er aus dem Ausgangszustand heraus quasistatisch belastet wird, wobei der jeweilige Belastungszustand durch den Zahlenwert des Belastungsparameters λ gekennzeichnet ist.

3. *Nachbarzustände* erhalten wir, indem wir – ausgehend von einem Grundzustand – den Verschiebungszustand in kinematisch zulässiger, sonst aber beliebiger Weise variieren. Dabei muß festgelegt sein, wie sich die Belastung bei solch einer Variation des Verschiebungszustandes (aber gleichbleibendem Belastungsparameter λ) verhält, d.h. ob sich die Wirkungsrichtung der Kräfte dabei ändert oder gleich bleibt usw.

Die Untersuchung, ob es zu einem Grundzustand mindestens *einen* Nachbarzustand gibt, der wie der Grundzustand ein Gleichgewichtszustand ist, bildet das Kernstück der Betrachtung von *Verzweigungsproblemen.* Bei der Betrachtung von *Durchschlagproblemen* können wir uns hingegen nicht mehr auf Nachbarzustände beschränken. Deshalb werden solche Probleme zumindest geometrisch-nicht-linear.

1. Anmerkung:

Als Belastungsparameter λ können wir in vielen Fällen etwa die skalare Größe einer bestimmten Kraft (zu der alle andern Kräfte proportional sind) einführen. In anderen Fällen kann es sinnvoll sein, die Größe einer vorgegebenen Verschiebung als Belastungsparameter λ zu benutzen. Die zweckmäßige Wahl des Belastungsparameters richtet sich nach dem jeweils vorliegenden Problem.

2. Anmerkung:

Wir können auch Stabilitätsprobleme angeben, bei denen die Belastung von zwei und mehr (bis zu unendlich vielen) Parametern abhängt. Ein zweiparametriges Problem zeigt Abb. 7.5. Das Stabilitätsverhalten wird hier wesentlich davon beeinflußt, wie die Belastungen durch die Kräfte F_1 und F_2 (die wir als Belastungsparameter λ_1 und λ_2 ansehen können) zusammenwirken. Die für einen Durchschlag erforderliche Belastung F_2 hängt beispielsweise sehr stark davon ab, ob und wieweit das System durch F_1 vorbelastet ist.

3. Anmerkung:

Die Untersuchung der Gesamtheit der möglichen Gleichgewichtszustände und deren Stabilität kann auch mit Hilfe der Betrachtung der potentiellen Energie des Systems durchgeführt werden (siehe Band III und IV).

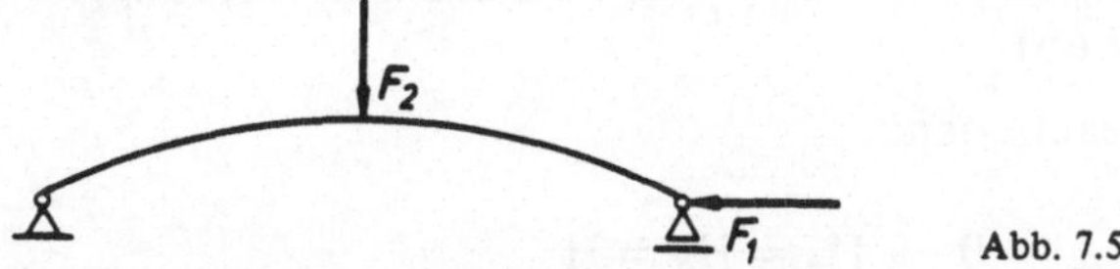

Abb. 7.5

7.2. Verzweigungsprobleme mit endlichem Freiheitsgrad

Bei den folgenden Beispielen setzen wir die *Körper* (*Stäbe*) als *starr* voraus. Die elastische Deformierbarkeit liegt in den Auflagern bzw. Verbindungen.

1. Beispiel: System mit einem Freiheitsgrad (vgl. Abb. 7.6)

Als Belastungsparameter können wir den Betrag F der Belastung wählen. Wächst F von Null an, so bleibt der Stab zunächst senkrecht. Dieses ist der

Grundzustand: $f = 0$
(vgl. Abb. 7.6a) Auflager-Reaktionen:

$$\sum F_V = 0 \quad \to A = F$$

$$\sum M_{(a)} = 0 \quad \to H_a = H_b = 0.$$

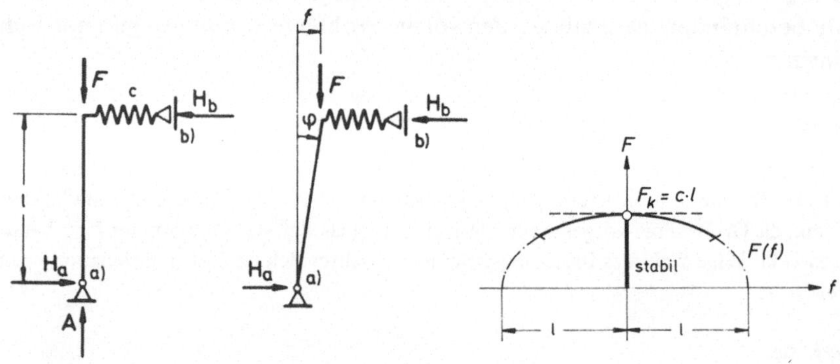

a) Grundzustand: f = 0 *b) Nachbarzustände: f ≠ 0* *c)* Abb. 7.6

Wir untersuchen nun, ob es bei bestimmten Belastungen F Nachbarzustände gibt, die ebenfalls Gleichgewichtszustände sind. Die kinematisch zulässigen Nachbarzustände können wir vollständig durch die Angabe einer Variablen, etwa der Auslenkung f beschreiben, da das System nur einen Freiheitsgrad hat. Wir setzen dabei voraus, daß die Belastung ihren Angriffspunkt und ihre Richtung nicht ändert und das federnde Auflager bei *b)* stets horizontal wirkt. Ferner beschränken wir uns vorerst auf sehr kleine Auslenkungen. Dann gilt für diese

Nachbarzustände: $f \neq 0, \quad \frac{|f|}{l} \ll 1$ (kleine Verschiebung)
(vgl. Abb. 7.6b)

Auflager-Reaktionen:

$$\sum F_H = 0 \to H_a = H_b = H$$

$$\sum M_{(a)} = 0 \to F f = H l.$$

Da für die Horizontalkraft H andrerseits

$$H = c f$$

gilt, wobei c die Federkonstante des elastischen Auflagers *b)* ist, folgt

$$F f = c f l$$

bzw.

$$\boxed{(F - cl) f = 0.}$$

Diese Gleichgewichtsbedingung hat *zwei* Lösungen:

1. $f = 0$: *Grundzustand*, der bei unserer Untersuchung der Nachbarzustände stets noch einmal als Lösung erscheint.
2. $F = cl = F_k$: *kritische Last = Verzweigungslast.*

Wir haben dieses Ergebnis wie folgt zu deuten:

1. Für $F < F_k$ ist nur der *Grundzustand* ($f = 0$) als Gleichgewichtszustand möglich.
2. Für $F = F_k$ sind auch *Nachbarzustände* im Gleichgewicht möglich; f bleibt dabei unbestimmt.

Es scheint nach dieser Rechnung so, als ob für $F = F_k$ das Gleichgewicht indifferent werde (vgl. Abb. 7.6c, gestrichelte horizontale Gerade). Das liegt aber daran, daß wir hier nur kleine Verschiebungen in Betracht gezogen und damit das Problem linearisiert haben. Um über die Art des Gleichgewichtes genaueren Aufschluß zu erhalten, müssen wir auch größere Verschiebungen zulassen. Wir erhalten dann für die

Nachbarzustände: $f \neq 0$ (große Verschiebungen zugelassen)

$$\sum M_{(a)} = 0 \rightarrow Ff = cfl \cos\varphi$$
$$= cfl\sqrt{1 - \left(\frac{f}{l}\right)^2}\,.$$

d.h.

$$\left\{F - cl\sqrt{1 - \left(\frac{f}{l}\right)^2}\right\} f = 0.$$

Gleichgewichtszustände sind also nach dieser genaueren Betrachtungsweise für

1. $f = 0$ (Grundzustand)
2. $F = cl\sqrt{1 - \left(\frac{f}{l}\right)^2} = \bar{F}(f)$ (vgl. Abb. 7.6c)

möglich. Aus Untersuchungen des Verhaltens des Systems bei einer Störung der Gleichgewichtslagen entnehmen wir ferner, daß

1. der *Grundzustand* für $F < F_k$ *stabil* (bei hinreichend kleinen Störungen), für $F \geqslant F_k$ hingegen *labil* ist,
2. die *Nachbarzustände* mit $\bar{F}(f)$ alle *labil* sind (fallende Kennlinie).

Anmerkung:

Die Lösung für $\overline{F}(f)$ ist in der Abb. 7.6c nur für einen gewissen Bereich $f < 1$ voll ausgezogen in der Annahme, daß die Auslenkung des Systems konstruktiv begrenzt ist. Ist dies nicht der Fall, so ist es vorteilhafter, den Winkel φ als Lageparameter zu verwenden, der auch die durchgeschlagenen Lagen ($|\varphi| > 90°$) eindeutig kennzeichnet.

Wir entnehmen im übrigen den vorstehenden Betrachtungen, daß uns der (geometrisch) linearisierte Ansatz zwar die (kritische) Verzweigungslast F_k richtig liefert, daß wir aber über das gesamte Stabilitätsverhalten erst Aufschluß erhalten, wenn wir das nicht-lineare Verhalten berücksichtigen. Das gilt auch für viele andere Stabilitätsprobleme.

2. Beispiel: System mit zwei Freiheitsgraden (vgl. Abb. 7.7)

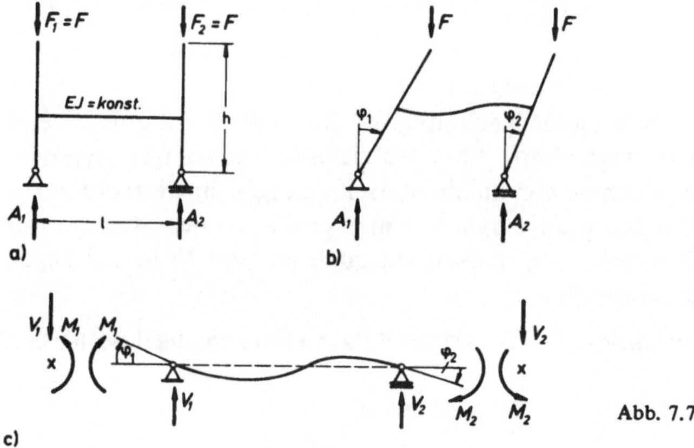

Abb. 7.7

Wir betrachten ein System von zwei starren Scheiben (oder Stäben), die durch eine elastische Achse miteinander verbunden sind. Der Angriffspunkt und Richtung der Kräfte F_1 und F_2 sollen sich bei Deformationen des Systems nicht ändern. Als Belastungsparameter wählen wir den Betrag der beiden Kräfte, die stets gleich groß sein sollen: $F_1 = F_2 = F$.

Grundzustand: $f_1 = f_2 = 0$

$$A_1 = A_2 = F$$

Nachbarzustände:

Wir beschreiben die möglichen Nachbarzustände durch Angabe der beiden Winkel φ_1 und φ_2 (vgl. Abb. 7.7b), die im allgemeinen voneinander verschieden sein können (*Freiheitsgrad:* 2:). Wir beschränken uns dabei hier auf kleine Verschiebungen. Zur Ermittlung der Rückstell-Momente, die die elastische Achse auf die Scheiben ausübt, schneiden wir das System an den Anschlußstellen auf (Abb. 7.7c). Mit den üblichen Methoden der Elasto-Statik der Stäbe erhalten wir

$$\varphi_1 = \frac{1}{6EJ} \{2 M_1 - M_2\}$$

$$\varphi_2 = \frac{1}{6EJ} \{2 M_2 - M_1\}$$

bzw.

$$M_1 = \frac{2EJ}{l} \{2\varphi_1 + \varphi_2\}$$

$$M_2 = \frac{2EJ}{l} \{2\varphi_2 + \varphi_1\}.$$

Bei der Suche nach möglichen benachbarten Gleichgewichtslagen finden wir dann (Einzelheiten der elementaren Rechnung übergehen wir hier), daß es *zwei* Verzweigungslasten gibt, und zwar

1. eine, die zu einem durch $\varphi_2 = -\varphi_1$ gekennzeichneten Verformungszustand (vgl. Abb. 7.8a) gehört, von der Größe

$$F_{k_1} = 2\frac{EJ}{hl} ,$$

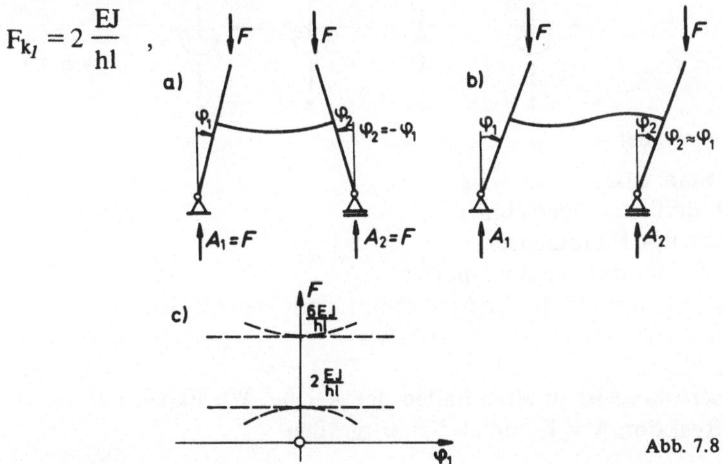

Abb. 7.8

2. eine, die einem Verformungszustand $\varphi_2 \approx \varphi_1$ entspricht (vgl. Abb. 7.8b) von der Größe

$$F_{k_2} = 6\frac{EJ}{hl} .$$

Untersucht man genauer, so erhält man den in Abb. 7.8c skizzierten Sachverhalt. Da wir den an sich stabilen 2. Verformungszustand nur über labile Zwischenzustände erreichen können, erweist sich F_{k_1} als kritische Grenze der Belastung.

7.3. Knicken eines Druckstabes

7.3.1. Allgemeines

Bei einem Druckstab gibt es neben dem Grundzustand unendlich viele verschiedene Nachbarzustände, da der Stab in beliebiger Weise seitlich ausweichen kann, sofern nur die Randbedingungen eingehalten sind. Der Druckstab ist deshalb ein Beispiel für ein Verzweigungsproblem mit dem Freiheitsgrad *unendlich*.
Es gibt – je nach Lagerung und Beanspruchung – viele verschiedene Knickprobleme. Wir betrachten hier nur einige Grundfälle, die sogenannten *Euler*-Fälle (vgl. Abb. 7.9), weil ihre Untersuchung auf *Euler* (1707–1783) zurückgeht.

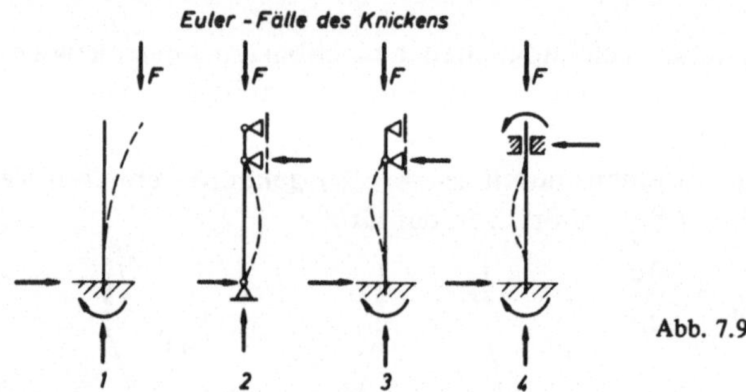

Abb. 7.9

Wir setzen voraus:

1. gerade Stabachse,
2. Unveränderlicher Querschnitt,
   y, z-Achsen = Hauptachsen,
   Schubmittelpunkt = Schwerpunkt,
3. zentrische Belastung des Endquerschnitts mit gleichbleibender Wirkungsrichtung,
4. $T = T_0$.

Der *Grundzustand* ist in allen Fällen der gleiche. Wir haben nur eine vertikale Auflager-Reaktion A = F und als Schnittgrößen

$$\left.\begin{aligned} N &= -F \\ M_y = M_z &= 0 \\ Q_z = Q_y &= 0 \\ M_T &= 0 \end{aligned}\right\} \rightarrow \sigma_{xx} = \sigma = \frac{N}{A}.$$

Bei der Untersuchung der *Nachbarzustände* auf mögliche Gleichgewichtszustände nehmen wir an, daß der Stab nur in der xz-Ebene ausweiche, so daß wir uns auf ein ebenes Problem (mit $J_{yy} = J$ usw.) beschränken können. Die Voraussetzungen sind so gewählt, daß dies hier erlaubt ist. Im allgemeinen Fall muß man jedoch von beliebigen, zulässigen Verschiebungszuständen ausgehen.

7.3.2. Die sogenannten Euler-Fälle als Beispiele

1. Beispiel: 2. *Euler*-Fall (vgl. Abb. 7.10)

Aus der Abb. 7.10 lesen wir ab

$$M(x) = F\, w(x).$$

Für die Biegelinie gilt andrerseits bei Vernachlässigung der Schubverformungen (vgl. Abschnitt 3.2)

$$EJ\, w''(x) = -\, M(x).$$

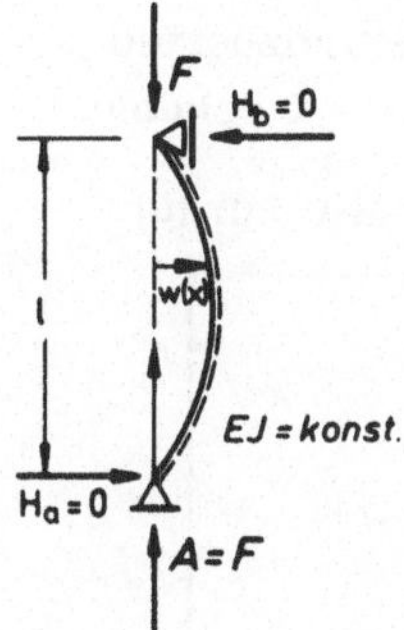

Abb. 7.10

Setzen wir hierin M(x) ein, so erhalten wir nach einfacher Umordnung die *Differentialgleichung*

$$w''(x) + k^2 w(x) = 0$$

$$\text{mit } k^2 = \frac{F}{EJ} \text{ und}$$

mit den *Randbedingungen* $w(0) = w(l) = 0$

Anmerkung:

Die Randbedingungen

$$w''(0) = w''(l)$$

sind bereits bei der Aufstellung der Differentialgleichung berücksichtigt.

Diese homogene Differentialgleichung mit ihren homogenen Randbedingungen stellt – wie wir sogleich sehen werden – ein sogenanntes *Eigenwertproblem* dar, daß nur für bestimmte Zahlenwerte des Parameters $k^2 = \frac{F}{EJ}$, die wir *Eigen-*

werte nennen, nicht-triviale Lösungen hat. Die *allgemeine Lösung* der Differentialgleichung lautet

$$w(x) = c_1 \sin kx + c_2 \cos kx.$$

Setzen wir das in die Randbedingungen ein, so erhalten wir als Gleichungen für die freien Konstanten c_1, c_2:

$$\begin{aligned} w(0) &= 0 = \phantom{c_1 \sin kl + {}} c_2 \\ w(l) &= 0 = c_1 \sin kl + c_2 \cos kl. \end{aligned}$$

Daraus lesen wir ab:

$$\begin{aligned} &c_2 = 0 \\ &c_1 \sin kl = 0 \rightarrow \begin{cases} c_1 = 0 : \text{Grundzustand} \\ \sin kl = 0 : c_1 = c \text{ beliebig.} \end{cases} \end{aligned}$$

Nicht-triviale Lösungen erhalten wir also nur für

$$kl = k_n l = \sqrt{\frac{F_n}{EJ}}\, l = n\pi$$

d.h.

$$F_n = n^2 \pi^2 \frac{EJ}{l^2} \qquad n = 1, 2 \ldots$$

Dies sind jeweils die *Verzweigungslasten*, bei denen sich – im Rahmen unserer linearisierten Theorie – neben dem Grundzustand noch ausgeknickte Zustände der Form

$$w_n(x) = c \sin k_n x = c \sin \left(n\pi \frac{x}{l}\right)$$

mit unbestimmter Amplitude c einstellen können (vgl. Abb. 7.11).

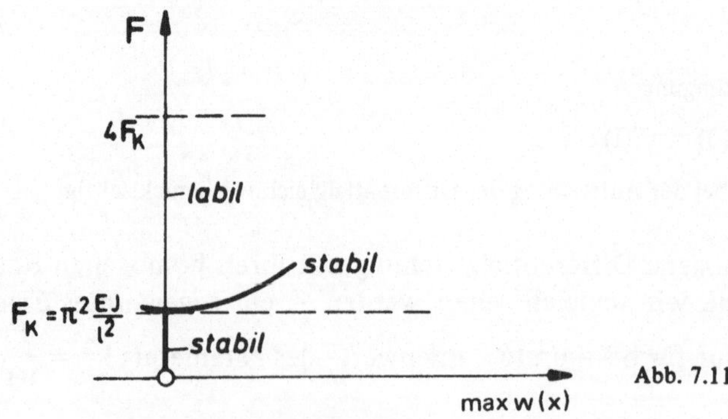

Abb. 7.11

Anmerkung:

Die Eigenwerte k_n erhalten wir auch aus der Bedingung, daß die Koeffizienten-Determinante des Gleichungssystems für c_1, c_2 verschwinden muß, wenn das Gleichungssystem nichttriviale Lösungen haben soll.

Untersuchen wir das Knicken in verschiedenen Ebenen, so finden wir, daß Gleichgewichtszustände überhaupt nur möglich sind für ein Ausknicken in Richtung einer Hauptachse des Querschnittes, da nur dann die Ebene des Biegemomentes und die zugehörige Biegeebene zusammenfallen (gerade Biegung). Im Falle einer schiefen Biegung entsteht hingegen ein Ungleichgewicht zwischen dem von der Belastung herrührenden Biegemoment und dem resultierenden Moment der Spannungen. Dieses bewirkt eine Drehung der Biegeebene, und zwar stets in dem Sinne, daß der Stab jeweils in eine Richtung ausknickt, für die das zugehörige Flächen-Trägheitsmoment zum Minimum wird. Unsere Annahme, daß der Stab nur in der xz-Ebene ausknickt, ist also dann und nur dann gerechtfertigt, wenn das Flächen-Trägheitsmoment $J_{yy} = J_{min}$ ist. Davon wollen wir im folgenden stets ausgehen.
Aus den bisherigen Überlegungen folgt, daß wir die kleinste Verzweigungslast für ein Ausknicken in der xz-Ebene (bei $J_{yy} = J_{min}$) und für $n = 1$ erhalten. Diese kleinste Verzweigungslast ist die sogenannte

kritische Last: $$F_k = \pi^2 \frac{EJ_{min}}{l^2} ,$$

zugehörige Biegelinie: $$w_k(x) = c \sin\left(\pi \frac{x}{l}\right) .$$

Genauere Untersuchungen der zu den verschiedenen Zahlenwerten von n gehörenden Gleichgewichtszustände, die auf alle geometrischen Linearisierungen verzichten, zeigen ferner, daß

1. der Grundzustand für $F < F_k$ und
2. die zu der kleinsten Verzweigungslast F_k gehörenden Nachbarzustände

stabil, alle andern Gleichgewichtszustände jedoch labil sind (vgl. Abb. 7.11). Praktisch ist die Belastbarkeit eines Druckstabes durch F_k begrenzt, weil bereits geringe Steigerungen der Belastung über F_k hinaus große Auslenkungen erzeugen, die bald zu einer Überschreitung des elastischen Bereiches führen bzw. aus andern Gründen unzulässig sind. F_k trägt deshalb zu Recht die Bezeichnung *kritische Last.* Wir entnehmen unseren Betrachtungen ferner, daß wir die Größe der kritischen Last in unserem Beispiel wie in vielen andern (aber nicht allen!) Fällen aus einer vereinfachten Rechnung gewinnen können, die von linearisierten geometrischen Beziehungen ausgeht. Das gesamte Stabilitätsverhalten erfassen wir jedoch nur, wenn wir auf solche Linearisierungen verzichten.

2. Beispiel: 1. *Euler*-Fall (vgl. Abb. 7.12)

Wir benutzen hier vorteilhaft ein Koordinatensystem, das mit dem freien Stabende (ohne Rotation) mitgeht. Aus den beiden Beziehungen

$$M(x) = Fw(x)$$

und

$$M(x) = -EJw''(x)$$

ergibt sich die *Differentialgleichung*

$$w''(x) + k^2 w(x) = 0$$

$$\text{mit } k^2 = \frac{F}{EJ} \text{ und}$$

mit den *Randbedingungen* $w(0) = 0$, $w'(l) = 0$,

die wiederum ein *Eigenwertproblem* definiert.

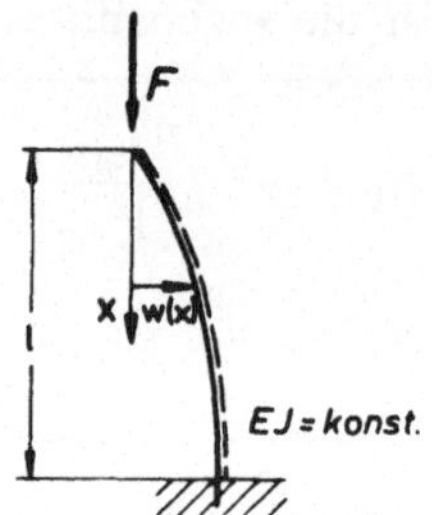

Abb. 7.12

Anmerkung:

Die übrigen Randbedingungen

$$w''(0) = 0 \text{ und}$$

$$EJw'''(0) + Fw'(0) = 0, \text{ d.h. } Q(0) = Fw'(0)$$

sind bei diesem Vorgehen von selbst mit erfüllt. Würden wir ein feststehendes Koordinatensystem benutzen, so erhielten wir eine Differentialgleichung 4. Ordnung mit vier Randbedingungen. Die Einführung des mitgehenden Koordinatensystems hat also das Problem vereinfacht.

Das Einsetzen der allgemeinen Lösung

$$w(x) = c_1 \sin kx + c_2 \cos kx$$

in die Randbedingungen ergibt das Gleichungssystem

$$w(0) = 0 = \qquad c_2$$
$$w'(l) = 0 = c_1 k \cos kl - c_2 k \sin kl.$$

Daraus folgt:

$$\begin{aligned} c_2 &= 0 \\ c_1 k \cos kl &= 0 \rightarrow \begin{cases} c_1 = 0: & \text{Grundzustand} \\ \cos kl = 0: & c_1 = c \text{ beliebig.} \end{cases} \end{aligned}$$

Nicht-triviale Lösungen ergeben sich also nur für

$$kl = k_n l = \sqrt{\frac{F_n}{EJ}}\, l = \frac{\pi}{2} + n\pi$$

d.h.

$$F_n = \left(\frac{\pi}{2} + n\pi\right)^2 \frac{EJ}{l^2}. \qquad n = 0, 1, 2, \ldots$$

Daraus entnehmen wir aufgrund der gleichen Überlegungen wie beim 1. Beispiel als kleinste Verzweigungslast (mit $n = 0$ und $J = J_{min}$):

kritische Last: $$F_k = \frac{\pi^2}{4} \frac{EJ_{min}}{l^2},$$

zugehörige Biegelinie: $$w_k(x) = c \sin\left(\frac{\pi x}{2l}\right)$$

3. Beispiel: 4. und 3. *Euler*-Fall

Wir beginnen mit der Betrachtung des 4. *Euler*-Falles (vgl. Abb. 7.13). Für das Biegemoment erhalten wir aus Gleichgewichtsbetrachtungen

$$\begin{aligned} M(x) &= Fw(x) + M_{E_b} + H(l - x) \\ &= Fw(x) + M_{E_a} - Hx \quad (\text{mit } M_{E_a} = M_{E_b} + Hl). \end{aligned}$$

Setzen wir das in die Differentialgleichung der Biegelinie

$$M(x) = -EJ\,w''(x)$$

ein, so entsteht zunächst die Differentialgleichung

$$w''(x) + \frac{F}{EJ} w(x) + \frac{M_{E_b}}{EJ} + \frac{H}{EJ}(l - x) = 0.$$

Um die unbekannten Auflager-Reaktionen dieses statisch unbestimmten Systems zu eliminieren, differenzieren wir diese Gleichung zweimal nach x und erhalten dann für dieses Eigenwertproblem die *Differentialgleichung*

$$w''''(x) + k^2 w''(x) = 0$$

mit $k^2 = \dfrac{F}{EJ}$ und

mit den *Randbedingungen* $w(0) = w(l) = 0$

$w'(0) = w'(l) = 0.$

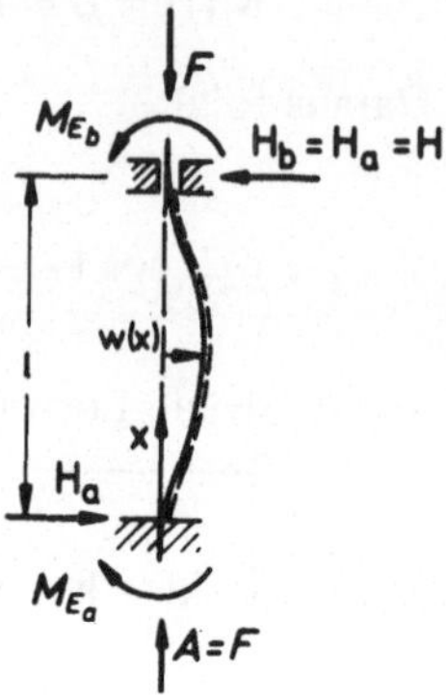

Abb. 7.13

Setzen wir die allgemeine Lösung dieser Differentialgleichung

$$w(x) = c_1 + c_2 x + c_3 \sin kx + c_4 \cos kx$$

in die Randbedingungen ein, so entsteht das folgende lineare, homogene Gleichungssystem für die freien Konstanten c_i:

$$\begin{aligned}
w(0) &= 0 = c_1 + c_4\\
w(l) &= 0 = c_1 + c_2 l + c_3 \sin kl + c_4 \cos kl\\
w'(0) &= 0 = c_2 + c_3 k\\
w'(l) &= 0 = c_2 + c_3 k \cos kl - c_4 k \sin kl.
\end{aligned}$$

Dieses Gleichungssystem hat nur nicht-triviale Lösungen, wenn die Koeffizienten-Determinante verschwindet. Aus dieser Bedingung sind die Eigenwerte k_n^2 dieses Eigenwertproblems zu ermitteln.

Wir können uns hier die Aufgabe, die Koeffizienten-Determinante auszurechnen, dadurch etwas erleichtern, daß wir das Gleichungssystem zuvor reduzieren. Mit den aus der ersten und der dritten Gleichung folgenden Beziehungen

$$\begin{aligned}
c_4 &= - c_1\\
c_2 &= - c_3 k
\end{aligned}$$

erhalten wir das reduzierte Gleichungssystem

$$\begin{aligned}
c_1 (1 - \cos kl) + c_3 (\sin kl - kl) &= 0.\\
c_1 \sin kl + c_3 (\cos kl - 1) &= 0.
\end{aligned}$$

Die *Koeffizienten-Determinante* dieses Gleichungssystems ist

$$- \{(1 - \cos kl)^2 + \sin kl(\sin kl - kl)\} = - \{2 - 2 \cos kl - kl \sin kl\}.$$

Formen wir diesen Ausdruck noch ein wenig um mit Hilfe der Beziehungen

$$\sin kl = 2 \sin \frac{kl}{2} \cos \frac{kl}{2}$$

$$\cos kl = 1 - 2 \sin^2 \frac{kl}{2}$$

und setzen wir die Koeffizienten-Determinante gleich Null, so erhalten wir die gesuchte *Bestimmungsgleichung für die Eigenwerte* des Problems:

$$\boxed{\sin \frac{kl}{2} \left\{ \frac{kl}{2} \cos \frac{kl}{2} - \sin \frac{kl}{2} \right\} = 0}$$

Diese Gleichung hat zwei *Lösungsfamilien*

1. $\sin \frac{kl}{2} = 0 \rightarrow k_n l = n 2\pi \qquad n = 1, 2 \ldots$

2. $\frac{kl}{2} \cos \frac{kl}{2} - \sin \frac{kl}{2} = 0 \rightarrow \tan \frac{k_m l}{2} = \frac{k_m l}{2} \qquad m = 1, 2 \ldots$

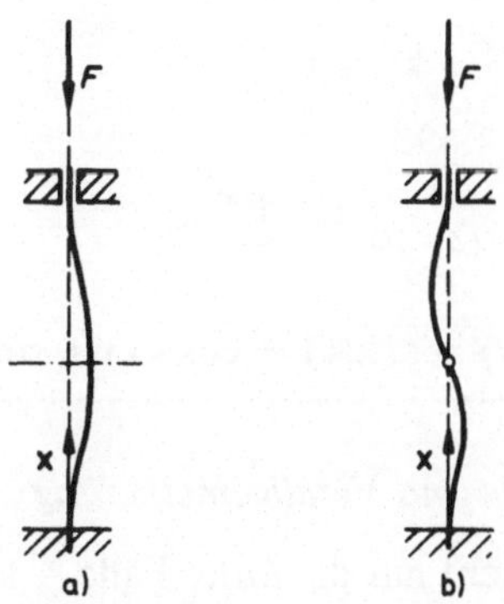

Biegelinie für den jeweils kleinsten Eigenwert Abb. 7.14

Zu der ersten Lösungsfamilie gehören Biegelinien, die symmetrisch in bezug auf die Gerade $x = \frac{l}{2}$ sind (Abb. 7.14a). Die Biegelinien der zweiten Lösungsfamilie sind punktsymmetrisch in bezug auf die Stabmitte (Abb. 7.14b). Die jeweils kleinsten Eigenwerte sind:

1. Lösungsfamilie: $kl = 2\pi$
2. Lösungsfamilie: $kl = 8{,}986 > 2\pi$.

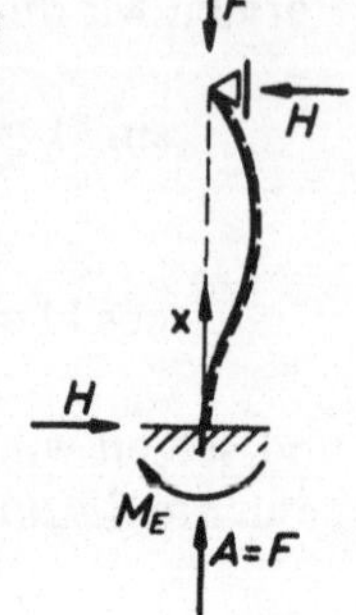

Abb. 7.15

Wir erhalten also für den 4. *Euler*-Fall als

kritische Last:	$F_k = 4\pi^2 \dfrac{EJ_{min}}{l^2}$
zugehörige Biegelinie:	$w_k(x) = c\left(1 - \cos 2\pi \dfrac{x}{l}\right)$

Den 3. *Euler*-Fall (vgl. Abb. 7.15) können wir in gleicher Weise behandeln. Das führt zu folgenden Ergebnissen:

Differentialgleichung

$$w''''(x) + k^2 w''(x) = 0$$

mit $k^2 = \dfrac{F}{EJ}$ und

mit den Randbedingungen $w(0) = w(l) = 0$, $w'(0) = 0$, $w''(l) = 0$

Eigenwertbedingung	$\tan kl - kl = 0$
kleinster Eigenwert	$kl = 4{,}493$
kritische Last:	$F_k = (4,493)^2 \dfrac{EJ_{min}}{l^2}$
zugehörige Biegelinie:	$w_k(x) = c\{kl(1 - \cos kx) + \sin kx - kx\}$

7.3.3. Zusammenfassung der Beispiele und Verallgemeinerung

Alle *Knickprobleme* dieser Art – nicht nur die *Euler*-Fälle – lassen sich formal in folgender Weise zusammenfassen. Wir setzen

$$F_k = \pi^2 \frac{EJ_{min}}{l_k^2}.$$

Die sogenannte *Knicklänge* l_k ist ein Vergleichswert, der das vorliegende Knickproblem in bezug setzt zum 2. *Euler*-Fall. Für einige Knickprobleme sind die entsprechenden Knicklängen in der Tabelle 7.1 zusammengestellt.

Tabelle 7.1

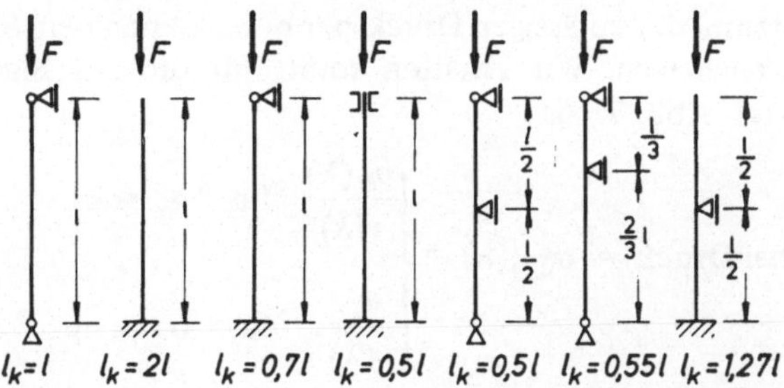

Bei der kritischen Last F_k nimmt die Normalspannung (im *Grundzustand*) den Betrag

$$|\sigma| = \sigma_k = \pi^2 \frac{EJ_{min}}{Al_k^2} = \pi^2 \frac{E}{\lambda^2}$$

$$\text{mit } \lambda = l_k \sqrt{\frac{A}{J_{min}}} = \frac{l_k}{i_{min}}$$

an. Hierin bezeichnet

$$i_{min} = \sqrt{\frac{J_{min}}{A}}$$ den sogenannten *Trägheitsradius*

λ den sogenannten *Schlankheitsgrad* des Druckstabes.

Die *Bemessung eines Druckstabes* auf Knick-Sicherheit geht von folgenden Überlegungen aus (vgl. hierzu DIN 4114; ω-Verfahren). Die von einem Druckstab im Grenzfall theoretisch aufnehmbare Normalspannung ist

a) für *schlanke Stäbe* begrenzt durch die Knicklast, d.h. durch die theoretische Spannung an der Knickgrenze

$$\sigma_k = \frac{\pi^2}{\lambda^2} E = \sigma_k(\lambda).$$

b) für *dicke Stäbe* durch die Elastizitätsgrenze im Druckbereich, d.h. durch

$$|\sigma_{E_D}| = \sigma_F.$$

Dazwischen gibt es einen Übergangsbereich des elastoplastischen Knickens, der besondere theoretische Überlegungen erfordert, die wir hier übergehen müssen (vgl. Abb. 7.16).

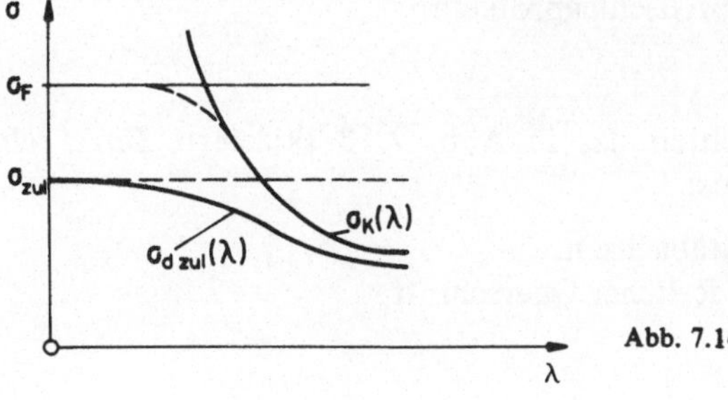

Abb. 7.16

Bei der Festsetzung der zulässigen Druckspannung ist noch ein *Sicherheitsfaktor* $\nu(\lambda)$ zu berücksichtigen. Wir erhalten somit für die zulässige Spannung bei *Druckstäben* (vgl. Abb. 7.16)

$$|\sigma|_{zul}(\text{bei Druck}) = \sigma_{d_{zul}}(\lambda) = \begin{cases} \dfrac{\sigma_k(\lambda)}{\nu(\lambda)} & \text{für} \quad \sigma_k \leqslant \sigma_F \\[2ex] \dfrac{\sigma_F}{\nu(\lambda)} & \text{für} \quad \sigma_k \geqslant \sigma_F . \end{cases}$$

Das sogenannte *ω-Verfahren* setzt nun die bei Druckstäben zulässige Spannung ins Verhältnis zur sonst zulässigen Normalspannung:

$$\sigma_{d_{zul}} = \frac{1}{\omega(\lambda)} \sigma_{zul} .$$

Damit ergibt sich für die *Bemessung eines Druckstabes* die Forderung

$$\boxed{\frac{F}{A} \omega(\lambda) \leqslant \sigma_{zul} .}$$

Der Sicherheitsfaktor $\nu(\lambda)$ berücksichtigt u.a. auch, daß man in praxi mit einer gewissen *Exzentrizität des Kraftangriffs* rechnen muß. Ist eine solche Exzentrizität vorhanden, so erhält man kein Verzweigungsproblem mehr. Die Lösung wird im ganzen Belastungsbereich eindeutig. Der Druckstab wird dann von Belastungsbeginn an auf Biegung beansprucht. Bei kleinen Exzentrizitäten schmiegt sich jedoch die Kurve F(f) eng an jene Kennlinie an, die man für das Verzweigungsproblem mit verschwindender Exzentrizität erhält (vgl. Abb. 7.17).

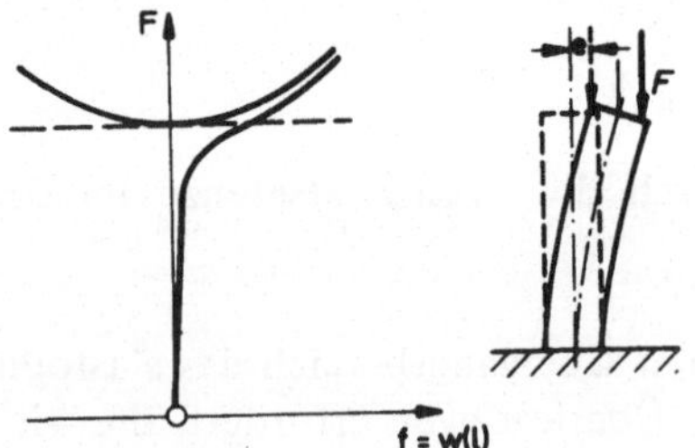

Abb. 7.17

7.4. Ein Durchschlagproblem

Wir betrachten das in Abb. 7.18 skizzierte *Durchschlagproblem* und setzen dabei voraus:

1. gerade Stabachsen,
2. unveränderlicher Querschnitt,
3. $T = T_0$.

Bei Problemen dieser Art müssen wir von Belastungsbeginn an die Kräfte am *verformten* System ansetzen. Wir erhalten dann folgendes Gleichungssystem:

Geometrische Beziehungen: $$\sin\alpha = \frac{h_0 - f}{l} \quad (1)$$

$$l = \sqrt{a^2 + (h_0 - f)^2} \quad (2)$$

Gleichgewichtsbedingung: $$S_1 = S_2 = S = \frac{F}{2\sin\alpha} \quad (3)$$

Formänderungsgesetz: $$l = l_0\left\{1 - \frac{S}{EA}\right\}. \quad (4)$$

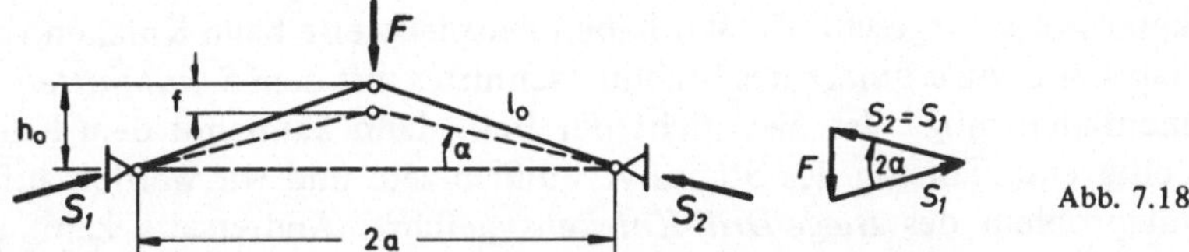

Abb. 7.18

Wir suchen f(F) bzw. F(f). Die übrigen Unbekannten α, l, S müssen wir deshalb eliminieren. Dazu setzen wir

1. (1) in (3) → $S = S(F, f, l)$
2. (3) in (4) → $l = l(F, f)$
3. (2) in (4) → $f = f = f(F)$ bzw. $F = F(f)$

Das Ergebnis lautet (vgl. Abb. 7.19)

$$F = 2EA\,\frac{h_0 - f}{l_0}\left\{\frac{1}{\sqrt{\left(\frac{a}{l_0}\right)^2 + \left(\frac{h_0 - f}{l_0}\right)^2}} - 1\right\}.$$

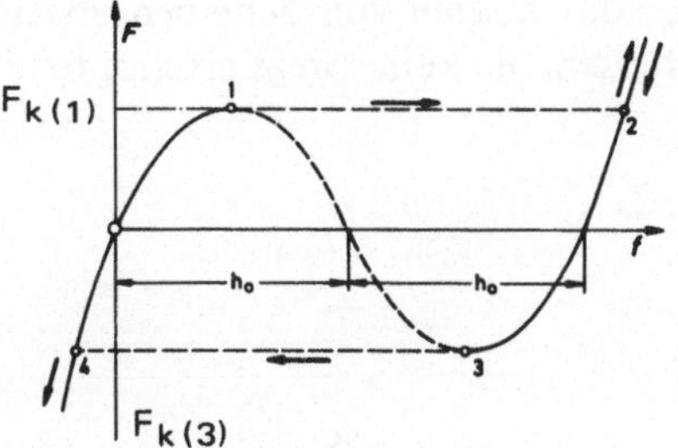

Abb. 7.19

Bei Belastung von Null an nimmt zunächst f *nicht-linear* mit F zu. Wird die Belastung $F_{k(1)}$ erreicht, so schlägt das System von dem Zustand (1) in den Zustand (2) durch. Der Durchschlag ist ein *kinetisches Problem*. In der neuen Lage ist das System *stabil.* Wird das System nach dem Durchschlag entlastet und schließlich in umgekehrter Richtung wieder belastet, so kehrt sich der Vorgang um: Bei Erreichen des Zustandes (3) erfolgt der Durchschlag von (3) in den Zustand (4), der dann wieder stabil ist.

7.5. Einige ergänzende Bemerkungen

Die hier betrachteten Beispiele lassen bereits ahnen, wie vielfältig Stabilitätsprobleme sein können. Dabei haben wir die Mannigfaltigkeit der Probleme noch keineswegs ausgeschöpft. Wir haben beispielsweise beim Knicken vorausgesetzt, daß der *Schwerpunkt* des Stabquerschnittes mit dem *Schubmittelpunkt* zusammenfallen möge. Ist dies nicht der Fall, dann kann mit dem Knicken gleichzeitig eine Torsion des Stabes verbunden sein und wir werden auf das Stabilitätsproblem des *Biege-Drill-Knickens* geführt. Andrerseits kann es unter bestimmten Voraussetzungen (Schwerpunkt = Schubmittelpunkt, $\frac{J_T}{J_0} \ll 1$) auch geschehen, daß ein Stab auf eine Druckbelastung mit einer reinen Torsion reagiert, wenn die Belastung eine kritische Grenze überschreitet. Wir haben dann das Problem des reinen *Drill-Knickens* vor uns.

Ein anderes Stabilitätsproblem begegnet uns bei der *Torsion* schlanker Stäbe (Drähte). Übersteigt das Torsionsmoment einen bestimmten Grenzwert (bei Kreisquerschnitt: $M_{T_k} = \pi \frac{EJ_0}{l}$), so verformt sich der Stab zu einer Wendel. Das kritische Torsionsmoment vermindert sich, wenn gleichzeitig eine axiale Druck-Kraft wirkt; es erhöht sich bei einer gleichzeitig wirkenden Zug-Kraft (vgl. Abb. 7.20).

Weitere Stabilitätsprobleme sind beispielsweise das *Kippen* eines Hochkant-Trägers (vgl. Abb. 7.21) oder das *Beulen* von Scheiben, Platten und Schalen. Wir müssen es mit diesen Hinweisen, die keineswegs erschöpfend sind, bewenden lassen.

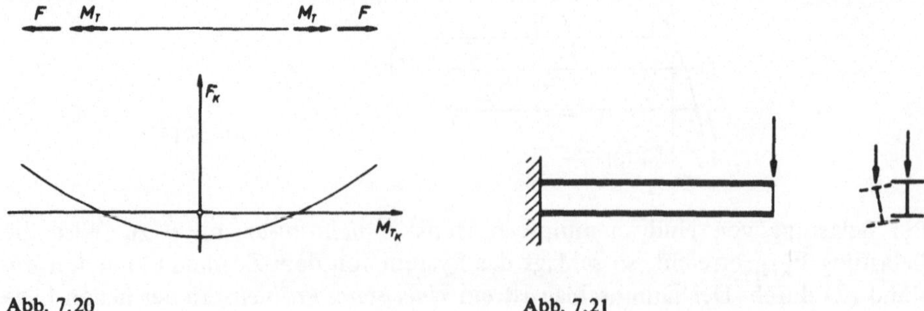

Abb. 7.20 Abb. 7.21

Die Art des Stabilitätsverhaltens kann entscheidend davon abhängen, wie sich die Belastung bei einer Änderung des Verschiebungszustandes verhält. Nehmen wir beispielsweise das in Abschnitt 7.2 zuerst betrachtete Beispiel und setzen wir abweichend von den dortigen Annahmen voraus, daß die Belastung immer axial bleibt (vgl. Abb. 7.22), so erhalten wir *kein* Verzweigungsproblem mehr. Dagegen bleibt der 1. *Euler*-Fall auch dann ein Verzweigungsproblem, wenn die Kraft am Stabende stets tangential zur Stabachse wirkt (vgl. Abb. 7.23). Es ändert sich freilich die kritische Last in diesem Falle wesentlich.

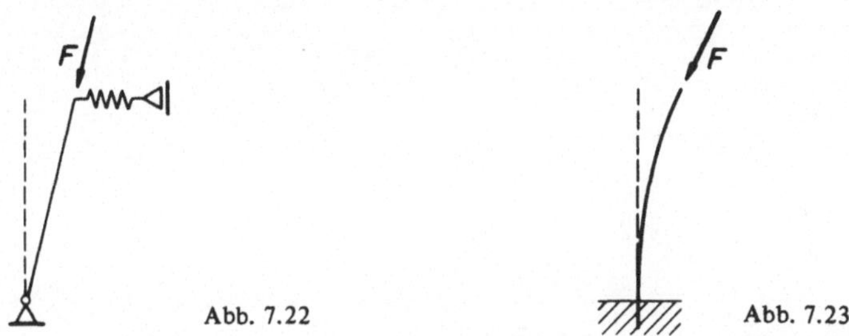

Abb. 7.22 Abb. 7.23

Bei der Untersuchung des Stabilitätsverhaltens haben wir hier stets die sogenannte *Gleichgewichts-Methode* angewendet, d.h. wir haben mit Hilfe von Gleichgewichtsbetrachtungen nach möglichen Gleichgewichtszuständen neben dem Grundzustand gesucht. Man kann solche Stabilitätsbetrachtungen aber auch auf Energiebetrachtungen basieren, indem man für eine Variation des Verschiebungszustandes die Formänderungsarbeit mit der Arbeit der eingeprägten Kräfte vergleicht. Auf diese *Energie-Methode* kommen wir in Band IV zurück.
In manchen Fällen sind jedoch diese auf statischer Betrachtungsweise beruhenden Methoden unzureichend; sie können sogar zu falschen Ergebnissen führen. Dann muß man das kinetische Verhalten eines solchen Systems untersuchen (*kinetische Methode*). Dieses Vorgehen führt dann in jedem Falle zum Ziel.

Fragen:

1. Welche Voraussetzungen liegen dem Eindeutigkeitssatz der linearen Elasto-Statik von *Kirchhoff* zugrunde?
2. Welche Arten von Gleichgewichtszuständen können wir unterscheiden?
3. Was bedeuten Ausgangszustand, Grundzustand, Nachbarzustand?
4. Wie unterscheiden sich Verzweigungs- und Durchschlagprobleme?
5. Wie gehen wir vor, um bei 1-parametrigen Verzweigungsproblemen die Verzweigungslasten zu ermitteln?
6. Wie hängen (bei einem 1-parametrigen Problem) die Anzahl der Verzweigungslasten und der Freiheitsgrad des Systems zusammen?
7. Zu welcher mathematischen Problemgruppe gehören die Knickprobleme?
8. Warum ist die zu einem Knicken senkrecht zur Achse des kleinsten Haupt-Trägheitsmomentes gehörende Verzweigungslast die kritische Last?

9. Wie bemessen wir Knickstäbe?
10. Was geschieht beim Knicken eines Stabes, dessen Schubmittelpunkt nicht mit dem Schwerpunkt des Querschnittes zusammenfällt?
11. Ist das Durchschlagen ein statisches oder ein kinetisches Problem? Welche Aussagen können wir mit der Gleichgewichts-Methode lediglich erhalten?

8. Statik der Seile

8.1. Allgemeines

Seile (Drähte, Fäden, Ketten) betrachten wir idealisierend als *linienhafte Körper mit verschwindender Biegesteifigkeit* (EJ → 0). Ein solches idealisiertes Seil kann kein Biegemoment und keine Querkraft sowie (aus Stabilitätsgründen) keine Druckkraft aufnehmen. Sehen wir auch von Torsionsmomenten ab, was wir im Regelfall tun dürfen, so verbleibt als einzige Schnittgröße nur die (nicht-negative) Normalkraft, die wir hier als *Seilkraft* ($S \geqslant 0$) bezeichnen.
Ob wir die Biegesteifigkeit eines Seiles vernachlässigen dürfen, hängt ab

a) von Werkstoff und Struktur des Seiles (homogen, geflochten usw.),
b) von dem sich ergebenden oder vorgegebenen Krümmungsradius des Seiles im Verhältnis zu seinem Durchmesser.

Können wir die Biegesteifigkeit eines Seiles nicht mehr vernachlässigen, dann ergibt sich ein kompliziertes, nicht-lineares Problem. Wir beschränken uns hier auf *ideale Seile* (ohne Biegesteifigkeit).
Viele Probleme der Seilstatik laufen darauf hinaus, für ein gegebenes Seil (einschließlich seiner Befestigungsart) bei gegebener Belastung die sich einstellende

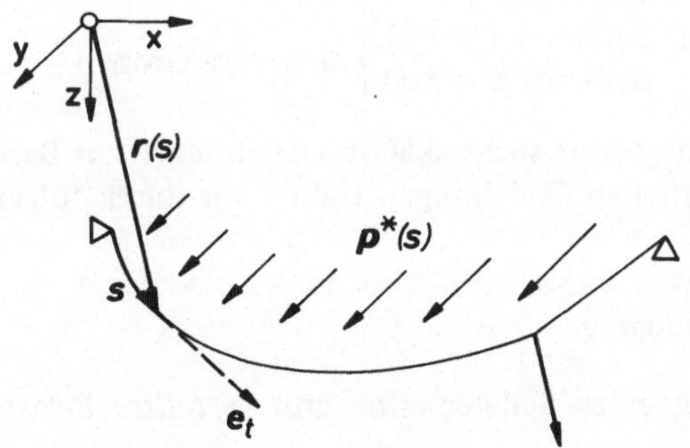

Abb. 8.1

Seilkurve und die zugehörige *Seilkraft* zu ermitteln. Doch können auch andere Fragestellungen auftreten, wie z.B. die Frage, in welche Gleichgewichtslage sich eine längs des Seiles bewegliche Last einstellt. Die Behandlung solcher und anderer Probleme erfordert die folgenden (teils gegebenen, teils gesuchten) Angaben, bei denen uns die längs der Seilkurve verlaufende Koordinate s als Parameter dient (vgl. Abb. 8.1):

Seileigenschaften: Seillänge l_0
Dehnsteifigkeit EA(s)
Massenbelegung $\mu(s) = \dfrac{dm}{ds}$

Seilbefestigung: Befestigungspunkte
Umlenkrollen

Seilbelastung: verteilte Belastungen $\mathbf{p}^*(s)$
Einzellasten $\mathbf{F}_i = \mathbf{F}(s_i)$

Seilkurve: $\mathbf{r} = \mathbf{r}(s) \rightarrow x = x(s)$
$y = y(s)$
$z = z(s)$

Seilkraft: $\mathbf{S} = S(s)\,\mathbf{e}_t(s) \quad (S \geqslant 0)$.

In vielen Fällen können wir die elastische Dehnung eines Seiles vernachlässigen und das Seil als undehnbar betrachten. Bei straff gespannten Seilen z.B. kann jedoch die Dehnung des Seiles wesentlichen Einfluß auf die Ergebnisse haben. Wir müssen deshalb von Fall zu Fall entscheiden, ob wir die Dehnung berücksichtigen müssen oder vernachlässigen dürfen.

8.2. Grundgleichungen der Statik der Seile

Gegeben seien: Seileigenschaften (einschließlich Befestigungsart), Belastung

Unbekannt sind dann: $\left.\begin{array}{l}\text{Seilkurve } \mathbf{r} = \mathbf{r}(s)\\ \text{Seilkraft } \mathbf{S} = \mathbf{S}(s)\end{array}\right\}$ 6 skalare Größen.

Wir benötigen also insgesamt sechs skalare Gleichungen zur Bestimmung dieser Größen. Die erforderlichen Gleichungen finden wir durch folgende Überlegungen.

1. Gleichgewichtsbedingung

Aus der Betrachtung eines Seilelementes mit *verteilter Belastung* (vgl. Abb. 8.2a) lesen wir ab

$$\frac{d\mathbf{S}}{ds} = -\mathbf{p}^*(s) \rightarrow \frac{dS_x}{ds} = -p_x^*(s)$$
$$\rightarrow \frac{dS_y}{ds} = -p_y^*(s)$$
$$\rightarrow \frac{dS_z}{ds} = -p_z^*(s).$$

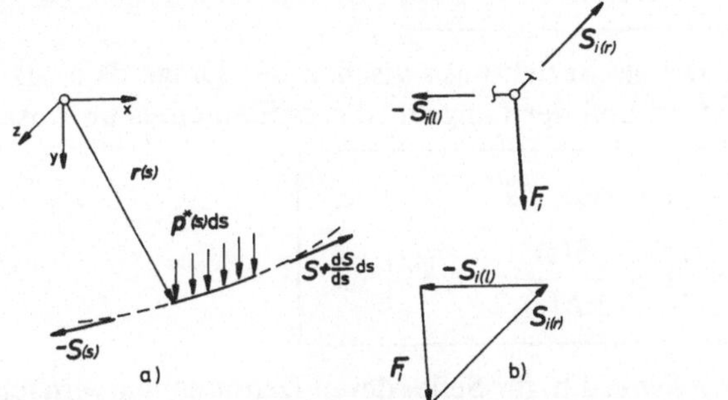

Abb. 8.2 a + b

Bei Belastung durch *Einzellast* (vgl. Abb. 8.2b) gilt

$$\mathbf{S}_{i(r)} - \mathbf{S}_{i(l)} = -\mathbf{F}_i \rightarrow \text{drei skalare Gleichungen.}$$

2. Formänderungsgesetz

Die Bedingung, daß die Seilkraft **S** wegen der fehlenden Biegesteifigkeit stets tangential zur Seilkurve wirken muß, können wir in der Form

$$\mathbf{e}_t(s) \times \mathbf{S}(s) = 0; \qquad \mathbf{e}_t(s) = \frac{d\mathbf{r}(s)}{ds}$$

schreiben. Daraus erhalten wir zunächst drei skalare Gleichungen

$$\frac{dy(s)}{ds} S_z(s) - \frac{dz(s)}{ds} S_y(s) = 0$$
$$\frac{dz(s)}{ds} S_x(s) - \frac{dx(s)}{ds} S_z(s) = 0$$
$$\frac{dx(s)}{ds} S_y(s) - \frac{dy(s)}{ds} S_x(s) = 0.$$

Von diesen drei Gleichungen sind jedoch nur zwei voneinander unabhängig. Wir weisen das beispielsweise leicht dadurch nach, daß wir die dritte Gleichung nach S_x auflösen und das Ergebnis in die zweite Gleichung einsetzen; dann wird die zweite mit der ersten Gleichung identisch. Die obige Bedingung liefert uns mithin nur *zwei* Gleichungen.
Die dritte noch benötigte Gleichung gewinnen wir aus dem *Materialgesetz*, das für die Dehnung des Seiles gilt. Für *elastische Seile* lautet dieses:

$$\epsilon(s) = \frac{S(s)}{EA(s)} + \alpha\Delta T.$$

Daraus leiten wir als Beziehung zwischen der Länge ds eines Seilelementes im belasteten Zustand und der Länge $d\mathring{s}$ dieses Elementes im Ausgangszustand ab:

$$\begin{aligned} ds &= \{1 + \epsilon(s)\}\, d\mathring{s} \\ &= \left\{1 + \frac{S(s)}{EA(s)} + \alpha\Delta T\right\} d\mathring{s}. \end{aligned}$$

Für *undehnbare Seile*, d.h. für Seile, deren Dehnung wir vernachlässigen können, erhalten wir hingegen die einfache Beziehung

$$ds = d\mathring{s}$$

Damit stehen uns insgesamt sechs skalare Gleichungen für die sechs skalaren Unbekannten zur Verfügung. Hinzugenommen noch die Randbedingungen

z.B. $\mathbf{r}(0) = \mathbf{r}_0, \; \mathbf{r}(l) = \mathbf{r}_1$ (Abb. 8.3a)

oder $\mathbf{r}(0) = \mathbf{r}_0, \; S(\mathbf{r}_1) = G.$ (Abb. 8.3b)

Damit ist die Aufgabe lösbar. Wir werden das im folgenden an einigen einfachen Beispielen sehen.

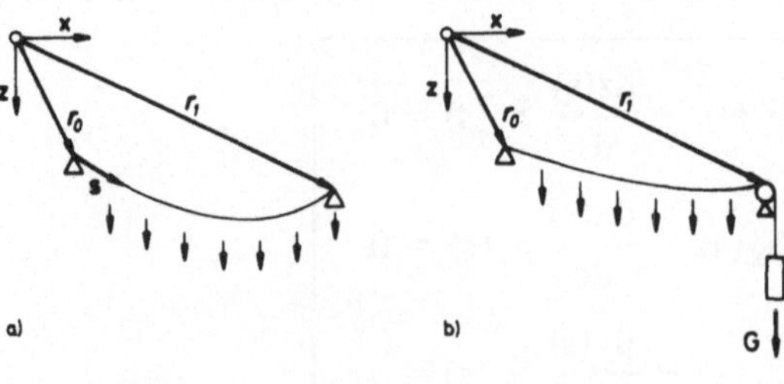

Abb. 8.3 a + b

8.3. Das vertikal belastete, undehnbare Seil

8.3.1. Gleichungssystem

Bei vertikaler Belastung erhalten wir ein *ebenes Problem*, das einige Vereinfachungen mit sich bringt. Wir legen das Koordinatensystem so, daß die Seilkurve in der xz-Ebene verläuft (vgl. Abb. 8.4). Es liegt dann nahe, die Seilkurve – unter Elimination des Parameters s – in der Form

$$z = z(x)$$

zu beschreiben. Für den Zusammenhang zwischen den beiden Differentialen ds und dx ergibt sich dabei aus

$$(ds)^2 = (dx)^2 + (dz)^2$$

die Beziehung

$$ds = dx \sqrt{1 + \left(\frac{dz}{dx}\right)^2} = dx \sqrt{1 + (z')^2}.$$

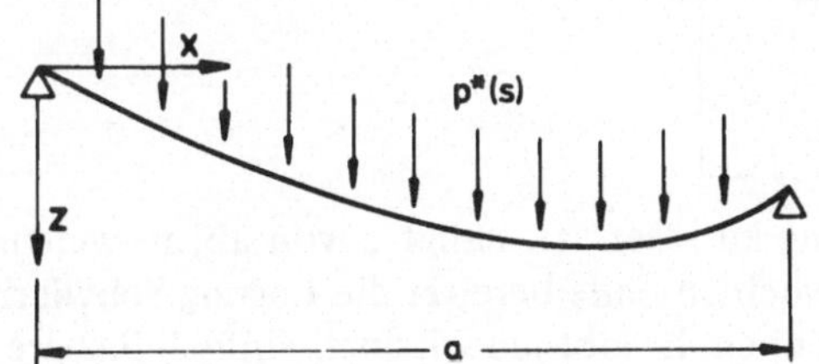

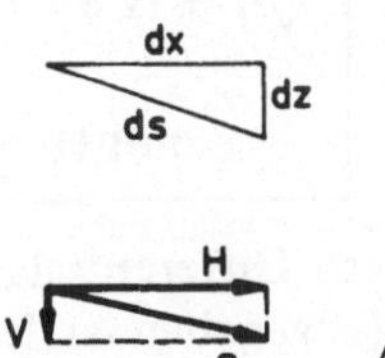

Abb. 8.4

Wir setzen zur Vereinfachung der Schreibweise

$$p_z^*(s) = p^*(s) \qquad (\text{da } p_x^* = p_y^* = 0)$$

$$S_x = H, \quad S_z = V \qquad (\text{da } S_y = 0).$$

Aus der *Gleichgewichtsbedingung* in x-Richtung

$$\frac{dH}{ds} = -p_x^*(s) = 0$$

folgt

$$H = \text{konst.}$$

Es verbleiben dann nur noch die folgenden Gleichungen

1. *Gleichgewichtsbedingung* in z-Richtung:

$$\frac{dV}{ds} = \frac{dV}{dx}\frac{dx}{ds}$$

$$= \frac{dV}{dx}\frac{1}{\sqrt{1+(z')^2}} = -p^*(s), \qquad (1)$$

2. *Formänderungsgesetz:*

a) wegen $\mathbf{e}_t \times \mathbf{S} = 0$:

$$\frac{dz(x)}{dx} = \frac{V}{H}, \qquad (2)$$

b) wegen *Undehnbarkeit:*

$$ds = d\mathring{s}. \qquad (3)$$

Setzen wir (2) in (1) ein, so erhalten wir für die Seilkurve z(x) die *nicht-lineare Differentialgleichung*

$$\boxed{\frac{z''}{\sqrt{1+(z')^2}} = -\frac{p^*(s)}{H}. \quad \text{mit } H = \text{konst.}}$$

Wie diese Differentialgleichung zu lösen ist, hängt davon ab, in welcher Form uns $p^*(s)$ gegeben ist. Im allgemeinen Falle bereitet die Lösung Schwierigkeiten, weil wir $s = s(x)$ noch nicht kennen. Es gibt jedoch auch einfach lösbare Sonderfälle. Die noch unbekannte Größe H (Horizontalkomponente von S) können wir nachträglich aus den Randbedingungen – im allgemeinen unter Heranziehung von Gleichung (3) – ermitteln.

8.3.2. Das durch Eigengewicht belastete Seil

Wir setzen konstanten Seilquerschnitt A und homogenen Werkstoff (ρ = konst.) voraus. Dann wird

$$p^*(s) = \rho g A = \text{konst.} = p^*.$$

Wir erhalten deshalb für die Seilkurve die *Differentialgleichung*

$$\frac{z''}{\sqrt{1+(z')^2}} = -\frac{p^*}{H} = \text{konst.}$$

mit den zugehörigen *Randbedingungen.*

Setzen wir $z'(x) = u(x)$, so können wir die Variablen trennen und die Gleichung integrieren:

$$\int_{u(0)}^{u(x)} \frac{du}{\sqrt{1+u^2}} = [\operatorname{ar\,sinh} u]_0^x = -\int_0^x \frac{p^*}{H}\,dx = -\frac{p^*}{H}\,x$$

d.h. $$u(x) = z'(x) = \sinh\left\{c - \frac{p^*}{H}\,x\right\}$$

mit $c = \operatorname{ar\,sinh} u(0)$.

Nochmalige Integration ergibt

$$z = z(0) - \frac{H}{p^*}\left\{\cosh\left[c - \frac{p^*}{H}\,x\right] - \cosh c\right\}.$$

Die Integrationskonstanten $z(0)$ und $c = \operatorname{ar\,sinh} z'(0)$ sowie der Parameter H sind aus den Randbedingungen und den Angaben über die Seilbefestigung (z.B. Seillänge) zu errechnen.

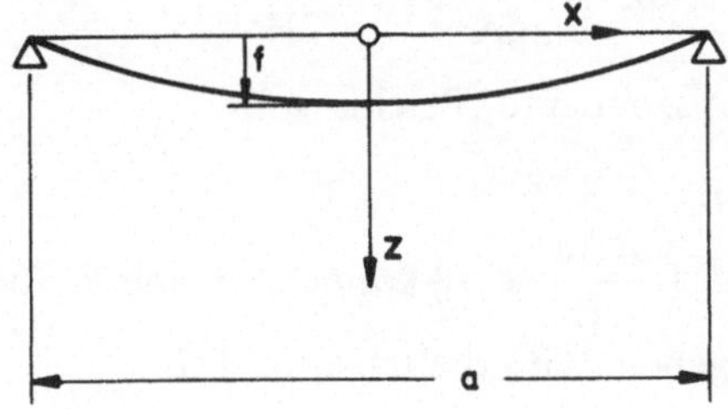

Abb. 8.5

Beispiel (vgl. Abb. 8.5)

Wir nutzen bei der Festlegung des Koordinatensystems die Symmetrie des Problems aus.

Gegeben seien: Seillänge: l_0

Eigengewicht pro Längeneinheit: $p^* = \rho g A$

Randbedingungen: $z'(0) = 0$

$$z\left(\frac{a}{2}\right) = 0.$$

Aus der ersten Randbedingung folgt

$$c = \operatorname{ar\,sinh} z'(0) = 0.$$

Damit wird

$$z(x) = z(0) - \frac{H}{\rho g A}\left\{\cosh\frac{\rho g A}{H}\,x - 1\right\}.$$

$z(0) = f$ können wir aus der zweiten Randbedingung, $z\left(\frac{a}{2}\right) = 0$, ermitteln und erhalten

$$f = \frac{H}{\rho g A}\left\{\cosh\frac{\rho g A a}{2H} - 1\right\} = f(H).$$

Damit wird

$$z(x) = \frac{H}{\rho g A}\left\{\cosh\frac{\rho g A a}{2H} - \cosh\frac{\rho g A}{H}x\right\}.$$

Die noch offene Horizontalkomponente H der Seilkraft S können wir aus der Bedingung

$$\frac{l_0}{2} = \int_0^{\frac{a}{2}} \sqrt{1 + (z')^2}\,dx = \int_0^{\frac{a}{2}} \sqrt{1 + \sinh^2\frac{\rho g A}{H}x}\,dx$$

$$= \int_0^{\frac{a}{2}} \cosh\frac{\rho g A}{H}x\,dx = \frac{H}{\rho g A}\sinh\frac{\rho g A a}{2H}$$

ermitteln. Das ist eine transzendente Gleichung für

$$H = H(\rho g A, a, l_0).$$

Für straff gespannte Seile $\left(\frac{\rho g A a}{2H} \ll 1\right)$ können wir durch Reihenentwicklung eine Näherungslösung angeben. Wir erhalten zunächst

$$\frac{l_0}{a} = \frac{2H}{\rho g A a}\sinh\frac{\rho g A a}{2H} = 1 + \frac{1}{6}\left(\frac{\rho g A a}{2H}\right)^2 + \frac{1}{120}\left(\frac{\rho g A a}{2H}\right)^4 + \ldots$$

Brechen wir nach dem zweiten Glied ab, so finden wir

$$H \approx \rho g A a\sqrt{\frac{1}{24\left(\frac{l_0}{a} - 1\right)}}$$

Eine entsprechende Reihenentwicklung für f(H) ergibt (nach Umkehr der Beziehung)

$$H \approx \frac{1}{8}\rho g A a\frac{a}{f},$$

d.h.

$$H \sim \frac{1}{f}.$$

Anmerkung:

Bei straff gespannten Seilen für die ja $z' \ll 1$ wird, ist

$$S = \sqrt{V^2 + H^2} = H\sqrt{1 + (z')^2} \approx H.$$

Wir können deshalb in solchen Fällen auch verhältnismäßig einfach die elastische Dehnung und die Temperaturänderung des Seiles berücksichtigen. Es wird

$$l \approx l_0\left(1 + \frac{H}{EA} + \alpha\Delta T\right).$$

Das haben wir oben anstelle von l_0 in die aus der Reihenentwicklung entstandene Gleichung für H einzusetzen. Es entsteht dann eine kubische Näherungsgleichung für

$$H = H(\rho g A, a, l_0, \Delta T).$$

8.3.3. Belastung gegeben als p(x)

Wir gehen hier davon aus, daß die Belastung nicht in der Form $p^*(s)$ gegeben sei (d.h. als Belastung pro Längeneinheit des Seiles und der Koordinate s zugeordnet), sondern in der Form p(x), also bezogen auf die horizontale Länge und der Koordinate x zugeordnet (vgl. Abb. 8.6). Zwischen $p^*(s)$ und p(x) besteht die Beziehung

$$p^*(s)\,ds = p(x)\,dx$$

d.h.

$$p^*(s) = p(x)\,\frac{dx}{ds} = \frac{p(x)}{\sqrt{1 + (z')^2}}\,.$$

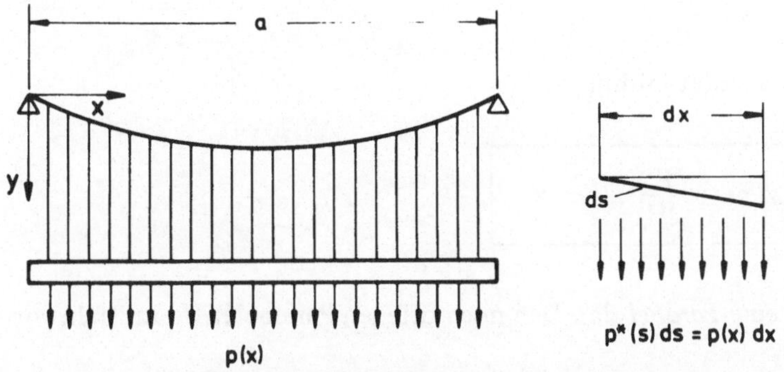

Abb. 8.6

Setzen wir das in die Differentialgleichung für das vertikal belastete Seil ein, so erhalten wir

$$\boxed{z''(x) = -\frac{p(x)}{H}}$$

mit den entsprechenden *Randbedingungen.*

Diese Differentialgleichung läßt sich unmittelbar integrieren. Die zweifache Integration ergibt

$$z(x) = z(0) + z'(0)\,x - \frac{1}{H}\int_0^x\int_0^x p(\xi)\,d\xi\;dx.$$

Die Integrationskonstanten z(0) und z'(0) sowie der noch offene Parameter H (die Horizontalkomponente der Seilkraft) sind wiederum aus den Randbedingungen und den Angaben über die Seilbefestigung (z.B. Seillänge l_0) zu bestimmen.

Beispiel:

Gegeben seien: Belastung: $p(x) = \text{konst.} = p$
Randbedingungen: $z(0) = z(a) = 0$
Seillänge: l_0

Unter Beachtung der Randbedingung z(0) = 0 erhalten wir zunächst als Lösung

$$z(x) = z'(0)\,x - \frac{px^2}{2H}.$$

Die zweite Randbedingung z(a) = 0 liefert

$$z'(0) = \frac{pa}{2H}.$$

Die Lösung lautet mithin

$$z(x) = \frac{p}{2H}\,x(a - x).$$

Sie stellt eine *Parabel* dar. Den noch offenen Parameter H ermitteln wir aus der Bedingung

$$l_0 = \int_0^a \sqrt{1 + (z')^2}\,dx = \int_{z'(0)}^{z'(a)} \sqrt{1 + (z')^2}\,\frac{dx}{dz'}\,dz'.$$

Aus

$$z'(x) = \frac{pa}{2H}\left\{1 - 2\,\frac{x}{a}\right\}$$

folgt

$$\frac{dx}{dz'} = \frac{1}{\frac{dz'}{dx}} = -\frac{H}{p}$$

$$z'(0) = \frac{pa}{2H}, \quad z'(a) = -\frac{pa}{2H}.$$

Das obige Integral geht damit über in

$$l_0 = -\frac{H}{p} \int_{\frac{pa}{2H}}^{-\frac{pa}{2H}} \sqrt{1+(z')^2}\, dz' = -\frac{H}{2p}\left[z'\sqrt{1+(z')^2} + \operatorname{arsinh} z'\right]_{\frac{pa}{2H}}^{-\frac{pa}{2H}}.$$

Wir erhalten also als Bedingung für H die Beziehung

$$\boxed{\frac{l_0}{a} = \frac{1}{2}\sqrt{1+\left(\frac{pa}{2H}\right)^2} + \frac{H}{p}\operatorname{ar\,sinh}\frac{pa}{2H}.}$$

Aus dieser transzendenten Gleichung ist

$$H = H(p, a, l_0)$$

zu bestimmen. Für straffe Seile $\left(\frac{pa}{2H} \ll 1\right)$ können wir die rechte Seite in eine Reihe entwickeln. Wir erhalten dann eine Näherungslösung, die die gleiche Form hat wie bei Seilen, die durch ihr Eigengewicht belastet sind:

$$H \approx pa\sqrt{\frac{1}{24\left(\frac{l_0}{a}-1\right)}}.$$

Das ist nicht verwunderlich; denn für straffe Seile ($z' \ll 1$) ist $p^*(s) \approx p(x)$.

8.4. Drei Analogien

Die Differentialgleichung der Seilkurve lautet, wenn p(x) gegeben ist (vgl. Abschnitt 8.3.3.)

$$Hz''(x) = -p(x).$$

Beim geraden Stab (Träger) mit gegebener Querbelastung q(x) ergaben sich

(a) als Differentialgleichung für das Biegemoment (vgl. Band I, Abschnitt 9.4.1.):

$$M''(x) = -q(x)$$

(b) als Differentialgleichung für die Biegelinie (vgl. Abschnitt 3.2.2.):

$$EJw''(x) = -M(x).$$

Diese drei Differentialgleichungen sind *analog*. Dabei entsprechen einander die folgenden Größen:

$$Hz(x) \longleftrightarrow \begin{cases} M(x) & \text{(a)} \\ EJw(x) & \text{(b)} \end{cases}$$

$$p(x) \longleftrightarrow \begin{cases} q(x) & \text{(a)} \\ M(x) & \text{(b).} \end{cases}$$

Diese Analogien liefern die allgemeine Begründung dafür, daß das Seileck-Verfahren beim Träger – zunächst benutzt, um die resultierende Belastung und die Auflager-Reaktionen zu finden – auch einsetzen können, um die Momenten-Linie (vgl. Band I, Abschnitt 9.5.) bzw. die Biegelinie (*Mohr*sche Analogie, vgl. Abschnitt 3.2.3.) graphisch zu ermitteln. Wir haben dabei nur darauf zu achten, daß auch die Randbedingungen analog sind. Im übrigen entspricht die Polweite S_H der dabei zu zeichnenden Kraftecke der Horizontalkomponente H der Seilkräfte.

Eine weitere *Analogie* ergibt sich zwischen der Aufgabe, für ein in einer Ebene beliebig belastetes Seil die sich einstellende *Seilkurve* bzw. für einen Dreigelenkbogen für eine entsprechende Belastung die *Stützlinie* zu finden (vgl. Abschnitt 5.2). Die Probleme unterscheiden sich nur insofern, als wir bei dem Dreigelenkbogen im allgemeinen den Linienzug suchen, der zu einer reinen Druckbeanspruchung des Tragwerkes führt, während wir beim Seil von einer reinen Zugbeanspruchung ausgehen. Insbesondere erhalten wir also z.B. bei einer gegebenen Belastung p(x) für die Stützlinie dieselbe Differentialgleichung (vgl. Abb. 8.7).

$$z''(x) = -\frac{p(x)}{H}$$

wie für ein Seil mit einer gegebenen Belastung p(x) (vgl. Abschnitt 8.3.3.). H hat hierbei die gleiche Bedeutung wie beim Seil; es bezeichnet die Horizontalkomponente der Schnittkraft (Druckkraft bei der Stützlinie, Zugkraft beim Seil). Durch Variation von H erreichen wir, daß die Stützlinie durch einen vorgegebenen dritten Punkt geht, der im allgemeinen durch die anfängliche Annahme der Lage des Mittelgelenkes festgelegt ist. Bei dem in Abschnitt 5.2 angegebenen graphischen Verfahren zur Ermittlung der Stützlinie, das auf dem Seileck-Verfahren beruht, ist davon Gebrauch gemacht.

Bei einer von x unabhängigen vertikalen Belastung p erhalten wir als Stützlinie eine Parabel, wie das analoge Beispiel für die Seilkurve in Abschnitt 8.3.3 zeigt. In Abschnitt 5.2 hatten wir schon darauf hingewiesen, den Beweis aber offengelassen. Wir haben ihn nunmehr nachgeholt.

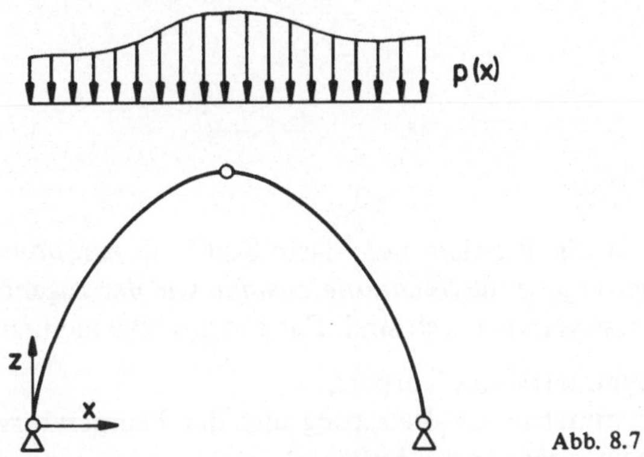

Abb. 8.7

Fragen:

1. Welches sind die kennzeichnenden Eigenschaften der Seile?
2. Wie lauten die Gleichgewichtsbedingungen für Seile?
3. Das Formänderungsgesetz für Seile enthält zwei wesentliche physikalische Aussagen. Welches sind diese?
4. In welcher Weise unterscheiden sich die Formänderungsgesetze für undehnbare und für elastische Seile?
5. Wie vereinfacht sich das Gleichungssystem für vertikal belastete Seile?
6. Woraus ergibt sich die Analogie zwischen der Seilkurve des vertikal belasteten Seiles einerseits und der Biegemoment-Zustandslinie bzw. der Biegelinie eines Trägers andrerseits?
7. Welcher Zusammenhang besteht zwischen der Stützlinie eines Dreigelenkbogens und der Seilkurve eines in einer Ebene belasteten Seiles?

9. Einfache rotationssymmetrische Probleme der linearen Elasto-Statik

9.1. Allgemeines

Wir bezeichnen ein Problem der Elasto-Statik als *rotationssymmetrisch,* wenn sowohl der sich ergebende *Spannungszustand* wie der zugehörige *Verschiebungszustand* rotationssymmetrisch sind. Das hat zur allgemeinen *Voraussetzung:*

1. Rotationssymmetrie des Körpers,
2. Rotationssymmetrie der Belastung und der Temperaturverteilung sowie der kinematischen Bindungen (Auflager).

Wir nehmen als weitere Voraussetzung hinzu, daß

3. der Körper linear-elastisch und
4. der Werkstoff homogen und isotrop

sei, so daß zu einem rotationssymmetrischen Spannungszustand bereits aufgrund des Formänderungsgesetzes auch stets ein rotationssymmetrischer Verzerrungszustand gehört und umgekehrt.

Anmerkung:

Bei anisotropem bzw. inhomogenem Werkstoff ist die gegenseitige Zuordnung von rotationssymmetrischem Spannungs- und Verzerrungszustand nur gesichert, wenn neben der Rotationssymmetrie der Körpergestalt auch die Anisotropie bzw. die Werkstoff-Verteilung rotationssymmetrisch ist, was die erste der obengenannten Voraussetzungen mit einschließen soll, und wenn auch die zweite Voraussetzung erfüllt ist.

Zur Vereinfachung wollen wir hier zusätzlich noch voraussetzen, daß keine Temperaturänderungen stattfinden, also stets

5. $T = T_0$

ist. Es bereitet jedoch keine wesentlichen Schwierigkeiten, auch rotationssymmetrisch verteilte Temperaturänderungen zu berücksichtigen.
Wir können die rotationssymmetrischen Probleme in

(A) *axialsymmetrische* Probleme
(B) *kugelsymmetrische* Probleme

unterteilen.

(A) *Axialsymmetrie*

Zur Beschreibung *axialsymmetrischer Probleme* führen wir *Zylinder-Koordinaten* r, φ, z ein (vgl. Abb. 9.1). Wir beschränken uns im übrigen auf solche Probleme, in denen alle Spannungen und Verzerrungen unabhängig von z sind. Da sie voraussetzungsgemäß auch unabhängig von φ sind, können sie also nur noch von r abhängen. Wir bezeichnen deshalb diese Probleme als *ebene, axialsymmetrische Probleme.*

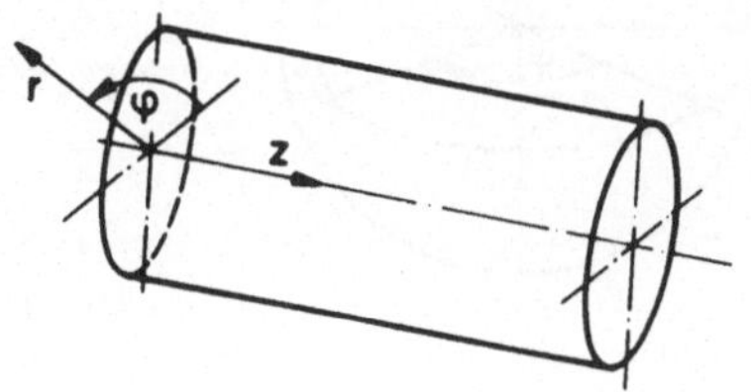

Abb. 9.1

Anmerkung:

Bei den *ebenen axialsymmetrischen Problemen* genügt es, den Spannungs- und den Verzerrungszustand in *einer Ebene* (z = konstant) zu beschreiben. Es gehören jedoch zu dieser Problemgruppe keineswegs nur ebene Spannungs- bzw. Verzerrungszustände, für die *a priori* $\sigma_{zr} = \sigma_{z\varphi} = \sigma_{zz} = 0$ bzw. $\epsilon_{zr} = \epsilon_{z\varphi} = \epsilon_{zz} = 0$ zu setzen ist. Der Unterschied zwischen *ebenen Problemen* und *ebenen Spannungs-* bzw. *Verzerrungszuständen* ist deshalb sorgfältig zu beachten. Im ersten Fall steht der mathematische Aspekt, im zweiten der mechanische Sachverhalt im Vordergrund.

(B) *Kugelsymmetrie*

Kugelsymmetrische Probleme beschreiben wir zweckmäßig in *Kugel-Koordinaten* r, ϑ, φ (vgl. Abb. 9.2). Schubspannungen und Gleitungen scheiden bei kugelsymmetrischen Problemen von vorneherein aus, da sie mit der geforderten Symmetrie nicht vereinbar sind. Ferner werden bei kugelsymmetrischen Problemen *azimutale* und *meridiane* Spannungen bzw. Dehnungen stets gleich groß. Wir bezeichnen sie deshalb zusammenfassend als *tangentiale* Spannungen bzw. Dehnungen:

$$\sigma_{\vartheta\vartheta} = \sigma_{\varphi\varphi} \rightarrow \sigma_{tt}$$

$$\epsilon_{\vartheta\vartheta} = \epsilon_{\varphi\varphi} \rightarrow \epsilon_{tt}.$$

σ_{tt} und ϵ_{tt} wie auch σ_{rr} und ϵ_{rr} können im übrigen nur von r abhängen.

Beiden hier betrachteten Problemgruppen ist gemeinsam, daß die auftretenden Spannungen und Verzerrungen nur Funktionen *einer* (unabhängigen) Variablen, nämlich von r, also sogenannte *eindimensionale Probleme* sind. Die zugehörigen *Spannungs-* und *Verzerrungszustände* sind jedoch im allgemeinen *mehrachsig*, d.h. wir können die Beschreibung der Spannungs- bzw. Verzerrungszustände in der Regel nicht auf die Angabe *einer* (abhängigen) Größe reduzieren (vgl. auch die Anmerkung zu axialsymmetrischen Problemen).

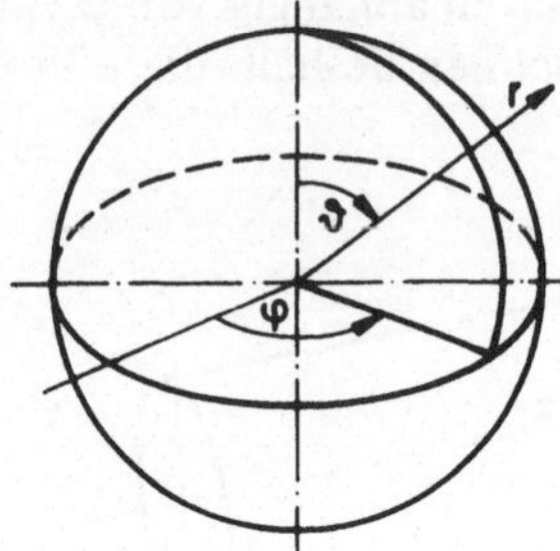

Abb. 9.2

9.2. Drei elementare Beispiele

Die folgenden Beispiele sind dadurch gekennzeichnet, daß es sich jeweils um *dünnwandige* rotationssymmetrische Körper handelt. Dadurch werden diese Probleme, bei denen wir im übrigen an den in Abschnitt 9.1 formulierten allgemeinen Voraussetzungen festhalten, unter entsprechenden *Annahmen* einer elementaren Betrachtungsweise zugänglich.

9.2.1. Dünnwandiges Rohr unter Innendruck

Wir setzen voraus (vgl. Abb. 9.3):

1. Gerades, dünnwandiges Rohr $\left(\frac{s}{d} \ll 1\right)$ mit unveränderlichem Querschnitt (s = konst., d = konst.).
2. Innendruck:

$$p_i - p_a > 0; \qquad p_a = 0$$

Anmerkung:

Bei Fluiden gibt man den Drücken (negative Normalspannungen) ein positives Vorzeichen. So verfahren wir auch hier. Für die Normalspannungen innerhalb der festen Körper behalten wir die dort übliche Vorzeichen-Festsetzung bei:

Zug → positiv,
Druck → negativ.

Das betrachtete, gerade Rohrstück sei so lang, daß wir störende Randeinflüsse von den Enden her vernachlässigen können. Wir *nehmen an*, daß – wegen der Dünnwandigkeit des Rohres –

(a) die *Azimutalspannungen* $\sigma_{\varphi\varphi}$ und
(b) die *Axialspannungen* σ_{zz} *gleichmäßig*

über die Wanddicke verteilt sind. Betrachten wir die an einem Rohrelement angreifenden Kräfte, so ergibt die *Gleichgewichtsbedingung in radialer Richtung* (vgl. Abb. 9.3)

$$p_i \frac{d}{2} d\varphi \, dz = \sigma_{\varphi\varphi} \, s \, dz \, d\varphi,$$

d.h.

$$\boxed{\sigma_{\varphi\varphi} = p_i \frac{d}{2s}\ .}$$

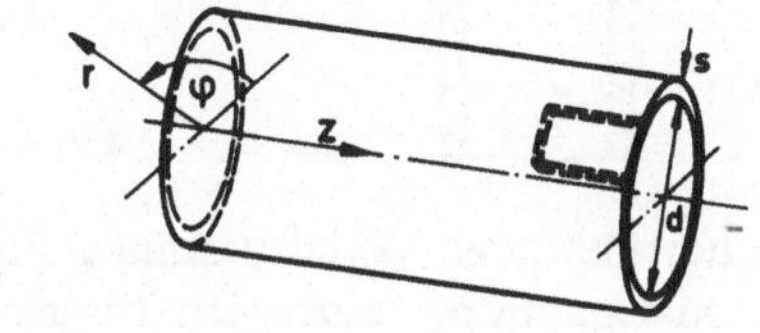

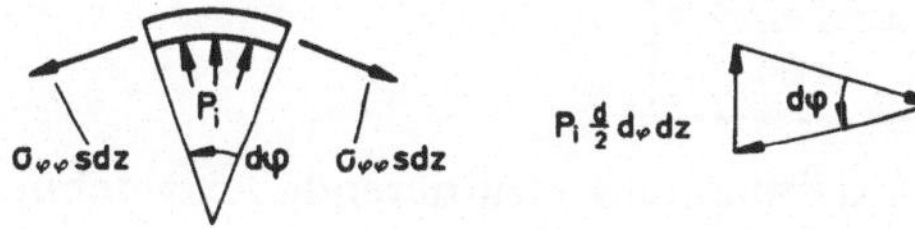

Abb. 9.3

Anmerkung:

Dieses Ergebnis erhalten wir auch bei Betrachtung eines *endlichen* Rohrelementes z.B. mit $\Delta\varphi = \pi$ und $\Delta z = 1$.

Stellen wir hingegen die *Gleichgewichtsbedingung in axialer Richtung* für ein – beliebig langes – Rohrende auf, so finden wir (vgl. Abb. 9.4a)

$$\sigma_{zz} \, \pi \, d \, s = p_i \frac{d^2 \pi}{4}$$

d.h.

$$\boxed{\sigma_{zz} = p_i \frac{d}{4s} = \frac{1}{2} \sigma_{\varphi\varphi} .}$$

Diese Beziehung gilt – von störenden Randeinflüssen abgesehen – auch dann, wenn das gerade Rohrstück nicht wie in Abb. 9.4a unmittelbar abgeschlossen ist, sondern etwa in einem Rohrkrümmer endet (vgl. Abb. 9.4b). Nach dem Erstarrungsprinzip von *Stevin* (vgl. Band I, Abschnitt 4.1) können wir uns nämlich eine erstarrte Wand eingezogen denken, ohne daß sich dadurch etwas an den Kräfteverhältnissen ändert (vgl. Abb. 9.4c).

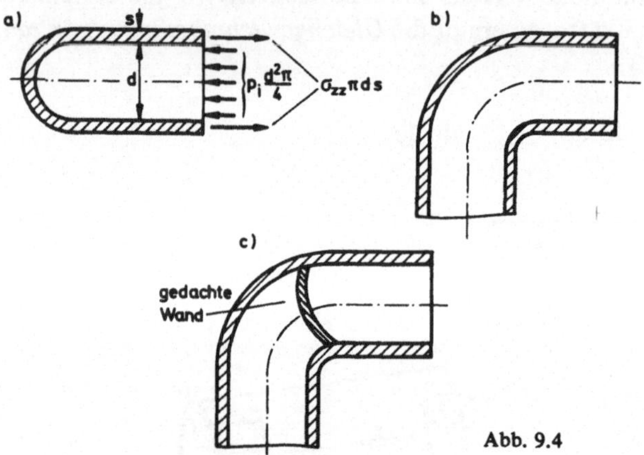

Abb. 9.4

Der von dem Innendruck herrührenden Axialspannung kann sich eine durch äußere Kräfte F_z bedingte Axialspannung überlagern. Insgesamt ergibt sich dann

$$\sigma_{zz} = p_i \frac{d}{4s} + \frac{F_z}{\pi ds}.$$

Die aus Azimutal- und Axialspannung resultierende Axialdehnung ist

$$\epsilon_{zz} = \frac{1}{E}\{\sigma_{zz} - \nu\sigma_{\varphi\varphi}\} = \frac{1}{E}\left\{\frac{F_z}{\pi ds} + p_i \frac{d}{4s}[1 - 2\nu]\right\}.$$

Ist die Rohr-Längsdehnung durch eine entsprechende Lagerung behindert, also $\epsilon_{zz} = 0$ vorgegeben, so wird

$$F_z = -p_i \frac{\pi d^2}{4}(1 - 2\nu).$$

Über die Radialspannungen können wir im Rahmen dieser elementaren Betrachtungen zunächst nur sagen, daß

$$\sigma_{rr} = \begin{cases} -p_i & \text{am Innenrand} \\ 0 & \text{am Außenrand} \end{cases}$$

sein muß. Wir können aber zugleich *annehmen*, daß über den ganzen Rohrquerschnitt

$$\frac{|\sigma_{rr}|}{\sigma_{\varphi\varphi}} \ll 1$$

sein wird, da voraussetzungsgemäß $\left(\frac{s}{d}\right) \ll 1$ und damit zugleich $\frac{\sigma_{\varphi\varphi}}{p_i} \gg 1$ ist.

9.2.2. Zentrifugen-Trommel

Wir betrachten den mittleren Teil einer ungefüllten Zentrifugen-Trommel und setzen voraus (vgl. Abb. 9.5):

1. zylindrischer, dünnwandiger Trommel-Mantel $\left(\frac{s}{d} \ll 1\right)$ mit unveränderlichem Querschnitt (s = konst., d = konst.),
2. konstante Winkelgeschwindigkeit Ω.

Die von den Verbindungsstellen mit dem Zentrifugen-Boden und -Deckel ausgehenden Biege-Beanspruchungen und sonstigen Störungen des Spannungszustandes klingen nach der Mitte des Trommel-Mantels hin schnell ab. Darum dürfen wir für den mittleren Bereich des Trommel-Mantels *annehmen*, daß im Hinblick auf die Dünnwandigkeit des Trommel-Mantels

(a) die *Azimutalspannungen* $\sigma_{\varphi\varphi}$ und
(b) die *Axialspannungen* σ_{zz} *gleichmäßig* über die Wanddicke verteilt sind.

Für einen mit der Trommel mitrotierenden Beobachter stellt sich die Beanspruchung der Trommel als ein statisches Problem dar. Zu beachten ist dabei jedoch, daß in einem solchen rotierenden Bezugssystem zusätzlich die sogenannten *Zentrifugal-Kräfte* oder *Fliehkräfte* zu berücksichtigen sind. Für diese radial (auswärts) gerichteten Kräfte gilt allgemein (die Begründung dafür findet sich in Band III)

$$dF_r = dm\,\Omega^2 r$$

d.h.

$$f_r(r) = \frac{dF_r}{dm} = \Omega^2 r.$$

Wir erhalten somit aus der *Gleichgewichtsbedingung in radialer Richtung* (vgl. Abb. 9.5)

$$\sigma_{\varphi\varphi}\, s\, dz\, d\varphi = \rho\, s\, r\, d\varphi\, dz\, \Omega^2 r$$

d.h.

$$\boxed{\sigma_{\varphi\varphi} = \rho\Omega^2 r^2 = \rho\Omega^2\,\frac{d^2}{4}\,.}$$

$\sigma_{\varphi\varphi}$ ist *unabhängig* von der Wanddicke s der Trommel. Für die Axialspannungen finden wir bei ungefüllter Trommel

$$\boxed{\sigma_{zz} = 0.}$$

Über die radialen Spannungen können wir im Rahmen dieser elementaren Betrachtungen nur aussagen, daß am Innen- wie am Außenrand

$$\sigma_{rr} = 0$$

sein muß. Wir können allerdings zugleich annehmen, daß auch im Innern des Mantels wegen der vorausgesetzten Dünnwandigkeit σ_{rr} nicht sehr groß werden kann.

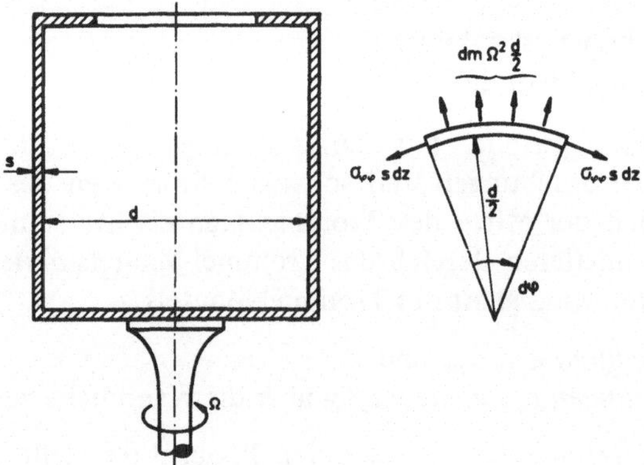

Abb. 9.5

Ist die Trommel gefüllt, so kommt als radiale Belastung noch der vom Schleudergut verursachte Druck auf die Innenseite des Mantels hinzu. Die davon ausgelösten Spannungen $\sigma_{\varphi\varphi}$ können wir wie beim vorhergehenden Beispiel (Abschnitt 9.2.1) errechnen. Ebenso können wir die Überlegungen hinsichtlich der Verteilung der Spannungen σ_{rr} von dort nach hier übertragen. Die Ermittlung der axialen Spannungen σ_{zz} setzt jedoch voraus, daß wir die vom Schleudergut auf Boden und Deckel ausgeübten axialen Drücke kennen. Ihre Berechnung ist eine Aufgabe der Statik der Fluide.

9.2.3. Dünnwandige Kugel unter Innendruck

Wir gehen von folgenden Voraussetzungen aus (vgl. Abb. 9.6)

1. Dünnwandige Kugel $\left(\frac{s}{d} \ll 1\right)$ mit konstanter Wanddicke s.
2. Innendruck: $p_i > 0, \quad p_a = 0.$

Mit der *Annahme*

(a) $\sigma_{\varphi\varphi} = \sigma_{\vartheta\vartheta} = \sigma_{tt}$ sei unabhängig von r,

erhalten wir aus *Gleichgewichtsbetrachtungen* an einem Element oder an einem endlichen Ausschnitt, beispielsweise an einer Halbkugel

$$\boxed{\sigma_{tt} = p_i \frac{d}{4s}}$$

$$\sigma_{rr} = \begin{cases} -p_i & \text{Innenrand} \\ 0 & \text{Außenrand.} \end{cases}$$

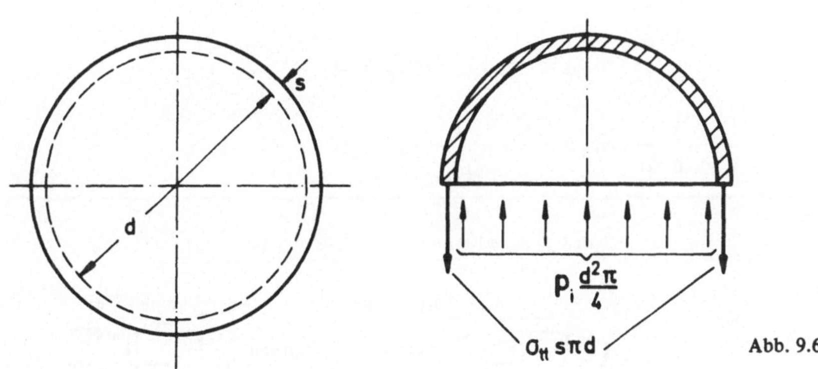

Abb. 9.6

Anmerkung:

Die doppelt gekrümmte Kugel-Schale wird durch den Innendruck p_i nur halb so hoch beansprucht wie die einfach gekrümmte Zylinder-Schale, das dünnwandige Rohr. Daraus lassen sich wichtige Konstruktionsregeln ableiten.

9.3. Ebene, axialsymmetrische Probleme der Elasto-Statik

Wir übernehmen die *allgemeinen Voraussetzungen*, die wir in Abschnitt 9.1 formuliert haben und die auch den schon betrachteten elementaren Beispielen zugrundeliegen. Die im folgenden zu erörternden (*eindimensionalen*) ebenen *axialsymmetrischen Probleme* sind jedoch nicht mehr unter vereinfachenden Annahmen elementar lösbar. Zu ihrer Lösung müssen wir vielmehr auf die allgemeinen Grundgleichungen zurückgreifen.

9.3.1. Grundgleichungen für ebene, axialsymmetrische Probleme der linearen Elasto-Statik

Bei ebenen, axialsymmetrischen Problemen sind die zu betrachtenden Spannungs- und Verzerrungszustände, zu deren Beschreibung wir zweckmäßig Zylinder-Koordinaten benutzen, voraussetzungsgemäß *unabhängig* von φ und z. Dies haben wir zu beachten, wenn wir die an einem Volumenelement angreifenden Kräfte betrachten, um die entsprechenden Gleichgewichtsbedingungen aufzustellen (vgl. Abb. 9.7). Wir erhalten

---

Satz 9.1: *Gleichgewichtsbedingungen in Zylinder-Koordinaten für ebene, axialsymmetrische Probleme*

$$\frac{1}{r}\frac{d}{dr}(r\sigma_{rr}) - \frac{1}{r}\,\sigma_{\varphi\varphi} + \rho f_r = 0 \tag{1}$$

$$\frac{1}{r}\frac{d}{dr}(r\sigma_{r\varphi}) + \frac{1}{r}\,\sigma_{r\varphi} + \rho f_\varphi = 0 \tag{2}$$

$$\frac{1}{r}\frac{d}{dr}(r\sigma_{rz}) \qquad + \rho f_z = 0. \tag{3}$$

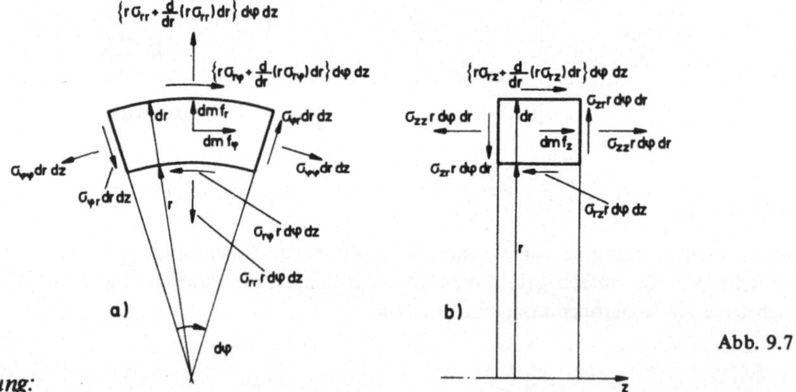

Abb. 9.7

1. Anmerkung:

Wir erhalten diese Gleichgewichtsbedingungen auch aus den für ein kartesisches Koordinatensystem geltenden Gleichgewichtsbedingungen durch eine formale Koordinaten-Transformation unter Beachtung, daß die Ableitungen nach φ und z voraussetzungsgemäß verschwinden.

2. Anmerkung:

Die Spannungen σ_{zz} und die (in Abb. 9.7 nicht eingezeichneten) Spannungen $\sigma_{\varphi z} = \sigma_{z\varphi}$ gehen in die Gleichgewichtsbedingungen nicht ein. Sie bilden bereits aufgrund unserer Voraussetzungen, daß die Spannungen unabhängig von φ und z sein sollen, jeweils für sich ein Gleichgewichtssystem.

Wir haben in Abschnitt 9.1 vorausgesetzt, daß alle *Verschiebungen* (und nicht nur die Verzerrungen) unabhängig von φ und darüber hinaus, daß alle *Verzerrungen* (dagegen nicht notwendig die Verschiebungen) unabhängig von z sein sollen. Daraus können wir zunächst – wie noch formal gezeigt wird, wie aber auch unmittelbar einzusehen ist – folgern, daß auch die *Radialverschiebung* u_r nicht von z abhängen kann. Wir erhalten somit – entweder durch eine formale Koordinaten-Transformation aus den für ein kartesisches Koordinatensystem geltenden Beziehungen (Satz 1.12) oder unmittelbar aus geometrischen Betrachtungen (Abb. 9.8) – den folgenden Zusammenhang zwischen Verschiebungen und Verzerrungen:

Satz 9.2: *(Geometrisch lineare) Beziehungen zwischen den Verschiebungen und den Verzerrungen eines Körperelementes in Zylinder-Koordinaten bei ebenen, axialsymmetrischen Problemen:*

$$u_r = u_r(r), \quad u_\varphi = u_\varphi(r, z), \quad u_z = u_z(r, z);$$

$$\epsilon_{rr} = \frac{du_r(r)}{dr}, \quad \epsilon_{\varphi\varphi} = \frac{u_r(r)}{r}, \quad \epsilon_{zz} = \frac{\partial u_z(r, z)}{\partial z};$$

$$\epsilon_{r\varphi} = \epsilon_{\varphi r} = \frac{1}{2}\left\{\frac{\partial u_\varphi(r, z)}{\partial r} - \frac{u_\varphi(r, z)}{r}\right\}$$

$$= \frac{1}{2}\, r\, \frac{\partial}{\partial r}\left(\frac{u_\varphi(r, z)}{r}\right)$$

$$\epsilon_{\varphi z} = \epsilon_{z\varphi} = \frac{1}{2}\,\frac{\partial u_\varphi(r, z)}{\partial z}$$

$$\epsilon_{zr} = \epsilon_{rz} = \frac{1}{2}\,\frac{\partial u_z(r, z)}{\partial r}$$

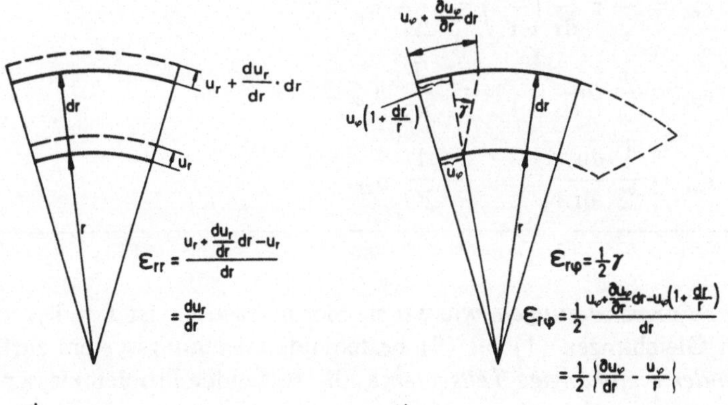

Abb. 9.8 a + b

Die vorstehenden Beziehungen liefern uns zunächst die Bestätigung dafür, daß unter unseren Voraussetzungen u_r nur von r abhängen kann. Wäre nämlich u_r auch von z abhängig, so würde entgegen unseren Voraussetzungen auch $\epsilon_{\varphi\varphi}$ abhängig von z. Die obigen Beziehungen erlauben es uns ferner, noch einige Aussagen über u_φ und u_z abzuleiten. Die Bedingung, daß alle Verzerrungen unabhängig von z sein sollen, ist nämlich nur erfüllbar, wenn u_φ bzw. u_z in der Form

$$u_\varphi(r, z) = u_\varphi^*(r) + \vartheta rz$$

$$u_z(r, z) = u_z^*(r) + cz$$

vorliegen. Führen wir diese Ergebnisse in das Formänderungsgesetz des linear-elastischen Körpers, d.h. in das (verallgemeinerte) *Hooke*sche Gesetz ein, so erhalten wir

---

Satz 9.3: *Formänderungsgesetz des linear-elastischen Körpers in Zylinder-Koordinaten bei ebenen, axialsymmetrischen Problemen:*

$$\epsilon_{rr} = \frac{du_r}{dr} = \frac{1}{E}\{\sigma_{rr} - \nu(\sigma_{\varphi\varphi} + \sigma_{zz})\} + \alpha(T - T_0) \tag{4}$$

$$\epsilon_{\varphi\varphi} = \frac{u_r}{r} = \frac{1}{E}\{\sigma_{\varphi\varphi} - \nu(\sigma_{zz} + \sigma_{rr})\} + \alpha(T - T_0) \tag{5}$$

$$\epsilon_{zz} = c = \frac{1}{E}\{\sigma_{zz} - \nu(\sigma_{rr} + \sigma_{\varphi\varphi})\} + \alpha(T - T_0) \tag{6}$$

$$\epsilon_{r\varphi} = \frac{1}{2} r \frac{d}{dr}\left(\frac{u_\varphi^*}{r}\right) = \frac{1}{2G}\sigma_{r\varphi} \tag{7}$$

$$\epsilon_{\varphi z} = \frac{1}{2}\vartheta r = \frac{1}{2G}\sigma_{\varphi z} \tag{8}$$

$$\epsilon_{zr} = \frac{1}{2}\frac{du_z^*}{dr} = \frac{1}{2G}\sigma_{zr}. \tag{9}$$

Für *isotherme Formänderungen,* wie wir sie hier betrachten, ist $T = T_0$.
Das aus den Gleichungen (1) bis (9) bestehende Gleichungssystem zerfällt in *vier voneinander unabhängige Teilsysteme,* die folgenden Problemklassen zugeordnet sind:

Problemklasse	Gleichungen	Größen	Bemerkungen
Ebene Spannungs- bzw. Verzerrungs-zustände	(1) (4) (5) (6)	σ_{rr}, $\sigma_{\varphi\varphi}$, σ_{zz} u_r, c	zusätzliche Gleichung z.B. c = 0: ebener Verzerrungs-zustand (6a) oder $\sigma_{zz} = 0$: ebener Spannungs-zustand (6b)
Scheibentorsion	(2) (7)	$\sigma_{r\varphi}$, u_φ^*	– –
Axiale Scherung	(3) (9)	σ_{rz}, u_z^*	– –
Torsion eines Stabes mit Kreisquerschnitt	(8)	$\sigma_{z\varphi}$, ϑ	zusätzliche Gleichung: $\vartheta = \frac{M_T}{GJ_0}$

Die im folgenden behandelten Beispiele, denen stets die *allgemeinen Voraussetzungen* aus Abschnitt 9.1 zugrundeliegen, lassen sich jeweils einer dieser Problemgruppen zuordnen. Wir übergehen dabei lediglich die letzte Problemgruppe, da wir die Torsion eines Stabes mit Kreisquerschnitt schon in Band I, Abschnitt 12.6 ausführlich betrachtet haben (vgl. auch Abschnitt 4.1 dieses Bandes). Die das jeweilige Problem charakterisierenden zusätzlichen Voraussetzungen sind im folgenden stets besonders aufgeführt. Stillschweigend übergehen wir hingegen alle übrigen Angaben, die nicht das Problem selbst betreffen. Wir erwähnen also z.B. nicht jedesmal gesondert, daß alle übrigen Spannungen, die in das eigentliche Problem nicht eingehen, auf den Rändern jeweils verschwinden sollen.

9.3.2. Das dickwandige Rohr unter Innendruck

Wir setzen neben den allgemeinen Voraussetzungen des Abschnittes 9.1 *zusätzlich* voraus (vgl. Abb. 9.9):

1. Gerades, kreiszylindrisches Rohr konstanter Wanddicke,
2. $f_r = 0$,
3. Randbedingungen: $r = R_i : \sigma_{rr} = -p_i < 0$
   $r = R_a : \sigma_{rr} = p_a = 0$
4. $\epsilon_{zz} = 0$ Gleichung (6a).

In dem vorliegenden Beispiel ergibt sich ein *ebener Verzerrungszustand* ($\epsilon_{zr} = \epsilon_{z\varphi} = \epsilon_{zz} = 0$). Setzen wir (6a) in Gleichung (6) ein, so folgt

$$0 = \frac{1}{E}\{\sigma_{zz} - \nu(\sigma_{rr} + \sigma_{\varphi\varphi})\},$$

d.h.

$$\sigma_{zz} = \nu(\sigma_{rr} + \sigma_{\varphi\varphi}). \tag{6}$$

Das aus den Gleichungen (1), (4), (5) bestehende Gleichungssystem nimmt damit die folgende Form an

$$\frac{d}{dr}(r\sigma_{rr}) - \sigma_{\varphi\varphi} = 0 \tag{1}$$

$$\epsilon_{rr} = \frac{du_r}{dr} = \frac{1+\nu}{E} \{(1-\nu)\sigma_{rr} - \nu\sigma_{\varphi\varphi}\} \tag{4}$$

$$\epsilon_{\varphi\varphi} = \frac{u_r}{r} = \frac{1+\nu}{E} \{(1-\nu)\sigma_{\varphi\varphi} - \nu\sigma_{rr}\} \tag{5}$$

Das sind *drei* Gleichungen für *drei* Unbekannte: σ_{rr}, $\sigma_{\varphi\varphi}$, u_r. Die Axialspannung σ_{zz} ist nachträglich aus (6) zu errechnen.

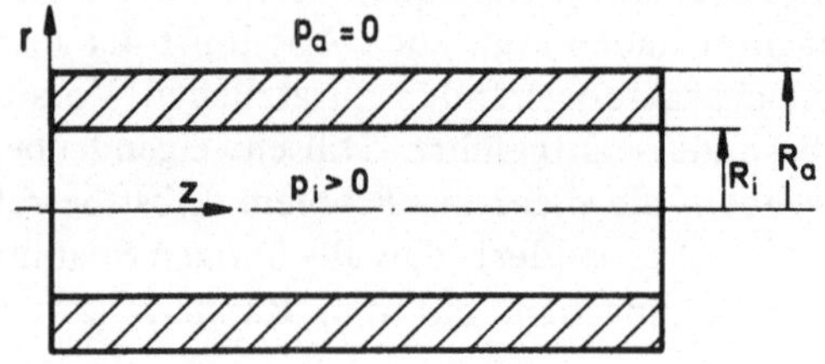

Abb. 9.9

Zur *Lösung des Gleichungssystems* bieten sich zwei Wege an:

1. Wir lösen die Gleichungen (4) und (5) nach σ_{rr} und $\sigma_{\varphi\varphi}$ auf, wobei wir diese Spannungen als Funktionen von $\frac{u_r}{r}$ und $\frac{du_r}{dr}$ erhalten. Setzen wir σ_{rr} und $\sigma_{\varphi\varphi}$ sodann in Gleichung (1) ein, so ergibt sich eine gewöhnliche Differentialgleichung zweiter Ordnung für u_r, aus deren Lösung wir dann auch σ_{rr} und $\sigma_{\varphi\varphi}$ ermitteln können.
2. Wir eliminieren u_r aus den Gleichungen (4) und (5) mit Hilfe der Beziehung

$$\epsilon_{rr} - \frac{d}{dr}(r\,\epsilon_{\varphi\varphi}) = 0,$$

die die Bedeutung einer speziellen *Verträglichkeitsbedingung* hat und in u_r angeschrieben eine *Identität* darstellt (vgl. Abschnitt 1.3.). Wir erhalten auf diesem Wege eine zweite Gleichung neben (1) für die Spannungen σ_{rr} und $\sigma_{\varphi\varphi}$.

Aus diesen beiden Gleichungen können wir σ_{rr} und $\sigma_{\varphi\varphi}$ ermitteln und danach dann auch u_r.

Wir wählen hier den zweiten Weg, weil die Randbedingungen des Problems sich auf Spannungen, und zwar auf σ_{rr} beziehen. Als ersten Schritt bilden wir deshalb

$$\epsilon_{rr} - \frac{d}{dr}(r\epsilon_{\varphi\varphi}) = 0$$

und erhalten nach einfacher Umordnung

$$(1-\nu)\, r \frac{d}{dr}\sigma_{\varphi\varphi} + \sigma_{\varphi\varphi} - \nu \frac{d}{dr}(r\sigma_{rr}) - (1-\nu)\,\sigma_{rr} = 0.$$

Das ist – neben (1) – die zweite Gleichung für σ_{rr} und $\sigma_{\varphi\varphi}$. Zur Auflösung dieses Gleichungssystems bietet es sich an, $\sigma_{\varphi\varphi}$ aus diesen beiden Gleichungen zu eliminieren, und zwar in folgender Weise. Aus Gleichung (1) entnehmen wir

$$\sigma_{\varphi\varphi} = \frac{d}{dr}(r\sigma_{rr}).$$

Setzen wir das in die obige Gleichung ein, so ergibt sich nach kurzer Zwischenrechnung für $r\sigma_{rr}$ die *Euler*sche Differentialgleichung

$$r^2 \frac{d^2}{dr^2}(r\sigma_{rr}) + r \frac{d}{dr}(r\sigma_{rr}) - r\sigma_{rr} = 0$$

mit den *Randbedingungen:* $r = R_i: \quad r\sigma_{rr} = R_i p_i$
$r = R_a: \quad r\sigma_{rr} = 0.$

Anmerkung:

Wir können diese Differentialgleichung auch in der Form

$$r^2 \frac{d^2\sigma_{rr}}{dr^2} + 3r \frac{d\sigma_{rr}}{dr} = 0$$

bzw.

$$\frac{d}{dr}\left\{\frac{1}{r}\frac{d}{dr}(r^2\sigma_{rr})\right\} = 0$$

schreiben. In der zweiten Form läßt sich die Differentialgleichung unmittelbar integrieren. Wir gehen hier zurück auf die ursprüngliche Form.

Mit dem *Lösungsansatz*

$$r\sigma_{rr} = cr^n$$

erhalten wir durch Einsetzen in die Differentialgleichung die *charakteristische Gleichung*

$$n^2 - 1 = 0 \quad \text{mit den Wurzeln} \quad n = \pm 1$$

Die *allgemeine Lösung* der Differentialgleichung lautet also

$$r\sigma_{rr} = \frac{c_1}{r} + c_2 r$$

bzw.

$$\boxed{\sigma_{rr} = \frac{c_1}{r^2} + c_2 .}$$

Die freien Konstanten c_1, c_2 ermitteln wir aus den *Randbedingungen*

$$\left.\begin{aligned} r = R_i: \ & \frac{c_1}{R_i^2} + c_2 = -p_i \\ r = R_a: \ & \frac{c_1}{R_a^2} + c_2 = 0 \end{aligned}\right\} \rightarrow \left\{\begin{aligned} c_1 &= -p_i \frac{R_a^2}{\left(\frac{R_a}{R_i}\right)^2 - 1} \\ c_2 &= p_i \frac{1}{\left(\frac{R_a}{R_i}\right)^2 - 1} . \end{aligned}\right.$$

Damit wird

$$\boxed{\begin{aligned} \sigma_{rr} &= \frac{c_1}{r^2} + c_2 = -p_i \frac{\left(\frac{R_a}{r}\right)^2 - 1}{\left(\frac{R_a}{R_i}\right)^2 - 1} \\ \sigma_{\varphi\varphi} &= \frac{d}{dr}(r\sigma_{rr}) = -\frac{c_1}{r^2} + c_2 = p_i \frac{\left(\frac{R_a}{r}\right)^2 + 1}{\left(\frac{R_a}{R_i}\right)^2 - 1} \\ \sigma_{zz} &= \nu(\sigma_{rr} + \sigma_{\varphi\varphi}) = 2\nu c_2 = p_i \frac{2\nu}{\left(\frac{R_a}{R_i}\right)^2 - 1} = \text{konst.} \end{aligned}}$$

Anmerkung:

σ_{zz} ändert sich, wenn in Axialrichtung eine andere Bedingung als $\epsilon_{zz} = 0$ gegeben ist, z.B. $\int_A \sigma_{zz}\, dA = F_z$, doch bleibt stets σ_{zz} = konst. Wir haben deshalb für solche Probleme nicht eine eigene Problemgruppe eingeführt.

Die Spannungsverteilung für ein konkretes Beispiel ist in Abb. 9.10 skizziert.

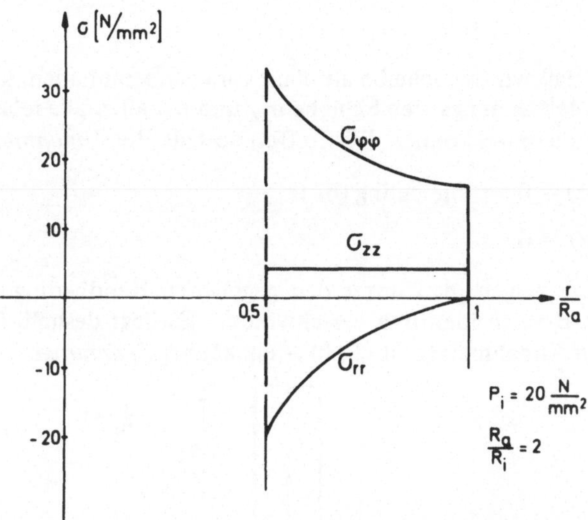

Abb. 9.10

9.3.3. Die rotierende Scheibe

Rotierende Scheiben werden häufig durch eine sogenannte *Preßpassung* auf der Welle befestigt. Wir wollen hier den Spannungszustand in einer solchen Scheibe betrachten und setzen zusätzlich zu den allgemeinen Voraussetzungen des Abschnittes 9.1. voraus (vgl. Abb. 9.11):

1. Dünne Kreisscheibe konstanter Dicke

$$\frac{h}{R_a} = \text{konst.} \ll 1$$

2. Konstante Winkelgeschwindigkeit Ω:

$$f_r = \Omega^2 r$$

3. Randbedingungen: $r = R_i: \; u_r = e_i$

$$\left.\begin{array}{ll} & r = R_a \\ \text{bzw.} & z = \pm \dfrac{h}{2} \end{array}\right\} \text{spannungsfrei.}$$

Im Hinblick darauf, daß für

$$z = \pm \frac{h}{2} \qquad \sigma_{zz} = \sigma_{zr} = 0$$

und ferner aus Symmetriegründen für

$$z = 0 \qquad \sigma_{zr} = 0$$

sein muß und daß wir die Scheibe als dünn vorausgesetzt haben, können wir davon ausgehen, daß in der ganzen Scheibe σ_{zz} und σ_{zr} allenfalls relativ sehr kleine Zahlenwerte annehmen können. Wir treffen deshalb die *Annahmen*

(a) $\sigma_{zz}(r, z) = 0 \rightarrow$ Gleichung (6b)

(b) $\sigma_{zr}(r, z) = 0.$

Ferner läßt sich zeigen, daß unter den gegebenen Randbedingungen $\sigma_{z\varphi}$ und $\sigma_{r\varphi}$ im ganzen Bereich identisch verschwinden. Es liegt deshalb in diesem Beispiel – mit den Annahmen (a) und (b) – ein *ebener Spannungszustand* vor.

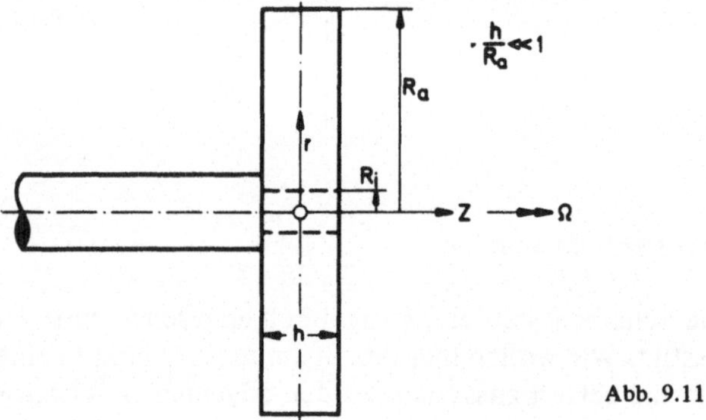

Abb. 9.11

Das aus den Gleichungen (1), (4), (5) bestehende Gleichungssystem nimmt für das vorliegende Problem die Form an:

$$\frac{d}{dr}(r\sigma_{rr}) - \sigma_{\varphi\varphi} = \underbrace{-\rho\Omega^2 r^2}_{\rho r f_r} \qquad (1)$$

$$\epsilon_{rr} = \frac{du_r}{dr} = \frac{1}{E}\{\sigma_{rr} - \nu\sigma_{\varphi\varphi}\} \qquad (4)$$

$$\epsilon_{\varphi\varphi} = \frac{u_r}{r} = \frac{1}{E}\{\sigma_{\varphi\varphi} - \nu\sigma_{rr}\}. \qquad (5)$$

Zur Auflösung dieses Gleichungssystems für die drei Unbekannten σ_{rr}, $\sigma_{\varphi\varphi}$, u_r stehen wiederum zwei Wege offen wie beim vorhergehenden Beispiel. Welchen Weg wir gehen, ist hier im Grunde genommen gleich, da wir ein gemischtes Randwertproblem vor uns haben: Am Innenrand sind die Verschiebungen, am Außenrand die Spannungen gegeben.

Wir entscheiden uns hier dafür, das Gleichungssystem nach u_r aufzulösen. Dazu drücken wir im ersten Schritt σ_{rr} und $\sigma_{\varphi\varphi}$ mit Hilfe der Gleichungen (4) und (5) durch u_r und $\frac{du_r}{dr}$ aus. Wir erhalten

$$\sigma_{rr} = \frac{E}{1-\nu^2}\left\{\frac{du_r}{dr} + \nu\,\frac{u_r}{r}\right\}$$

$$\sigma_{\varphi\varphi} = \frac{E}{1-\nu^2}\left\{\nu\,\frac{du_r}{dr} + \frac{u_r}{r}\right\}.$$

Setzen wir diese Ausdrücke in Gleichung (1) ein, so ergibt sich für u_r die inhomogene *Euler*sche Differentialgleichung

$$r^2\,\frac{d^2u_r}{dr^2} + r\,\frac{du_r}{dr} - u_r = -\,\frac{1-\nu^2}{E}\,\rho\Omega^2 r^3$$

mit den *Randbedingungen* $r = R_i:\ u_r = e_i$

$$r = R_a:\ \frac{du_r}{dr} + \nu\,\frac{u_r}{r} = 0.$$

Anmerkung:

Wir können die vorstehende Differentialgleichung auch in der Form

$$\frac{d}{dr}\left\{\frac{1}{r}\,\frac{d}{dr}\,(ru_r)\right\} = -\,\frac{1-\nu^2}{E}\,\rho\Omega^2 r$$

schreiben, die sich unmittelbar zweimal integrieren läßt.

Als allgemeine Lösung dieser Differentialgleichung erhalten wir

$$u_r(r) = \frac{a_1}{r} + a_2 r - \frac{1}{8}\,\frac{1-\nu^2}{E}\,\rho\Omega^2 r^3.$$

Damit ergibt sich für die Spannungen allgemein

$$\sigma_{rr} = -E\,\frac{1-\nu}{1-\nu^2}\,\frac{a_1}{r^2} + E\,\frac{1+\nu}{1-\nu^2}\,a_2 - \frac{3+\nu}{8}\,\rho\Omega^2 r^2$$

$$= \frac{c_1}{r^2} + c_2 - \frac{3+\nu}{8}\,\rho\Omega^2 r^2$$

$$\sigma_{\varphi\varphi} = -\,\frac{c_1}{r^2} + c_2 - \frac{1+3\nu}{8}\,\rho\Omega^2 r^2.$$

Die freien Konstanten a_1, a_2 bzw. c_1, c_2 sind aus den Randbedingungen:

$$r = R_i: \; u_r = e_i$$

$$r = R_a: \; \sigma_{rr} = 0$$

zu bestimmen. Wir finden

$$a_1 = \frac{(1+\nu) R_i e_i + \dfrac{1-\nu^2}{8E} \rho \Omega^2 R_i^4 \left[1 + \nu - (3+\nu)\left(\dfrac{R_a}{R_i}\right)^2\right]}{1 + \nu + (1-\nu)\left(\dfrac{R_i}{R_a}\right)^2}$$

$$a_2 = \frac{(1-\nu)\left(\dfrac{R_i}{R_a}\right)^2 \dfrac{e_i}{R_i} + \dfrac{1-\nu^2}{8E} \rho \Omega^2 R_i^2 \left(\dfrac{R_i}{R_a}\right)^2 \left[1 - \nu + (3+\nu)\left(\dfrac{R_a}{R_i}\right)^4\right]}{1 + \nu + (1-\nu)\left(\dfrac{R_i}{R_a}\right)^2}$$

Damit sind u_r, σ_{rr}, $\sigma_{\varphi\varphi}$ bestimmt. Nachträglich können wir aus Gleichung (6) des allgemeinen Gleichungssystems (s. Abschnitt 9.3.1) (mit $\sigma_{zz} = 0$) die axiale Dehnung ermitteln. Wir erhalten

$$\epsilon_{zz} = -\frac{\nu}{E} \{\sigma_{rr} + \sigma_{\varphi\varphi}\}$$

$$= -\frac{2\nu}{1-\nu} a_2 + \frac{\nu(1+\nu)}{2E} \rho \Omega^2 r^2 = \epsilon_{zz}(r).$$

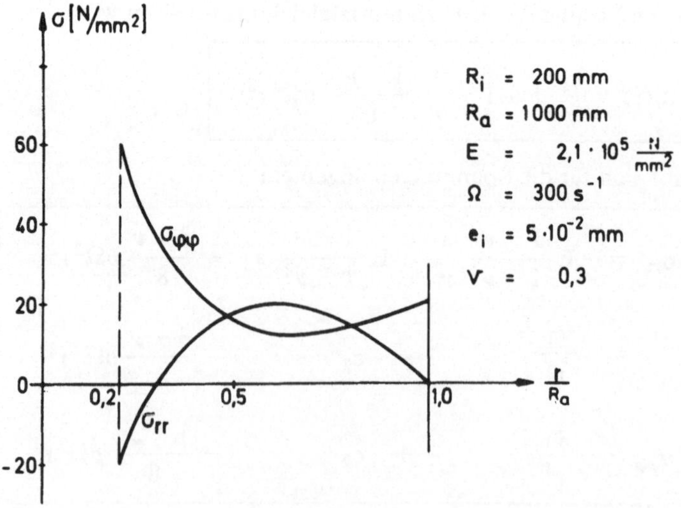

Abb. 9.12

Hier ergibt sich also ein *Widerspruch* zu unseren Voraussetzungen, aus denen folgte, daß $\epsilon_{zz} = c =$ konst. sein muß. Der Widerspruch ist die Folge davon, daß wir $\sigma_{zz} = \sigma_{zr} = 0$ angenommen haben, was offensichtlich bei dem vorliegenden Problem – verursacht durch die Fliehkraft – nicht exakt gelten kann. Der Fehler ist jedoch bei dünnen Scheiben gering. Das läßt sich durch einen Vergleich mit exakten Rechnungen zeigen.

In Abb. 9.12 sind die sich ergebenden Spannungsverteilungen für ein konkretes Beispiel aufgezeichnet. Angemerkt sei hierzu noch folgendes. Bei einer *Preßpassung* erhält der Durchmesser der Welle gegenüber der Bohrung ein gewisses Übermaß. Zur Montage wird dann die Scheibe soweit erwärmt bzw. die Welle soweit abgekühlt, daß sich die Scheibe auf die Welle schieben läßt. Nach Temperaturausgleich entstehen dann in der Fuge die gewünschten Druckspannungen, die so hoch sein müssen, daß das erforderliche Drehmoment zwischen Scheibe und Welle durch Haftreibung übertragen werden kann. Die praxisgerechte Berechnung einer solchen Preßpassung erfordert allerdings über den hier angegebenen Rechengang hinaus die Einbeziehung der elastischen Zusammendrückung der Welle sowie die Berücksichtigung der Fertigungstoleranzen.

9.3.4. Vergleich einer gelochten Scheibe und einer Vollscheibe bei allseitigem Zug

Wir wollen die Spannungszustände in einer Scheibe mit einem sehr kleinen *Loch* $\left(\frac{R_i}{R_a} \ll 1\right)$ und in einer *Vollscheibe* bei allseitigem Zug miteinander vergleichen.

Dazu setzen wir (neben den allgemeinen Voraussetzungen des Abschnittes 9.1.) voraus (vgl. Abb. 9.13):

1. Scheibe konstanter Dicke: $h =$ konst.
2. $f_r = 0$
3. Randbedingungen am Außenrand: $r = R_a: \sigma_{rr} = \sigma_0$
   zusätzlich für gelochte Scheibe: $r = R_i: \sigma_{rr} = 0.$

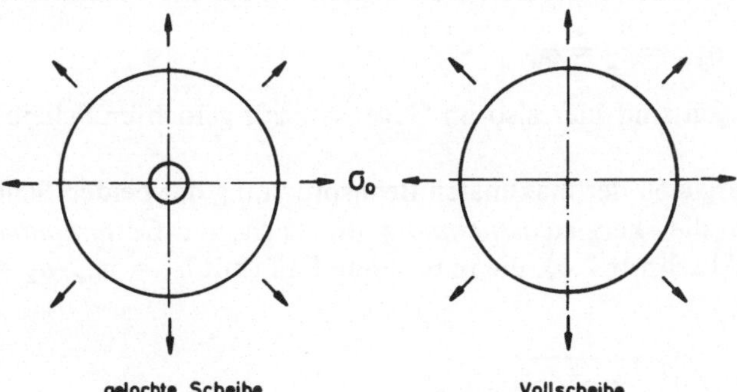

Abb. 9.13

Das Gleichungssystem, das beide Probleme beschreibt, entspricht dem Gleichungssystem für die rotierende Scheibe (vgl. Abschnitt 9.3.3) bis auf die rechte Seite von Gleichung (1), die hier verschwindet, weil wir $f_r = 0$ vorausgesetzt haben. Mit dem Verschwinden von f_r erhalten wir im übrigen auch exakt einen *ebenen Spannungszustand.* Die Lösung dieses Gleichungssystems lautet allgemein

$$\sigma_{rr} = \frac{c_1}{r^2} + c_2$$

$$\sigma_{\varphi\varphi} = -\frac{c_1}{r^2} + c_2 .$$

Für die *gelochte Scheibe* $\left(\frac{R_i}{R_a} \ll 1\right)$ erhalten wir aus den Randbedingungen

$$\left.\begin{array}{l} r = R_i:\ \sigma_{rr} = 0 \\[2ex] r = R_a:\ \sigma_{rr} = \sigma_0 \end{array}\right\} \rightarrow \left\{\begin{array}{ll} c_1 = -\sigma_0 \dfrac{R_a^2 R_i^2}{R_a^2 - R_i^2} & \approx -\sigma_0 R_i^2 \\[2ex] c_2 = \sigma_0 \dfrac{R_a^2}{R_a^2 - R_i^2} & \approx \sigma_0 . \end{array}\right.$$

Damit wird

$$\sigma_{rr} = \sigma_0 \left\{1 - \left(\frac{R_i}{r}\right)^2\right\}$$

$$\sigma_{\varphi\varphi} = \sigma_0 \left\{1 + \left(\frac{R_i}{r}\right)^2\right\}$$

und speziell für $r = R_i$: $\sigma_{rr} = 0$, $\sigma_{\varphi\varphi} = 2\sigma_0$.

Bei der *Vollscheibe* ist $c_1 = 0$ zu setzen, weil der Spannungszustand für $r = 0$ nicht singulär werden darf. Deshalb erhalten wir für die Vollscheibe

$$\sigma_{rr} = \sigma_{\varphi\varphi} = c_2 = \sigma_0 .$$

Die Spannungen sind hier also im Gegensatz zur gelochten Scheibe unabhängig von r.

Für einen Vergleich der maximalen Beanspruchung der beiden Scheiben wählen wir als Maß die *Vergleichsspannung* σ_V nach der *Gestaltänderungs-Arbeit-Hypothese* (Abschnitt 2.5), die in unserem Fall (mit $\sigma_1 = \sigma_{\varphi\varphi}, \sigma_2 = \sigma_{rr}, \sigma_3 = 0$)

$$\sigma_V = \sqrt{\sigma_{\varphi\varphi}^2 + \sigma_{rr}^2 - \sigma_{rr}\sigma_{\varphi\varphi}}$$

liefert. Bei der *gelochten Scheibe* tritt die höchste Beanspruchung am Innenrand auf. Dort ist (mit $\sigma_{rr} = 0$)

$$\sigma_V = \sigma_{\varphi\varphi} = 2\sigma_0 .$$

Für die *Vollscheibe* gilt hingegen im ganzen Bereich

$$\sigma_V = \sigma_0 .$$

Die gelochte Scheibe ist also (auch bei verschwindend kleinem Lochdurchmesser!) doppelt so hoch beansprucht wie die Vollscheibe. Dasselbe Ergebnis erhalten wir im übrigen auch, wenn wir die Beanspruchungen nach der Schubspannungs-Hypothese miteinander vergleichen.

Anmerkung:

Den durch solche Bohrungen oder auch durch Kerben am Außenrand verursachten Spannungserhöhungen ist bei der Bemessung von Konstruktionselementen besondere Beachtung zu schenken. Das hat zur Entwicklung der sogenannten *Kerbspannungslehre* geführt, die auf den Ergebnissen der Elastizitätstheorie einerseits und der Werkstoffkunde andrerseits aufbaut. Als *Konstruktionsregel* können wir uns merken:

In hoch beanspruchten Teilen eines Konstruktionselementes sind Löcher und Kerben möglichst zu vermeiden.

9.3.5. Die tordierte Scheibe

An einer Scheibe konstanter Dicke h, die auf eine Welle aufgesetzt ist, greifen am Außenrand Kräfte in Umfangsrichtung an, die ein Drehmoment erzeugen das durch die Scheibe zur Welle weitergeleitet wird (vgl. Abb. 9.14). Das am Außenrand eingeleitete Torsionsmoment ist

$$M_{T_a} = \sigma_{r\varphi\,a} 2\pi R_a^2 h.$$

An der Welle wird das Torsionsmoment

$$M_{T_i} = \sigma_{r\varphi\,i} 2\pi R_i^2 h$$

abgenommen. Ist

$$M_{T_a} = M_{T_i} = M_T ,$$

so rotieren Scheibe und Welle mit konstanter Winkelgeschwindigkeit Ω. Andernfalls wird $\Omega \neq$ konst. und es ergibt sich eine Winkelbeschleunigung $\dot{\Omega} \neq 0$. Wir beschränken uns hier auf den ersten Fall. Damit ergeben sich für unser Problem (neben den allgemeinen Voraussetzungen des Abschnittes 9.1) die folgenden Voraussetzungen:

1. Scheibe konstanter Dicke h,
2. Konstante Winkelgeschwindigkeit Ω:

$$f_\varphi = 0$$

3. Randbedingungen: $r = R_i: \ \sigma_{r\varphi} = \sigma_{r\varphi i} = \dfrac{M_T}{2\pi R_i^2 h}$

$$r = R_a: \ \sigma_{r\varphi} = \sigma_{r\varphi a} = \frac{M_T}{2\pi R_a^2 h} .$$

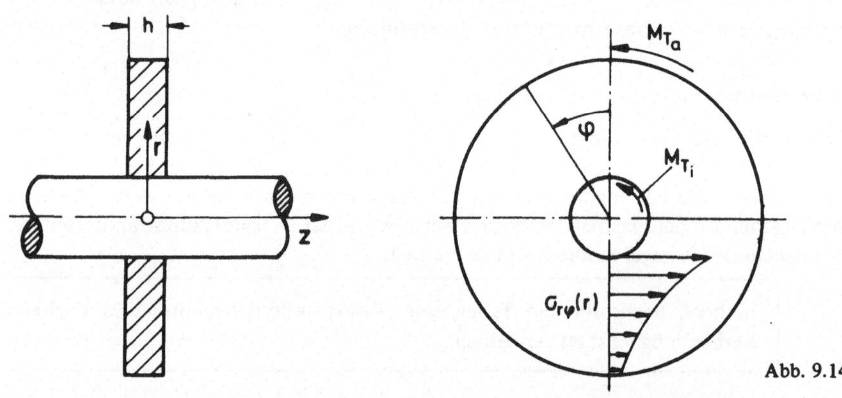

Abb. 9.14

Das vorliegende Beispiel gehört zur Problemklasse der *Scheibentorsion*. Das Gleichungssystem dieser Problemklasse besteht aus den Gleichungen (2) und (7) und lautet in unserem Fall (mit $f_\varphi = 0$ und $u_\varphi^*(r) = u_\varphi(r)$):

$$\frac{1}{r}\frac{d}{dr}(r\sigma_{r\varphi}) + \frac{\sigma_{r\varphi}}{r} = \frac{1}{r^2}\frac{d}{dr}(r^2\sigma_{r\varphi}) = 0 \tag{2}$$

$$\frac{1}{2} r \frac{d}{dr}\left(\frac{u_\varphi}{r}\right) = \frac{1}{2G}\sigma_{r\varphi} . \tag{7}$$

Die beiden Gleichungen können wir *nacheinander* in der Reihenfolge (2)–(7) integrieren. Die Integration von (2) ergibt

$$[r^2\sigma_{r\varphi}]_r^{R_a} = 0,$$

d.h.

$$\sigma_{r\varphi}(r) = \sigma_{r\varphi a}\left(\frac{R_a}{r}\right)^2 = \frac{M_T}{2\pi h r^2} .$$

Gehen wir damit in Gleichung (7), so können wir nunmehr auch diese Gleichung integrieren und erhalten

$$\left[\frac{u_\varphi}{r}\right]_r^{R_a} = -\frac{M_T}{4G\pi h}\left[\frac{1}{r^2}\right]_r^{R_a}.$$

Setzen wir noch – was uns freisteht – $u_\varphi(R_a) = 0$, so folgt schließlich

$$u_\varphi = -\frac{M_T\, r}{4G\pi h R_a^2}\left\{\left(\frac{R_a}{r}\right)^2 - 1\right\}.$$

9.3.6. Axiale Scherung

Eine Hülse, die fest auf einer Welle sitzt, werde durch Kräfte, die auf der Mantelfläche in axialer Richtung wirken, beansprucht, z.B. in der Absicht, die Hülse von der Welle abzustreifen (vgl. Abb. 9.15). Wir betrachten dieses rotationssymmetrische Problem unter folgenden Voraussetzungen:

1. Lange Hülse mit konstantem Querschnitt: $\frac{R_a}{l} \ll 1$,
2. $f_z = 0$

   Randbedingungen: $r = R_a: \sigma_{rz} = \tau$

   $r = R_i: u_z = 0$

   $z = \pm\frac{l}{2}$: spannungsfrei.

Dieses Beispiel gehört zur Problemklasse der *axialen Scherung*.

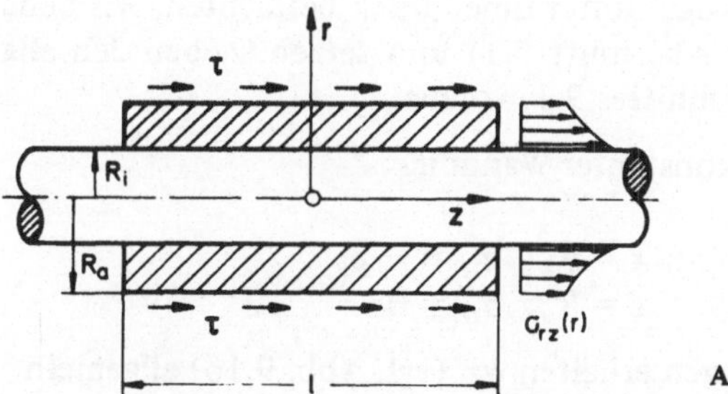

Abb. 9.15

Anmerkung:

Damit eine *reine Scherung* zustandekommt, müßten an den Stirnflächen der Hülse – nach dem Satz von der Gleichheit der einander zugeordneten Schubspannungen (Satz 1.2) – ebenfalls Schubspannungen angreifen. Bei einer langen Hülse klingen jedoch die von dem

Fehlen dieser Spannungen herrührenden Störungen mit der Entfernung von den Hülsenenden bald ab, so daß wir eine rein axiale Scherung annehmen können.

Dieses Scherproblem wird durch die Gleichungen (3) und (9) (mit $f_z = 0$ und $u_z^*(r) = u_z(r)$) beschrieben:

$$\frac{1}{r}\frac{d}{dr}(r\sigma_{zr}) = 0 \tag{3}$$

$$\frac{1}{2}\frac{du_z}{dr} = \frac{1}{2G}\sigma_{zr}. \tag{9}$$

Wir können diese Gleichungen wiederum nacheinander integrieren und erhalten unter Beachtung der Randbedingungen

$$\sigma_{zr}(r) = \tau\frac{R_a}{r}$$

$$u_z(r) = \frac{\tau}{G}R_a \ln\frac{r}{R_i}.$$

9.4. Die dickwandige Kugel unter Innendruck

Als technisch bedeutsames Beispiel für *kugelsymmetrische Zustände* wollen wir die dickwandige Kugel unter Innendruck betrachten. Wir benutzen dazu Kugel-Koordinaten (vgl. Abschnitt 9.1) und setzen (neben den allgemeinen Voraussetzungen des Abschnittes 9.1) voraus:

1. Hohlkugel mit konstanter Wanddicke
2. $f_r = 0$
3. Randbedingungen: $r = R_i: \ \sigma_{rr} = -p_i$
   $r = R_a: \ \sigma_{rr} = 0.$

Als Grundgleichungen erhalten wir (vgl. Abb. 9.16) allgemein

Satz 9.4: *Gleichgewichtsbedingung in Kugel-Koordinaten für kugelsymmetrische Probleme*

$$\frac{1}{r^2}\frac{d}{dr}(r^2\sigma_{rr}) - 2\frac{\sigma_{tt}}{r} + \rho f_r = 0.$$

Satz 9.5: *Formänderungsgesetz des linear-elastischen Körpers in Kugel-Koordinaten bei kugelsymmetrischen Problemen*

$$\epsilon_{rr} = \frac{du_r}{dr} = \frac{1}{E} \{\sigma_{rr} - 2\nu\sigma_{tt}\} + \alpha(T - T_0)$$

$$\epsilon_{tt} = \frac{u_r}{r} = \frac{1}{E} \{(1 - \nu)\, \sigma_{tt} - \nu\sigma_{rr}\} + \alpha(T - T_0)$$

In unserm Beispiel ($f_r = 0$, $T = T_0$) vereinfacht sich das aus diesen drei Gleichungen für σ_{rr}, σ_{tt} und u_r bestehende Gleichungssystem entsprechend. Zur Lösung bieten sich dabei wie bei den ebenen axialsymmetrischen Problemen (vgl. Abschnitt 9.3 und 9.3.3) wiederum zwei Wege an:

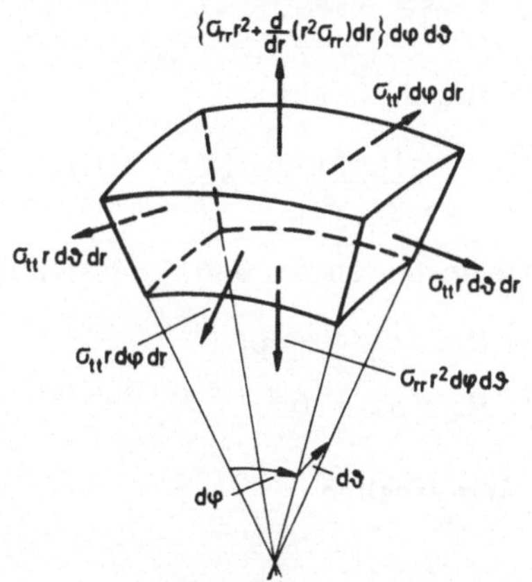

Abb. 9.16

1. Drücken wir die Spannungen σ_{rr} und σ_{tt} mit Hilfe des *Formänderungsgesetzes* durch u_r aus und gehen wir damit in die Gleichgewichtsbedingung, so erhalten wir eine Differentialgleichung zweiter Ordnung für die Verschiebung u_r.
2. Eliminieren wir u_r mit Hilfe der für $T = T_0$ geltenden *Verträglichkeitsbedingung*

   $$\frac{d}{dr}(r\epsilon_{tt}) = \epsilon_{rr},$$

   so erhalten wir eine zweite Gleichung für σ_{rr} und σ_{tt} neben der Gleichgewichtsbedingung. Aus diesen beiden Gleichungen läßt sich dann eine Gleichung für σ_{rr} ableiten.

Wir gehen hier den zweiten Weg. Die genannte *Verträglichkeitsbedingung* für die Verzerrungen ϵ_{rr} und ϵ_{tt} liefert uns als zweite Gleichung für σ_{rr} und σ_{tt}

$$\nu r \frac{d\sigma_{rr}}{dr} + (1+\nu)(\sigma_{rr} - \sigma_{tt}) - (1-\nu) \cdot r \cdot \frac{d\sigma_{tt}}{dr} = 0.$$

Setzen wir in diese Gleichung die aus der Gleichgewichtsbedingung folgende Beziehung

$$\sigma_{tt} = \frac{1}{2r} \frac{d}{dr}(r^2\sigma_{rr})$$

ein, so erhalten wir schließlich für σ_{rr} die *Euler*sche Differentialgleichung

$$\boxed{r^2 \frac{d^2\sigma_{rr}}{dr^2} + 4r \frac{d\sigma_{rr}}{dr} = 0.}$$

Die allgemeine Lösung dieser Differentialgleichung ist

$$\sigma_{rr} = \frac{A_1}{r^3} + A_2 .$$

Für σ_{tt} ergibt sich daraus

$$\sigma_{tt} = -\frac{1}{2}\frac{A_1}{r^3} + A_2 .$$

Die freien Konstanten A_1 und A_2 lassen sich aus den Randbedingungen

$$r = R_i: \quad \sigma_{rr} = -p_i$$

$$r = R_a: \quad \sigma_{rr} = 0$$

ermitteln. Wir erhalten

$$A_1 = -p_i \frac{R_a^3}{\left(\frac{R_a}{R_i}\right)^3 - 1}$$

$$A_2 = p_i \frac{1}{\left(\frac{R_a}{R_i}\right)^3 - 1} .$$

Die endgültige Lösung ist somit

$$\boxed{\begin{aligned} \sigma_{rr} &= -p_i \frac{\left(\frac{R_a}{r}\right)^3 - 1}{\left(\frac{R_a}{R_i}\right)^3 - 1} \\ \sigma_{tt} &= p_i \frac{1 + \frac{1}{2}\left(\frac{R_a}{r}\right)^3}{\left(\frac{R_a}{R_i}\right)^3 - 1} . \end{aligned}}$$

Mit Hilfe des Formänderungsgesetzes ist daraus auch u_r zu ermitteln.

Fragen:

1. Welche Voraussetzungen müssen erfüllt sein, damit ein Problem der Elasto-Statik rotationssymetrisch ist?
2. Welche Annahmen treffen wir im Rahmen der elementaren Elasto-Statik bei dünnwandigen, rotationssymmetrischen Körpern hinsichtlich der Spannungsverteilung?
3. Wie verhalten sich beim dünnwandigen Rohr unter Innendruck Azimutal- und Axialspannung zum Innendruck und relativ zueinander?
4. Wie verhalten sich bei der dünnwandigen Kugel unter Innendruck azimutale und meridiane Spannungen zum Innendruck und relativ zueinander?
5. Warum hängen in einer leeren Zentrifugen-Trommel die azimutalen Spannungen nicht von der Wanddicke s ab?
6. Was ist der Unterschied zwischen ebenen Problemen und ebenem Verzerrungs- bzw. Spannungszustand?
7. Wie unterscheiden sich die beiden Lösungswege, die uns sowohl beim dickwandigen Rohr wie bei der rotierenden Scheibe offenstehen? Wonach richtet sich die Entscheidung für einen der beiden Lösungswege?
8. Wo tritt beim dickwandigen Rohr unter Innendruck sowie bei der rotierenden Scheibe jeweils die höchste Beanspruchung auf?
9. Wir haben bei der rotierenden Scheibe einen ebenen Spannungszustand angenommen. Worauf gründet sich diese Annahme? Trifft diese Annahme exakt zu?
10. Wie ist bei der tordierten Scheibe die Schubspannung über den Radius verteilt?
11. Wie wirkt sich in einer allseitig gezogenen Scheibe ein Loch aus?
12. Wie ist bei der axialen Scherung die Schubspannung über den Radius verteilt?
13. Wie verhält sich die Beanspruchung einer dickwandigen Kugel unter Innendruck zur Beanspruchung eines dickwandigen Rohres unter demselben Innendruck bei vergleichbaren Abmessungen von Rohr und Kugel?

10. Zweidimensionale ebene Probleme der linearen Elasto-Statik

10.1. Allgemeines

Wir wollen in diesem Kapitel einen Einblick in zweidimensionale ebene Probleme gewinnen, d.h. in solche Probleme, bei denen Spannungen und Verzerrungen von *zwei* unabhängigen Variablen, den Koordinaten eines *ebenen* Koordinatensystems abhängen. Dabei wollen wir uns auf homogene, *isotrope, linear-elastische Körper* beschränken. Es liegt nahe, zur Beschreibung dieser Probleme ein *kartesisches Koordinatensystem* (x, y, z) bzw. *Zylinder-Koordinaten* (r, φ, z) einzuführen. Dann können wir unsere *allgemeinen Voraussetzungen* wie folgt präzisieren:

1. Alle Spannungen und Verzerrungen seien unabhängig von z,
2. der Körper sei linear-elastisch,
3. der Werkstoff sei homogen und isotrop.

Zur Vereinfachung nehmen wir als *weitere Voraussetzungen* hinzu:

4. Die volumenhaft verteilt angreifenden Kräfte seien vernachlässigbar, d.h. es sei

   $$f = 0$$

   zu setzen,
5. die Formänderungen seien isotherm, d.h. es sei

   $$T = T_0 .$$

Unter diesen allgemeinen Voraussetzungen erhalten wir das folgende – aus *Gleichgewichtsbedingungen, Formänderungsgesetz* und *Verträglichkeitsbedingungen* bestehende Gleichungssystem in kartesischen Koordinaten:

Satz 10.1: *Gleichgewichtsbedingungen in kartesischen Koordinaten für ebene Probleme (mit* f = 0):

$$\frac{\partial \sigma_{xx}}{\partial x} + \frac{\partial \sigma_{yx}}{\partial y} = 0 \qquad (1)$$

$$\frac{\partial \sigma_{xy}}{\partial x} + \frac{\partial \sigma_{yy}}{\partial y} = 0 \tag{2}$$

$$\frac{\partial \sigma_{xz}}{\partial x} + \frac{\partial \sigma_{yz}}{\partial y} = 0\,. \tag{3}$$

Das Formänderungsgesetz des isotropen, linear-elastischen Werkstoffes (das verallgemeinerte *Hooke*sche Gesetz) ist für *ebene Probleme* das gleiche wie für räumliche Probleme (s. Satz 2.1). Wir schreiben es hier lediglich noch einmal – unter Beachtung von $T = T_0$ – nieder, damit wir alle Gleichungen beisammen haben:

Satz 10.2: *Formänderungsgesetz des isotropen linear-elastischen Werkstoffes in kartesischen Koordinaten bei isothermen Formänderungen* $(T = T_0)$*:*

$$\epsilon_{xx} = \frac{\partial u_x}{\partial x} = \frac{1}{E}\{\sigma_{xx} - \nu(\sigma_{yy} + \sigma_{zz})\} \tag{4}$$

$$\epsilon_{yy} = \frac{\partial u_y}{\partial y} = \frac{1}{E}\{\sigma_{yy} - \nu(\sigma_{zz} + \sigma_{xx})\} \tag{5}$$

$$\epsilon_{zz} = \frac{\partial u_z}{\partial z} = \frac{1}{E}\{\sigma_{zz} - \nu(\sigma_{xx} + \sigma_{yy})\} \tag{6}$$

$$\epsilon_{xy} = \epsilon_{yx} = \frac{1}{2}\left\{\frac{\partial u_y}{\partial x} + \frac{\partial u_x}{\partial y}\right\} = \frac{\sigma_{xy}}{2G} = \frac{\sigma_{yx}}{2G} \tag{7}$$

$$\epsilon_{yz} = \epsilon_{zy} = \frac{1}{2}\left\{\frac{\partial u_z}{\partial y} + \frac{\partial u_y}{\partial z}\right\} = \frac{\sigma_{yz}}{2G} = \frac{\sigma_{zy}}{2G} \tag{8}$$

$$\epsilon_{zx} = \epsilon_{xz} = \frac{1}{2}\left\{\frac{\partial u_x}{\partial z} + \frac{\partial u_z}{\partial x}\right\} = \frac{\sigma_{zx}}{2G} = \frac{\sigma_{xz}}{2G}\,. \tag{9}$$

Hierzu kommen dann noch die Verträglichkeitsbedingungen (vgl. Satz 1.17):

Satz 10.3: *Verträglichkeitsbedingungen in kartesischen Koordinaten für ebene (geometrisch lineare) Probleme:*

$$\frac{\partial^2 \epsilon_{xx}}{\partial y^2} + \frac{\partial^2 \epsilon_{yy}}{\partial x^2} - 2\,\frac{\partial^2 \epsilon_{xy}}{\partial x\,\partial y} = 0 \tag{a}$$

$$\frac{\partial^2 \epsilon_{zz}}{\partial x^2} = 0 \tag{b}$$

$$\frac{\partial^2 \epsilon_{zz}}{\partial y^2} = 0 \tag{c}$$

$$\frac{\partial^2 \epsilon_{zz}}{\partial x \, \partial y} = 0 \tag{d}$$

$$\frac{\partial}{\partial y}\left\{\frac{\partial \epsilon_{zx}}{\partial y} - \frac{\partial \epsilon_{zy}}{\partial x}\right\} = 0 \tag{e}$$

$$\frac{\partial}{\partial x}\left\{\frac{\partial \epsilon_{zx}}{\partial y} - \frac{\partial \epsilon_{zy}}{\partial x}\right\} = 0 \tag{f}$$

Eine Analyse dieses aus den Gleichungen (1) bis (9) sowie (a) bis (f) bestehenden Gleichungssystems ergibt, daß sich die *ebenen Probleme* in verschiedene *Klassen* unterteilen lassen, die voneinander unabhängig sind. Eine Übersicht über diese *Problemklassen*, die im folgenden noch durch einige Beispiele erläutert werden sollen, gibt die Tabelle 10.1.

Tabelle 10.1:

Problemklasse	u_z	u_x, u_y	Gleichungen	Unbekannte Größen	Bemerkungen
Homogene Spannungs- und Verzerrungszustände	linear in x, y, z	linear in x, y	(4) bis (9)	je nach Problemstellung	Gleichgewichts- und Verträglichkeitsbedingungen werden zur Lösung nicht benötigt
Biegung eines Plattenstreifens (Blechbiegung) in xz- oder yz-Ebene	$(c_1 x + c_2 y)z$	quadratisch in x, y, z			
Axiale Scherung prismatischer Körper	$u_z(x, y)$	0	(3) (8) (9)	$\sigma_{zx}, \sigma_{zy}, u_z$	
Torsion prismatischer Körper		$u_x = -\vartheta yz$ $u_y = \vartheta xz$	(e) (f)		
Ebene Verzerrungszustände	0	$u_x = u_x(x, y)$ $u_y = u_y(x, y)$	(1) (2) (4) (5) (6) (7) (a)	u_x, u_y σ_{xx}, σ_{yy} σ_{xy}, σ_{zz}	

Anmerkung:

In dieser Tabelle sind jeweils die Verschiebungsanteile u_x^*, u_y^*, u_z^* unterdrückt, die lediglich Starrkörper-Bewegungen darstellen. Die allgemeinen Ausdrücke für diese Anteile sind:
$u_x^* = u_x(0, 0, 0) + \chi z - \psi y, \quad u_y^* = u_y(0, 0, 0) + \psi x - \varphi z; \quad u_z^* = u_z(0, 0, 0) + \varphi y - \chi x.$

10.2. Homogene Spannungs- und Verzerrungszustände; Biegung eines Plattenstreifens (ohne Querkraft)

Beiden Teilklassen ist gemeinsam, daß die *Gleichgewichtsbedingungen* zur Lösung der vorliegenden Probleme *nicht* herangezogen zu werden brauchen. Sie sind voraussetzungsgemäß *a priori* erfüllt. Das gleiche gilt für die *Verträglichkeitsbedingungen.* Es verbleibt somit nur noch die Aufgabe, aus den Gleichungen (4) bis (9) des *Formänderungsgesetzes* den Zusammenhang zwischen den Spannungen und den Verschiebungen unter Beachtung der jeweiligen Randbedingungen zu ermitteln. Dies soll im folgenden für zwei Beispiele geschehen.

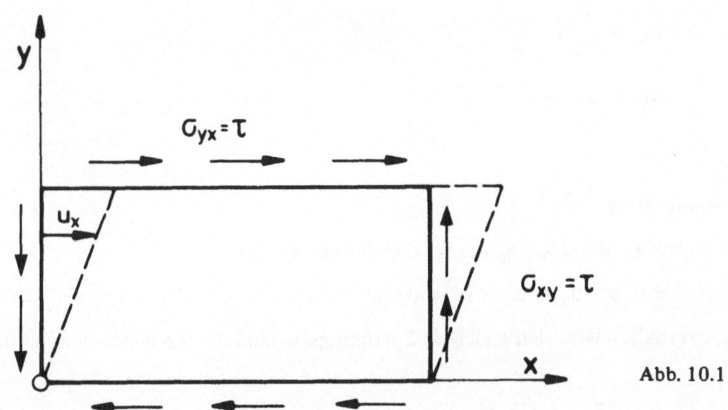

Abb. 10.1

1. Beispiel: Einfache Scherung in x-Richtung (vgl. Abb. 10.1)

Gegeben sei: Homogener Spannungszustand:

$$\sigma_{xx} = \sigma_{yy} = \sigma_{zz} = \sigma_{yz} = \sigma_{zx} = 0$$

$$\sigma_{xy} = \tau.$$

Randbedingung für die Verschiebungen:

$$y = 0: \quad u_x = u_y = u_z = 0.$$

Aus den Gleichungen (4) bis (9) folgt bei dem gegebenen Spannungszustand für die Verschiebungen die allgemeine Lösung

$$u_x = \frac{\tau}{2G} y + u_x^* = \frac{\tau}{2G} y + u_x(0, 0, 0) + \chi z - \psi y$$

$$u_y = \frac{\tau}{2G} x + u_y^* = \frac{\tau}{2G} x + u_y(0, 0, 0) + \psi x - \varphi z$$

$$u_z = u_z^* = u_z(0, 0, 0) + \varphi y - \chi x.$$

Hierin stellen die mit einem Stern versehenen Terme u_x^*, u_y^*, u_z^* die Verschiebungsanteile dar, die einer Starrkörper-Bewegung entsprechen (vgl. Anmerkung zu Tabelle 10.1). Aus der Randbedingung für die Verschiebungen folgt

$$u_x(0, 0, 0) = u_y(0, 0, 0) = u_z(0, 0, 0) = 0,$$

$$\psi = -\frac{\tau}{2G}, \quad \varphi = \chi = 0.$$

Als endgültige Lösung für die Verschiebungen erhalten wir somit

$$u_x = \frac{\tau}{G} y$$

$$u_y = u_z = 0.$$

1. Anmerkung:

Geben wir als Randbedingung für die Verschiebungen

$$x = 0: \quad u_x = u_y = u_z = 0$$

vor, so erhalten wir – bei gleichem Spannungszustand – eine einfache Scherung in y-Richtung mit

$$u_y = \frac{\tau}{G} x$$

$$u_z = u_x = 0$$

$$\psi = \frac{\tau}{2G}.$$

Die beiden Lösungen unterscheiden sich nur hinsichtlich der Starrkörperdrehung ψ um die z-Achse. Das gilt jedoch nur, solange wir geometrische Linearität voraussetzen können. Bei großen Verzerrungen führen die einfache Scherung in x- bzw. in y-Richtung auch zu unterschiedlichen Spannungszuständen.

2. Anmerkung:

Bei der Vorgabe der Randbedingungen für die Verschiebungen haben wir darauf zu achten, daß sie mit dem vorgegebenen Spannungszustand verträglich sind. Beispielsweise können wir bei einem Normalspannungszustand ($\sigma_{xy} = \sigma_{yz} = \sigma_{zx} = 0$) nicht vorschreiben, daß für

$$y = 0: \quad u_x = u_y = u_z = 0$$

sein soll, da dies mit den nicht verschwindenden Dehnungen ϵ_{xx} und ϵ_{zz} unverträglich ist.

2. Beispiel: Biegung eines Plattenstreifens

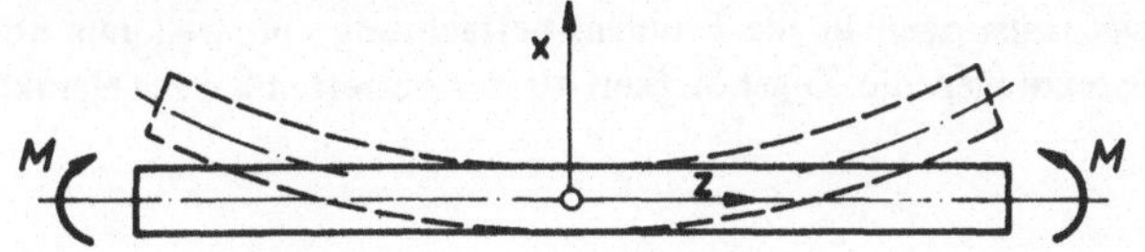

Abb. 10.2

Ein Plattenstreifen (Mittelfläche x = 0) werde ohne Querkraft in der xz-Ebene gebogen (vgl. Abb. 10.2). Wir können dieses Problem unter den

$$\text{Voraussetzungen:} \quad \sigma_{xx} = \sigma_{xy} = \sigma_{yz} = \sigma_{zx} = 0$$

und mit den

$$\begin{aligned} \text{Randbedingungen:} \quad x, y, z = 0: \quad & u_x = 0 \\ y = 0: \quad & u_y = 0 \\ z = 0 \quad & u_z = 0 \end{aligned}$$

betrachten und erhalten aus den Gleichungen (4) bis (9) als Lösung

$$\sigma_{zz} = -\frac{M}{J} x$$

$$\sigma_{yy} = -\nu \frac{M}{J} x$$

$$u_x = \frac{1+\nu}{2} \frac{M}{EJ} \{(1-\nu) z^2 + \nu x^2\}$$

$$u_z = -\frac{M}{EJ} (1-\nu^2) xz$$

$$u_y = 0$$

mit $\quad M = -\int_A x \sigma_{zz} dA$ und $J = \int_A x^2 dA.$

Die Spannungsverteilung entspricht genau dem, was wir im Rahmen der elementaren Theorie für die Blechbiegung (Band I, Abschnitt 12.3.2) erhalten haben (unter Beachtung der Vertauschung der Koordinaten x und z). Die Verschiebungen $u_x(z, x)$ lassen erkennen, daß die einzelnen Fasern (x = konst.) des Plattenstreifens bei der Biegung in Parabelbögen übergehen, während wir bei der reinen Biegung – aufgrund von Symmetriebetrachtungen – Kreisbögen erwarten. Diese Abweichung ist eine Folge der geometrischen Linearisierung des Problems.

Anmerkung:

Was in der elementaren Theorie der Blechbiegung als *Annahmen* formuliert wird, geht *hier* (zum Teil) als *Voraussetzungen* in die Problem-Betrachtung ein, weil nur unter den entsprechenden Voraussetzungen die Zugehörigkeit zu der betreffenden Problemklasse gewährleistet ist.

10.3. Axiale Scherung und Torsion prismatischer Körper

Die *Torsion prismatischer Körper* haben wir bereits in Kapitel 4 eingehend behandelt. Wir wollen sie jedoch noch einmal im Zusammenhang mit Problemen der *axialen Scherung prismatischer Körper* betrachten, da diese beiden Problemklassen in mancher Beziehung eng verwandt sind. So gilt für *beide voraussetzungsgemäß* (vgl. Tabelle 10.1)

1. $\sigma_{xx} = \sigma_{yy} = \sigma_{zz} = \sigma_{xy} = 0,$
2. $u_z = u_z(x, y).$

Dementsprechend erhalten wir auch für *beide Problemklassen* dasselbe – aus den Gleichungen (3), (8), (9) bestehende – Gleichungssystem

Gleichgewichtsbedingung:

$$\frac{\partial \sigma_{xz}}{\partial x} + \frac{\partial \sigma_{yz}}{\partial y} = 0 \qquad (3)$$

Formänderungsgesetz:

$$\frac{1}{2}\left\{\frac{\partial u_z}{\partial x} + \frac{\partial u_x}{\partial z}\right\} = \frac{\sigma_{zx}}{2G} \qquad (8)$$

$$\frac{1}{2}\left\{\frac{\partial u_y}{\partial z} + \frac{\partial u_z}{\partial y}\right\} = \frac{\sigma_{zy}}{2G}\,. \qquad (9)$$

Die Unterschiede entstehen dadurch, daß hinsichtlich der Verschiebungen u_x und u_y für die beiden Problemklassen *unterschiedliche Voraussetzungen* gelten, nämlich (vgl. Tabelle 10.1)

3. a) *axiale Scherung:* $u_x = u_y = 0$

   b) *Torsion:* $u_x = -\vartheta yz$

   $u_y = \vartheta xz$

und daß die *Randbedingungen* für beide Problemklassen unterschiedlich sind. Zur Auflösung des aus den Gleichungen (3), (8), (9) bestehenden Gleichungssystems (ergänzt durch die Verträglichkeitsbedingungen (e) und (f) stehen uns – wie bei allen derartigen Problemen der Elasto-Statik – zwei Wege offen:

1. Weg:

Wir drücken mit Hilfe der Gleichungen (8) und (9) die *Spannungen durch die Verschiebungen* aus unter Beachtung dessen, was bei der betreffenden Problemklasse jeweils für u_x und u_y gilt. Gehen wir damit in die Gleichgewichtsbedingung (3), so erhalten wir bei beiden Problemklassen für die *axiale Verschiebung* u_z die *Potentialgleichung*

$$\boxed{\Delta u_z = \frac{\partial^2 u_z}{\partial x^2} + \frac{\partial^2 u_z}{\partial y^2} = 0.}$$

Unterschiedlich sind jedoch die zugehörigen Randbedingungen.

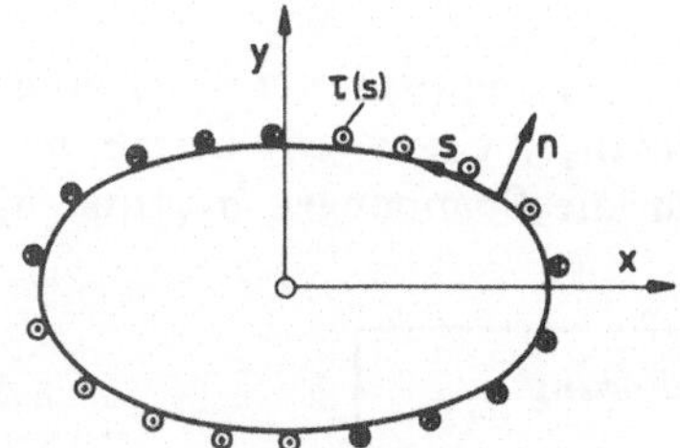

Abb. 10.3

Bei der *axialen Scherung* sind die axialen Randschubspannungen

$$\sigma_{nz} = \tau(s)$$

vorgegeben (vgl. Abb. 10.3). Deshalb erhalten wir in diesem Fall für u_z die *Randbedingung*

$$\boxed{\frac{\partial u_z}{\partial n} = \frac{\tau(s)}{G}}$$

wobei $\tau(s)$ die Gleichgewichtsbedingung

$$\oint \tau(s)\, ds = 0$$

erfüllen muß.

Bei der *Torsion prismatischer Körper* folgt aus der Bedingung, daß am Querschnittsrande die Schubspannungen randparallel sein müssen (vgl. Abb. 10.4), d.h. aus der Bedingung

$$\sigma_{zy}(s)\,\frac{dx(s)}{ds} - \sigma_{zx}(s)\,\frac{dy(s)}{ds} = 0,$$

nach kurzer Zwischenrechnung – unter Heranziehung der Gleichungen (8) und (9) – für u_z die *Randbedingung*

$$\boxed{\frac{\partial u_z}{\partial n} = \frac{\vartheta}{2}\,\frac{d}{ds}\,\{x^2(s) + y^2(s)\} = \frac{\vartheta}{2}\,\frac{d}{ds}\,r^2(s).}$$

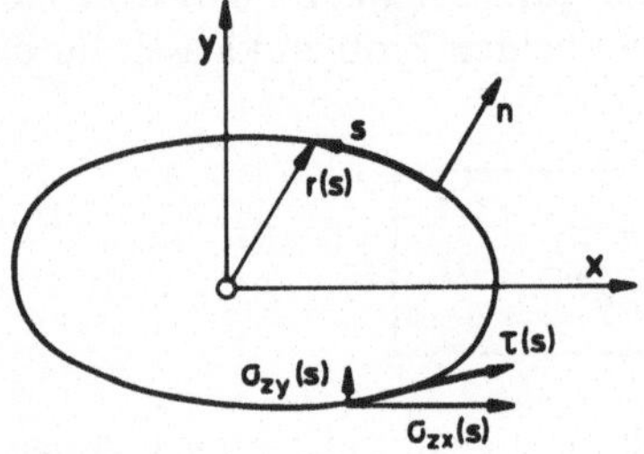

Abb. 10.4

2. Weg:

Wir leiten aus den Gleichungen (8) und (9) unter Beachtung der unter 2 und 3a bzw. 3b genannten Voraussetzungen eine *zweite Gleichung* – neben der Gleichgewichtsbedingung (3) – für die Spannungen σ_{zx} und σ_{zy} ab. Diese zweite Gleichung lautet

a) *für die axiale Scherung:*

$$\frac{\partial \sigma_{zx}}{\partial y} - \frac{\partial \sigma_{zy}}{\partial x} = 0$$

b) *für die Torsion:*

$$\frac{\partial \sigma_{zx}}{\partial y} - \frac{\partial \sigma_{zy}}{\partial x} = -\,2G\vartheta.$$

Die vorstehenden Gleichungen haben jeweils die Bedeutung einer speziellen (d.h. problembezogenen) *Verträglichkeitsbedingung.* Dies ist unmittelbar zu erken-

nen, wenn wir in den Verträglichkeitsbedingungen (e) und (f) (vgl. Satz 10.3) die Verzerrungen durch die Spannungen ausdrücken und das Ergebnis den vorstehenden Gleichungen gegenüberstellen.
Wir können aus der *Gleichgewichtsbedingung* (3) und der soeben abgeleiteten *Verträglichkeitsbedingung* bei beiden Problemklassen ohne Schwierigkeiten jeweils *eine* Gleichung für *eine* Spannung gewinnen. Dazu müssen wir aber die die Gleichungen nach x bzw. y differenzieren. Dadurch erhöht sich die Ordnung der Differentialgleichungen. Das hat zur Folge, daß nicht mehr notwendig alle Lösungen des abgeleiteten Problems auch das Ausgangsproblem befriedigen. Diese Schwierigkeit umgehen wir, indem wir – wie schon in Abschnitt 4.2.2 gezeigt – eine skalare *Spannungsfunktion* einführen, aus der die Spannungen in der Weise ableitbar sind, daß sie die *Gleichgewichtsbedingung* (3) *identisch erfüllen.* Wir erreichen das, indem wir für die

axiale Scherung

$$\sigma_{zx} = \frac{2G}{l}\frac{\partial S}{\partial y} \qquad S: \text{Scherfunktion } [L^2]$$

$$\sigma_{zy} = -\frac{2G}{l}\frac{\partial S}{\partial x} \qquad l: \text{geeignet gewählte Bezugslänge } [L]$$

für die

Torsion prismatischer Körper

$$\sigma_{zx} = 2G\vartheta\frac{\partial T}{\partial y} \qquad T: \text{Torsionsfunktion } [L^2]$$

$$\sigma_{zy} = -2G\vartheta\frac{\partial T}{\partial x} \qquad \vartheta: \text{Drillung } [L^{-1}]$$

setzen. Gehen wir mit diesen Ansätzen, die in beiden Fällen die *Gleichgewichtsbedingung* (3) identisch befriedigen, wie leicht nachzuprüfen ist, in die jeweils zugehörige *Verträglichkeitsbedingung*, so folgt für die

axiale Scherung

$$\Delta S = 0$$

mit der *Randbedingung* $S(s) = \int_0^s \frac{\tau(s)}{2G}\, l\,ds$

für die

> *Torsion prismatischer Körper*
>
> $\Delta T = -1$
>
> mit der *Randbedingung* $T(s) = 0$

1. Anmerkung:

Die *axiale Scherung* wird durch eine *homogene Potentialgleichung* für die Scherfunktion S und eine *inhomogene Randbedingung* beschrieben, die *Torsion* hingegen durch eine *inhomogene Potentialgleichung* für die Torsionsfunktion T und eine *homogene Randbedingung*. Das Torsionsproblem läßt sich jedoch durch die Einführung von

$$T^*(x, y) = T(x, y) + \frac{1}{4}(x^2 + y^2)$$

ebenfalls in eine homogene Potentialgleichung für T^* mit inhomogener Randbedingung überführen.

2. Anmerkung:

Die vorstehenden Randbedingungen gelten nur für *einfach zusammenhängende Querschnitte*. Für mehrfach zusammenhängende Querschnitte sind besondere Überlegungen erforderlich.

Die Torsion prismatischer Körper haben wir bereits in 4.2 eingehend betrachtet. Wir beschränken uns deshalb hier darauf, nur noch zwei Beispiele für die axiale Scherung anzuführen.

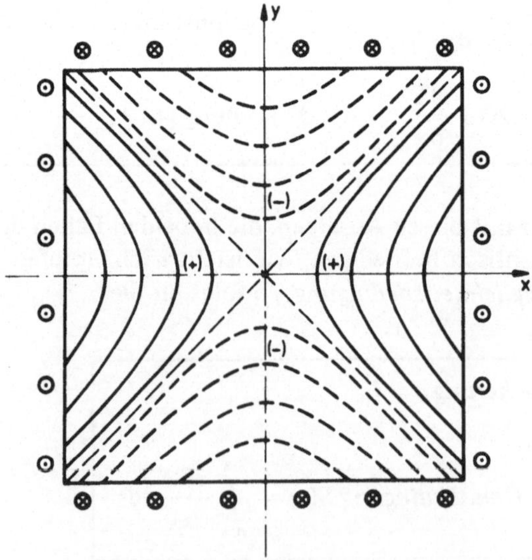

Abb. 10.5

1. Beispiel:

Aus der Scherfunktion

$$S = cxy$$

die eine Lösung der Potentialgleichung $\Delta S = 0$ ist, leiten sich ab (vgl. Abb. 10.5)

die Spannungen $\sigma_{zx} = c\,\frac{2G}{l}\,x$

$$\sigma_{zy} = -\,c\,\frac{2G}{l}\,y$$

und die Verschiebungen

$$u_z = \frac{c}{l}\,(x^2 - y^2),$$

deren Höhenschichtlinien u_z = konst. in Abb. 10.5 mit eingetragen sind. Wir können diesem Spannungs- und Verschiebungsfeld etwa folgendes Scherproblem zugrundelegen:
Ein prismatischer Stab mit quadratischem (oder rechteckigem) Querschnitt wird an den ebenen Mantelflächen, die senkrecht zur x-Achse sind, durch gleichmäßig verteilte Schubspannungen in positiver z-Richtung beansprucht, während zugleich an den ebenen, zur y-Achse senkrechten Mantelflächen gleichmäßig verteilte Schubspannungen in entgegengesetzter Richtung wirken.

2. Beispiel:

In Zylinder-Koordinaten lautet die Potentialgleichung für die Scherfunktion S allgemein

$$\Delta S = \frac{\partial^2 S}{\partial r^2} + \frac{1}{r}\,\frac{\partial S}{\partial r} + \frac{1}{r^2}\,\frac{\partial^2 S}{\partial \varphi^2} = 0$$

Für die aus S abzuleitenden Spannungen gilt

$$\sigma_{zr} = \frac{2G}{R}\,\frac{1}{r}\,\frac{\partial S}{\partial \varphi}$$

$$\sigma_{z\varphi} = -\,\frac{2G}{R}\,\frac{\partial S}{\partial r}\,.$$

Setzen wir

$$S = -\,\frac{1}{2}\,c\,R^2 \ln \frac{r}{R}\,,$$

so wird

$$\sigma_{zr} = 0$$

$$\sigma_{z\varphi} = c\,G\,\frac{R}{r}$$

$$u_z = c\varphi.$$

Ein solcher Spannungs- und Verschiebungszustand entsteht beispielsweise, wenn ein (dünnwandiges oder dickwandiges) geschlitztes Rohr durch entgegengesetzt wirkende axiale Schubkräfte an den beiden Schnittufern des Schlitzes beansprucht wird (vgl. Abb. 10.6).
Ein weiteres Beispiel, die rotationssymmetrische axiale Scherung, haben wir bereits in Abschnitt 9.3.6 kennengelernt.

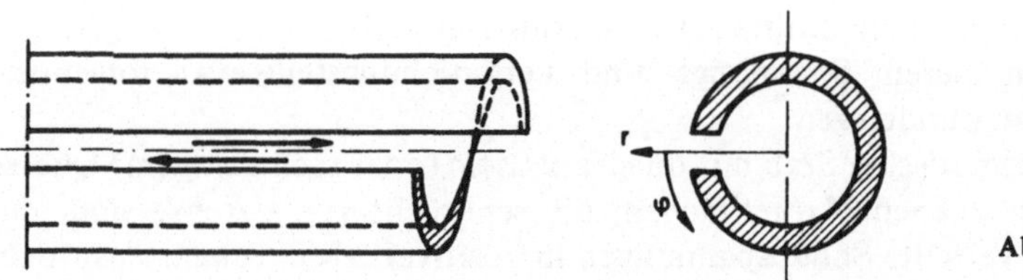

Abb. 10.6

10.4. Ebener Verzerrungszustand

Für *ebene Verzerrungszustände* ist (vgl. Tabelle 10.1) *voraussetzungsgemäß*

1. $\epsilon_{zx} = \epsilon_{zy} = 0$, d.h. also auch $\sigma_{zx} = \sigma_{zy} = 0$
2. $\epsilon_{zz} = 0$, d.h. $u_z = 0$, sofern wir Starrkörperbewegungen außer Betracht lassen.

Aufgrund der zweiten Voraussetzung ergibt sich aus Gleichung (6) des Formänderungsgesetzes (Satz 10.2)

$$\sigma_{zz} = \nu(\sigma_{xx} + \sigma_{yy}).$$

Mithin erhalten wir unter Beachtung unserer Voraussetzungen für *ebene Verzerrungszustände* folgendes *Gleichungssystem* in kartesischen Koordinaten (vgl. die Sätze 10.1 bis 10.3):

Gleichgewichtsbedingungen

$$\frac{\partial \sigma_{xx}}{\partial x} + \frac{\partial \sigma_{yx}}{\partial y} = 0 \qquad (1)$$

$$\frac{\partial \sigma_{xy}}{\partial x} + \frac{\partial \sigma_{yy}}{\partial y} = 0 \qquad (2)$$

Formänderungsgesetz $\left(\text{mit } \frac{1}{2G} = \frac{1+\nu}{E}\right)$

$$\frac{\partial u_x}{\partial x} = \frac{1}{2G}\{(1-\nu)\sigma_{xx} - \nu\sigma_{yy}\} \qquad (4)$$

$$\frac{\partial u_y}{\partial y} = \frac{1}{2G}\{(1-\nu)\sigma_{yy} - \nu\sigma_{xx}\} \qquad (5)$$

$$\frac{1}{2}\left\{\frac{\partial u_y}{\partial x} + \frac{\partial u_x}{\partial y}\right\} = \frac{1}{2G}\sigma_{xy} \qquad (7)$$

Verträglichkeitsbedingung für die *Verzerrungen*

$$\frac{\partial^2 \epsilon_{yy}}{\partial x^2} + \frac{\partial^2 \epsilon_{xx}}{\partial y^2} - 2\frac{\partial^2 \epsilon_{xy}}{\partial y\,\partial x} = 0 \qquad (a)$$

bzw. für die *Spannungen*

$$\frac{\partial^2}{\partial x^2}\{(1-\nu)\sigma_{yy} - \nu\sigma_{xx}\} + \frac{\partial^2}{\partial y^2}\{(1-\nu)\sigma_{xx} - \nu\sigma_{yy}\} - 2\frac{\partial^2 \sigma_{xy}}{\partial y\,\partial x} = 0 \qquad (a^*)$$

Randbedingungen:

Es können auf dem Rande abschnittsweise vorgegeben werden (unter Beachtung des globalen Gleichgewichtes und der Verträglichkeit):

a) die (äußeren) Spannungen **p** oder

b) die Verschiebungen **u** oder

c) gewisse Verknüpfungen zwischen Spannungen und Verschiebungen, z.B. $\mathbf{p} \cdot \mathbf{u} = 0$.

Zur Auflösung dieses Gleichungssystems stehen uns – wie bei allen derartigen Problemen der linearen Elasto-Statik – wiederum *zwei Wege* offen (vgl. auch Abschnitt 10.3):

1. Weg:

Wir drücken mit Hilfe des *Formänderungsgesetzes*, d.h. mit Hilfe der Gleichungen (4), (5) und (7) die Spannungen σ_{xx}, σ_{yy}, σ_{xy} durch die Verschiebungen u_x, u_y aus, gehen damit in die Gleichgewichtsbedingungen (1), (2) und erhalten so *zwei partielle Differentialgleichungen zweiter Ordnung für die Verschiebungen* u_x, u_y. Die Verträglichkeitsbedingung (a) bzw. (a*) ist bei diesem Vorgehen von selbst erfüllt, da die Verträglichkeitsbedingungen, wenn man die Verzerrungen bzw. Spannungen durch die Verschiebungen ausdrückt, lediglich Identitäten darstellen. Zur Auflösung des aus den beiden partiellen Differentialgleichungen bestehenden Gleichungssystems für u_x, u_y kann man eine sogenannte *Verschiebungsfunktion* einführen, aus der sich die Verschiebungen ableiten lassen, und die so konstruiert ist, daß eine der beiden Gleichungen für u_x, u_y identisch erfüllt ist. Die zweite Gleichung wird dann zur Bestimmungsgleichung für die Verschiebungsfunktion. Man kann so das Gleichungssystem auf *eine Bi-Potentialgleichung* (mit den entsprechenden Randbedingungen) zurückführen.

2. Weg:

Wir machen einen allgemeinen Ansatz für die Spannungen, der die *Gleichgewichtsbedingungen* (1), (2) *identisch erfüllt*. Dies erreichen wir durch Einführung einer *skalaren Spannungsfunktion* F(x, y), der sogenannten *Airy*schen Spannungsfunktion (Airy: 1801–1892), aus der sich die Spannungen in folgender Weise ableiten:

$$\boxed{\begin{aligned} \sigma_{xx} &= \frac{\partial^2 F}{\partial y^2} \\ \sigma_{yy} &= \frac{\partial^2 F}{\partial x^2} \\ \sigma_{xy} &= -\frac{\partial^2 F}{\partial y\, \partial x}\,. \end{aligned}}$$

Gehen wir mit diesem Ansatz in die *Verträglichkeitsbedingung* (a*), so erhalten wir für die *Airy*sche *Spannungsfunktion* F(x, y) die Bedingung

$$\boxed{\Delta\Delta F = \frac{\partial^4 F}{\partial x^4} + 2\,\frac{\partial^4 F}{\partial x^2\, \partial y^2} + \frac{\partial^4 F}{\partial y^4} = 0.}$$

Die *Airy*sche Spannungsfunktion muß also der *Bi-Potentialgleichung* genügen (mit den entsprechenden Randbedingungen)

Bei den folgenden Beispielen wollen wir nur den zweiten Lösungsweg beschreiben. Wir werden uns dabei darauf beschränken, einige bekannte Lösungen der

Bi-Potentialgleichung daraufhin zu untersuchen, welches Problem sie beschreiben, also nicht ein vorgegebenes Randwertproblem zu lösen versuchen. Man bezeichnet dieses Vorgehen auch als *inverse Methode.*

1. Beispiel:

$$F(x, y) = -\frac{3}{2}\frac{Q}{bh}\left\{xy - \frac{4}{3}\frac{xy^3}{h^2}\right\}.$$

Die aus dieser Spannungsfunktion abzuleitenden Spannungen sind

$$\sigma_{xx} = \frac{\partial^2 F}{\partial y^2} = \frac{Q}{\frac{bh^3}{12}}\, xy$$

$$\sigma_{yy} = \frac{\partial^2 F}{\partial x^2} = 0$$

$$\sigma_{xy} = -\frac{\partial^2 F}{\partial x\, \partial y} = \frac{3}{2}\frac{Q}{bh}\left\{1 - \left(\frac{2y}{h}\right)^2\right\}.$$

Dieses Spannungsfeld entspricht der Biegung eines Plattenstreifens (Blechbiegung) mit Querkraft (vgl. Abb. 10.7) in der xy-Ebene, wie sich aus einer Gegenüberstellung mit den Ergebnissen der elementaren Theorie für dieses Problem (vgl. Tabelle 3.1 und Band I, Abschnitt 12.5) ergibt. Die Lösung ist allerdings nur unter den Voraussetzungen korrekt, daß

1. die Belastung Q so über den Endquerschnitt verteilt eingeleitet wird, wie es der Spannungsverteilung für $\sigma_{xy}(y)$ entspricht.
2. die Querschnittsverwölbung u_x sowie die Verschiebung u_y durch die Einspannung an der Stelle $x = l$ nicht behindert wird und
3. die von den Seitenrändern $z = \pm \frac{b}{2}$ ausgehenden Störungen (dort ist $\sigma_{zz} = 0$ und nicht $\epsilon_{zz} = 0$!) vernachlässigbar sind.

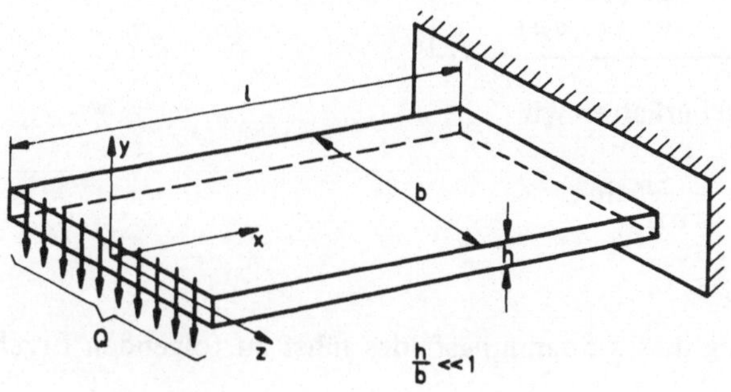

Abb. 10.7

Auf eine Analyse der Verschiebungen verzichten wir hier wie auch bei dem folgenden Beispiel, bei dem die *Airy*sche Spannungsfunktion in Polar-Koordinaten gegeben ist.

2. Beispiel:

$$F(r, \varphi) = \frac{Q}{\pi b} \, r\varphi \cos \varphi .$$

Die *Bi-Potentialgleichung* lautet in diesem Falle, wie eine formale Transformation der ebenen kartesischen Koordinaten in *Polar-Koordinaten* ergibt,

$$\Delta\Delta F = \frac{\partial^4 F}{\partial r^4} + \frac{2}{r}\frac{\partial^3 F}{\partial r^3} - \frac{1}{r^2}\frac{\partial^2 F}{\partial r^2} + \frac{1}{r^3}\frac{\partial F}{\partial r} + \frac{1}{r^4}\frac{\partial^4 F}{\partial \varphi^4} + \frac{2}{r^2}\frac{\partial^4 F}{\partial r^2 \partial \varphi^2} - \frac{2}{r^3}\frac{\partial^3 F}{\partial r\, \partial \varphi^2} + \frac{4}{r^4}\frac{\partial^2 F}{\partial \varphi^2} = 0$$

$$\text{mit } \Delta = \frac{\partial^2}{\partial r^2} + \frac{1}{r}\frac{\partial}{\partial r} + \frac{1}{r^2}\frac{\partial^2}{\partial \varphi^2}$$

Für die aus der *Airy*schen Spannungsfunktion abzuleitenden Spannungen gilt bei Verwendung von Zylinder- bzw. Polar-Koordinaten allgemein

$$\sigma_{rr} = \frac{1}{r^2}\frac{\partial^2 F}{\partial \varphi^2} + \frac{1}{r}\frac{\partial F}{\partial r}$$

$$\sigma_{\varphi\varphi} = \frac{\partial^2 F}{\partial r^2}$$

$$\sigma_{r\varphi} = -\frac{\partial}{\partial r}\left\{\frac{1}{r}\frac{\partial F}{\partial \varphi}\right\}.$$

In unserm Beispiel erhalten wir

$$\sigma_{rr} = -\frac{2Q}{\pi b r} \sin \varphi$$

$$\sigma_{\varphi\varphi} = \sigma_{r\varphi} = 0.$$

Die Untersuchung dieses Spannungsfeldes führt zu folgenden Ergebnissen (vgl. Abb. 10.8):

1. Für $\varphi = 0$ bzw. $\varphi = \pi$ verschwinden alle Spannungen. Wir können deshalb diese Meridianebene als spannungsfreie Oberfläche betrachten bis auf den singulären Punkt $r = 0$.
2. In einem Zylinder-Schnitt $r =$ konst. treten nur radiale Spannungen auf.
3. Die Bedeutung der singulären Stelle $r = 0$ erkennen wir, indem wir für einen die Singularität einschließenden Schnitt (z.B. in einem Halb-Zylinder-Schnitt) die resultierende Kraft und das resultierende Moment der von der Singularität ausgelösten Spannungen ermitteln. Wir finden, daß die Singularität eine linienhaft (längs der z-Achse) verteilt wirkende Kraft in Richtung $\varphi = \frac{\pi}{2}$ von der Größe $\frac{Q}{b}\,[KL^{-1}]$ darstellt.

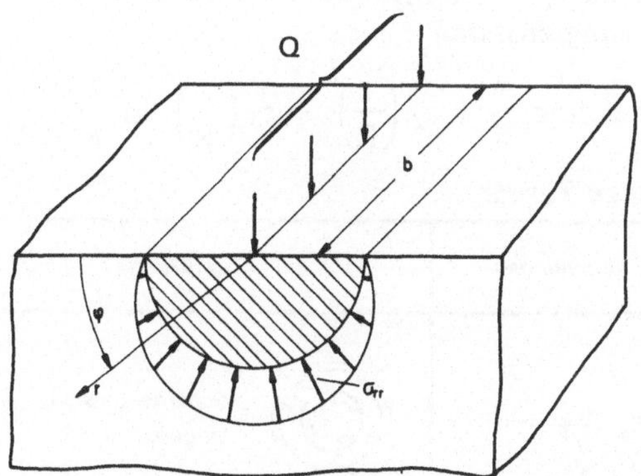

Abb. 10.8

In der *unmittelbaren* Umgebung der Singularität kann unsere Lösung nicht mehr gültig sein, weil dort die Spannungen und Verzerrungen gegen Unendlich gehen und deshalb die Elastizitätsgrenze mit Sicherheit überschreiten. In diesem Bereich müßten wir also von der wirklichen, flächenhaften Kräfteverteilung ausgehen. In einiger Entfernung von der an der Oberfläche des Körpers liegenden Angriffsstelle einer solchen *nahezu linienhaft verteilt* wirkenden Kraft stellt unser Spannungsfeld aber sicher eine recht gute Näherungslösung dar, der wir u.a. entnehmen können, daß in solchen Fällen die Spannungen mit dem Faktor $1/r$ abklingen. In größerer Entfernung von der Kraftangriffsstelle wird das Spannungsfeld dann wieder stärker von der gesamten Gestalt des Körpers bestimmt, der ja niemals einen bis ins Unendliche reichenden Halbraum erfüllt. So haben Lösungen der hier vorliegenden Art besondere Bedeutung etwa für den Übergangsbereich zwischen Nah- und Fernbereich einer Krafteinleitung.

Bei *rotationssymmetrischen, ebenen Verzerrungszuständen* zerfällt die *Airy*sche Spannungsfunktion, wie leicht zu zeigen ist, in zwei Terme:

$$F(r, \varphi) = c_0\varphi + H(r).$$

H(r) genügt der *Euler*schen Differentialgleichung

$$r^4 H''''(r) + 2r^3 H'''(r) - r^2 H''(r) + rH'(r) = 0 \quad .$$

Als *allgemeine Lösung* erhalten wir deshalb für solche *rotationssymmetrische, ebene Verzerrungszustände*

$$\boxed{F(r, \varphi) = c_0 \varphi + c_1 \ln \frac{r}{R} + c_2 \left(\frac{r}{R}\right)^2 + c_3 \left(\frac{r}{R}\right)^2 \ln \frac{r}{R} \quad .}$$

Jeder einzelne Term dieser allgemeinen Lösung läßt eine unmittelbare Deutung zu, wie die nachstehende Tabelle 10.2 zeigt.

Tabelle 10.2. Airy'sche Spannungsfunktion für rotationssymmetrische, ebene Verzerrungszustände

$$F(r, \varphi) = c_0 \varphi + c_1 \ln \frac{r}{R} + c_2 \left(\frac{r}{R}\right)^2 + c_3 \left(\frac{r}{R}\right)^2 \ln \frac{r}{R}$$

Bedeutung der einzelnen Terme

Term	Spannungen	Deutung
$c_0 \varphi$	$\sigma_{r\varphi} = \frac{c_0}{r^2}$	Scheibentorsion singulär: $r = 0$
$c_1 \ln \frac{r}{R}$	$\sigma_{rr} = \frac{c_1}{r^2}$ $\sigma_{\varphi\varphi} = -\frac{c_1}{r^2}$	radial belastetes Loch im unendlich ausgedehntem Raum singulär: $r = 0$
$c_2 \left(\frac{r}{R}\right)^2$	$\sigma_{rr} = \sigma_{\varphi\varphi} = \text{konst.}$	$\sigma_0 = \text{konst.}$ Welle unter allseitigem Zug
$c_3 \left(\frac{r}{R}\right)^2 \ln \frac{r}{R}$	$\sigma_{rr} = \frac{c_3}{R^2}\left(1 + 2 \ln \frac{r}{R}\right)$ $\sigma_{\varphi\varphi} = \frac{c_3}{R^2}\left(3 + 2 \ln \frac{r}{R}\right)$	Eigenspannungszustand mit einem freien Rand singulär: $r = 0$

Durch Überlagerung der einzelnen Terme können wir alle denkbaren Lösungen aufbauen. So erhalten wir z.B. durch eine entsprechende Überlagerung des zweiten und des dritten Terms eine Lösung für das *dickwandige Rohr unter Innendruck.* Wir können aber z.B. auf diese Weise auch die Spannungen bei der *Biegung eines vorgekrümmten Plattenstreifens* ermitteln:

3. Beispiel:

$$F(r,\varphi) = c_1 \ln \frac{r}{R} + c_2 \left(\frac{r}{R}\right)^2 + c_3 \left(\frac{r}{R}\right)^2 \ln \frac{r}{R}$$

mit

$$c_1 = -\frac{M}{b} \frac{\ln \frac{R_a}{R_i}}{\left(\ln \frac{R_a}{R_i}\right)^2 - \frac{1}{4}\left(\frac{R_a}{R_i}\right)^2 \left[1-\left(\frac{R_i}{R_a}\right)^2\right]^2}$$

$$c_2 = \frac{M}{4b} \frac{1-\left(\frac{R_i}{R_a}\right)^2 + 2\ln \frac{R_a}{R_i}}{\left(\ln \frac{R_a}{R_i}\right)^2 - \frac{1}{4}\left(\frac{R_a}{R_i}\right)^2 \left[1-\left(\frac{R_i}{R_a}\right)^2\right]^2}$$

$$c_3 = -\frac{M}{2b} \frac{1-\left(\frac{R_i}{R_a}\right)^2}{\left(\ln \frac{R_a}{R_i}\right)^2 - \frac{1}{4}\left(\frac{R_a}{R_i}\right)^2 \left[1-\left(\frac{R_i}{R_a}\right)^2\right]^2}$$

Damit ergeben sich die Spannungen

$$\sigma_{\varphi\varphi} = \frac{M}{bR_i^2} \frac{\left(\frac{R_i}{r}\right)^2 \ln \frac{R_a}{R_i} - \left[1-\left(\frac{R_i}{R_a}\right)^2\right] + \left(\frac{R_i}{R_a}\right)^2 \ln \frac{r}{R_i} - \ln \frac{r}{R_a}}{\left(\ln \frac{R_a}{R_i}\right)^2 - \frac{1}{4}\left(\frac{R_a}{R_i}\right)^2 \left[1-\left(\frac{R_i}{R_a}\right)^2\right]^2}$$

$$\sigma_{rr} = -\frac{M}{bR_i^2} \frac{\left(\frac{R_i}{r}\right)^2 \ln \frac{R_a}{R_i} + \ln \frac{r}{R_a} - \left(\frac{R_i}{R_a}\right)^2 \ln \frac{r}{R_i}}{\left(\ln \frac{R_a}{R_i}\right)^2 - \frac{1}{4}\left(\frac{R_a}{R_i}\right)^2 \left[1-\left(\frac{R_i}{R_a}\right)^2\right]^2} .$$

Es läßt sich zeigen, daß bei technisch sinnvollen Beispielen die extremalen Spannungen $\sigma_{\varphi\varphi}$ (für $r = R_i$ bzw. $r = R_a$) zahlenmäßig nicht sehr stark von den

Ergebnissen der elementaren Theorie stark gekrümmter Stäbe (und Bleche) abweichen (vgl. Abschnitt 5.4). Im Innern erhält man hingegen wesentlich andere Spannungszustände, da ja die elementare Theorie die radialen Spannungen vollständig vernachlässigt.

10.5. Einige ergänzende Bemerkungen

Die hier betrachteten Probleme führen bei geeigneten Ansätzen teils auf Potentialgleichungen, teils auf Bi-Potentialgleichungen. Es läßt sich zeigen, daß sich für solche Gleichungen allgemeine Lösungen mit Hilfe der *Funktionentheorie*, d.h. der Theorie der Funktionen komplexer Variabler gewinnen lassen. Das kann hier nicht mehr im einzelnen erörtert werden; es muß der allgemeine Hinweis auf diese mathematisch elegante Lösungsmethode genügen.
Für vorgegebene *Randwertprobleme* werden sich allerdings nur selten geschlossene Lösungen finden lassen. Wir müssen hier in vielen Fällen auf numerische Näherungslösungen zurückgreifen. Es bieten sich dazu zahlreiche Verfahren an, von denen je nach Problemstellung und nach der vorhandenen Rechnerkapazität mal das eine, mal das andere zu bevorzugen ist.
Wie die ebenen Probleme der Elasto-Statik, so sind auch die *allgemeinen rotationssymmetrischen Probleme* der Elasto-Statik – mathematisch betrachtet – *zweidimensionale Probleme:* Die Verzerrungen und Spannungen sind – in Zylinder-Koordinaten – bei diesen Problemen Funktionen von r und z. Bei der mathematischen Behandlung dieser Probleme, die sich wiederum in einige Problemklassen unterteilen lassen, ergeben sich manche Parallelen zu den ebenen Problemen, jedoch auch einige Unterschiede. So lassen sich z.B. nicht mehr alle Probleme durch Einführung *einer* Spannungsfunktion (die die Gleichgewichtsbedingungen identisch befriedigt) auf *eine* Gleichung reduzieren. Hingegen gelingt die Reduktion auf *eine* Gleichung stets bei Einführung einer geeigneten *Verschiebungsfunktion,* die deshalb bei diesen Problemen eine größere Rolle spielt als bei den ebenen Problemen.
Bei *räumlichen (dreidimensionalen) Problemen* ist im allgemeinen eine Reduktion auf *eine* Gleichung nicht mehr möglich. Allgemeine Lösungswege lassen sich mit Hilfe von *Drei-Funktionen-Ansätzen* angeben. Dabei sind wiederum *Spannungsfunktionen* (die die Gleichgewichtsbedingungen identisch erfüllen und für die die Verträglichkeitsbedingungen zu Bestimmungsgleichungen werden) und *Verschiebungsfunktionen* (die die Verträglichkeitsbedingungen identisch erfüllen und für die die Gleichgewichtsbedingungen Bestimmungsgleichungen sind) zu unterscheiden. Mit diesem Hinweis müssen wir es hier bewenden lassen.

Fragen:

1. Durch welche Voraussetzungen und Eigenschaften sind die ebenen, zweidimensionalen Probleme gekennzeichnet?
2. In welche Problemklassen können wir die ebenen, zweidimensionalen Probleme einteilen?
3. Welche Rolle spielen die Gleichgewichts- und Verträglichkeitsbedingungen bei homogenen Spannungs- und Verzerrungszuständen sowie bei der querkraftfreien Biegung eines Plattenstreifens?
4. Was haben axiale Scherung und Torsion prismatischer Körper gemeinsam, was unterscheidet sie?
5. Welche beiden Lösungswege stehen grundsätzlich für die Lösung des Scher- wie des Torsions-Problems offen?
6. Welche Gleichung wird durch die Einführung einer Spannungsfunktion (Scher- bzw. Torsionsfunktion) identisch befriedigt? Welche Bedeutung hat die Gleichung, die zur Bestimmungsfunktion für die Spannungsfunktion wird?
7. Wie sind ebene Verzerrungszustände charakterisiert? Welche Gleichungen umfaßt das Gleichungssystem für ebene Verzerrungszustände?
8. Wie leiten sich die Spannungen aus der *Airy*schen Spannungsfunktion ab?
9. Welche Gleichungen werden durch die Einführung der *Airy*schen Spannungsfunktion identisch befriedigt? Welche Bedeutung hat die Bestimmungsgleichung für die *Airy*sche Spannungsfunktion?
10. Wie ermitteln wir, welche Bedeutung eine singuläre Stelle der Spannungsverteilung hat?
11. Welche allgemeine Lösung erhalten wir für rotationssymmetrische, ebene Verzerrungszustände?
12. Was haben die allgemeinen rotationssymmetrischen Probleme mit den ebenen Problemen gemeinsam? Was unterscheidet sie?

11. Elasto-Statik der Scheiben, Platten und Schalen

11.1. Allgemeines

Wir betrachten in diesem Kapitel *flächenhafte Körper* und setzen voraus, daß wir die Gestalt dieser Körper durch die Angabe der *Mittelfläche* und der *Dicke* h senkrecht zu dieser Mittelfläche beschreiben können. Die Dicke h ist dabei definitionsgemäß klein gegenüber den Abmessungen der Mittelfläche. Wir wollen noch einen Schritt weitergehen und die Dicke h als *sehr klein* voraussetzen, uns also auf *dünnwandige*, flächenhafte Körper beschränken.
Je nach der Gestalt der Mittelfläche und der Art der Belastung unterscheiden wir (vgl. Band I, Abschnitt 7.5.2)

a) *Scheiben*, deren *Mittelfläche eben* ist und die nur *parallel* und symmetrisch *zu dieser Mittelfläche belastet* sind,
b) *Platten*, deren *Mittelfläche eben* ist und die nur *senkrecht zu dieser Mittelfläche belastet* sind,
c) *Schalen*, deren *Mittelfläche gekrümmt* ist und die *beliebig belastet* sein können.

Im allgemeinen liegen in solchen flächenhaften Körpern räumliche Spannungs- und Verzerrungszustände vor, die zudem Funktionen aller drei Raumkoordinaten sind. Wir haben also in der Regel ein allgemeines dreidimensionales Problem vor uns. Unter gewissen Voraussetzungen und unter geeigneten Annahmen können wir jedoch diese Probleme auf zweidimensionale Probleme zurückführen, d.h. auf solche Probleme, bei denen die den Zustand des Körpers kennzeichnenden Größen nur noch von zwei Koordinaten, den Koordinaten der Mittelfläche abhängen. Wir wollen im folgenden erörtern, wie wir bei den hier zu untersuchenden Problemen bei der beabsichtigten Reduktion zu einem zweidimensionalen Problem jeweils vorzugehen haben. Dabei gehen wir von folgenden *allgemeinen Voraussetzungen* aus:

1. Die Körper seien flächenhaft und dünnwandig;
2. die Körper seien linear-elastisch;
3. der Werkstoff sei homogen und isotrop;
4. die Formänderungen verlaufen isotherm, d.h. es sei $T = T_0$.

Unser Vorgehen entspricht im übrigen dem Verfahren, das wir bei *linienhaften Körpern* (Stäben) angewandt haben. Dort haben wir unter gewissen Voraussetzungen und mit bestimmten Annahmen das im allgemeinen vorliegende dreidimensionale Problem in ein *eindimensionales* überführt, bei dem die Schnittgrößen und die Größen, die die Formänderungen des Stabes kennzeichnen (Verschiebungen der Punkte der Stabachse und Verdrehungen der Stabquerschnitte um die Stabachse) nur noch als Funktionen *einer* Variablen erscheinen. Die zugehörigen (ebenen oder räumlichen) Spannungs- und Verzerrungszustände können dabei durchaus auch Funktionen aller drei Raumkoordinaten sein. Sie sind jedoch stets aus einem eindimensionalen Problem ableitbar (vgl. z.B. Kapitel 3).

11.2. Scheiben

Neben den in Abschnitt 11.1 formulierten allgemeinen Voraussetzungen setzen wir für die dünnwandigen *Scheiben* zusätzlich voraus:

1. ebene Mittelfläche;
2. alle Belastungen parallel zur Scheibenmittelfläche und gleichmäßig über die Scheibendicke verteilt.

Mit der zweiten Voraussetzung schließen wir zugleich aus, daß auf den beiden Seitenflächen der Scheibe irgendwelche flächenhaft verteilt wirkende Kräfte angreifen. Zur *Vereinfachung* nehmen wir als *weitere Voraussetzungen* schließlich noch hinzu:

3. konstante Scheibendicke h;
4. keine volumenhaft verteilt angreifende Kräfte, d.h. $\mathbf{f} = 0$.

Zur Beschreibung des Spannungs- und des Verzerrungszustandes führen wir ein kartesisches Koordinatensystem bzw. Zylinder-Koordinaten in der Weise ein, daß die Scheiben-Mittelfläche mit der Ebene $z = 0$ zusammenfällt. Der nächste Schritt besteht darin, daß wir *Mittelwerte für die Spannungen, Verzerrungen und Verschiebungen* in üblicher Weise definieren. Für diese Mittelwerte, die wir durch Überstreichung kennzeichnen wollen, gilt

$$\bar{\sigma}_{ik} = \frac{1}{h} \int_{-\frac{h}{2}}^{+\frac{h}{2}} \sigma_{ik} \, dz$$

$$\bar{\epsilon}_{ik} = \frac{1}{h} \int_{-\frac{h}{2}}^{+\frac{h}{2}} \epsilon_{ik} \, dz$$

$$\bar{u}_i = \frac{1}{h} \int_{-\frac{h}{2}}^{+\frac{h}{2}} u_i \, dz .$$

Aufgrund der in den Voraussetzungen enthaltenen Symmetriebedingungen können wir sogleich sagen, daß

$$\bar{\sigma}_{zx} = \bar{\sigma}_{zy} = 0$$

und

$$\bar{\epsilon}_{zx} = \bar{\epsilon}_{zy} = 0$$

sein müssen. Ferner können wir feststellen, daß $\bar{\sigma}_{zz}$ sicher nur klein sein kann, weil σ_{zz} für $z = \pm\frac{h}{2}$ verschwindet und auch dazwischen keine großen Werte annehmen kann. Das führt uns zu der *Annahme*

$$\bar{\sigma}_{zz} = 0.$$

Wir können auch sagen, wir nehmen an, daß *im Mittel* ein *ebener Spannungszustand* herrscht mit

$$\bar{\sigma}_{zx} = \bar{\sigma}_{zy} = \bar{\sigma}_{zz} = 0.$$

Das Gleichungssystem für die Mittelwerte der Spannungen, Verzerrungen und Verschiebungen erhalten wir, indem wir die allgemeinen Grundgleichungen – bestehend aus Gleichgewichtsbedingungen, Formänderungsgesetz und Verträglichkeitsbedingungen – über die Scheibendicke integrieren. Das ergibt beispielsweise für die Gleichgewichtsbedingung in x-Richtung unter Vertauschung der Reihenfolge von Differentiation und Integration und bei Beachtung, daß $\bar{\sigma}_{zx} = 0$ ist,

$$\frac{1}{h} \int_{-\frac{h}{2}}^{+\frac{h}{2}} \left\{ \frac{\partial \sigma_{xx}}{\partial x} + \frac{\partial \sigma_{yx}}{\partial y} + \frac{\partial \sigma_{zx}}{\partial z} \right\} dz = \frac{\partial \bar{\sigma}_{xx}}{\partial x} + \frac{\partial \bar{\sigma}_{yx}}{\partial y} = 0.$$

Auf diese Weise entsteht unter den gegebenen Voraussetzungen für Scheiben, *für die im Mittel ein ebener Spannungszustand angenommen werden kann, folgendes Gleichungssystem*

Gleichgewichtsbedingungen

$$\frac{\partial \bar{\sigma}_{xx}}{\partial x} + \frac{\partial \bar{\sigma}_{yx}}{\partial y} = 0 \qquad (1)$$

$$\frac{\partial \bar{\sigma}_{xy}}{\partial x} + \frac{\partial \bar{\sigma}_{yy}}{\partial y} = 0 \qquad (2)$$

Formänderungsgesetz

$$\frac{\partial \bar{u}_x}{\partial x} = \frac{1}{E}\{\bar{\sigma}_{xx} - \nu \bar{\sigma}_{yy}\} \qquad (4)$$

$$\frac{\partial \bar{u}_y}{\partial y} = \frac{1}{E}\{\bar{\sigma}_{yy} - \nu \bar{\sigma}_{xx}\} \qquad (5)$$

$$\frac{1}{2}\left\{\frac{\partial \bar{u}_y}{\partial x} + \frac{\partial \bar{u}_x}{\partial y}\right\} = \frac{1}{2G}\bar{\sigma}_{xy} \qquad (7)$$

Verträglichkeitsbedingung für die Verzerrungen

$$\frac{\partial^2 \bar{\epsilon}_{yy}}{\partial x^2} + \frac{\partial^2 \bar{\epsilon}_{xx}}{\partial y^2} - 2\frac{\partial^2 \bar{\epsilon}_{xy}}{\partial x\, \partial y} = 0 \qquad (a)$$

bzw. für die Spannungen

$$\frac{\partial^2}{\partial x^2}\{\bar{\sigma}_{yy} - \nu \bar{\sigma}_{xx}\} + \frac{\partial^2}{\partial y^2}\{\bar{\sigma}_{xx} - \nu \bar{\sigma}_{yy}\} - \frac{E}{G}\frac{\partial^2 \bar{\sigma}_{xy}}{\partial x\, \partial y} = 0 \qquad (a^*)$$

Randbedingungen:

Es können auf dem Rande abschnittsweise vorgegeben werden (unter Beachtung des globalen Gleichgewichtes und der Verträglichkeit)

a) die (äußeren) Spannungen **p** oder
b) die Verschiebungen **u** oder
c) Kombinationen von **p** und **u**, welche allerdings gewissen Bedingungen genügen müssen.

Dieses Gleichungssystem zeigt große Verwandtschaft zu dem Gleichungssystem für *ebene Verzerrungszustände* (vgl. Abschnitt 10.4). Abweichungen ergeben sich nur bei den Gleichungen (4), (5) und (a*). Es sind deshalb auch hier dieselben Lösungsmethoden anwendbar wie dort. Die Gegenüberstellungen in den Tabellen 11.1 und 11.2 lassen das unmittelbar erkennen. Die Tabelle 11.1 bezieht sich dabei auf die Lösung durch Einführung einer *Verschiebungsfunk-*

tion (in Abschnitt 10.4 nur angedeutet), die Tabelle 11.2 auf die Lösung durch Einführung einer *Spannungsfunktion.* Die Überstreichungen zur Kennzeichnung der Mittelwerte beim Scheibenproblem sind dabei zur Vereinfachung der Schreibweise fortgelassen.

Tabelle 11.1:
Lösungsweg bei Einführung einer Verschiebungsfunktion Φ

	Ebener Verzerrungszustand	Scheibe im Mittel ebener Spannungszustand
	Gleichungen für u_x, u_y durch Einsetzen von (4), (5), (7) in (1) und (2)	
(1)	$\Delta u_x + \frac{1}{1-2\nu}\left\{\frac{\partial^2 u_x}{\partial x^2} + \frac{\partial^2 u_y}{\partial x \partial y}\right\} = 0$	$\Delta u_x - \frac{1+\nu}{2}\left\{\frac{\partial^2 u_x}{\partial y^2} - \frac{\partial^2 u_y}{\partial x \partial y}\right\} = 0$
(2)	$\Delta u_y + \frac{1}{1-2\nu}\left\{\frac{\partial^2 u_x}{\partial x \partial y} + \frac{\partial^2 u_y}{\partial y^2}\right\} = 0$	$\Delta u_y - \frac{1+\nu}{2}\left\{\frac{\partial^2 u_y}{\partial x^2} - \frac{\partial^2 u_x}{\partial x \partial y}\right\} = 0$
	Lösungsansatz mit Verschiebungsfunktion Φ, die (1) identisch erfüllt	
	$u_x = -\frac{\partial^2 \Phi}{\partial x \partial y}$	$u_x = -\frac{\partial^2 \Phi}{\partial x \partial y}$
	$u_y = 2(1-\nu)\frac{\partial^2 \Phi}{\partial x^2} + (1-2\nu)\frac{\partial^2 \Phi}{\partial y^2}$	$u_y = \frac{2}{1+\nu}\frac{\partial^2 \Phi}{\partial x^2} + \frac{1-\nu}{1+\nu}\frac{\partial^2 \Phi}{\partial y^2}$
	Gleichung (2): $\Delta\Delta\Phi = 0$	
	Spannungen jeweils aus den Gleichungen (4), (5), (7) des betreffenden Problems	

Wir entnehmen der Gegenüberstellung in Tabelle 11.2, daß der Lösungsweg über die Spannungsfunktion zum gleichen Ansatz und zu derselben Bestimmungsgleichung führt. Wir erhalten deshalb, sofern auch die Randbedingungen für die Spannungsfunktion bei analogen Problemen übereinstimmen, die gleichen Ergebnisse für die Spannungen σ_{xx}, σ_{xy}, σ_{yy}. Die Unterschiede treten in diesen Fällen erst bei der Spannung σ_{zz} und bei den Verschiebungen zutage.

Anmerkung:

Eine Übereinstimmung in den Randbedingungen für die Spannungsfunktion F hat im allgemeinen zur Voraussetzung, daß die Randbedingungen – bei sonst analoger Problemstellung – nur Randbedingungen für die Spannungen enthalten.

Tabelle 11.2:
Lösungsweg bei Einführung einer Spannungsfunktion F
(*Airy*sche Spannungsfunktion)

Ebener Verzerrungszustand	Scheibe im Mittel ebener Spannungszustand
Lösungsansatz mit Spannungsfunktion F, die (1) und (2) identisch erfüllt.	
$\sigma_{xx} = \frac{\partial^2 F}{\partial y^2}$ bzw.	$\sigma_{rr} = \frac{1}{r^2}\frac{\partial^2 F}{\partial \varphi^2} + \frac{1}{r}\frac{\partial F}{\partial r}$
$\sigma_{yy} = \frac{\partial^2 F}{\partial x^2}$	$\sigma_{\varphi\varphi} = \frac{\partial^2 F}{\partial r^2}$
$\sigma_{xy} = -\frac{\partial^2 F}{\partial x \partial y}$	$\sigma_{r\varphi} = -\frac{\partial}{\partial r}\left(\frac{1}{r}\frac{\partial F}{\partial \varphi}\right)$
Gleichung (a*): $\Delta\Delta F = 0$	
Verschiebungen jeweils aus den Gleichungen (4), (5), (7) des betreffenden Problems	

Aus den vorstehenden Feststellungen folgt, daß wir die in Abschnitt 10.3 betrachteten Beispiele für ebene Verzerrungszustände zugleich als Scheibenprobleme interpretieren können. So können wir z.B. die Spannungen σ_{rr} und $\sigma_{\varphi\varphi}$ des dickwandigen Rohres unter Innendruck auch als Spannungen in einer dünnwandigen Kreisringscheibe betrachten, deren Innenrand entsprechend belastet ist. Ebenso können wir die Lösungen für die Spannungen bei der Biegung eines Plattenstreifens (mit Ausnahme von σ_{zz}) auf die Hochkant-Biegung einer entsprechenden Scheibe übertragen (1. und 3. Beispiel in Abschnitt 10.4). Dasselbe gilt für das 2. Beispiel in Abschnitt 10.4, das ein spezielles Problem der Krafteinleitung betrifft. Wir beschränken uns deshalb hier darauf, lediglich noch zwei weitere Beispiele anzuführen, die besonders für Scheibenprobleme von grundlegender Bedeutung sind.

1. Beispiel:

$$F(r, \varphi) = \frac{\sigma_0 R^2}{4}\left\{\left(\frac{r}{R}\right)^2 - 2\ln\frac{r}{R} - \left(\frac{r}{R}\right)^2\left[1 - \left(\frac{R}{r}\right)^2\right]^2 \cos 2\varphi\right\}.$$

Zu dieser Spannungsfunktion gehören die folgenden Spannungen:

$$\sigma_{rr} = \frac{\sigma_0}{2}\left[1 - \left(\frac{R}{r}\right)^2\right]\left\{1 + \left[1 - 3\left(\frac{R}{r}\right)^2\right]\cos 2\varphi\right\}$$

$$\sigma_{\varphi\varphi} = \frac{\sigma_0}{2}\left\{1 + \left(\frac{R}{r}\right)^2 - \left[1 + 3\left(\frac{R}{r}\right)^4\right] \cos 2\varphi\right\}$$

$$\sigma_{r\varphi} = -\frac{\sigma_0}{2}\left[1 - \left(\frac{R}{r}\right)^2\right]\left\{1 + 3\left(\frac{R}{r}\right)^2\right\} \sin 2\varphi .$$

Aus dieser Spannungsverteilung lesen wir ab, daß für

$$r = R: \ \sigma_{rr} = \sigma_{r\varphi} = 0$$

$$r \to \infty, \quad \begin{cases} \varphi = \begin{Bmatrix} 0 \\ \pi \end{Bmatrix} & : \quad \sigma_{rr} = \sigma_0, \ \sigma_{\varphi\varphi} = 0, \\ \varphi = \pm\dfrac{\pi}{2} & : \quad \sigma_{rr} = 0, \ \sigma_{\varphi\varphi} = \sigma_0 \end{cases}$$

wird. Wir können deshalb dieses Spannungsfeld deuten als einen einachsigen Spannungszustand, der durch ein Loch in der (unendlich ausgedehnten) Scheibe gestört wird (vgl. Abb. 11.1). Diese Störung führt zu einer Verdreifachung der Beanspruchung gegenüber der ungestörten Scheibe, d.h. zu

$$\sigma_{V_{max}} = 3\,\sigma_0 .$$

Die größte Beanspruchung tritt dabei am Lochrand (für $\varphi = \pm\frac{\pi}{2}$) auf; sie ist unabhängig von der Größe des Lochdurchmessers. Ein ähnlicher Sachverhalt begegnete uns bei der Untersuchung des Einflusses eines Loches in einer allseitig gezogenen Scheibe. Dort betrug allerdings die Erhöhung der Beanspruchung nur das zweifache. Wir entnehmen daraus, daß die Spannungserhöhung von der geometrischen Form der Störung *und* vom Spannungszustand (im ungestörten) Zustand) abhängt.

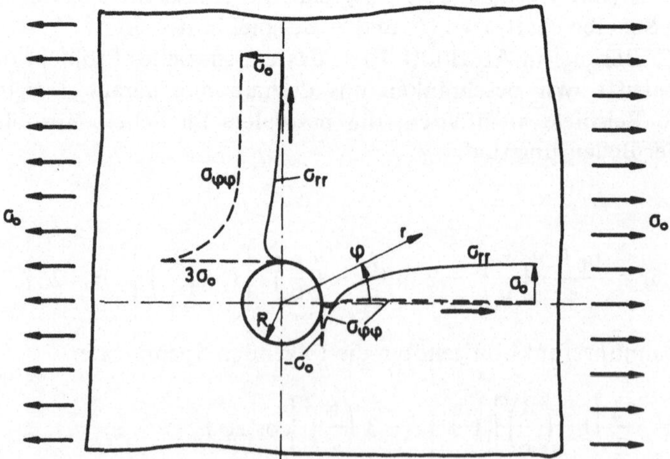

Abb. 11.1

2. Beispiel:

$$F(r, \varphi) = \frac{Q}{2\pi} \frac{r}{h} \left\{ \frac{1-\nu}{2} \ln \frac{r}{R} \cos \varphi - \varphi \sin \varphi \right\}.$$

Die aus dieser Spannungsfunktion abgeleiteten Spannungen sind:

$$\sigma_{rr} = -\frac{Q}{hr} \frac{3+\nu}{4\pi} \cos \varphi$$

$$\sigma_{\varphi\varphi} = \frac{Q}{hr} \frac{1-\nu}{4\pi} \cos \varphi$$

$$\sigma_{r\varphi} = \frac{Q}{hr} \frac{1-\nu}{4\pi} \sin \varphi.$$

Das Spannungsfeld wird für $r \to 0$ singulär. Die Untersuchung der Singularität können wir etwa in der Weise durchführen, daß wir die resultierende Kraft und das resultierende Moment der Spannungen ermitteln, die in einem – die Singularität umschließenden – Zylinderschnitt wirken. Wir finden dann, daß das obige Spannungsfeld zu einer in Richtung $\varphi = 0$ wirkenden Kraft Q gehört, die im Innern einer (unendlich ausgedehnten) Scheibe linienhaft über die Dicke der Scheibe verteilt angreift (vgl. Abb. 11.2). An der singulären Stelle selbst und in ihrer unmittelbaren Umgebung wird die Lösung natürlich unbrauchbar. Wir müßten in diesem Bereich von der wirklichen Kräfteverteilung ausgehen. In einiger Entfernung davon ist die gefundene Lösung aber sicherlich eine brauchbare Näherung für die Spannungen, die entstehen, wenn die Krafteinleitung in eine Scheibe auf einen engen Bereich konzentriert ist.

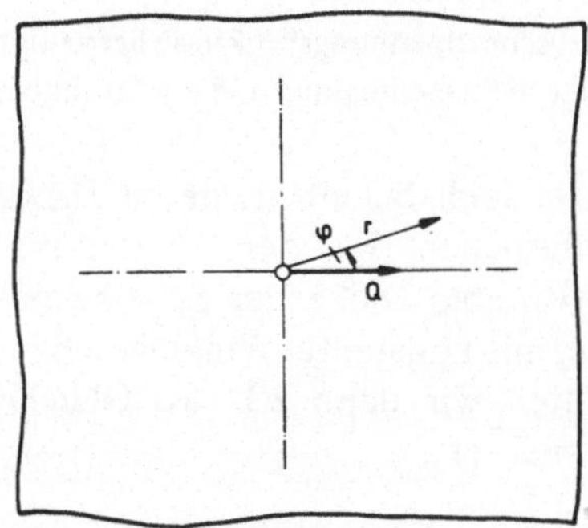

Abb. 11.2

Wir können die im vorstehenden Beispiel gewonnenen Ergebnisse wie die Ergebnisse des zweiten Beispiels von Abschnitt 10.4 auf verteilt im Innern bzw. an der Oberfläche angreifende Kräfte erweitern, indem wir von dem einem Volumen-

bzw. Flächen-Element zugeordneten Differential dF der verteilt angreifenden Kraft ausgehen (vgl. Abb. 11.3). Den Spannungszustand in einem Punkt der Scheibe (bzw. allgemein: des Körpers) erhalten wir dann durch Integration über den ganzen Angriffsbereich der Kraft. Zu beachten ist, daß bei dieser Integration der jeweils betrachtete Körperpunkt als fest, der Angriffspunkt des Kräfte-Differentials als variabel zu betrachten ist.

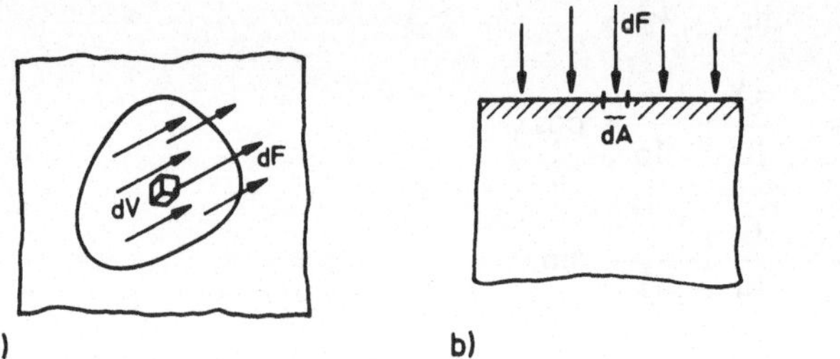

Abb. 11.3

Dieses Vorgehen kann besonders dann vorteilhaft sein, wenn wir die Umgebung einer Krafteinleitstelle untersuchen wollen, und wir dabei die Berandung der Scheibe bzw. des Körpers im einzelnen nicht zu berücksichtigen brauchen. Kommt es aber wesentlich auf die Art der Berandung an, so gehen wir im allgemeinen zweckmäßiger von dem Differentialgleichungssystem des Problems aus und berücksichtigen die auf dem Rande verteilt wirkendenKräfte in den Randbedingungen und die volumenhaft verteilt wirkenden Kräfte durch Einfügen der entsprechenden Glieder in die Gleichgewichtsbedingungen. Für die Lösung des Problems werden wir dann allerdings im allgemeinen numerische Näherungsverfahren heranziehen müssen.

Anmerkung:

Der übliche Ansatz für die *Airy*sche Spannungsfunktion befriedigt in diesem Falle ($f \neq 0$) nicht mehr identisch die Gleichgewichtsbedingungen, die jetzt inhomogen werden.

Näherungsweise können wir auch Scheiben, deren *Dicke ortsabhängig* ist, in unsere Betrachtungen einbeziehen. Bei der Aufstellung der Gleichgewichtsbedingungen ist dann die variable Dicke der Scheibe zu berücksichtigen. Für eine rotationssymmetrische, mit konstanter Winkelgeschwindigkeit Ω rotierende Scheibe (Abb. 11.4) erhalten wir dann z.B. als Gleichgewichtsbedingung in radialer Richtung (mit $f_r = \Omega^2 r$)

$$\frac{1}{r}\frac{d}{dr}(hr\bar{\sigma}_{rr}) + \frac{h\bar{\sigma}_{\varphi\varphi}}{r} + \rho h\Omega^2 r = 0$$

Das Formänderungsgesetz und die Verträglichkeitsbedingungen bleiben dabei unverändert.

Anmerkung:

Die Größen $h\bar{\sigma}_{rr}$ bzw. $h\bar{\sigma}_{\varphi\varphi}$ können als resultierende Schnittgrößen pro Längeneinheit für einen Zylinder- bzw. Meridian-Schnitt betrachtet werden. Für diese resultierenden Schnittgrößen sind auch die Bezeichnungen

$$n_{rr} = h\bar{\sigma}_{rr}$$

$$n_{\varphi\varphi} = h\bar{\sigma}_{\varphi\varphi}$$

gebräuchlich.

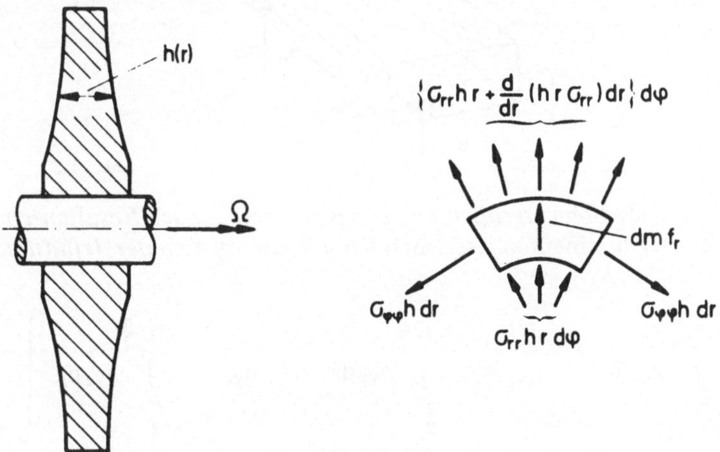

Abb. 11.4

Abschließend sei noch darauf hingewiesen, daß unsere Betrachtungen zur Beanspruchung von Scheiben uns nachträglich erkennen lassen, wie einige schon früher behandelte Probleme (z.B. rotierende Scheibe mit konstanter Dicke in Abschnitt 9.3.3), für die wir einen ebenen Spannungszustand angenommen haben, richtig zu interpretieren sind: Die gefundenen Ergebnisse stellen Mittelwerte über die Scheibendicke dar.

11.3. Platten

Wir setzen für die dünnwandigen *Platten*, die wir hier betrachten wollen – neben den in Abschnitt 11.1 formulierten Voraussetzungen – zusätzlich voraus:

1. ebene Mittelfläche,
2. alle Belastungen senkrecht zur Platten-Mittelfläche

und ferner zur Vereinfachung

3. konstante Plattendicke h.

Zur Beschreibung des Spannungs- und Verzerrungszustandes führen wir ein kartesisches Koordinatensystem bzw. Zylinder-Koordinaten in der Weise ein, daß die Ebene $z = 0$ mit der Platten-Mittelfläche zusammenfällt.

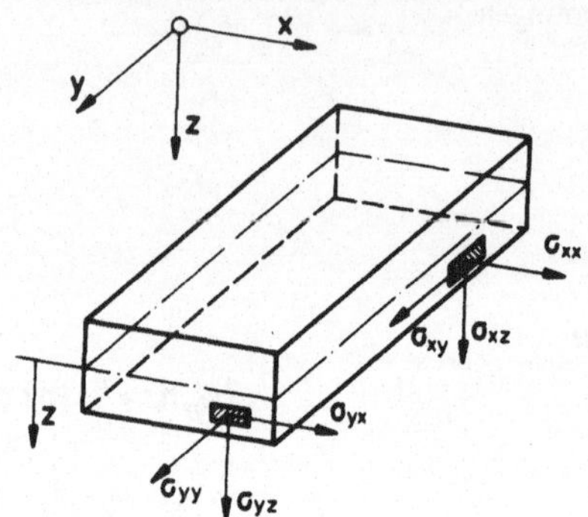

Abb. 11.5

Als resultierende *Schnittgrößen pro Längeneinheit* – auch *Resultanten* genannt – erhalten wir in einem kartesischen Koordinatensystem *per definitionem* (vgl. Abb. 11.5)

$$n_{xx} = \int_{-\frac{h}{2}}^{+\frac{h}{2}} \sigma_{xx}\,dz, \quad n_{xy} = \int_{-\frac{h}{2}}^{+\frac{h}{2}} \sigma_{xy}\,dz, \quad n_{yy} = \int_{-\frac{h}{2}}^{+\frac{h}{2}} \sigma_{yy}\,dz$$

$$q_x = \int_{-\frac{h}{2}}^{+\frac{h}{2}} \sigma_{xz}\,dz, \quad q_y = \int_{-\frac{h}{2}}^{+\frac{h}{2}} \sigma_{yz}\,dz$$

$[KL^{-1}]$ bzw. $[MZ^{-2}]$

$$m_{xx} = \int_{-\frac{h}{2}}^{+\frac{h}{2}} z\sigma_{xx}\,dz, \quad m_{xy} = \int_{-\frac{h}{2}}^{+\frac{h}{2}} z\sigma_{xy}\,dz, \quad m_{yy} = \int_{-\frac{h}{2}}^{+\frac{h}{2}} z\sigma_{yy}\,dz.$$

$[K]$ bzw. $[MLZ^{-2}]$

Die Resultanten transformieren sich bei einer Drehung des Koordinatensystems um die z-Achse wie die Spannungen, nach denen sie benannt sind.
Aufgrund der Voraussetzungen über die Belastung der Platte ist

$$n_{xx} = n_{xy} = n_{yy} = 0.$$

Anmerkung:

Unter unseren Voraussetzungen sind die Grundgleichungen von Scheiben und die Grundgleichungen von Platten entkoppelt. In die Scheibengleichungen gehen nur die Resultanten

n_{xx}, n_{xy}, n_{yy} ein, während die übrigen Resultanten zu Plattenproblemen gehören. Hierzu sei noch angemerkt, daß wir die *Scheibengleichungen*, die wir in Abschnitt 11.2 für die mittleren Spannungen $\bar{\sigma}_{xx}$ usw. angeschrieben haben, ohne jede Änderung auf die Resultanten $n_{xx} = h\bar{\sigma}_{xx}$ usw. übertragen können. Sie gelten dann im übrigen auch für Scheiben schwach veränderlicher Dicke, wie wir am Ende von Abschnitt 11.2 gefunden haben.

Für die übrigen Schnittgrößen q_x, q_y, m_{xx}, m_{xy}, m_{yy} ergeben sich, wenn $p(x, y)$ die auf ein Flächenelement der Mittelfläche bezogene Belastung ist (Größenart: $[KL^{-2}]$ bzw. $[ML^{-1}Z^{-2}]$), die

Gleichgewichtsbedingungen (vgl. Abb. 11.6)

$$\frac{\partial q_x}{\partial x} + \frac{\partial q_y}{\partial y} = -p(x, y) \tag{1}$$

$$\frac{\partial m_{xx}}{\partial x} + \frac{\partial m_{yx}}{\partial y} - q_x = 0 \tag{2}$$

$$\frac{\partial m_{xy}}{\partial x} + \frac{\partial m_{yy}}{\partial y} - q_y = 0. \tag{3}$$

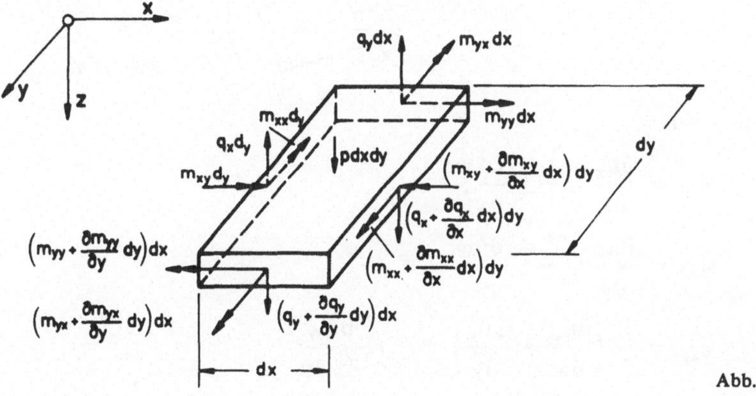

Abb. 11.6

Aus diesen Gleichungen können wir q_x und q_y eliminieren, indem wir diese Größen mit Hilfe der Gleichungen (2) und (3) durch m_{xx}, $m_{xy} = m_{yx}$, m_{yy} ausdrücken und das Ergebnis in (1) einsetzen. Das ergibt

$$\frac{\partial^2 m_{xx}}{\partial x^2} + 2\frac{\partial^2 m_{xy}}{\partial x \partial y} + \frac{\partial^2 m_{yy}}{\partial y^2} = -p(x, y). \tag{1*}$$

Der nächste Schritt besteht darin, eine Beziehung zwischen den Schnittgrößen (pro Längeneinheit) und den Formänderungen der Platten-Mittelfläche herzustellen. Dazu treffen wir – in Analogie zur elementaren Theorie der Stäbe (vgl. Band I, Kapitel 12) – die *Annahmen:*

(a) Eine normale Gerade zur Platten-Mittelfläche bleibt auch im verformten Zustand der Platte normal und gerade;

(b) Die Normalspannungen σ_{zz} seien vernachlässigbar: $\sigma_{zz} = 0$.

Mit diesen Annahmen können wir eine *elementare Elasto-Statik der Platten* aufbauen, die in ihren Grundzügen auf *Kirchhoff* (1824–1887) zurückgeht.
Aus der Annahme (a) folgt für die Verschiebungen u_x und u_y (vgl. Abb. 11.7)

$$u_x = -z\,\frac{\partial w}{\partial x} = u_x(x, y, z)$$

$$u_y = -z\,\frac{\partial w}{\partial y} = u_y(x, y, z)\,.$$

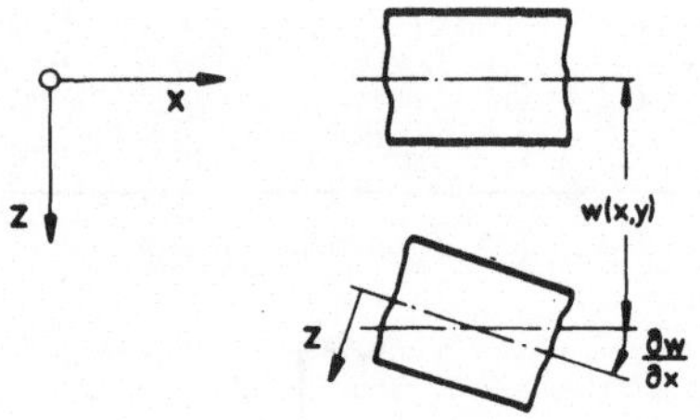

Abb. 11.7

Damit wird

$$\epsilon_{xx} = \frac{\partial u_x}{\partial x} = -z\,\frac{\partial^2 w}{\partial x^2}$$

$$\epsilon_{yy} = \frac{\partial u_y}{\partial y} = -z\,\frac{\partial^2 w}{\partial y^2}$$

$$\epsilon_{xy} = \frac{1}{2}\left\{\frac{\partial u_y}{\partial x} + \frac{\partial u_x}{\partial y}\right\} = -z\,\frac{\partial^2 w}{\partial x\,\partial y}\,.$$

Andrerseits ergibt das verallgemeinerte *Hooke*sche Gesetz mit der Annahme (b)

$$\epsilon_{xx} = \frac{1}{E}\,\{\sigma_{xx} - \nu\sigma_{yy}\}$$

$$\epsilon_{yy} = \frac{1}{E}\,\{\sigma_{yy} - \nu\sigma_{xx}\}$$

$$\epsilon_{xy} = \frac{1}{2G}\,\sigma_{xy}\,.$$

Lösen wir diese Gleichungen nach den Spannungen auf und drücken wir zugleich die Verzerrungen durch die Verschiebungen aus, so erhalten wir unter unseren Voraussetzungen und Annahmen als

Formänderungsgesetz der elementaren Elasto-Statik der Platten in kartesischen Koordinaten

$$\sigma_{xx} = -\frac{E}{1-\nu^2}\left\{\frac{\partial^2 w}{\partial x^2} + \nu\,\frac{\partial^2 w}{\partial y^2}\right\} z \tag{4}$$

$$\sigma_{yy} = -\frac{E}{1-\nu^2}\left\{\frac{\partial^2 w}{\partial y^2} + \nu\,\frac{\partial^2 w}{\partial x^2}\right\} z \tag{5}$$

$$\sigma_{xy} = -\underbrace{\frac{E}{1+\nu}}_{2G}\,\frac{\partial^2 w}{\partial x\,\partial y}\, z \tag{6}$$

Bilden wir mit diesen Ausdrücken für die Spannungen die Schnittgrößen m_{xx} usw. und setzen wir das Ergebnis in die Gleichgewichtsbedingung (1*) ein, so erhalten wir schließlich die

Plattengleichung der Kirchhoffschen Theorie in kartesischen Koordinaten

$$\Delta\Delta w = \frac{\partial^4 w}{\partial x^4} + 2\,\frac{\partial^4 w}{\partial x^2\,\partial y^2} + \frac{\partial^4 w}{\partial y^4} = \frac{p(x,y)}{N}$$

mit der sogenannten *Plattensteifigkeit*

$$N = \frac{E\,h^3}{12(1-\nu^2)} \quad .$$

Diese Plattengleichung ist eine inhomogene Bi-Potentialgleichung. Wir können sie auch auf Polar-Koordinaten transformieren. Dabei wollen wir uns auf *rotationssymmetrische Probleme* beschränken. Für diese erhalten wir als

*Plattengleichung der Kirchhoff*schen *Theorie für rotationssymmetrische Probleme*

$$\Delta\Delta w = \underbrace{w''''(r) + \frac{2}{r}\,w'''(r) - \frac{1}{r^2}\,w''(r) + \frac{1}{r^3}\,w'(r)}_{\frac{1}{r}\frac{d}{dr}\left\{r\,\frac{d}{dr}\left[\frac{1}{r}\,\frac{d}{dr}\left(r\,\frac{dw(r)}{dr}\right)\right]\right\}} = \frac{p(r)}{N}\,.$$

Bei der Festlegung der Randbedingungen auf dem Rande x(s), y(s) (vgl. Abb. 11.8) haben wir zu beachten, daß wir bei der *Bi-Potentialgleichung*, die eine *elliptische partielle Differentialgleichung vierter Ordnung* ist, nur *zwei* Randbedingungen für w befriedigen können. Wenn jedoch Randbedingungen für die Resultanten vorliegen, so können *drei* Bedingungen gegeben sein, nämlich für q_n, m_{nn} und m_{ns}. Das zwingt zu einem Kunstgriff.

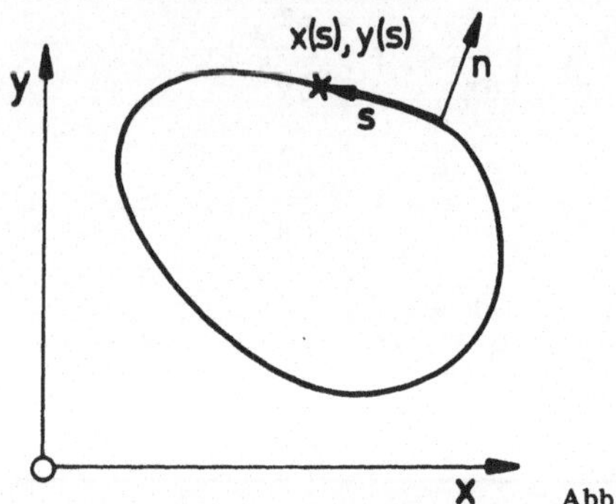

Abb. 11.8

Wir erläutern diesen Kunstgriff hier zunächst für *geradlinige Randabschnitte.* Nach einem Vorschlag von *Thomson* (1824–1907) und *Tait* (1831–1901) werden die an dem geradlinigen Plattenrand angreifenden Torsionsmomente m_{ns} durch eine stetige Verteilung von Kräftepaaren ersetzt, die – anstelle von den Spannungen σ_{ns} – von den Spannungen σ_{nz} gebildet werden. Nach dem *Prinzip* von *de St. Venant* wird die Spannungsverteilung in der Platte dadurch nur in der unmittelbaren Nähe des Plattenrandes geändert. Anstelle der Querkräfte q_n erhält man dann bei diesem Vorgehen (vgl. Abb. 11.9) die

Ersatz-Querkräfte

$$q_n^* = q_n + \frac{\partial m_{ns}}{\partial s}$$

$$= -N \frac{\partial}{\partial n} \left\{\frac{\partial^2 w}{\partial n^2} + (2-\nu) \frac{\partial^2 w}{\partial s^2}\right\}.$$

An Plattenecken entstehen *singuläre Ersatz-Querkräfte.* Das sei am Beispiel einer rechtwinkligen Ecke gezeigt, deren Kanten parallel zur x- bzw. y-Achse sein mögen (vgl. Abb. 11.10). An einer solchen Ecke sind die Ersatz-Querkräfte gleichgerichtet. Es kommt also nicht wie bei einem geradlinigen Randabschnitt (vgl. Abb. 11.9) ihre Differenz, sondern ihre Summe zur Geltung. Deshalb erhalten wir an der Ecke eine *singuläre Ersatz-Querkraft* (Einzelkraft) von der Größe

$$Q^* = -2m_{xy} = -2m_{yx}.$$

Diese Ersatz-Querkraft (bzw. ihr äquivalentes Kräftesystem) muß von dem Auflager an der Plattenecke aufgebracht werden. Wo diese Möglichkeit fehlt (wie z.B. bei einer ringsum frei aufliegenden Rechteck-Platte) werden sich die Platten abheben. Dieser Fall erfordert dann eine besondere Behandlung.

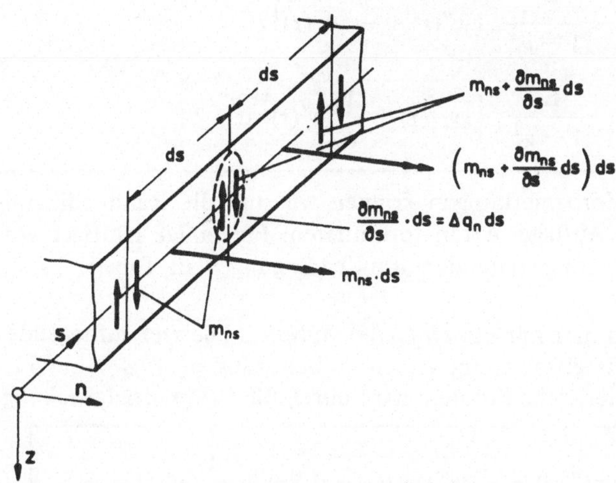

Abb. 11.9

Bei der *rotationssymmetrisch* belasteten und gelagerten *Kreisplatte* verschwinden die Schubspannungen $\sigma_{r\varphi}$ und damit auch Torsionsmomente $m_{r\varphi}$ aus Symmetriegründen. Es treten darum auch keine Ersatz-Querkräfte auf. Andrerseits ist bei der Formulierung der Randbedingungen zu beachten, daß in diesem Falle andere Beziehungen zwischen den Spannungen bzw. ihren Resultanten und der Verschiebung w gelten. Diese Beziehungen finden wir aufgrund der Überlegung, daß aus der Annahme (a) und unter der Voraussetzung der Rotationssymmetrie für die Radialverschiebung u zu folgern ist

$$u(r, z) = -z w'(r).$$

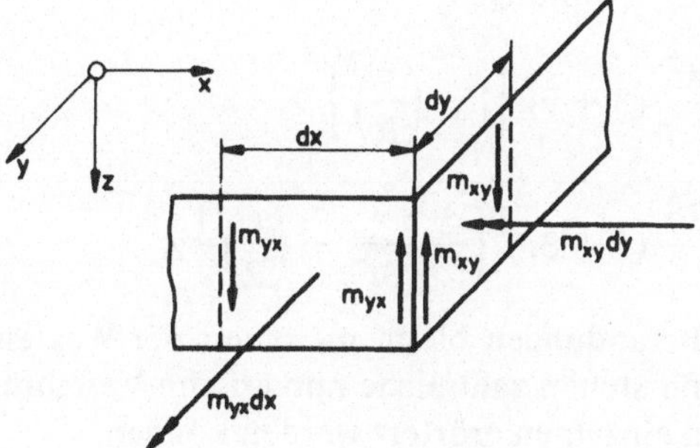

Abb. 11.10

Setzen wir das in das *Hooke*sche Gesetz (in Zylinder-Koordinaten) ein, so erhalten wir

Formänderungsgesetz der elementaren Elasto-Statik der Kreisplatte bei Rotationssymmetrie

$$\sigma_{rr} = -\frac{E}{1-\nu^2}\left\{w''(r) + \frac{\nu}{r}\,w'(r)\right\}z$$

$$\sigma_{\varphi\varphi} = -\frac{E}{1-\nu^2}\left\{\nu w''(r) + \frac{1}{r}\,w'(r)\right\}z.$$

Nach diesen Vorbemerkungen können wir nun die Randbedingungen für die verschiedenen Auflager-Arten formulieren. Für einige häufiger vorkommende Fälle sind die entsprechenden Randbedingungen in Tabelle *11.3* zusammengestellt.

Wir betrachten hier nur ein *einfaches Beispiel:* Die frei aufliegende Kreisplatte (Radius R) mit gleichmäßig verteilter Belastung p_0 (vgl. Abb. 11.11). Dieses rotationssymmetrische Problem wird durch die *Differentialgleichung*

$$\Delta\Delta w = w''''(r) + \frac{2}{r}\,w'''(r) - \frac{1}{r^2}\,w''(r) + \frac{1}{r^3}\,w'(r) = \frac{p_0}{N}$$

mit den *Randbedingungen*

$$w(R) = 0$$

$$w''(R) + \frac{\nu}{R}\,w'(R) = 0$$

beschrieben. Als Lösung erhalten wir zunächst

$$w(r) = \frac{p_0 R^4}{64\,N}\left\{\left(\frac{r}{R}\right)^4 - 2\,\frac{3+\nu}{1+\nu}\left(\frac{r}{R}\right)^2 + \frac{5+\nu}{1+\nu}\right\}.$$

Daraus ergeben sich die Spannungen

$$\sigma_{rr} = \frac{3}{4}\,\frac{p_0 R^2}{h^3}\,(3+\nu)\left\{1 - \left(\frac{r}{R}\right)^2\right\}z$$

$$\sigma_{\varphi\varphi} = \frac{3}{4}\,\frac{p_0 R^2}{h^3}\,(1+3\nu)\left\{\frac{3+\nu}{1+3\nu} - \left(\frac{r}{R}\right)^2\right\}z.$$

Bei komplizierteren Berandungen bleibt meist nur der Weg einer numerischen Näherungslösung. Dafür stehen zahlreiche numerische Verfahren zur Verfügung, die hier nicht mehr im einzelnen erörtert werden können.

Tabelle 11.3:

a) Randbedingungen für *geradlinige Randabschnitte*

Auflager-Art	Auflager-Bedingungen	Randbedingungen für w
Eingespannter Rand	$w = 0$ $\frac{\partial w}{\partial n} = 0$	$w = 0$ $\frac{\partial w}{\partial n} = 0$
Freier Rand	$m_{nn} = 0$ $\left.\begin{array}{l} q_n = 0 \\ m_{ns} = 0 \end{array}\right\\} q^* = 0$	$\frac{\partial^2 w}{\partial n^2} + \nu \frac{\partial^2 w}{\partial s^2} = 0$ $\frac{\partial^3 w}{\partial n^3} + (2 - \nu) \frac{\partial^3 w}{\partial s^2 \partial n} = 0$
Frei drehbar gelagerter Rand	$w = 0$ $m_{nn} = 0$	$w = 0$ $\frac{\partial^2 w}{\partial n^2} = 0$ bzw. $\Delta w = 0$

b) Randbedingungen für *Kreisplatten bei Rotationssymmetrie*

Auflager-Art	Auflager-Bedingungen	Randbedingungen für w
Eingespannter Rand	$w = 0$ $w' = 0$	$w = 0$ $w' = 0$
Frei drehbar gelagerter Rand	$w = 0$ $m_{rr} = 0$	$w = 0$ $w'' + \frac{\nu}{r} w' = 0$

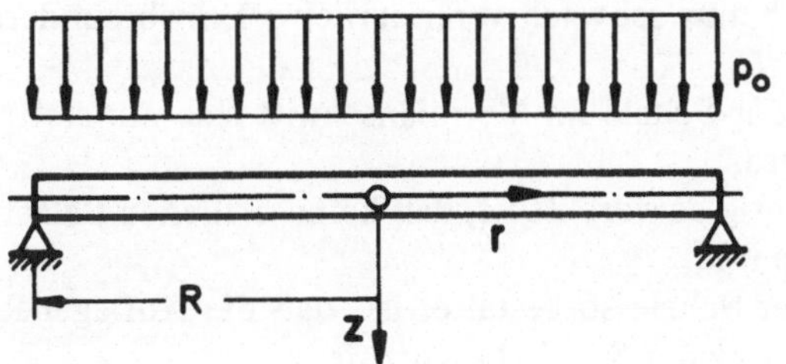

Abb. 11.11

Anmerkung:

Nach Lösung der Plattengleichung können wir *nachträglich* die eliminierten Größen q_x, q_y bestimmen und aus den allgemeinen Gleichgewichtsbedingungen für ein Volumenelement auch – näherungsweise – σ_{xz} und σ_{yz} ermitteln. Wir erhalten wie beim Stab mit Rechteckquerschnitt eine *parabolische Schubspannungsverteilung:*

$$\sigma_{xz} = \frac{3}{2}\,\frac{qx}{h}\left\{1 - \left(\frac{2z}{h}\right)^2\right\}$$

$$\sigma_{yz} = \frac{3}{2}\,\frac{qy}{h}\left\{1 - \left(\frac{2z}{h}\right)^2\right\}.$$

Ebenso kann man auch nachträglich aus der allgemeinen Gleichgewichtsbedingung in z-Richtung den Verlauf der bisher vernachlässigten Spannungen σ_{zz} errechnen.

11.4. Schalen

11.4.1. Allgemeines

Schalen sind – wie Scheiben und Platten – *flächenhafte Körper.* Sie haben jedoch – im Gegensatz zu Scheiben und Platten – eine *gekrümmte Mittelfläche,* und sie können sowohl normal wie tangential zur Mittelfläche belastet sein. Die in Abschnitt 11.1 formulierten allgemeinen Voraussetzungen stellen den Rahmen dar, in dem – ohne weitere Einschränkungen – eine allgemeine (lineare) Theorie der Elasto-Statik dünnwandiger Schalen zu entwickeln ist. Eine solche allgemeine Theorie erfordert jedoch weitergehendes mathematisches Rüstzeug, als es uns hier zur Verfügung steht. Darum müssen wir uns bei den hier zu betrachtenden Problemen weiter einschränken. Wir tun dies in zweifacher Richtung, indem wir *voraussetzen:*

1. Die Biegesteifigkeit der Schalenelemente sei vernachlässigbar klein,
2. das Problem sei rotationssymmetrisch.

Die erste Voraussetzung ist nur haltbar, wenn

a) die Wanddicke durchweg sehr klein ist gegenüber den beiden Krümmungsradien der Schalenmittelfläche an der betreffenden Stelle,
b) die Wanddicke h nur schwach veränderlich ist, insbesondere also sich nicht sprunghaft ändert,
c) die Krümmung der Schale im Meridianschnitt sich nur stetig ändert und nirgends negativ wird,
d) die Belastung stetig so verteilt ist, daß keine örtlichen Belastungs-Konzentrationen entstehen und
e) die Lagerung der Schale so gestaltet ist, daß die Auflager-Reaktionen keine Biegebeanspruchung der Schale hervorrufen.

Sind diese Bedingungen erfüllt, so erfolgt die Kraftübertragung in der Schale im wesentlichen durch gleichmäßig über die Dicke verteilte Normalspannungen. Wir bezeichnen dies als einen *Membran-Spannungszustand* (in Analogie zu dem Spannungszustand in einer biegeschlaffen Membran). Dementsprechend nennen

wir die Theorie der Schalen, die die Biegesteifigkeit der Schalenelemente vernachlässigt und einen reinen Membran-Spannungszustand annimmt, als *Membran-Theorie der Schalen.*
Die zweite Voraussetzung, daß das Problem rotationssymmetrisch sei, bedingt, daß

a) die Schalenform,
b) die Belastung und
c) die Lagerung der Schale

rotationssymmetrisch sein müssen. Wir schließen die Bedingungen b) und c) im folgenden stets mit ein, wenn wir – abkürzend – von der *Membran-Theorie der Rotationsschalen* sprechen.

1. Anmerkung:

Die Membran-Theorie der Schalen und die Theorie der Seile stimmen darin überein, daß beide die Biegesteifigkeit der Elemente vernachlässigen. Ein wesentlicher Unterschied besteht aber darin, daß bei den Schalen die Schalenmittelfläche gegeben ist, während sich die Seillinie jeweils entsprechend der Belastung einstellt.

2. Anmerkung:

Von der Membran-Theorie der Schalen ist zu unterscheiden die *Theorie der Membranen,* deren Membranspannung eine *Materialkonstante* ist (vgl. Abschnitt 4.2.4.) Bei dieser Art von Membranen stellt sich die Mittelfläche analog zu den Seilen entsprechend der Belastung ein; doch ist bei den Seilen die Seilkraft keine Materialkonstante, sodaß auch in diesem Falle keine vollständige Analogie besteht, allenfalls näherungsweise für straffe Seile, für die $S \approx H$ ist (vgl. Abschnitt 8.3.2).

11.4.2. Membran-Theorie der Rotationsschalen

Wir gehen von den in den Abschnitten 11.1 und 11.4.1 formulierten Voraussetzungen bzw. Annahmen aus. Der Einfachheit halber wollen wir noch hinzunehmen, daß die örtliche Belastung der Schale jeweils nur in der Meridian-Ebene wirke.
Zur Beschreibung der Schalen-Mittelfläche führen wir ein Koordinatensystem mit den Koordinaten φ und ϑ ein, die wie folgt definiert sind (vgl. Abb. 11.12):

φ Winkel zwischen der Meridian-Ebene und der 0-Ebene
ϑ Winkel zwischen der Schalen-Normalen und der Schalen-Achse (z-Achse).

Bei einer Kugelschale gehen φ und ϑ in die entsprechenden Kugel-Koordinaten über.
Mit Hilfe von φ und ϑ können wir die Schalenmittelfläche in Parameterform beschreiben. So erhalten wir beispielsweise in Zylinder-Koordinaten:

$$r(\vartheta), \quad \varphi, \quad z(\vartheta).$$

In speziellen Fällen – z.B. bei Kegel- und Zylinder-Schalen, für die ϑ = konst. ist – kann diese Beschreibungsweise versagen. Dann ist anstelle von ϑ eine andere geeignete Koordinate einzuführen. Im allgemeinen erweisen sich jedoch φ und ϑ als günstig gewählte Koordinaten.

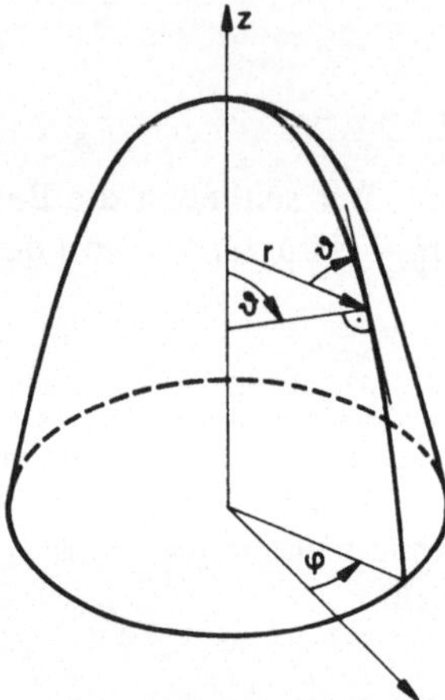

Abb. 11.12

Für die Krümmung eines Schalenelementes in der Meridian-Ebene, die aufgrund der Symmetrieeigenschaften der Schale zugleich die erste Hauptkrümmung ist, finden wir aufgrund geometrischer Betrachtungen (vgl. Abb. 11.13)

$$\frac{1}{R_\vartheta} = \frac{d\vartheta}{ds} = \frac{\cos\vartheta}{\frac{dr(\vartheta)}{d\vartheta}} .$$

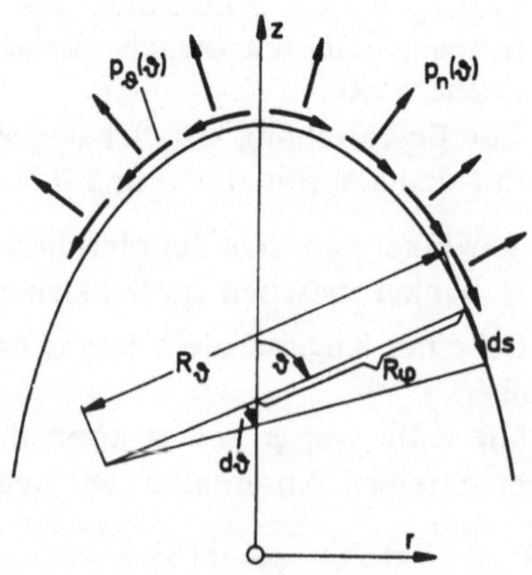

Abb. 11.13

Für die zweite Hauptkrümmung – in der Ebene senkrecht dazu – gilt

$$\frac{1}{R_\varphi} = \frac{\sin\vartheta}{r(\vartheta)}\,.$$

Unter unseren Voraussetzungen und Annahmen treten als Schnittgrößen (pro Längeneinheit) nur die Resultanten

$$n_{\vartheta\vartheta} = h\sigma_{\vartheta\vartheta}$$

$$n_{\varphi\varphi} = h\sigma_{\varphi\varphi}$$

auf. Diese Schnittgrößen müssen mit der Belastung im Gleichgewicht sein. Die *Gleichgewichtsbedingung in Richtung der Schalennormalen* ergibt (vgl. Abb. 11.14)

$$\boxed{\frac{n_{\vartheta\vartheta}}{R_\vartheta} + \frac{n_{\varphi\varphi}}{R_\varphi} = p_n(\vartheta).}$$

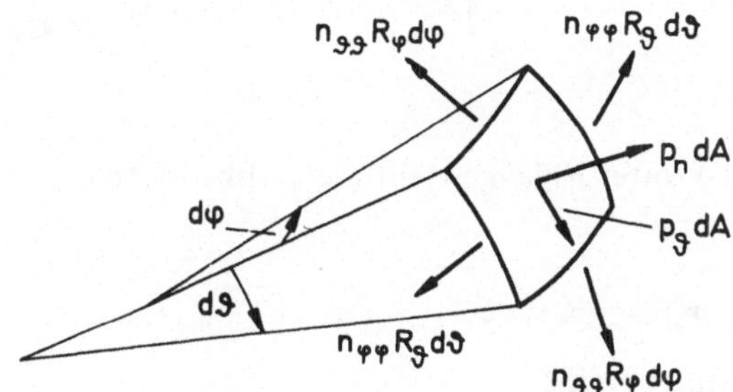

Abb. 11.14

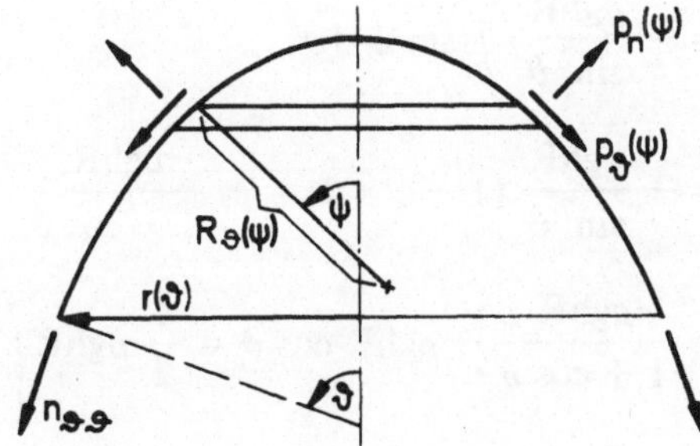

Abb. 11.15

Als zweite Gleichgewichtsbedingung benutzen wir zweckmäßig die *Gleichgewichtsbedingung in z-Richtung*. Wir können sie gleich in integrierter Form für die durch einen Schnitt z = konst. abgetrennte Schalenkappe angeben und erhalten (vgl. Abb. 11.15)

$$n_{\vartheta\vartheta}(\vartheta) = -\frac{1}{r(\vartheta)\sin\vartheta}\int_0^{\vartheta}\{p_\vartheta(\psi)\sin\psi - p_n(\psi)\cos\psi\}\, r(\psi)\underbrace{R_\vartheta(\psi)\,d\psi}_{ds}.$$

Aus diesen beiden Gleichgewichtsbedingungen sind $n_{\vartheta\vartheta}$ und $n_{\varphi\varphi}$ zu bestimmen.

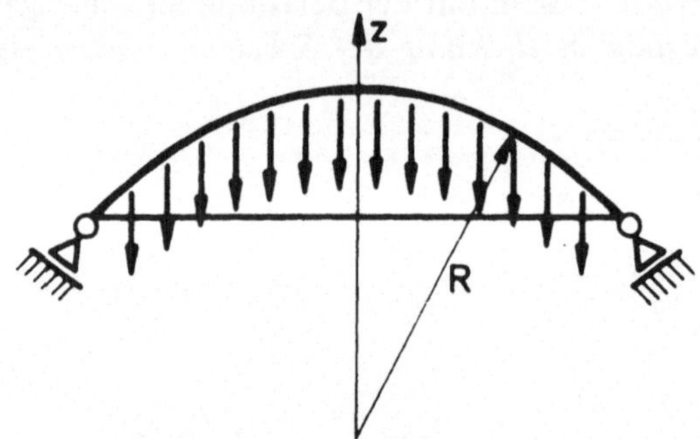

Abb. 11.16

1. Beispiel:
Kugelschale (h = konst.) unter Eigengewicht (vgl. Abb. 11.16)

Für die Kugelschale ist

$$R_\vartheta = R_\varphi = R, \quad r(\vartheta) = R\sin\vartheta.$$

Die Eigengewichtsbelastung ergibt

$$p_\vartheta(\psi) = \rho g h \sin\psi$$
$$p_n(\psi) = -\rho g h \cos\psi.$$

Damit wird

$$h\sigma_{\vartheta\vartheta} = n_{\vartheta\vartheta}(\vartheta) = -\frac{\rho g h R}{\sin^2\vartheta}\int_0^{\vartheta}\sin\psi\, d\psi$$

$$= -\frac{\rho g h R}{\sin^2\vartheta}(1-\cos\vartheta) = -\frac{\rho g h R}{1+\cos\vartheta}$$

$$h\sigma_{\varphi\varphi} = n_{\varphi\varphi}(\vartheta) = \frac{\rho g h R}{1+\cos\vartheta} - \rho g h R\cos\vartheta = \frac{1}{2}\rho g h R\left(\frac{\cos\vartheta}{\cos\frac{\vartheta}{2}}\right)^2.$$

Anmerkung:

Wird die Schale vertikal gestützt (vgl. Abb. 11.17), so entstehen am Auflagerrand Biegebeanspruchungen, die nur im Rahmen einer *Biege-Theorie der Schalen* erfaßt werden können und den Membran-Spannungen zu überlagern sind. Die Biegespannungen klingen allerdings im allgemeinen meist schnell mit zunehmendem Abstand von der Krafteinleitungsstelle ab, so daß in einiger Entfernung davon die Ergebnisse der Membran-Theorie recht gut zutreffen.

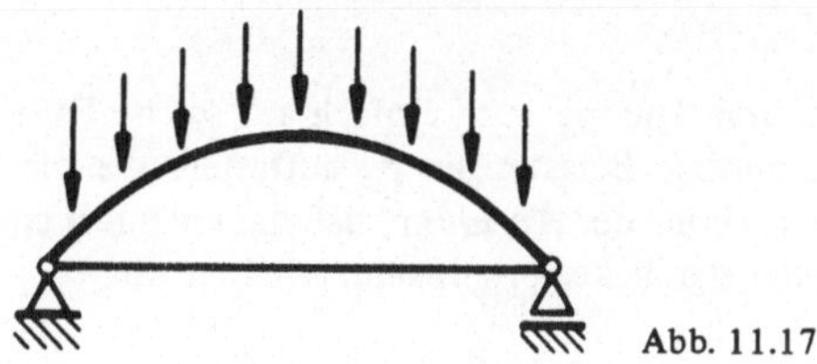

Abb. 11.17

2. Beispiel:
Wassergefüllte Kegelschale, Eigengewicht vernachlässigt (vgl. Abb. 11.18)

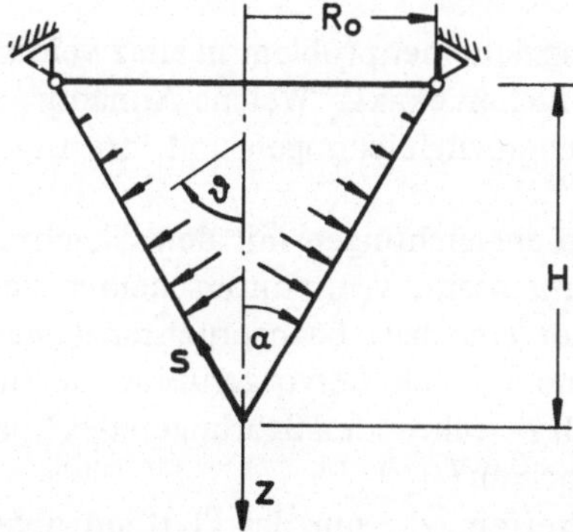

Abb. 11.18

Hier ist ϑ = konst., deshalb führen wir s als neue Koordinate neben φ ein. Wir können auf unsere alten Formeln zurückgreifen, wenn wir dort

$$R_\vartheta\, d\vartheta = ds \qquad (R_\vartheta \to \infty,\ d\vartheta \to 0)$$

setzen und beachten, daß

$$\vartheta = \frac{\pi}{2} - \alpha, \quad r(s) = s \sin\alpha, \quad R_\varphi(s) = \frac{r(s)}{\cos\alpha} = s \tan\alpha$$

$$p_n(s) = \rho g H \left\{1 - \frac{s}{H} \cos\alpha\right\}, \quad p_\vartheta(s) = 0$$

ist. Damit wird

$$h\sigma_{\vartheta\vartheta} = n_{\vartheta\vartheta}(s) = \frac{1}{6}\,\rho g H s \tan\alpha \left\{3 - 2\,\frac{s}{H}\cos\alpha\right\}$$

$$h\sigma_{\varphi\varphi} = n_{\varphi\varphi}(s) = \rho g H s \tan\alpha \left\{1 - \frac{s}{H}\cos\alpha\right\}.$$

Anmerkung:

Wir können die Membran-Theorie auch einfach auf solche Fälle erweitern, bei denen rotationssymmetrische azimutale Belastungen p_φ auftreten, die die Schale auf Torsion um die z-Achse beanspruchen. Unter der *Annahme*, daß die entsprechenden Schubspannungen $\sigma_{\vartheta\varphi}$ gleichmäßig über die Schalendicke verteilt sind, erhalten wir

$$h\sigma_{\vartheta\varphi} = n_{\vartheta\varphi}(\vartheta) = \frac{1}{r^2(\vartheta)} \int_0^{\vartheta} p_\varphi(\psi)\, r^2(\psi)\, R_\vartheta(\psi)\, d\psi.$$

Fragen:

1. Was haben Scheiben, Platten und Schalen gemeinsam, wie unterscheiden sie sich?
2. Wie überführen wir das Scheibenproblem in ein zweidimensionales Problem? Wieweit ist dieses Vorgehen exakt? Welche Annahme steckt darin?
3. Wie haben wir die Scheibengleichungen und ihre Ergebnisse zu interpretieren?
4. Was haben die Scheibengleichungen mit den Gleichungen des ebenen Verzerrungszustandes gemeinsam, worin unterscheiden sie sich?
5. Wie groß ist bei einer einachsig beanspruchten (unendlich ausgedehnten) Scheibe die von einem Loch hervorgerufene Spannungserhöhung? Wie klingen die vom Loch herrührenden Störungen des Spannungszustandes mit dem Abstand vom Loch ab?
6. Welche Annahmen treffen wir, um das Plattenproblem näherungsweise in ein zweidimensionales Problem zu überführen?
7. Welches Problem tritt bei den Randbedingungen für die Plattengleichung auf? Wie helfen wir uns?
8. Von welchen Voraussetzungen geht die Membran-Theorie der Schalen aus?
9. Wie muß die Schale gelagert sein, damit die Auflager keine Biegebeanspruchung verursachen?
10. Aus welchen Betrachtungen leiten wir die beiden Gleichungen der Membran-Theorie der Rotationsschalen ab?

12. Elemente der theoretischen Beschreibung des inelastischen Werkstoffverhaltens

12.1. Allgemeines

Bisher sind wir stets davon ausgegangen, daß die festen Körper, sobald wir ihre Deformierbarkeit in Betracht gezogen haben, sich rein elastisch verhalten. Das reale Werkstoffverhalten zeigt jedoch stets gewisse Abweichungen davon. Für einige Werkstoffe sind diese Abweichungen innerhalb bestimmter Beanspruchungsgrenzen nur geringfügig, oft nur mit feinfühligen Meßmethoden nachweisbar und darum in der Regel zu vernachlässigen. Doch können auch bei diesen Werkstoffen bei höherer mechanischer oder thermischer Beanspruchung die Abweichungen vom elastischen Verhalten durchaus spürbar, ja sogar bestimmend werden. Andere Werkstoffe zeigen bereits bei mäßiger oder geringer Beanspruchung deutliche Abweichungen vom elastischen Verhalten.

Die Phänomene, die wir beim inelastischen Verhalten beobachten können, sind überaus vielgestaltig. Wir können sie jedoch – idealisierend – in zwei große Gruppen einteilen:

1. Phänomene, die *zeitunabhängig* sind, d.h. die nur von der Reihenfolge der Belastungszustände, nicht aber von der Geschwindigkeit abhängen, mit der diese Zustände durchlaufen werden. Wir bezeichnen deshalb diese Phänomene auch als *geschwindigkeitsunabhängig.*
2. Phänomene, die *zeitabhängig* und somit auch *abhängig von der Geschwindigkeit* der Zustandsänderungen sind.

Die Phänomene der ersten Gruppe kennzeichnen wir summarisch als *plastisches Werkstoffverhalten.* Die Phänomene der zweiten Gruppe werden im Rahmen der *Rheologie* betrachtet.

Wir wollen uns im folgenden mit einigen dieser inelastischen Erscheinungen vertraut machen. Bei der Erörterung zeitabhängiger Phänomene werden wir uns jedoch auf den engeren Kreis des *visco-elastischen* bzw. *elasto-viscosen* Werkstoffverhaltens beschränken. Ferner lassen wir hier Temperatureinflüsse außer Betracht, setzen also *isotherme Vorgänge* voraus.

Anzumerken ist noch, daß es für die Beschreibung des inelastischen Verhaltens der Werkstoffe keine einheitliche Theorie gibt. Es gibt vielmehr zahlreiche

verschiedene theoretische Ansätze, die einerseits den beobachtbaren Besonderheiten des Werkstoffverhaltens, andrerseits den speziellen Fragestellungen, die sich aus einem bestimmten Problemkreis ergeben, Rechnung zu tragen versuchen. So zeigen z.B. die theoretischen Ansätze einer Plastizitätstheorie, die der Erfassung mechanischer Umformvorgänge (wie z.B. des Walzens oder des Tiefziehens) dienen sollen, vielfach eine wesentlich andere Ausrichtung als die Ansätze, mit deren Hilfe die Grenztragfähigkeit eines Bauwerkes bestimmt werden soll.
Im übrigen beschränken wir uns bei allen unseren Betrachtungen ganz auf die Beschreibung der äußeren Erscheinungen, d.h. auf den Rahmen einer *phänomenologischen Theorie.* Vorgänge, die sich etwa im atomaren Bereich eines Kristallgitters oder im Bereich der molekularen Struktur eines Kunststoffes vollziehen, werden bei dieser Betrachtungsweise nur insoweit erfaßt, wie sie die makroskopisch beobachtbaren Vorgänge summarisch beeinflussen.

12.2. Elemente der theoretischen Beschreibung elasto-plastischen Werkstoffverhaltens

12.2.1. Elasto-plastisches Werkstoffverhalten bei einachsiger Beanspruchung

Wir beobachten das Verhalten eines Probestabes aus einem weichgeglühten Kohlenstoff-Stahl (z.B. St 37) im Zugversuch mit anschließender Entlastung.

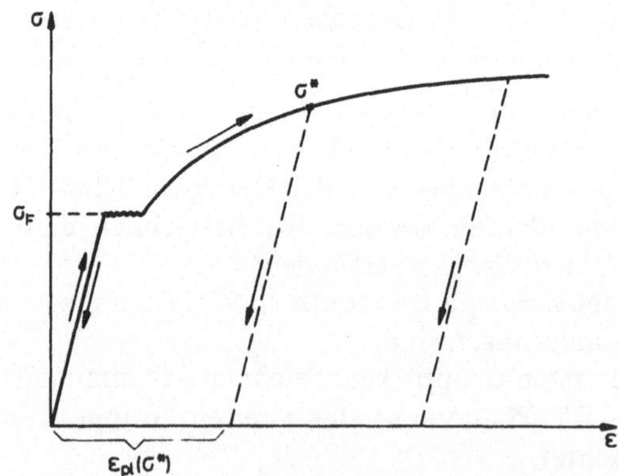

Abb. 12.1

Be- und Entlastung sollen dabei quasistatisch und isotherm bei Raumtemperatur erfolgen (vgl. Band I, Abschnitt 11.3). Aus den Versuchsergebnissen stellen wir fest (vgl. Abb. 12.1):

1. Bleibt die bei der Belastung erreichte maximale Spannung $\sigma^* < \sigma_F$, so besteht eine eindeutige umkehrbare Beziehung $\sigma = \sigma(\epsilon)$ bzw. $\epsilon = \epsilon(\sigma)$, die das Kennzeichen elastischen Verhaltens ist.

2. Wird $\sigma^* \geqslant \sigma_F$, so verläuft die Entlastung anders als die Belastung. Nur ein Teil der Dehnung, den wir als *elastische Dehnung* ϵ_{el} bezeichnen, ist reversibel; der andere Teil ϵ^*_{pl} bleibt als *plastische Dehnung* zurück.

Die bei weichgeglühtem Kohlenstoff-Stahl zu beobachtende, aber keineswegs bei allen Werkstoffen auftretende Erscheinung des *Fließens*, d.h. einer Dehnungszunahme ohne Spannungserhöhung ($\sigma = \sigma_F$), begrenzt den Bereich des elastischen Verhaltens (*Elastizitätsgrenze:* σ_E). Bei weichgeglühten Kohlenstoff-Stählen dürfen wir zugleich im gesamten elastischen Bereich ein lineares Materialgesetz annehmen, d.h. $\sigma = E\epsilon$ (*Proportionalitätsgrenze:* σ_P). Für Werkstoffe dieser Art ist also $\sigma_P = \sigma_E = \sigma_F$. Ablauf und Umfang des Fließens, insbesondere also auch die am Ende des Fließvorganges erreichte plastische Dehnung, hängen sehr von der Versuchsdurchführung ab. In jedem Falle bleibt aber die im Fließvorgang auftretende plastische Dehnung klein (wenn auch nicht klein gegen die entsprechende elastische Dehnung, so doch klein gegenüber den bei weiterer Belastung erreichbaren plastischen Dehnungen). Wir wollen deshalb hier den nicht eindeutigen Fließvorgang ganz außer Betracht lassen und können dann unser Beobachtungsergebnis wie folgt beschreiben:

Belastung: $(D\sigma > 0)$
$$\begin{cases} \epsilon = \epsilon_{el} = \dfrac{\sigma}{E} = \epsilon(\sigma) & (\sigma < \sigma_F) \\ \epsilon = \epsilon_{el} + \epsilon_{pl} = \dfrac{\sigma}{E} + \epsilon_{pl}(\sigma) = \epsilon(\sigma) & (\sigma \geqslant \sigma_F) \end{cases}$$

Entlastung: $(D\sigma < 0)$
$$\epsilon = \epsilon_{el} + \epsilon^*_{pl} = \frac{\sigma}{E} + \epsilon^*_{pl}(\sigma^*) = \epsilon(\sigma, \sigma^*)$$

mit $\sigma^* = \sigma_{max}$ am Ende der Belastung.

Angemerkt sei hierzu noch, daß wir für den plastischen Anteil der Formänderungen im allgemeinen Inkompressibilität annehmen dürfen.
Für *große plastische Formänderungen*, wie sie beispielsweise in der mechanischen Umformtechnik vorkommen können, ist das Dehnungsmaß $\epsilon = \dfrac{\Delta l}{l_0}$, wie wir es für kleine Verzerrungen definiert haben, nicht mehr brauchbar, weil bei Verwendung dieses Dehnungsmaßes die additive Aufspaltung bzw. Addition von Verzerrungen nicht mehr möglich ist (vgl. hierzu Band I, Abschnitt 11.2). In der Umformtechnik verwendet man deshalb zur Festlegung der Verzerrungen in der Regel das *logarithmische Dehnungsmaß*

$$\epsilon = \ln \frac{l}{l_0},$$

das auch bei großen Verzerrungen eine additive Aufspaltung erlaubt. Ferner kann es sinnvoll sein, bei der zahlenmäßigen Festlegung der Spannungen die Kräfte nicht mehr auf die Ausgangsfläche, sondern auf die momentane Flächengröße zu beziehen, also die sogenannten *wahren Spannungen* einzuführen.

Anmerkung:

In der Umformtechnik benennt man das logarithmische Dehnungsmaß auch häufig nach *Hencky* und bezeichnet es dort mit φ.

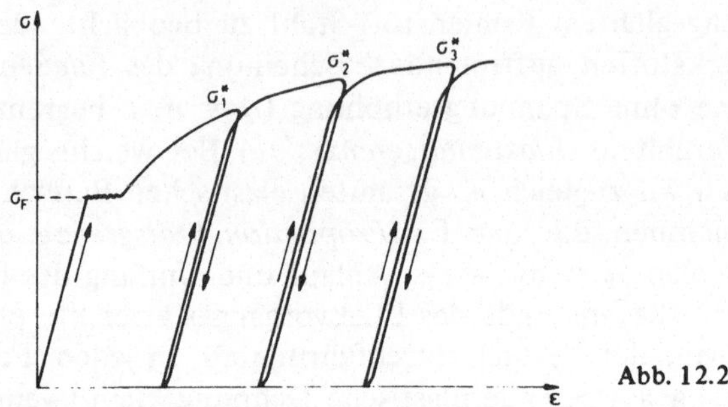

Abb. 12.2

Dehnen wir unsere Beobachtungen auf *wiederholte Be- und Entlastungen mit gleichsinniger Belastungsrichtung* aus, so finden wir das in Abb. 12.2 skizzierte Verhalten. Wir stellen fest, daß eine Zwischenentlastung das plastische Verhalten nur wenig beeinflußt. Insbesondere setzen also bei Wiederbelastung die plastischen Formänderungen erst bei einer Spannung $\sigma_F > \sigma_{F_0}$ ein, die etwa der im vorhergehenden Belastungsvorgang erreichten Spannung σ_i^* entspricht. Wir bezeichnen diese Erscheinung als *Werkstoffverfestigung infolge plastischer Formänderungen.* Näherungsweise können wir das Verhalten bei wiederholter (gleichsinniger) Be- und Entlastung in folgender Weise beschreiben:

Formänderungen im jeweiligen elastischen Bereich (Be- und Entlastung):

$$\epsilon(\sigma, \sigma_i^*) = \frac{\sigma}{E} + \epsilon_{pl}^*(\sigma_i^*) \qquad (\sigma < \sigma_F = \sigma_i^*)$$

elasto-plastische Formänderungen (Belastung)

$$\epsilon(\sigma) = \frac{\sigma}{E} + \epsilon_{pl}(\sigma). \qquad (\sigma = \sigma_F > \sigma_i^*)$$

Anmerkung:

Von den geringfügigen Abweichungen, die sich bei der Entlastung gegenüber dem linearen Verhalten sowie bei der Belastung im Übergangsbereich vom elastischen zum elasto-plastischen Verhalten ergeben, sehen wir hier ab. Es handelt sich dabei um sehr komplexe Erscheinungen.

Beziehen wir *Vorgänge mit Belastungsumkehr* in unsere Betrachtungen ein, so ergibt sich, daß bei einer Umkehr der Belastungsrichtung die plastischen Formänderungen bei einer betragsmäßig niedrigeren Spannung einsetzen als bei einer Wiederbelastung im gleichen Sinne (vgl. Abb. 12.3). Es ist also

$$|\sigma_{F_2}| < |\sigma_{F_1}|$$

Wir bezeichnen diese Erscheinung, die auf eine durch die plastischen Formänderungen hervorgerufene Anisotropie zurückgeht, als *Bauschinger-Effekt* (nach *Bauschinger:* 1834–1893). Die vorstehende Beziehung gilt in dieser einfachen Form nur für die *erste* Belastungsumkehr. Im weiteren Verlauf überlagern sich (isotrope) *Werkstoffverfestigung* und *Bauschinger-Effekt.* Die Grenze des elastischen Bereichs wird abhängig von dem gesamten Prozeßverlauf. Wir folgern daraus, daß wir bei allgemeinen Belastungsprozessen stets den gesamten Ablauf des Prozesses verfolgen müssen. Ferner ergibt sich, daß wir das Formänderungsgesetz für den plastischen Bereich jetzt nur noch in differentieller Form angeben können. Zweckmäßig tun wir dies auch für den elastischen Bereich und kommen dann zu folgender *Beschreibung allgemeiner einachsiger elasto-plastischer Formänderungen:*

Wenn $\sigma = \sigma_F$ (Fließbedingung; σ_F = laufende Fließspannung) *und* $\sigma\,D\sigma > 0$ (Belastungsbedingung) dann $D\epsilon = D\epsilon(\sigma, D\sigma, \ldots)$ (elasto-plastisch)

sonst $D\epsilon = \dfrac{1}{E}\,D\sigma$ (elastisch).

σ_F als Grenze des elastischen Bereiches hängt dabei von dem gesamten vorhergehenden Prozeß, d.h. von der sogenannten *Belastungsgeschichte* (bzw. *Formänderungsgeschichte*) ab. $|\sigma_F|$ ist dabei im allgemeinen für Zug und Druck verschieden.

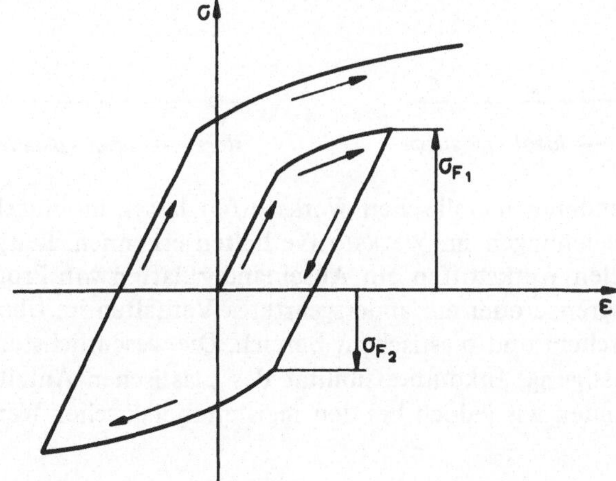

Abb. 12.3

1. Anmerkung:

Für den elastischen Bereich können wir das Formänderungsgesetz auch in integraler Form angeben und erhalten

$$\epsilon = \frac{\sigma}{E} + \overset{*}{\epsilon}_{pl} = \epsilon(\sigma, \overset{*}{\epsilon}_{pl}),$$

wobei $\overset{*}{\epsilon}_{pl}$ dem vorhergehenden Prozeß zu entnehmen ist.

2. Anmerkung:

Beziehen wir auch Temperaturänderungen in unsere Betrachtungen ein, so werden die Zusammenhänge noch wesentlich komplexer. Sowohl die Fließbedingung wie die Belastungsbedingung als auch das Formänderungsgesetz werden nämlich durch Temperaturänderungen beeinflußt. Es kann sich dabei sogar der gesamte Charakter des Materialgesetzes ändern. So kann beispielsweise für Stäbe das Materialgesetz zwar bei Raumtemperaturen in einem ziemlich weiten Bereich der Verzerrungsgeschwindigkeiten als geschwindigkeitsunabhängig angenommen werden; bei erhöhten Temperaturen wird jedoch das Materialgesetz in hohem Maße geschwindigkeitsabhängig.

Bei großen plastischen Formänderungen treten die elastischen Verzerrungen neben den plastischen an Bedeutung zurück. Deshalb können wir sie in solchen Fällen häufig vernachlässigen und das Material als starr-plastisch (d.h. als starr bis zum Eintreten plastischer Formänderungen) betrachten. Für manche Probleme können wir ferner vereinfachend die Werkstoffverfestigung (und damit zugleich den *Bauschinger-Effekt*) unberücksichtigt lassen und den Werkstoff als *ideal-plastisch* (mit oder ohne elastischen Anteil) annehmen (vgl. Abb. 12.4).

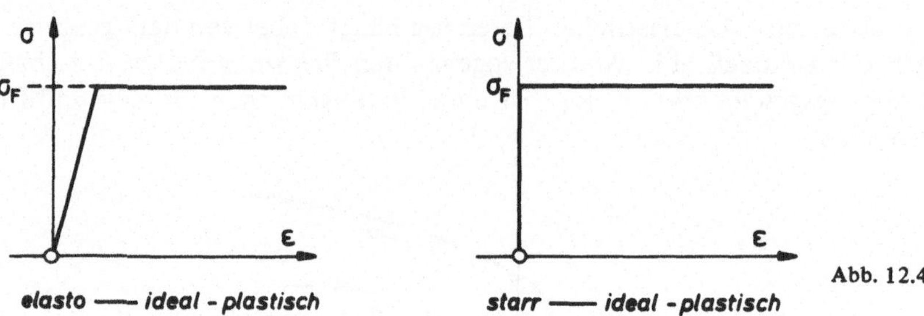

Abb. 12.4

Versuche mit anderen metallischen Werkstoffen lassen im einzelnen natürlich erhebliche Abweichungen im Werkstoffverhalten erkennen. Beispielsweise finden wir bei vielen Werkstoffen ein Auseinanderklaffen von Proportionalitäts- und Elastizitätsgrenze oder ein andersgeartetes Verhalten im Übergangsbereich zwischen elastischem und plastischem Bereich. Die wesentlichsten Erfahrungen (Werkstoffverfestigung, Inkompressibilität des plastischen Anteils der Verzerrungen usw.) finden wir jedoch bei den meisten metallischen Werkstoffen qualitativ bestätigt.

12.2.2. Das Materialgesetz für elasto-plastische Werkstoffe

12.2.2.1. Allgemeines

Aus den Beobachtungsergebnissen des elasto-plastischen Verhaltens bei einachsiger Beanspruchung schließen wir, daß die plastischen Formänderungen einen *irreversiblen Prozeß* darstellen. Es bleiben als Folge der plastischen Verzerrun-

gen Zustandsänderungen im Material zurück, die irreversibel im Sinne der Thermodynamik sind.
Die Irreversibilität dieser Prozesse erkennen wir zunächst daran, daß – wie kalorimetrische Messungen ergeben – der Anteil der Verzerrungsarbeit, der dem plastischen Anteil der Verzerrungen zuzuordnen ist, fast vollständig (etwa zu 90 %) *dissipiert*, d.h. in Wärme umgesetzt wird. Aber auch der restliche Anteil von ungefähr 10 %, der zur Änderung des mechanischen Zustandes verbraucht wird, sich also im mechanischen Verhalten (Werkstoffverfestigung) bemerkbar macht, ist im allgemeinen nur zu einem sehr kleinen Teil rückgewinnbar. Er verbleibt als *latente Energie* im Werkstoff, soweit er nicht später (z.B. durch Weichglühen) ebenfalls dissipiert wird.
Die vorstehenden Betrachtungen zeigen, daß bei der Beschreibung des elasto-plastischen Werkstoffverhaltens thermodynamische Gesichtspunkte eine ganz wesentliche Rolle spielen. Dennoch wollen wir diesen Aspekt der Beschreibung hier ganz übergehen und uns auf die Beschreibung der mechanischen Vorgänge beschränken. Das hat zur Voraussetzung, daß alle Formänderungen isotherm erfolgen.
In diesem Rahmen können wir versuchen, die bei einachsiger Beanspruchung (mit Belastungsumkehr) gewonnenen Ergebnisse auf allgemeine Formänderungsvorgänge zu übertragen. Dazu müssen wir jedoch einige *Hypothesen* zu Hilfe nehmen, die selbstverständlich einer experimentellen Überprüfung zu unterziehen sind. Diese Hypothesen betreffen

(I) die Abgrenzung des elastischen Bereiches bei allgemeinen Spannungszuständen und die Veränderungen dieses Bereichs im Gefolge plastischer Formänderungen, d.h. die allgemeine Festlegung der *Fließbedingung* und des *Verfestigungsgesetzes*,
(II) die Verallgemeinerung des *Formänderungsgesetzes.*

Zur Vereinfachung setzen wir im folgenden voraus, daß wir die Probleme als *geometrisch linear* betrachten dürfen. Wir merken lediglich an, daß wir bei geeigneter Interpretation der geometrischen und kinematischen Größen unsere Überlegungen auch auf geometrisch nichtlineare Probleme übertragen können. Ferner machen wir davon Gebrauch, daß wir im allgemeinen die Dichte ρ angenähert gleich der Dichte $\mathring{\rho}$ im Ausgangszustand setzen dürfen, da die elastischen Volumenänderungen klein bleiben und die plastischen Formänderungen als inkompressibel betrachtet werden können.

12.2.2.2. Fließbedingung und Verfestigungsgesetz

Die Übertragung der Grenzen des elastischen Bereiches von der einachsigen Beanspruchung auf beliebige Spannungszustände erfolgt mit Hilfe einer *Festigkeitshypothese.* Einige solcher Festigkeitshypothesen haben wir bereits kennengelernt (vgl. Abschnitt 2.4 und Band I, Abschnitt 12.7). Sie bezogen sich auf isotrope Werkstoffe. Hier müssen wir jedoch den Kreis der Betrachtungen grundsätzlich weiter ziehen, weil wir damit rechnen müssen, daß die Fließbedingung infolge der plastischen Formänderungen anisotrop wird (*Bauschinger-Effekt*). Außerdem müssen wir die mit den plastischen Formänderungen verbundene Werkstoffverfestigung berücksichtigen. Dies führt zu allgemeinen Ansätzen für die *Fließbedingung* von der Form

$$\boxed{F(\sigma_{ik}, k^2, \alpha_{ik}, \ldots) = 0.}$$

Die Größen k^2, α_{ik} usw. sind sogenannte *interne Parameter*, die den jeweiligen Verfestigungszustand festlegen und von der vorhergegangenen Formänderungsgeschichte abhängen.

Im folgenden seien einige Fließbedingungen vorgestellt, die häufig benutzt werden, aber doch nur als einfache Sonderfälle betrachtet werden können.

1. *v. Mises*sche *Fließbedingung* (*v. Mises* 1883–1953) (*Festigkeitshypothese:* Gestaltänderungs-Arbeit-Hypothese):

$$\boxed{F(\sigma_{ik}, k^2) = T_2 - k^2 = 0.}$$

Dabei bezeichnet

$$T_2 = \sum_i \sum_k \tau_{ik} \tau_{ik}$$

die zweite Invariante der Deviatorspannungen $\tau_{ik} = \sigma_{ik} - \frac{1}{3}(\sum_r \sigma_{rr})$ (vgl. Abschnitt 1.2). Die Fließbedingung ist isotrop. Der Parameter k^2 kennzeichnet den jeweiligen Verfestigungszustand. Es ist üblich, k^2 entweder als Funktion der plastischen Arbeit w_{pl} (*Arbeitsverfestigung*) oder als Funktion einer skalaren Kenngröße e_{pl} einzuführen, die die Summe der plastischen Verzerrungen kennzeichnet (*Dehnungsverfestigung*):

$$k^2 = \begin{cases} k^2(w_{pl}) & \mathring{\rho} w_{pl} = \int_{t_0}^{t_1} \sum_i \sum_k \sigma_{ik} \underset{pl}{d_{ik}} \, dt \\ k^2(e_{pl}) & e_{pl} = \int_{t_0}^{t_1} \sqrt{\sum_i \sum_k \underset{pl}{d_{ik}} \underset{pl}{d_{ik}}} \, dt \end{cases}$$

mit $\underset{pl}{d_{ik}}$ als plastischem Anteil der Verzerrungsgeschwindigkeit. Setzen wir k^2 = konst., so erhalten wir einen ideal-plastischen Werkstoff.

Anmerkung:

Die vorstehende Fließbedingung wurde zuerst von *v. Mises* in die Plastizitätstheorie eingeführt. An der Formulierung der entsprechenden Festigkeitshypothesen sind jedoch (vorher) *Huber* und (nachher) *Hencky* beteiligt (vgl. Abschnitt 2.5).

2. *Tresca*sche *Fließbedingung* (*Tresca:* 1814–1885) (*Festigkeitshypothese:* Schubspannungs-Hypothese):

$$F(\sigma_{ik},\ k^2) = (\sigma_1 - \sigma_3)^2 = \frac{3}{2}\,k^2,$$

wobei σ_1 und σ_3 die extremalen Haupt-Normalspannungen sind (vgl. Abschnitt 1.2). Der Parameter k^2 dieser isotropen Fließbedingung hat die gleiche Bedeutung wie bei der *v. Mises*schen Fließbedingung.

3. *Melan*sche *Fließbedingung* (*Melan:* 1890–1963)

$$F(\sigma_{ik}, k^2, \alpha_{ik}) = \sum_i \sum_k (\tau_{ik} - \alpha_{ik})(\tau_{ik} - \alpha_{ik}) - k^2 = 0$$

$$\alpha_{ik} = c \int_{t_0}^{t_1} d_{ik\,dl}\, dt.$$

Diese anfänglich isotrope Fließbedingung ($\alpha_{ik}(0) = 0$) wird im Verlaufe plastischer Formänderungen anisotrop. Mit einem Ansatz dieser Art kann man – in vereinfachter Form – den *Bauschinger-Effekt* beschreiben. Vielfach bezeichnet man dieses Verfestigungsgesetz als *kinematische Verfestigung*. Diese Bezeichnung rührt daher, daß sich die Fließbedingung (bei k^2 = konst.) im Raum der Spannungen translatorisch entsprechend den jeweiligen Zahlenwerten von α_{ik} verschiebt. Ist k^2 veränderlich, so überlagert sich der kinematischen eine isotrope Verfestigung.

Für ebene Spannungszustände ($\sigma_3 = 0$) lassen sich die Fließbedingungen und das Verfestigungsverhalten leicht anschaulich darstellen (vgl. Abb. 12.5).

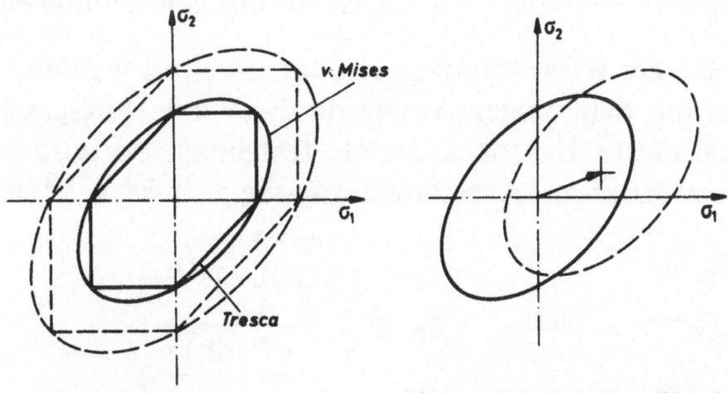

Abb. 12.5

12.2.2.3. Formänderungsgesetz

Wir können die Verzerrungsgeschwindigkeit d_{ik} in einen elastischen Anteil $\underset{el}{d_{ik}}$ und in einen plastischen Anteil $\underset{pl}{d_{ik}}$ aufspalten:

$$d_{ik} = \underset{el}{d_{ik}} + \underset{pl}{d_{ik}} \, .$$

Den elastischen Anteil der Verzerrungsgeschwindigkeit können wir aus dem entsprechenden Formänderungsgesetz für die elastischen Verzerrungen

$$\underset{el}{\epsilon_{ik}} = \underset{el}{\epsilon_{ik}}(\sigma_{ik})$$

durch Differentiation nach der Zeit ableiten.

Plastische Formänderungen treten nur auf, wenn
a) die *Fließbedingung* $F(\sigma_{ik}, k^2 \ldots) = 0$
und
b) die *Belastungsbedingung*

$$\frac{\partial F}{\partial \sigma_{ik}} \quad \dot{\sigma}_{ik} > 0$$

erfüllt sind. Die Belastungsbedingung dient der Prüfung, ob – an der Grenze des elastischen Bereichs – die Spannungsänderungen einen Beanspruchungszuwachs bedeuten oder etwa in den elastischen Bereich zurückführen.
Für den *plastischen Anteil* der Verzerrungen setzt man vielfach an

$$\underset{pl}{d_{ik}} = \dot{\lambda} \, \frac{\partial F}{\partial \sigma_{ik}} \, ,$$

wobei F die Fließbedingung und λ ein zunächst noch unbestimmter, positiver, skalarer Faktor ist. Man bezeichnet diesen Ansatz als *Normalen-Regel* (weil $\frac{1}{\dot{\lambda}} \underset{pl}{d_{ik}}$ normal zur Fließbedingung ist) bzw. auch als *Theorie des plastischen Potentials,* weil die Fließbedingung F in diesem Ansatz formal die Rolle eines Potentials für $\underset{pl}{d_{ik}}$ spielt. Der obige Ansatz ist im übrigen keineswegs zwingend und kann in verschiedener Weise modifiziert oder erweitert werden.
In einigen Fällen ist mit dem obigen Ansatz für die Verzerrungsgeschwindigkeit der zunächst unbestimmte Faktor $\dot{\lambda}$ bereits festgelegt. So wird z.B. bei der Fließbedingung von *v. Mises* mit Arbeitsverfestigung, d.h. $k^2 = k^2(w_{pl})$,

$$\dot{\lambda} = \frac{\sum\limits_i \sum\limits_k \tau_{ik} \dot{\tau}_{ik}}{\frac{k^2}{\overset{\circ}{\rho}} \frac{dk^2}{dw_{pl}}} \, , \quad \text{d.h.} \quad \underset{pl}{d_{ik}} = 2 \, \frac{\sum\limits_r \sum\limits_s \tau_{rs} \dot{\tau}_{rs}}{\frac{k^2}{\overset{\circ}{\rho}} \frac{dk^2}{dw_{pl}}} \, \tau_{ik} \, .$$

Bei anderen Fließbedingungen ist $\dot{\lambda}$ erst mit Hilfe einiger zusätzlicher Annahmen festzulegen. Bei ideal-plastischen Werkstoffen bleibt $\dot{\lambda}$ grundsätzlich unbestimmt und ist erst aus den Feldgleichungen und den Randbedingungen zu ermitteln. Zu beachten ist, daß $\dot{\lambda}$ in keinem Fall als Materialkonstante zu betrachten ist.

12.2.3. Methoden zur theoretischen Beschreibung elasto-plastischer Formänderungen

Als *Grundgleichungen* stehen uns zur Verfügung

3 Gleichgewichtsbedingungen,
6 Gleichungen des Formänderungsgesetzes,
1 Fließbedingung.

Diesen Gleichungen stehen als Unbekannte gegenüber

6 Spannungskomponenten,
3 Geschwindigkeitskomponenten,
1 Faktor $\dot{\lambda}$
n interne Parameter der Fließbedingung (z.B. k^2, α_{ik}, . . .).

Damit das System vollständig wird, benötigen wir zusätzliche Gleichungen, die die Veränderungen der internen Parameter beschreiben (z.B. $k^2 = k^2(w_{pl})$.
Die *allgemeine Theorie großer elasto-plastischer Formänderungen* erfordert eine besondere mathematische Methodik, da wir gezwungen sind, das Schicksal der einzelnen Körperelemente zu verfolgen (körperbezogene Betrachtungsweise). Dazu gehört auch die Einführung besonderer (rotations-invarianter) Ableitungen nach der Zeit und anderes mehr. Darauf können wir hier nicht eingehen.
Vereinfachungen der allgemeinen Theorie bieten sich in zwei Richtungen an:

1. Wir vereinfachen das Formänderungsgesetz, indem wir uns auf *ideal-plastisches Werkstoffverhalten* beschränken. Dann wird das Verhalten der einzelnen Körperelemente unabhängig von der Formänderungsgeschichte, und wir können unmittelbar zu einer *raumbezogenen Betrachtungsweise* übergehen. Dies führt zur *Theorie des plastischen Fließens*, die für ebene Formänderungsvorgänge mathematisch voll entwickelt ist, z.T. auch für rotationssymmetrische und andere Probleme.
2. Wir treffen geeignete *Annahmen* über die Kinematik der Formänderungsvorgänge und die dabei herrschenden Spannungszustände. Das führt zu einer *elementaren Theorie elasto-plastischer Formänderungen*, die hinsichtlich ihrer Vorgehensweise in einer gewissen Analogie zur elementaren Elasto-Statik steht (vgl. z.B. die Kapitel 3 und 5 bzw. Band I, Kapitel 12). Zwei einfache Beispiele wollen wir im folgenden Abschnitt betrachten.

12.2.4. *Zwei elementare Beispiele für elasto-plastische Formänderungen*

Wir setzen bei den beiden folgenden Beispielen voraus, daß der Werkstoff elasto-ideal-plastisch, homogen und isotrop sei. Wir werden jedoch sehen, daß es bei diesen Beispielen keine Schwierigkeiten bereitet, auch die Werkstoffverfestigung in die Betrachtungen einzubeziehen.

1. Beispiel:
Reine Biegung eines Stabes mit Rechteckquerschnitt

Voraussetzungen:
1. Gerade Stabachse (x-Achse)
2. a) Unveränderlicher Rechteckquerschnitt
   b) y- und z-Achse sind Hauptachsen
3. Schnittgrößen: $N = Q_y = Q_z = 0$
   $M_y = \text{konst.} = M$
   $M_z = M_T = 0$
4. $T = T_0$

Zur Berechnung der Verzerrungen und Spannungen treffen wir die gleichen *Annahmen* wie in der elementaren Elasto-Statik der Stäbe (vgl. Band I, Abschnitt 12.3):

(a) Die Stabachse geht in einen Kreisbogen über, die Querschnitte bleiben eben und senkrecht zur Stabachse;
(b) Schnittflächen parallel zur Stabachse sind spannungsfrei.

Aus diesen Annahmen folgt

$$\epsilon_{xx} = \epsilon_0 + \frac{z}{R}$$

$$\sigma_{yy} = \sigma_{zz} = \sigma_{yz} = \sigma_{xy} = \sigma_{xz} = 0.$$

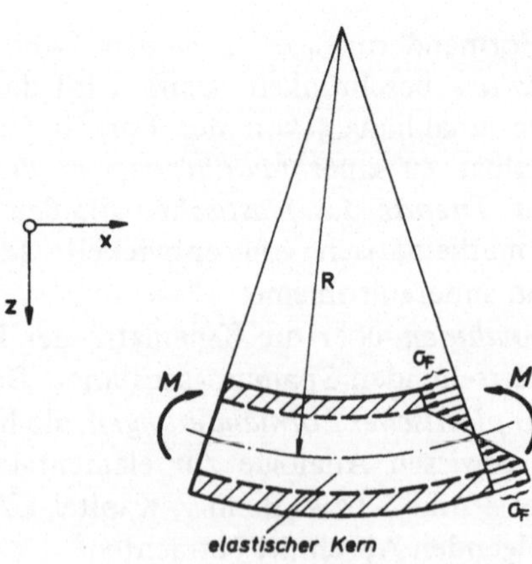

Abb. 12.6

Wir haben also in allen Stabfasern einen *einachsigen Spannungszustand* $\sigma_{xx} = \sigma(z)$ und können deshalb die Ergebnisse von Zug-Druck-Versuchen unmittelbar auf die einzelnen Stabfasern übertragen (vgl. Abb. 12.6).
Aus den Bedingungen

$$N = \int_{-\frac{h}{2}}^{+\frac{h}{2}} \sigma(z)\, b\, dz = 0$$

$$M = \int_{-\frac{h}{2}}^{+\frac{h}{2}} z\sigma(z)\, b\, dz$$

sind die noch offenen Parameter ϵ_0 und R in Abhängigkeit von M zu ermitteln. Bei symmetrischem Verhalten im Zug- und Druck-Bereich, wie wir es hier voraussetzen, wird $\epsilon_0 = 0$. Plastische Formänderungen treten zuerst in den Randfasern auf, wenn dort σ den Wert σ_F erreicht (vgl. Abb. 12.7a). Dazu ist ein Biegemoment von der Größe

$$M_F = \frac{bh^2}{6}\,\sigma_F \qquad \left(\frac{1}{R} = \frac{2}{h}\,\frac{\sigma_F}{E}\right)$$

erforderlich. Bei fortschreitender Biegung weitet sich der plastische Bereich von den Rändern her nach der Mitte zu aus (vgl. Abb. 12.7b). Im Grenzfall – *Vollplastifizierung* genannt – schrumpft der elastische Bereich auf Null zusammen. Das zugehörige Biegemoment ist (vgl. Abb. 12.7c)

$$M_{pl} = \int_{-\frac{h}{2}}^{+\frac{h}{2}} z\sigma_F\, b\, dz = \frac{bh^2}{4}\,\sigma_F = \frac{3}{2}\,M_F \qquad \left(\frac{1}{R} \to \infty\right).$$

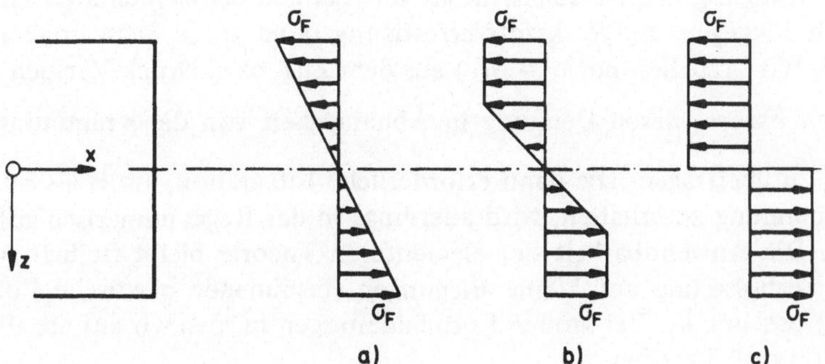

Abb. 12.7

Der Zusammenhang zwischen $\frac{1}{R}$ und M ist in Abb. 12.8 dargestellt. Wir erkennen, daß der Stab über den elastischen Bereich hinaus noch eine gewisse Tragfähigkeitsreserve besitzt. Der Grenzwert M_{pl} hat allerdings nur ideelle Bedeutung. Die wirklichen Verhältnisse weichen von den Grundannahmen unserer elementaren Theorie schon weit vor Erreichen dieser Grenze so wesentlich ab, daß die Ergebnisse der elementaren Theorie unzulässig werden.
Etwas bessere Ergebnisse können wir mit Hilfe der *Theorie des plastischen Fließens* gewinnen, die auch die senkrecht zur Stabrichtung auftretenden Spannungen berücksichtigt. Eines ihrer Resultate ist, daß die dehnungslose Faser (eine spannungsfreie gibt es nicht mehr) mit zunehmender Biegung einwärts (zur konkaven Seite hin) wandert, was zur Folge hat, daß ein Teil der Fasern, die ursprünglich gestaucht wurden, im weiteren Verlauf eine Belastungsumkehr erfahren.

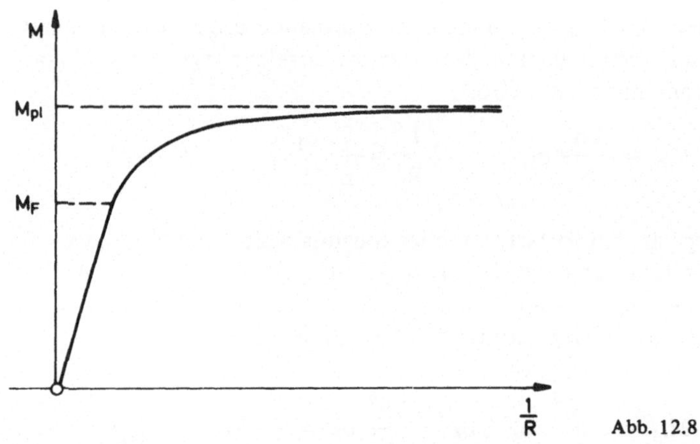

Abb. 12.8

Ein wesentlicher Nachteil der Theorie des plastischen Fließens ist, daß sie die Werkstoffverfestigung nicht berücksichtigt. Im Rahmen der elementaren Theorie läßt sich hingegen die Werkstoffverfestigung ohne große Schwierigkeiten einbeziehen. Wir brauchen nur $\sigma = \sigma(\epsilon)$ aus dem Zug- bzw. Druck-Versuch auf die einzelnen Fasern, deren Dehnung in Abhängigkeit von der Krümmung $\frac{1}{R}$ gegeben ist, zu übertragen. Die dann erforderliche Integration, um M als Funktion der Krümmung zu erhalten, wird allerdings in der Regel numerisch auszuführen sein. Die Anwendbarkeit der elementaren Theorie bleibt freilich auch mit dieser Verbesserung auf kleine Biegungen (beginnende plastische Formänderungen) beschränkt. Bei großen Formänderungen müssen wir auf die allgemeine Theorie zurückgreifen.

2. Beispiel:

Torsion eines Stabes mit Kreisquerschnitt

Voraussetzungen: 1. Gerade Stabachse (x-Achse)
2. Unveränderlicher Kreisquerschnitt
3. Schnittgrößen: $N = Q_y = Q_z = 0$
$M_y = M_z = 0$
$M_T =$ konst.
4. $T = T_0$

Annahmen: (a) Stabachse bleibt gerade; die Querschnitte bleiben eben und senkrecht zur Stabachse, sie verdrehen sich unverzerrt um die Stabachse,
(b) $\sigma_{yy} = \sigma_{zz} = 0$ bzw. $\sigma_{rr} = \sigma_{\varphi\varphi} = 0$.

Aus diesen Annahmen folgt (vgl. Band I, Abschnitt 12.6)

$$\epsilon_{x\varphi}(r) = \frac{1}{2} r\vartheta \,.$$

Im elastischen Bereich ist

$$\sigma_{x\varphi} = \tau(r) = 2G\, \epsilon_{x\varphi}(r) = Gr\vartheta.$$

Die Grenze des rein elastischen Verhaltens ist erreicht, sobald

$$\tau(R) = GR\vartheta = \tau_F$$

bzw.

$$M_{T_F} = \frac{\pi}{2} R^3 \tau_F \qquad \left(\vartheta = \frac{1}{R} \frac{\tau_F}{G}\right)$$

wird. Die Größe von τ_F ist abhängig von der geltenden Fließbedingung (bzw. Festigkeitshypothese). Es ist

$$\text{nach } v. \textit{ Mises} \quad \tau_F = \frac{1}{3}\sqrt{3}\, \sigma_F = 0{,}577\, \sigma_F$$

$$\text{nach } \textit{Tresca} \quad \tau_F = \frac{1}{2}\sigma_F \qquad = 0{,}5\, \sigma_F \,.$$

Das Verhalten des tordierten Stabes nach Überschreiten der Elastizitätsgrenze ermitteln wir in gleicher Weise wie beim Biegestab. In den allgemeinen Ausdruck

$$M_T = \int_0^R \tau(r, \vartheta)\, 2\pi r^2\, dr = M_T(\vartheta)$$

setzen wir jeweils den Wert von τ ein, der zu der in Abhängigkeit von ϑ gegebenen Gleitung $\epsilon_{x\varphi}(r, \vartheta)$ gehört, und erhalten dann $M_T(\vartheta)$. Insbesondere finden wir für den ideellen Grenzwert bei *Vollplastifizierung* (vgl. Abb. 12.9)

$$M_{T_{pl}} = \int_0^R \tau_F \, 2\pi r^2 \, dr = \frac{2}{3} \pi R^3 \tau_F = \frac{4}{3} M_{T_F}. \qquad (\vartheta \to \infty)$$

Die Belastbarkeitsreserve ist also beim tordierten Stab wegen der höheren Werkstoff-Ausnutzung etwas geringer als beim Biegestab.

Anmerkung:

Beim elasto–ideal–plastischen Zug- bzw. Druckstab ist die Belastbarkeitsreserve rechnerisch Null!

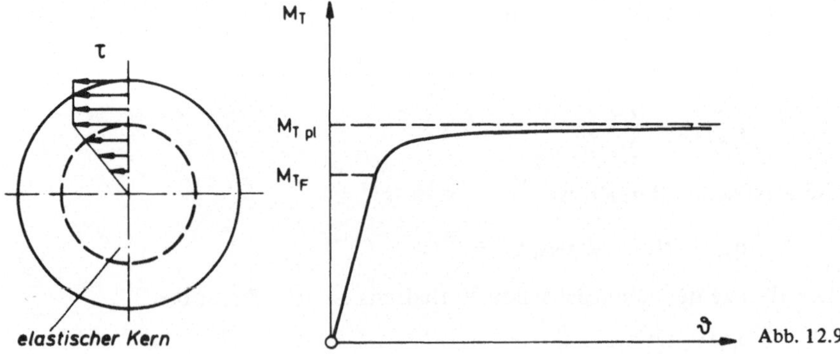

Abb. 12.9

Die Theorie des plastischen Fließens bringt für die Torsion von Stäben mit Kreisquerschnitt nichts Neues. Sie erlaubt aber, die Betrachtungen auf Stäbe mit anderen Querschnittsformen auszudehnen. Wesentlich neue Aspekte bringt hingegen die allgemeine Theorie. Sie berücksichtigt auch die Rotation, die die einzelnen Körperelemente gegenüber den raumfesten Hauptachsen des Spannungszustandes erfahren (vgl. Abb. 12.10). Eines der Ergebnisse der allgemeinen Theorie ist, daß ein tordierter Stab zugleich auch eine Längenänderung erfährt (sogenannter *Poynting-Effekt*).

Bei beiden Beispielen stellen sich bei einer Entlastung nach voraufgegangenen plastischen Formänderungen sogenannte *Restspannungen* ein. Wir erhalten diese Restspannungen näherungsweise, indem wir dem bei der Belastung sich einstellenden Spannungszustand eine *elastische Rückfederung* überlagern. Der Abbau der Spannungen und Verzerrungen bei der Rückfederung entspricht einem der vorhergehenden Belastung entgegengesetzt gerichteten Biege- bzw. Torsionsmoment gleichen Betrages, so daß Belastungs- und Rückfederungsmoment zusammen Null ergeben. Bei dieser Rückfederung heben sich die resultierenden Schnittgrößen gegenseitig auf, nicht aber die Spannungen. Es bleibt ein sogenannter *Eigenspannungs-Zustand* zurück (vgl. Abb. 12.11).

Bei Wiederbelastung im gleichen Sinn setzen die plastischen Formänderungen erst ein, wenn das im vorherigen Belastungsvorgang erreichte Moment wieder erreicht ist. Wir stellen also eine gewisse Verfestigung des Stabes fest, die aber nicht eine Folge der Werkstoffverfestigung ist, sondern auf die inhomogenen plastischen Formänderungen und die damit verknüpfte Entstehung von Eigenspannungszuständen zurückzuführen ist. Ebenso erhalten wir bei Belastung im Gegensinne einen gewissen *Bauschinger-Effekt*, der aber ebenfalls unmittelbar nichts mit dem *Bauschinger-Effekt* des Werkstoffes zu tun hat. Wir können uns aber vorstellen, daß Werkstoff-Verfestigung und *Bauschinger-Effekt* des Werkstoffes wenigstens teilweise auf analoge Erscheinungen, nämlich auf Mikro-Eigenspannungen innerhalb und zwischen den Kristalliten zurückzuführen sind.

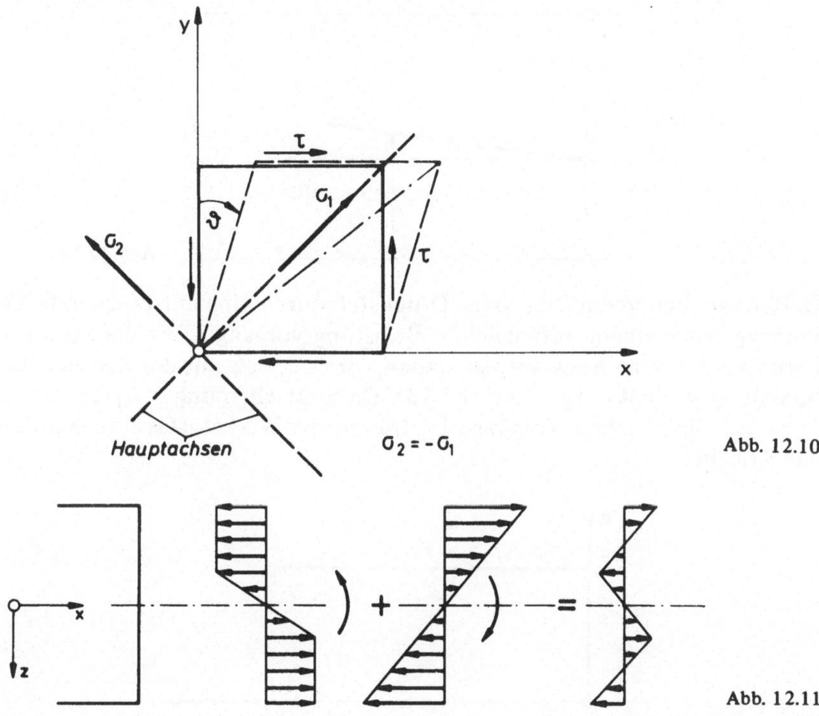

Abb. 12.10

Abb. 12.11

12.3. Elemente der theoretischen Beschreibung zeitabhängigen Werkstoffverhaltens

12.3.1. Einige Beobachtungsergebnisse bei einachsiger Beanspruchung

Lassen wir einen Zugstab längere Zeit (Stunden, Tage, Jahre) unter einer konstanten Belastung, so können wir – insbesondere bei Kunststoffen, aber in wesentlich geringerem Maße auch bei metallischen Werkstoffen – beobachten, daß die Dehnung mit der Zeit zunimmt (vgl. Abb. 12.12). Der Vorgang, der auch bei Druckbelastung auftritt, ist auf allmähliche – temperaturabhängige – Umlagerungen im Innern des Werkstoffes zurückzuführen und wird als *Kriechen* bezeichnet.

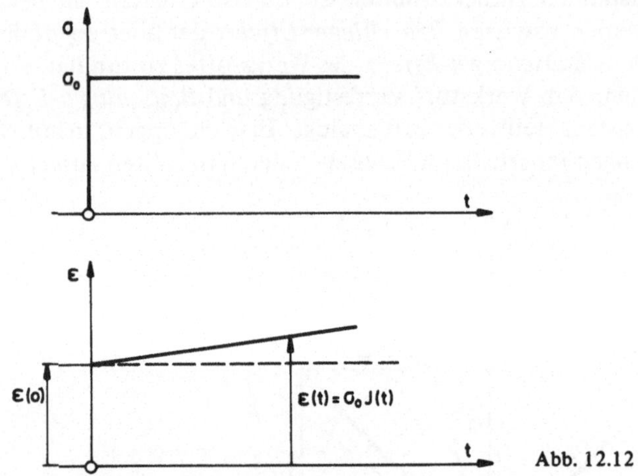

Abb. 12.12

Halten wir bei einem Zug- oder Druckstab durch eine entsprechende Versuchsführung nach einem anfänglichen Belastungsvorgang nicht die Spannung, sondern die Dehnung konstant, so stellen wir fest, daß mit der Zeit der Betrag der Spannung nachläßt (vgl. Abb. 12.13). Diese Erscheinung – *Relaxation* genannt – ist auf die gleichen Vorgänge im Innern des Werkstoffes zurückzuführen wie das Kriechen.

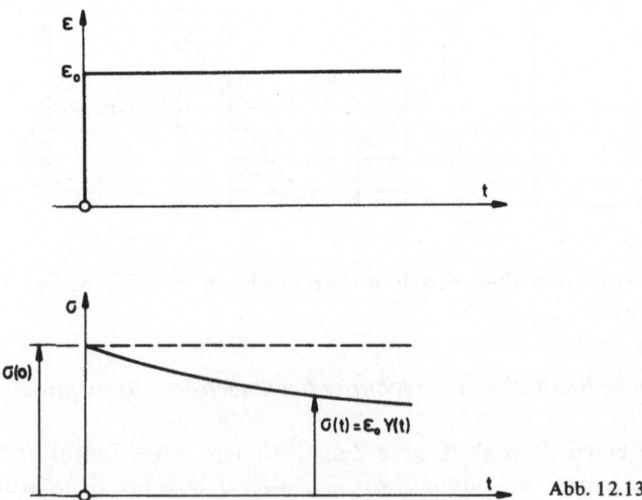

Abb. 12.13

Anmerkung:

Eine weitere zeitabhängige Erscheinung ist das auf Ausscheidungsvorgängen beruhende *Schwinden* eines Werkstoffes, wie es beispielsweise bei Beton oder Holz zu beobachten ist. Es stellt eine zeitabhängige Volumenänderung (meist Volumenabnahme, daher der Name) dar, die von der Belastung nicht oder kaum beeinflußt wird. Wir lassen hier das Schwinden außer Betracht.

Die Vorgänge, die sich im Innern des Werkstoffes beim Kriechen bzw. bei der Relaxation vollziehen, sind von sehr komplexer Natur. Es gelingt deshalb im allgemeinen nicht, einen einfachen Zusammenhang zwischen den phänomenologischen Beobachtungsergebnissen und den Vorgängen im atomaren bzw. molekularen Bereich herzustellen. Man beschränkt sich darum im Rahmen der phänomenologischen Betrachtungsweise meist darauf, den realen Werkstoff durch *Werkstoff-Modelle* zu ersetzen, die sich aus einfachen *Modell-Elementen* aufbauen lassen. So wollen wir auch hier verfahren. Dabei beschränken wir uns auf *isotherme* Formänderungsvorgänge.

12.3.2. Einige Modell-Elemente der Rheologie

Die *Modell-Elemente*, aus denen wir – gewissermaßen im *Baukasten-System* – die komplexeren Werkstoff-Modelle aufbauen wollen, spiegeln jeweils eine Komponente des Werkstoffverhaltens wider. Wir definieren die Modell-Elemente zunächst für einachsige Beanspruchung, weil sie dafür eine anschauliche Bedeutung haben (vgl. Tabelle 2.1). Die Erweiterung auf mehrachsige Spannungs- und Verzerrungszustände bereitet – unter Beschränkung auf isotherme Vorgänge – formal keine Schwierigkeiten.

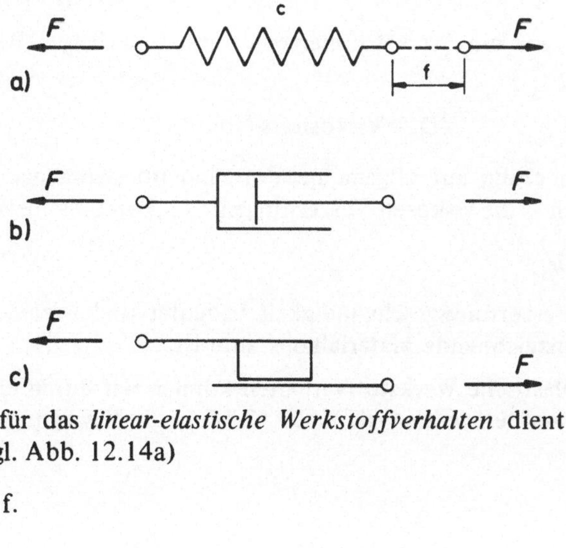

Abb. 12.14

Als Sinnbild für das *linear-elastische Werkstoffverhalten* dient uns die *Feder*. Für sie gilt (vgl. Abb. 12.14a)

$$F = c\,f.$$

Dem entspricht das Verhalten eines linear-elastischen Körperelementes bei einachsiger Beanspruchung, das durch das *Hooke*sche Gesetz

$$\sigma = E\epsilon$$

gekennzeichnet ist. Wir können dieses Gesetz auch in differentieller Form schreiben, indem wir die Gleichung substantiell nach der Zeit differenzieren. Das ergibt

$$\dot{\sigma} = E\dot{\epsilon}$$

Die Verallgemeinerung des *Hooke*schen Gesetzes können wir in der Form

$$\sigma_{ik} = \sum_r \sum_s E_{ikrs}\epsilon_{rs}$$

schreiben, wobei E_{ikrs} ein Tensor 4. Stufe ist. Die vorstehende Beziehung ist die formale Zusammenfassung von (vgl. Abschnitt 2.2, Satz 2.3)

$$\sigma_{ik} - \sigma_m \delta_{ik} = \tau_{ik} = 2G\gamma_{ik} = 2G\left\{\epsilon_{ik} - \frac{1}{3}\epsilon\delta_{ik}\right\}$$

und

$$\frac{1}{3}\sum_i \sigma_{ii} = \sigma_m = K\epsilon = K\sum_i \epsilon_{ii}.$$

Das *linear-viskose Werkstoffverhalten* können wir durch einen mit einer viskosen Flüssigkeit gefüllten *Dämpfer* symbolisieren (vgl. Abb. 12.14b), für den

$$F = d\dot{f}$$

ist. Übertragen auf ein Werkstoffelement unter einachsiger Beanspruchung, bedeutet dies

$$\sigma = D\dot{\epsilon}. \qquad \text{(D = Viskositäts-Modul)}$$

Die Verallgemeinerung auf allgemeine Formänderungsvorgänge ergibt, wenn man – wie üblich – die viskosen Verzerrungen als inkompressibel betrachtet,

$$\tau_{ik} = \eta\, d_{ik},$$

wobei d_{ik} die Verzerrungsgeschwindigkeit bedeutet und η eine die *Zähigkeit* (*Viskosität*) kennzeichnende Materialkonstante ist.

Das starr-ideal-plastische Werkstoffverhalten können wir durch eine (trockene) *Reib-Bremse* charakterisieren (vgl. Abb. 12.14c), die Bewegungen nur zuläßt, wenn

$$|F| = F_0$$

ist und für

$$|F| < F_0$$

eine starre Bindung darstellt. Das entsprechende Verhalten eines Werkstoffelementes wird durch

$$\dot{\epsilon} \begin{cases} = 0 & \text{für} \quad |\sigma| < \sigma_F \\ \neq 0 & \text{für} \quad |\sigma| = \sigma_F \end{cases}$$

gekennzeichnet. Die Verallgemeinerung lautet (vgl. Abschnitt 12.2.2)

$$d_{ik} = \begin{cases} 0 & \text{für} \quad F(\sigma_{ik}, \ldots) < 0 \\ \dot{\lambda} \dfrac{\partial F}{\partial \sigma_{ik}} & \text{für} \quad F(\sigma_{ik}, \ldots) = 0. \end{cases}$$

Eine Zusammenstellung der vorstehenden Modell-Elemente findet sich zur besseren Übersicht noch einmal in Tabelle 12.1.

Tabelle 12.1:
Übersicht über die Modell-Elemente

Symbol	Formänderungsgesetz einachsig	Formänderungsgesetz mehrachsig
 (Feder)	$\sigma = E\epsilon$	$\sigma_{ik} = \sum_r \sum_s E_{ikrs}\, \epsilon_{rs}$
 (Dämpfer)	$\sigma = D\dot{\epsilon}$	$\tau_{ik} = \eta\, d_{ik}$
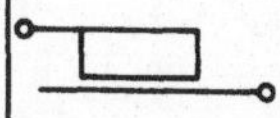 (Reibelement)	$\dot{\epsilon} \begin{cases} = 0 & \text{für } \|\sigma\| < \sigma_F \\ \neq 0 & \text{für } \|\sigma\| = \sigma_F \end{cases}$	$d_{ik} = \begin{cases} 0 & \text{für } F(\sigma_{ik}, \ldots) < 0 \\ \dot{\lambda} \frac{\partial F}{\partial \sigma_{ik}} & \text{für } F(\sigma_{ik}, \ldots) = 0 \end{cases}$

12.3.3. Einige Werkstoff-Modelle der Rheologie

Bei der nachfolgenden Zusammenstellung einiger *Werkstoff-Modelle*, die wir aus den Modell-Elementen durch Parallel- bzw. Reihen-Schaltung aufbauen können, beschränken wir uns auf ihre Darstellung für einachsige Beanspruchungen. Die Erweiterung auf allgemeine Probleme können wir formal leicht vornehmen (vgl. Tabelle 12.1). In die Tabelle 12.2 haben wir zur besseren Übersicht auch die entsprechenden Werkstoff-Modelle für das elastische und das plastische Verhalten mit aufgenommen. Die Tabelle läßt im übrigen erkennen, daß wir die Reihe der Werkstoff-Modelle leicht nach Belieben erweitern können.

Es liegt nahe, zur Charakterisierung des zeitabhängigen Werkstoffverhaltens den Kriechversuch und den Relaxationsversuch (vgl. Abschnitt 12.3.1) als Standard-Tests heranzuziehen. Die Antwort im *Kriechversuch* (mit $\sigma = \sigma_0$ = konst.) können wir in der Form

$$\epsilon(t) = \sigma_0 J(t)$$

angeben (vgl. Abb. 12.12). Analog können wir das Resultat des *Relaxationsversuches* (mit $\epsilon = \epsilon_0$ = konst.) in der Form

$$\sigma(t) = \epsilon_0 Y(t)$$

darstellen (vgl. Abb. 12.13). Wir nennen

$J(t)$: *Kriech-Nachgiebigkeit*
$Y(t)$: *Relaxations-Modul.*

Kriech-Nachgiebigkeit und Relaxations-Modul sind aus den Lösungen der entsprechenden Differentialgleichungen zu berechnen. Die Ergebnisse sind in Tabelle 12.2 mit eingetragen. $\delta(t)$ bezeichnet dabei die sogenannte *Dirac*-Funktion, die wie folgt definiert ist (vgl. Abb. 12.15)

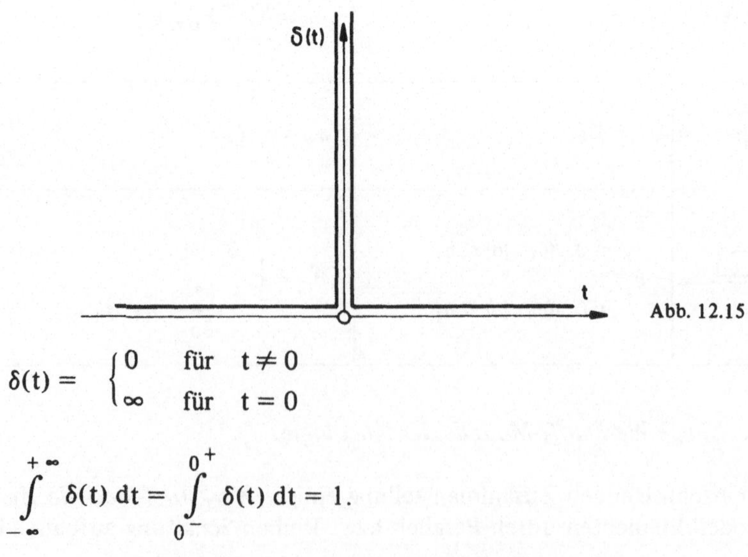

Abb. 12.15

$$\delta(t) = \begin{cases} 0 & \text{für } t \neq 0 \\ \infty & \text{für } t = 0 \end{cases}$$

$$\int_{-\infty}^{+\infty} \delta(t)\, dt = \int_{0^-}^{0^+} \delta(t)\, dt = 1.$$

Tabelle 12.2:

Symbol	Name	fester Körper	Fluid	Formänderungsgesetz	Kriech-Nachgiebigkeit J(t)	Relaxations-Modul Y (t)
	Hooke (elastisch)	x		$\sigma = E\epsilon$	$\frac{1}{E}$	E
	Newton (viskos)		x	$\sigma = D\dot{\epsilon}$	$\frac{t}{D}$	$D\delta(t)$
	Maxwell (elasto-viskos)		x	$\dot{\epsilon} = \frac{\dot{\sigma}}{E} + \frac{\sigma}{D}$	$\frac{1}{E} + \frac{t}{D}$	$Ee^{-t\frac{E}{D}}$
	Kelvin (visko-elastisch	x		$\sigma = E\epsilon + D\dot{\epsilon}$	$\frac{1}{E}\left\{1 - e^{-\frac{E}{D}t}\right\}$	$E + D\delta(t)$
E_1 E_2 D	– –	x		$\frac{E_1 + E_2}{E_1}\sigma + \frac{D}{E_1}\dot{\sigma} = E_2\epsilon + D\dot{\epsilon}$	$\frac{1}{E_1} + \frac{1}{E_2}\left\{1 - e^{-\frac{E_2}{D}t}\right\}$	$\frac{E_1}{E_1 + E_2}\left\{E_1 e^{-\frac{E_1 + E_2}{D}t} - E_2\right\}$
	Prandtl (elasto-ideal-plastisch)	(x)	(x)	$\dot{\epsilon} = \frac{\dot{\sigma}}{E} + \dot{\epsilon}_{pl}$ $\dot{\epsilon}_{pl} = \begin{cases} 0 & \text{für } \lvert\sigma\rvert < \sigma_F \\ \neq 0 & \text{für } \lvert\sigma\rvert = \sigma_F \end{cases}$	–	–
	Bingham (visko-ideal-plastisch)	(x)	(x)	$\sigma = \pm\sigma_F + D\dot{\epsilon}$ für $\lvert\sigma\rvert > \sigma_F$ $\dot{\epsilon} = 0$ für $\lvert\sigma\rvert \leqslant \sigma_F$	–	–

Fluide unterscheiden sich – wie wir aus Tabelle 12.2 entnehmen können – von *festen Körpern* dadurch, daß bei Fluiden im Kriechversuch mit der Zeit die Dehnungen über alle Grenzen gehen. Die *plastischen Körper* lassen sich – wie zu erwarten – in das vorliegende Schema nicht recht einordnen. Ideal-plastische Körper verhalten sich, solange die Belastung unterhalb der Fließgrenze bleibt, wie feste Körper, sonst wie Fluide. Bei Berücksichtigung der Werkstoffverfestigung zählen jedoch die plastischen Körper in jedem Falle zu den festen Körpern. Die Überlegungen lassen sich auf zeitabhängig vorgegebene Belastungen bzw. Formänderungen ausdehnen. Wir müssen dann jeweils über den ganzen Vorgang integrieren und erhalten für die

Dehnung in Abhängigkeit von der Belastungsgeschichte (vgl. Abb. 12.16)

$$\epsilon(t) = \sigma_0 J(t) + \int_0^t J(t-\tau)\,\dot{\sigma}(\tau)\,d\tau.$$

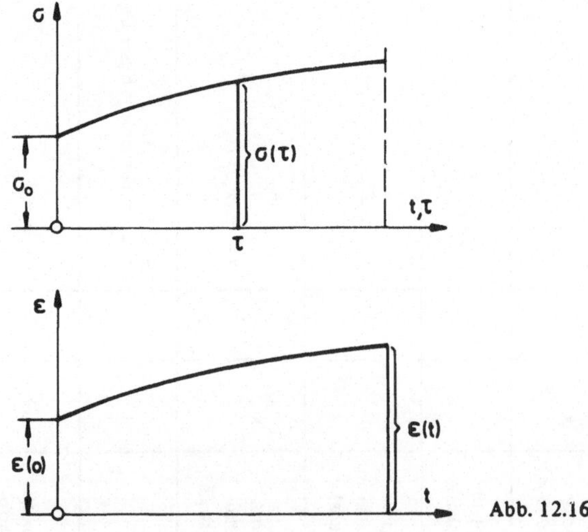

Abb. 12.16

bzw. für die

Spannung in Abhängigkeit von der Formänderungsgeschichte (vgl. Abb. 12.17)

$$\sigma(t) = \epsilon_0 Y(t) + \int_0^t Y(t-\tau)\,\dot{\epsilon}(\tau)\,d\tau.$$

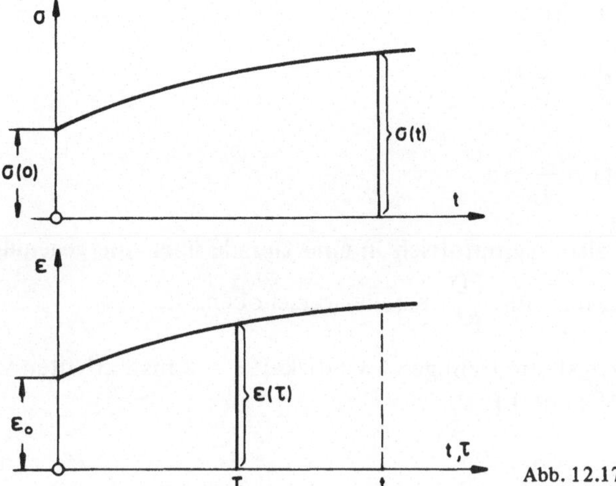

Abb. 12.17

12.3.4. *Ein einfaches Beispiel für visko-elastische Formänderungen*

Wir betrachten einen Zug-Stab aus einem visko-elastischen Material (*Kelvin*-Körper). Der Stab werde mit konstanter Geschwindigkeit belastet, d.h. es sei (vgl. Abb. 12.18a)

$$\dot{\sigma} = \text{konst.}, \qquad \sigma(t) = \dot{\sigma} t.$$

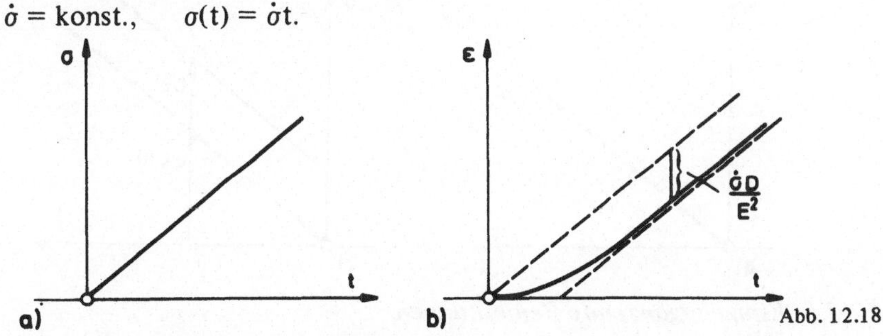

Abb. 12.18

Wir suchen $\epsilon(t)$. Als Antwort erhalten wir mit $\sigma_0 = 0$ (vgl. Abb. 12.18b)

$$\epsilon(t) = \underbrace{\int_0^t \frac{1}{E}\left\{1 - e^{-\frac{E}{D}(t-\tau)}\right\}}_{J(t-\tau)} \dot{\sigma}\, d\tau$$

$$= \frac{\dot{\sigma}}{E}\left\{t - \frac{D}{E}\left[1 - e^{-\frac{E}{D}t}\right]\right\}$$

$$\dot{\epsilon}(t) = \frac{\dot{\sigma}}{E}\left\{1 - e^{-\frac{E}{D}t}\right\}.$$

Für große t wird

$$\epsilon(t) = \frac{\dot{\sigma}}{E}\left\{t - \frac{D}{E}\right\}$$

$$\dot{\epsilon}(t) = \frac{\dot{\sigma}}{E}.$$

$\dot{\epsilon}(t)$ geht also asymptotisch in eine Gerade über, die gegenüber der rein elastischen Antwort um $\frac{\dot{\sigma}D}{E^2}$ parallel verschoben ist.

Für eine konstante Dehngeschwindigkeit $\dot{\epsilon}$ = konst. erhalten wir mit $\epsilon_0 = 0$ (vgl. Abb. 12.19a und b)

$$\sigma(t) = \int_0^t \underbrace{\{E + D\delta(t-\tau)\}}_{Y(t-\tau)} \dot{\epsilon}\, d\tau$$

$$= E\underbrace{\dot{\epsilon}t}_{\epsilon(t)} + D\dot{\epsilon}.$$

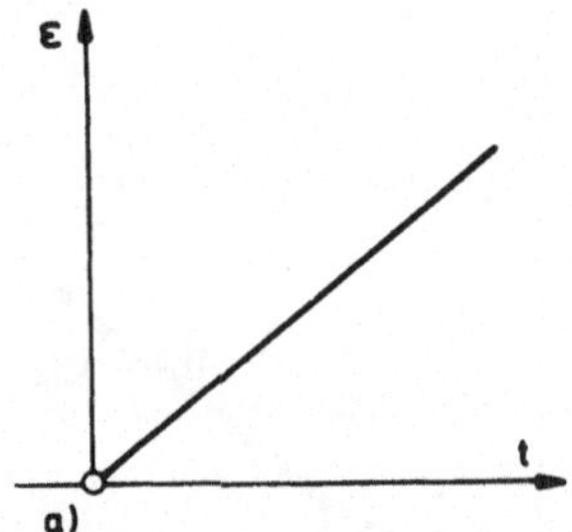

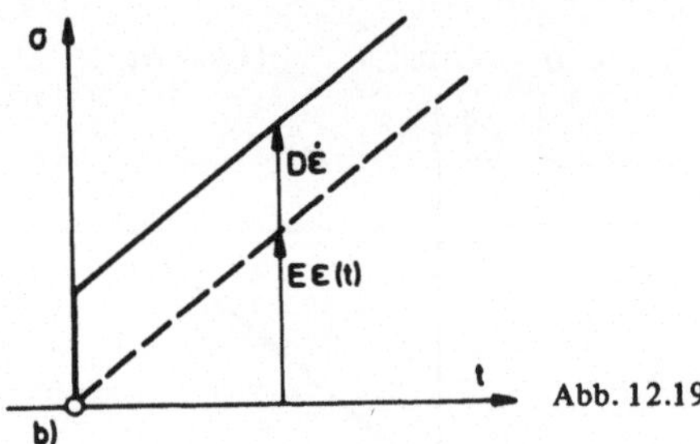

Abb. 12.19

12.3.5. Einige ergänzende Bemerkungen

Wir können unsere Überlegungen im Rahmen einer elementaren Theorie ohne wesentliche Schwierigkeiten z.B. auf Biegestäbe mit einer konstanten (zur Zeit t = 0 aufgebrachten) Belastung bzw. Auslenkung ausdehnen. Das gleiche gilt für das Torsionsproblem. Wir erhalten in solchen Fällen Lösungen, bei denen sich alle Verzerrungen bzw. Spannungen nur um einen gemeinsamen, zeitlich veränderlichen Faktor von den Verzerrungen bzw. Spannungen des entsprechenden elastischen Problems unterscheiden. Dieses sogenannte *Korrespondenz-Prinzip* läßt sich auch auf allgemeinere Probleme übertragen. Die allgemeine Anwendung des Korrespondenz-Prinzipes setzt jedoch die Kenntnis weiterreichender mathematischer Hilfsmittel, insbesondere der *Laplace*-Transformation voraus. Wir lassen es daher hier mit diesem Hinweis bewenden.

Fragen:

1. Die Phänomene des inelastischen Werkstoffverhaltens lassen sich in zwei Gruppen einteilen. Welche sind dies?
2. Die Beschreibung der elasto-plastischen Formänderungen bei einachsiger Beanspruchung ändert sich grundlegend, wenn wir von einsinnigen Vorgängen auf Vorgänge mit Belastungsumkehr übergehen. Wie und warum?
3. Was geschieht mit der Formänderungsarbeit, die zu plastischen Formänderungen verbraucht wird?
4. Welche Aussagen umfaßt das Materialgesetz für isotherme, elasto-plastische Formänderungen?
5. Was wird durch die Fließbedingung festgelegt, welche Bedeutung hat die Belastungsbedingung bei elasto-plastischen Körpern?
6. Welche Annahme trifft die Theorie des plastischen Potentials?
7. Welche Gleichungen umfaßt das Gleichungssystem für elasto-plastische Formänderungen?
8. Warum können wir Biege- und Torsions-Stäbe noch über den Beginn der plastischen Formänderungen hinaus belasten?
9. Was geschieht bei der Entlastung von Biege- und Torsions-Stäben?
10. Welche Erscheinungen bezeichnen wir als Kriechen, als Relaxation, als Schwinden?
11. Welche Eigenschaften haben die einfachen Modell-Elemente für elastisches, viscoses und plastisches Verhalten bei einachsiger Beanspruchung?
12. In welcher Weise können wir die Modell-Elemente zusammensetzen, um daraus Werkstoff-Modelle aufzubauen?
13. Wie unterscheiden sich Fluide und feste Körper?
14. Was bedeuten Kriech-Nachgiebigkeit und Relaxations-Modul?
15. Wie können wir die Dehnung in Abhängigkeit von der Belastungsgeschichte bzw. die Spannung in Abhängigkeit von der Formänderungsgeschichte darstellen?

Ergänzende Literatur

zur Elasto-Statik

H. Leipholz: Einführung in die Elastizitätstheorie. Verlag G. Braun, Karlsruhe 1967.

C. B. Biezeno, R. Grammel: Technische Dynamik, Bd. I, Grundlagen und einzelne Maschinenteile. Springer-Verlag, Berlin–Heidelberg–New York 1971.

S. P. Timoshenko, J. N. Goodier: Theory of elasticity. McGraw-Hill, New York, 3. Aufl. 1970.

J. Babuska, K. Rektorys, F. Vycichlo: Mathematische Elastizitätstheorie der ebenen Probleme. Akademie-Verlag, Berlin 1960.

L. M. Milne-Thomson: a) Plane elastic systems. Springer-Verlag, Berlin–Heidelberg–New York, 2. Aufl. 1968.
b) Antiplane elastic systems. Springer-Verlag, Berlin–Göttingen–Heidelberg 1962.

A. J. Lurje: Räumliche Probleme der Elastizitätstheorie. Akademie-Verlag, Berlin 1963.

W. S. Wlassow: Dünnwandige elastische Stäbe. VEB-Verlag für Bauwesen, Berlin, 2. Aufl., Bd. I, 1964; Bd. II, 1965.

H. Neuber: Kerbspannungslehre. Springer-Verlag, Berlin–Heidelberg–Göttingen 1958.

A. Pflüger: Stabilitätsprobleme der Elastostatik. Springer-Verlag, Berlin–Heidelberg–New York, 3. Aufl. 1975.

H. Leipholz: Stabilitätstheorie. Verlag B. G. Teubner, Stuttgart 1968.

A. Pflüger: Elementare Schalenstatik. Springer-Verlag, Berlin–Heidelberg–New York, 4. Aufl. 1967.

zur Plastizitätstheorie und Rheologie

W. Prager, P. Hodge: Theorie ideal-plastischer Körper. Springer-Verlag, Wien 1954.

H. Lippmann, O. Mahrenholtz: Plastomechanik der Umformung metallischer Werkstoffe. Springer-Verlag, Berlin–Heidelberg–New York 1967.

K. A. Reckling: Plastizitätstheorie und ihre Anwendung auf Festigkeitsprobleme. Springer-Verlag, Berlin–Heidelberg–New York 1967.

R. Hill: Mathematical theory of plasticity. Clarendon Press. Oxford 1967.

W. Flügge: Viscoelasticity. Blaisdell Book, Waltham/Mass. 1967.

Namen- und Sachregister

Inhaltsübersicht

Elemente der Mechanik

Band I: Einführung

Band III: Kinetik

Band IV: Schwingungen, Variationsprinzipe